国家级实验教学示范中心联席会计算机学科规划教材
教育部高等学校计算机类专业教学指导委员会推荐教材
面向"工程教育认证"计算机系列课程规划教材

"十二五"普通高等教育
本科国家级规划教材

嵌入式系统原理与设计
（第2版）

◎ 陈文智 王总辉 主编

U0384617

清华大学出版社
北京

内 容 简 介

本书从教学的角度出发,全面、系统地讲述了嵌入式系统及各组成部分的基本知识、技术原理和设计方法,使读者可以了解嵌入式系统的结构组成,掌握嵌入式系统开发的思路方法,具备嵌入式系统开发的初步分析问题和解决问题的能力。本书上篇是原理部分,内容包括:嵌入式系统概述,ARM 处理器和指令集,嵌入式 Linux 操作系统,嵌入式软件编程技术,开发环境和调试技术,Boot Loader 技术,ARM-Linux 内核,文件系统,设备驱动程序设计基础,字符设备驱动程序设计,块设备驱动程序设计,网络设备驱动程序开发和嵌入式 GUI 及应用程序设计;本书下篇是实验部分,内容包括:实验基础,开发环境建立,内核和模块构建,文件系统构建,调试技术演练,字符设备驱动程序设计,块设备驱动程序设计,网络设备驱动程序设计,MiniGUI实验设计和 Android 实验设计。

本书兼顾教学、科研和工程开发的需要,既可以作为各类院校嵌入式方向的本科生和研究生的嵌入式系统教材,也可以作为嵌入式系统开发工程师的参考书。

图书在版编目(CIP)数据

嵌入式系统原理与设计/陈文智,王总辉主编. —2 版. —北京:清华大学出版社,2017(2023.12重印)
(面向"工程教育认证"计算机系列课程规划教材)
ISBN 978-7-302-46078-7

Ⅰ. ①嵌… Ⅱ. ①陈… ②王… Ⅲ. ①微型计算机—系统设计 Ⅳ. ①TP360.21

中国版本图书馆 CIP 数据核字(2017)第 002746 号

责任编辑:魏江江 薛 阳
封面设计:刘 键
责任校对:焦丽丽
责任印制:沈 露

出版发行:清华大学出版社
　　　　网　　　址:https://www.tup.com.cn, https://www.wqxuetang.com
　　　　地　　　址:北京清华大学学研大厦 A 座　　　　　　邮　　编:100084
　　　　社 总 机:010-83470000　　　　　　　　　　　　　邮　　购:010-62786544
　　　　投稿与读者服务:010-62776969, c-service@tup.tsinghua.edu.cn
　　　　质量反馈:010-62772015, zhiliang@tup.tsinghua.edu.cn
　　　　课件下载:https://www.tup.com.cn,010-83470236
印 装 者:三河市君旺印务有限公司
经　　销:全国新华书店
开　　本:185mm×260mm　　　　印　　张:29.25　　　　　　字　　数:740 千字
版　　次:2011 年 5 月第 1 版　　2017 年 3 月第 2 版　　　　印　　次:2023 年 12 月第 8 次印刷
印　　数:23501~24500
定　　价:59.50 元

产品编号:072804-01

丛书编委会

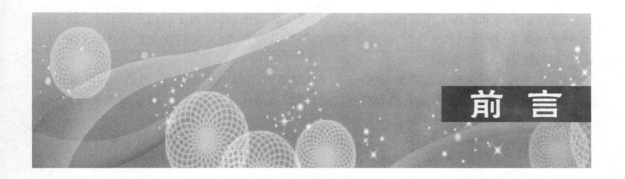

前　言

　　转眼之间，国家级精品课教材、普通高等教育"十一五"国家级规划教材的《嵌入式系统原理与设计》正式发行有 5 年多的时间了。感谢各位读者的关注及厚爱，使得本书印刷了 6 次，被几十所高校选作指定教材，并被多个高校图书馆馆藏。

　　从众多兄弟院校课程教学反馈意见来看，本书对"嵌入式系统"及相关课程教学起到了积极作用。同时，我们在互联网上也倾听了众多读者的反馈，对他们提出的宝贵的建议与意见表示诚挚的谢意。根据近几年作者在嵌入式系统及相关专业课程的一线教学实践的经验积累，以及对飞速发展的各种嵌入式系统技术的跟踪和学习，结合读者的建议和意见，决定对本书进行修订后再版发行。

　　再版中，主要对嵌入式系统原理部分做了调整，结构和内容方面调整如下：

　　(1) 第 1 章"嵌入式系统概述"在内容方面做了更新。

　　(2) 将原第 2 章"ARM 处理器和架构"和原第 3 章"ARM9 指令集和汇编"合并成第 2 章"ARM 处理器和指令集"，对处理器架构介绍方面进行缩减，使该章内容更为紧凑、实用。

　　(3) 将原第 4 章"嵌入式 Linux 操作系统"调整为第 3 章，并在内容上做了更新。

　　(4) 新增加一章"嵌入式软件编程技术"作为第 4 章，介绍嵌入式编程基础，并在此基础上深入讲解嵌入式汇编编程技术、嵌入式高级编程技术和汇编语言与高级语言混合编程技术，以便读者在做后面章节内容设计时有更好的编程基础。

　　(5) 将原第 9 章"开发环境和调试技术"调整为第 5 章，并在内容上做了更新，使读者学习完编程技术后，接着学习嵌入式系统开发环境搭建和调试技术，顺序上更科学。

　　(6) 将原第 5 章"Boot Loader 技术"调整为第 6 章，并在内容上做了更新。

　　(7) 将原第 6 章"ARM——Linux 内核"调整为第 7 章，并在内容上做了更新。

　　(8) 将原第 7 章"文件系统"调整为第 8 章，并在内容上做了更新。

　　(9) 将原第 8 章"设备驱动程序设计基础"调整为第 9 章，并在内容上做了更新。

　　(10) 第 10 章"字符设备驱动程序设计"、第 11 章"块设备驱动程序设计"和第 12 章"网络设备驱动程序开发"在内容方面做了更新。

　　(11) 将原第 13 章"MiniGUI"和原第 14 章"Android 嵌入式系统及应用开发"合并为第 13 章"嵌入式 GUI 及应用程序设计"，并对该章进行重写，从嵌入式 GUI 设计的基本知识入手，然后分析嵌入式 GUI 的典型体系结构设计，最后介绍基于两种主流 GUI 的应用程序设计，结构更为紧凑，内容更为实用。

　　本次再版，在浙江大学陈文智教授等提出的"基于软硬件贯通和分级分层次的系统能力培养创新体系"的指导下，由王总辉编写和整理，最后由陈文智和王总辉定稿。

本书的编写和再版工作是在国家教委的指导下进行的，并得到了国内外同行和同事们给予的真切关心、指导和热情帮助，在此向各级机关以及所有关心、支持本书出版工作的朋友表示衷心的感谢。

　　在本书的编写和再版过程中，我们已尽全力保证本书内容的正确性，但由于时间匆忙，且作者自身水平有限，仍然可能有错误存在。无论如何，请读者不吝赐教，以便我们在改版或再版的时候及时纠正补充。

　　希望本书能一如第 1 版，继续为嵌入式系统学习和开发的读者提供力所能及的帮助。

编　者

2016 年秋于浙江大学

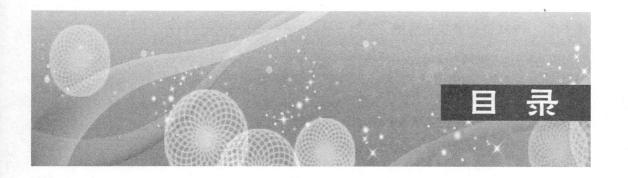

目 录

上篇 原 理 部 分

下篇　实验部分

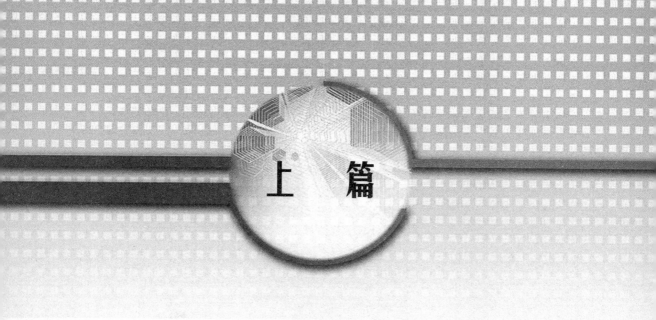

上　篇

原理部分

## 第 1 章

嵌入式系统概述

在当前的数字信息技术和网络技术高速发展的后 PC 时代,嵌入式系统已经广泛地渗透到科学研究、工程设计、军事技术以及人们的日常生活等方方面面中。

本章将介绍嵌入式系统的应用领域和发展方向,并为刚开始学习嵌入式系统的技术人员进行一个入门级的介绍,内容包括嵌入式处理器和嵌入式操作系统,并在此基础上介绍嵌入式系统设计平台的选择和设计开发的主要过程等。

通过本章的学习,读者可以获得以下知识。

(1) 嵌入式系统定义;

(2) 嵌入式系统体系结构;

(3) 嵌入式处理器;

(4) 嵌入式操作系统;

(5) 嵌入式系统设计流程。

1.1 嵌入式系统简介

嵌入式系统与人们的日常生活紧密相关,任何一个普通人都可能拥有各类形形色色运用了嵌入式技术的电子产品,小到 MP3、PDA 等微型数字化设备,大到信息家电、智能家居、汽车电子等设备。各种嵌入式设备在数量上已经远远超过了通用计算机。

1.1.1 嵌入式系统历史与现状

嵌入式这个概念很早就已经存在。从 20 世纪 70 年代单片机的出现到今天各种嵌入式处理器的广泛应用,嵌入式系统的发展已经经历了三十多年的时间。纵观嵌入式系统的发展历程,大致经历了以下 4 个阶段。

(1) 无操作系统阶段:最初的嵌入式系统没有操作系统支持,通过汇编语言对系统进行直接控制,运行结束后清除内存。这些装置初步具备了嵌入式的应用特点。

(2) 简单操作系统阶段:20 世纪 80 年代,随着微电子工艺水平的提高,IC 制造商开始把嵌入式应用中所需要的各种部件集成到一片电路中,制造出面向 I/O 设计的微控制器。与此同时,嵌入式系统的程序员也开始基于一些简单的操作系统开发嵌入式应用软件。

(3) 实时操作系统阶段:20 世纪 90 年代,在分布控制、数字化通信和信息家电等巨大需求的牵引下,嵌入式系统进一步飞速发展。随着硬件实时性要求的提高,嵌入式系统的软件规模也不断扩大,出现了各种实时多任务操作系统,并成为嵌入式系统的主流。

(4) 面向 Internet 阶段:进入 21 世纪后,在各种网络环境中的嵌入式应用越来越多。随着 Internet 的进一步发展,以及 Internet 技术与信息家电、工业控制技术等的结合日益紧密,嵌入式设备将与 Internet 紧密结合。

信息时代和数字时代的到来,为嵌入式系统的发展带来了巨大的机遇,同时也提出了新的挑战。目前,嵌入式与网络技术的结合正在推动着嵌入式技术的飞速发展,嵌入式系统的研究和应用产生显著的变化。首先,新处理器层出不穷,嵌入式操作系统自身结构的设计更加便于移植,能够在短时间内支持更多的处理器。嵌入式系统的开发成了一项系统工程,配套的硬件开发工具和软件包可以支持用户进行定制开发。其次,通用计算机上使用的技术和观念开始逐步移植到嵌入式系统中,如数据库、移动代理、实时 CORBA 等,嵌入式软件平台得到进一步完善。同时,各类嵌入式 Linux 操作系统迅速发展,由于具有源代码开放、系统内核小、执行效率高、网络结构完整等特点,很适合信息家电等嵌入式系统的需要。网络化、信息化的要求随着 Internet 技术的成熟和带宽的提高而日益突出,以往功能单一的电子设备如手机、空调、电视等的结构变得更加复杂,网络互联成为必然趋势。

1.1.2　嵌入式系统体系结构

根据国际电气和电子工程师协会(IEEE)的定义,嵌入式系统是"控制、监视或者辅助设备、机器和车间运行的装置(devices used to control, monitor, or assist the operation of equipment, machinery or plants)"。而更为普遍接受的定义则认为,嵌入式系统是"以应用为中心,以计算机技术为基础,采用可剪裁软硬件,适用于对功能、可靠性、成本、体积、功耗等有严格要求的专用计算机系统"。它一般由嵌入式处理器、外围硬件设备、嵌入式操作系统以及用户的应用程序等 4 个部分组成,用于实现对其他设备的控制、监视或管理等功能。典型的嵌入式系统体系结构如图 1-1 所示。

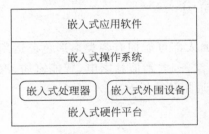

图 1-1　嵌入式系统体系结构

嵌入式计算机系统同通用型计算机系统相比具有以下特点。

(1) 嵌入式系统通常是面向特定应用的。嵌入式 CPU 与通用型的最大不同就是嵌入式 CPU 大多工作在为特定用户设计的系统中,它通常都具有低功耗、体积小、集成度高等特点,能够把通用 CPU 中许多由板卡完成的任务集成在芯片内部,从而有利于嵌入式系统趋于小型化,移动能力大大增强,与网络的耦合也越来越紧密。

(2) 嵌入式系统是将先进的计算机技术、半导体技术和电子技术与各个行业的具体应用相结合后的产物。这一点就决定了它必然是一个技术密集、资金密集、高度分散、不断创新的知识集成系统。

(3) 嵌入式系统的硬件和软件都必须高效率地设计,量体裁衣、去除冗余,力争在同样的硅片面积上实现更高的性能,这样才能在具体应用中对处理器的选择更具有竞争力。

(4) 嵌入式系统和具体应用有机地结合在一起,它的升级换代也是和具体产品同步进行,因此嵌入式系统产品一旦进入市场,就具有较长的生命周期。

(5) 为了提高执行速度和系统可靠性,嵌入式系统中的软件一般都固化在存储器芯片或单片机本身中,而不是存储于磁盘等载体中。

(6) 嵌入式系统本身不具备自主开发能力,即使设计完成以后用户通常也是不能对其中的程序功能进行修改的,必须有一套开发工具和环境才能进行开发。

1.1.3 应用领域和发展方向

后 PC 时代的到来,使得人们开始越来越多地接触到一个新的概念——嵌入式产品。现在,通过手机、PDA、掌上电脑、机顶盒、智能家电等形式多样的数字化设备正把 Internet 连接到人们生活的各个角落,中国数字化设备的潜在消费者数量将以亿为单位。嵌入式系统的应用领域主要有以下几个。

1. 信息电器

信息电器是指所有能提供信息服务或通过网络系统交互信息的消费类电子产品。这种电器具有信息服务功能,如网络浏览、视频点播、文字处理、电子邮件、个人事务管理等;还应该简单易用、价格低廉、维护简便。

后 PC 时代,计算机将无处不在,家用电器将向数字化和网络化发展,电视机、冰箱、微波炉、电话等都将嵌入计算机,并通过家庭控制中心与 Internet 连接,转变为智能网络家电,还可以实现远程医疗、远程教育等。目前,智能小区的发展为机顶盒打开了市场,机顶盒将成为网络终端,它不仅可以使模拟电视接收数字电视节目,而且可以上网、炒股、点播电影、实现交互式电视,依靠网络服务器提供各种服务。

2. 移动计算设备

移动计算设备包括手机、PDA、掌上电脑等各种移动设备。中国拥有世界最大的手机用户群,而智能手机等手持设备由于其强大的功能及易于携带的优点,未来几年将得到快速发展。新的手持设备将使无线互联访问成为更加普遍的现象。

3. 网络设备

网络设备包括路由器、交换机、Web Server、网络接入盒等各种网络设备。基于 Linux 等的网络设备价格低廉,将为企业提供更为廉价的网络方案。美国贝尔实验室预测:在这阶段“将会产生比 PC 时代多成百上千倍的瘦服务器和超级嵌入式瘦服务器,这些瘦服务器将与这个世界上的任何物理信息、生物信息相连接,通过 Internet 自动、实时、方便、简单地提供给需要这些信息的对象”。可见,设计和制造嵌入式瘦服务器、嵌入式网关和嵌入式 Internet 路由器已成为嵌入式 Internet 时代的关键和核心技术。

4. 工控、仿真、医疗仪器等

工业、医疗卫生、国防等各部门对智能控制需求的不断增长,同时也对嵌入式处理器的运算速度、可扩充能力、系统可靠性、功耗和集成度等方面提出了更高的要求。我国的工业生产在智能化数字化改造、自动控制等方面的需要为嵌入式系统提供了很大的市场。

随着信息技术的发展,数字化产品空前繁荣。嵌入式软件已经成为数字化产品设计创新和软件增值的关键因素,是未来市场竞争力的重要体现。由于数字化产品具备硬件平台多样性和应用个性化的特点,因此嵌入式软件呈现出一种高度细分的市场格局,国外产品进入也很难垄断整个市场,这为我国的软件产业提供了一个难得的发展机遇。嵌入式支撑软件是嵌入式系统的基础,而与嵌入式操作系统紧密联系的开发调试工具是嵌入式支撑软件的核心,它的集成度和可用性将直接关系到嵌入式系统的开发效率。

目前,嵌入式系统工程师队伍迅速扩大,与他们紧密相伴的嵌入式系统开发工具的发展潜力十分巨大。后 PC 时代的数字化产品要求强大的网络和多媒体处理能力、易用的界面和丰富的应用功能。无线网络通信技术的迅速发展,使更多的信息设备运用无线通信技术。同时,Java 技术的发展,对开发相关无线通信软件起到推动作用,嵌入式浏览器、嵌入式多媒体套件、嵌入式 GUI、嵌入式中文、嵌入式应用套件、嵌入式 Java 和嵌入式无线通信软件成为嵌入式支撑软件的基本要素，能够组合应用或作为产品单独销售，市场巨大。另外，嵌入式支撑软件的发展也将带来一个繁荣的服务培训市场。

1.2　嵌入式处理器

1.2.1　嵌入式处理器简介

与 PC 等其他计算机系统一样，嵌入式处理器也是嵌入式系统的核心部件。但与全球 PC 市场不同的是，没有一种处理器和处理器生产公司可以主导嵌入式系统，仅以 32 位的 CPU 而言，就有 100 种以上嵌入式处理器。鉴于嵌入式系统广阔的发展前景，很多半导体制造商都自主设计和大规模制造嵌入式处理器。一般情况下，嵌入式可以分为以下几类。

（1）嵌入式微处理器（Embedded Microprocessor Unit，EMPU）。

嵌入式微处理器是由通用计算机处理器演变而来。在嵌入式应用中，嵌入式处理器只保留与嵌入式应用紧密相关的功能部件，去掉多余的功能部件，以保证它以最低的资源和功耗以实现嵌入式应用需求。与通用处理器相比，嵌入式微处理器具有体积小、成本低、可靠性高、抗干扰性好等特点，但是在电路板上必须包括 ROM、RAM、总线接口、各种外设等器件，从而降低了系统的可靠性。与其他嵌入式处理器相比，嵌入式微处理器具有较高的处理性能，但是价格也较高。

典型的嵌入式微处理器有 Am186/88、386EX、SC-400、PowerPC、68000、MIPS、ARM 系列等。

（2）嵌入式微控制器（Microcontroller Unit，MCU）。

嵌入式微控制器以微处理器内核为核心，芯片内部集成 ROM/EPROM、RAM、总线、定时/计时器、Watch Dog、I/O、串行口、FlashRAM、EEPROM 等各种必要功能和外设。为适应不同的应用需求，一般一个系列的单片机具有多种衍生产品，每种衍生产品的处理器内核都是一样的，不同的是存储器和外设的配置及封装。这样可以使单片机最大限度地和应用需求相匹配，功能不多不少，从而减少功耗和成本。

和嵌入式微处理器相比，微控制器的最大特点是单片化，体积大大减小，从而使功耗和成本下降、可靠性提高。微控制器是目前嵌入式系统工业的主流。嵌入式微控制器目前的品种和数量最多，比较有代表性的通用系列包括 8051、P51XA、MCS-251、MCS-96/196/296、C166/167、MC68HC05/11/12/16、68300 等。目前，MCU 占嵌入式系统约 70% 的市场份额。

（3）嵌入式 DSP 处理器（Embedded Digital Signal Processor，EDSP）。

DSP 处理器对系统结构和指令进行了特殊设计，使其适合于执行 DSP 算法，编译效率较高，指令执行速度也较高。在数字滤波、FFT、谱分析等方面 DSP 算法正在大量进入嵌入式领域，DSP 应用正从在通用单片机中以普通指令实现 DSP 功能，过渡到采用嵌入式 DSP 处理器。

嵌入式 DSP 处理器比较有代表性的产品是 Texas Instruments 的 TMS320 系列和 Motorola 的 DSP56000 系列。

（4）嵌入式片上系统（System On Chip，SoC）。

随着 EDI 的推广和 VLSI 设计的普及化，及半导体工艺的迅速发展，在一个硅片上实现一个更为复杂的系统的时代已来临，这就是 System On Chip（SoC）。各种通用处理器内核将作为 SOC 设计公司的标准库，和许多其他嵌入式系统外设一样，成为 VLSI 设计中一种标准的器件,用标准的 VHDL 等语言描述,存储在器件库中。用户只需定义出其整个应用系统,仿真通过后就可以将设计图交给半导体工厂制作样品。这样除个别无法集成的器件以外,整个嵌入式系统大部分均可集成到一块或几块芯片中去,应用系统电路板将变得很简洁,对于减小体积和功耗、提高可靠性非常有利。

1.2.2　ARM 处理器的应用领域及一般特点

ARM 系列处理器是专门针对嵌入式设备设计的,是目前构造嵌入式系统硬件平台的首选。

1991 年,ARM(Advanced RISC Machines)公司成立于英国剑桥,其主要业务是设计 16 位和 32 位的嵌入式微处理器。但它本身并不生产和销售芯片,而是采用技术授权的方式,由合作公司生产各具特色的芯片。世界各大半导体生产商从 ARM 公司购买其设计的 ARM 处理器 IP 核,根据各自不同的应用领域,加入适当的外围电路,从而形成自己的 ARM 处理器芯片进入市场。因此 ARM 技术获得了更多的第三方工具、制造和软件的支持,又使整个系统成本降低,使产品更容易进入市场被消费者所接受,更具有竞争力。

目前,采用 ARM 技术知识产权(IP)核的微处理器,即通常所说的 ARM 处理器,已遍及工业控制、消费类电子产品、通信系统、网络系统、无线系统等各类产品市场,ARM 处理器的应用约占据了 32 位 RISC 微处理器 75% 以上的市场份额。

到目前为止,ARM 处理器及技术的应用已经深入到各个领域。

(1) 工业控制领域:作为 32 的 RISC 架构,基于 ARM 核的微控制器芯片不但占据了高端微控制器市场的大部分市场份额,同时也逐渐向低端微控制器应用领域扩展,ARM 处理器的低功耗、高性价比,向传统的 8 位/16 位微控制器提出了挑战。

(2) 无线通信领域:目前已有超过 85% 的无线通信设备采用了 ARM 技术,ARM 以其高性能和低成本,在该领域的地位日益巩固。

(3) 网络应用:随着宽带技术的推广,采用 ARM 技术的 ADSL 芯片正逐步获得竞争优势。此外,ARM 在语音及视频处理上进行了优化,并获得广泛支持,也对 DSP 的应用领域提出了挑战。

(4) 消费类电子产品:ARM 技术在目前流行的数字音频播放器、数字机顶盒和游戏机中得到广泛采用。

(5) 成像和安全产品:现在流行的数码相机和打印机中绝大部分采用 ARM 技术。手机中的 32 位 SIM 智能卡也采用了 ARM 技术。

除此以外,ARM 处理器及技术还应用到许多其他领域,并会在将来取得更加广泛的应用。

采用 RISC 架构的 ARM 处理器一般具有如下特点。

(1) 体积小、低功耗、低成本、高性能;

(2) 支持 Thumb(16 位)/ARM(32 位)双指令集,能很好地兼容 8 位/16 位器件;

(3) 大量使用寄存器,指令执行速度快;

(4) 大多数数据操作都在寄存器中完成;

(5) 寻址方式灵活简单,执行效率高;

(6) 采用固定长度的指令格式。

1.2.3　ARM 处理器系列

ARM 公司从成立以来,一直以知识产权(Intelligence Property,IP)提供者的身份出售知识产权，在 32 位 RISC CPU 开发领域中不断取得突破，并将 64 位架构支持引入到 ARM 架构中，其设计的处理器结构已经从 v3 发展到现在的 v8。ARM 系列处理器的核心及体系结构如表 1-1 所示。

表 1-1　ARM 系列处理器的核心及体系结构

序号	ARM 处理器核心	体系结构版本
1	ARM1	v1
2	ARM2	v2
3	ARM2As，ARM3	v2a
4	ARM6，ARM600，ARM610，ARM7，ARM700，ARM710	v3
5	StrongARM，ARM8，ARM810	v4
6	ARM7TDMI，ARM710T，ARM720T，ARM740T，ARM9TDMI，ARM920T，ARM940T	v4T
7	ARM9E-S，ARM10TDMI，ARM1020E	v5TE
8	ARM1136J(F)-S，ARM1176JZ(F)-S，ARM11 MPCore	v6
9	ARM1156T2(F)-S	v6T2
10	ARM Cortex-M，ARM Cortex-R，ARM Cortex-A	v7
11	ARM-A50	v8

1.3　嵌入式操作系统

1.3.1　嵌入式操作系统简介

早期的硬件设备很简单，软件的编程和调试工具也比较原始，与硬件系统配套的嵌入式软件都必须从头编写。程序也大都采用宏汇编语言，调试是一件很麻烦的事。随着系统越来越复杂，操作系统就显得很必要。

（1）操作系统可以有效管理越来越复杂的系统资源。

（2）操作系统可以把硬件虚拟化，使得开发人员从繁忙的驱动程序移植和维护中解脱出来。

（3）操作系统可以提供库函数、驱动程序、工具集以及应用程序。

在 20 世纪 70 年代的后期，出现了嵌入式系统的操作系统。在 20 世纪 80 年代末，市场上出现了几个著名的商业嵌入式操作系统，包括 VxWorks、Necleus、QNX 和 Windows CE 等，这些系统提供性能良好的开发环境，提高了应用系统的开发效率。进入 21 世纪，嵌入式技术全面展开，目前已成为通信和消费类产品的共同发展方向，以 Android 和 iOS 为代表的嵌入式操作系统也得到蓬勃发展。常见的嵌入式操作系统有以下几种。

1.3.2　嵌入式 Linux

Linux 从 1991 年问世到现在，短短的二十几年时间已经发展成为功能强大、设计完善的操作系统之一，不仅可以与各种传统的商业操作系统分庭抗争，在新兴的嵌入式操作系统领域内也获得了飞速发展。嵌入式 Linux(Embedded Linux)是指对标准 Linux 经过小型化裁剪处理之后，能够固化在容量只有几 KB 或者几 MB 的存储器芯片或者单片机中，适合于特定嵌入式应用场合的专用 Linux 操作系统。

嵌入式 Linux 的开发和研究是操作系统领域中的一个热点，目前已经开发成功的嵌入式系统中,大约有一半使用的是 Linux。Linux 之所以能在嵌入式系统市场上取得如此辉煌的成果,与其自身的优良特性是分不开的。

1. 广泛的硬件支持

Linux 能够支持 x86、ARM、MIPS、ALPHA、PowerPC 等多种体系结构,目前已经成功移植到数十种硬件平台,几乎能够运行在所有流行的 CPU 上。Linux 有着异常丰富的驱动程序资源,支持各种主流硬件设备和最新硬件技术,甚至可以在没有存储管理单元(MMU)的处理器上运行,这些都进一步促进了 Linux 在嵌入式系统中的应用。

2. 内核高效稳定

Linux 内核的高效和稳定已经在各个领域内得到了大量事实的验证,Linux 的内核设计非常精巧,分成进程调度、内存管理、进程间通信、虚拟文件系统和网络接口 5 大部分,其独特的模块机制可以根据用户的需要,实时地将某些模块插入到内核或从内核中移走。这些特性使得 Linux 系统内核可以裁剪得非常小巧,很适合于嵌入式系统的需要。

3. 开放源码,软件丰富

Linux 是开放源代码的自由操作系统,它为用户提供了最大限度的自由度,由于嵌入式系统千差万别,往往需要针对具体的应用进行修改和优化,因而获得源代码就变得至关重要了。Linux 的软件资源十分丰富,每一种通用程序在 Linux 上几乎都可以找到,并且数量还在不断增加。在 Linux 上开发嵌入式应用软件一般不用从头做起,而是可以选择一个类似的自由软件作为原型,在其上进行二次开发。

4. 优秀的开发工具

开发嵌入式系统的关键是需要有一套完善的开发和调试工具。传统的嵌入式开发调试工具是在线仿真器(In-Circuit Emulator,ICE),它通过取代目标板的处理器,给目标程序提供一个完整的仿真环境,从而使开发者能够非常清楚地了解到程序在目标板上的工作状态,便于监视和调试程序。在线仿真器的价格非常昂贵,而且只适合做非常底层的调试,如果使用的是嵌入式 Linux,一旦软硬件能够支持正常的串口功能时,即使不用在线仿真器也可以很好地进行开发和调试工作,从而节省了一笔不小的开发费用。嵌入式 Linux 为开发者提供了一套完整的工具链(Tool Chain),它利用 GNU 的 gcc 作编译器,用 gdb、kgdb、xgdb 作调试工具,能够很方便地实现从操作系统内核到用户态应用软件各个级别的调试。

5. 完善的网络通信和文件管理机制

Linux 至诞生之日起就与 Internet 密不可分,支持所有标准的 Internet 协议,并且很容易移植到嵌入式系统当中。此外,Linux 还支持 ext2、fat16、fat32、romfs 等文件系统,这些都为开发嵌入式系统应用打下了很好的基础。

目前,嵌入式 Linux 系统的研发热潮正在蓬勃兴起,并且占据了很大的市场份额,除了一些传统的 Linux 公司(如 RedHat、MontaVista 等)正在从事嵌入式 Linux 的开发和应用之外,IBM、Intel、Motorola 等著名企业也开始进行嵌入式 Linux 的研究。虽然前景一片灿烂,但就目前而言,要开发出真正成熟满足市场要求的嵌入式 Linux 系统,还需要从提高系统实时性、改善内核结构和完善集成环境等方面继续研究。

1.3.3　VxWorks

VxWorks 是目前嵌入式系统领域中使用最广泛、市场占有率最高的实时系统。它是美国 WindRiver 公司于 1983 年设计开发的。

VxWorks 具有以下特点。

（1）高度可靠性。稳定、可靠一直是 VxWorks 的突出优点，符合人们对嵌入式系统工作稳定、可信赖的需求，甚至满足在高精尖技术领域使用的可靠性要求。

（2）高实时性。VxWorks 系统本身的开销很小，进程调度、进程间通信、中断处理等模块精练而有效，它们造成的延迟很短。

（3）可裁减性好。VxWorks 具有高度灵活性，用户可以很容易地对这一操作系统进行定制或做适当开发，来满足自己的实际应用需要。

另外，VxWorks 支持多种处理器，如 x86、i960、Sun Sparc、Motorola MC68xxx、MIPS RX000、POWER PC 等。

1.3.4 μC/OS-Ⅱ

μC/OS 是一种免费公开源代码、结构小巧、具有可剥夺实时内核的实时操作系统。μC/OS-Ⅱ的前身是 μC/OS，1992 年由美国嵌入式系统专家 Jean J. Labrosse 完成。

μC/OS 的特点如下。

（1）专门为计算机的嵌入式应用设计，绝大部分代码是用 C 语言编写的。

（2）具有执行效率高、占用空间小、实时性能优良和可扩展性强等特点。

（3）但是 μC/OS-Ⅱ仅包含任务调度、任务管理、时间管理、内存管理和任务间的通信和同步等基本功能，没有提供输入输出管理，文件系统，网络等额外的服务。

1.3.5 Windows CE

微软公司的 Windows CE 操作系统自 1996 年开始发布第一个版本 Windows CE 1.0，2004 年 7 月发布了 Windows CE . NET 5.0 版本，2006 年 11 月发布了 Windows Embedded CE 6.0 版本。主要应用领域有 PDA 市场、Pocket PC、Smartphone、Mobile、工业控制、医疗等。

现代的嵌入式操作系统同嵌入式操作系统的定制或配置工具紧密联系，构成了嵌入式操作系统的集成开发环境。就 Windows CE 来讲，无法买到 Windows CE 这个操作系统，可以买到的是 Platform Builder for Windows Embedded CE 6.0 的集成开发环境，也简称为 PB，利用它可以剪裁和定制出一个符合需要的 Windows Embedded CE 6.0 的操作系统，因此，操作系统实际上完全是由自己定制出来的，这就是嵌入式操作系统最大的特点。

对于嵌入式的应用软件，通常就是指运行在嵌入式操作系统之上的软件了，这种软件由于不再针对常规的操作系统进行开发，因此很多如 VB、VC++ 等开发工具就不方便使用了，那么就有专门的 SDK 或集成开发环境来满足这种开发需要。在 Windows CE 操作系统上的应用软件开发，微软就提供了 Embedded Visual Basic（简称 EVB）、Embedded Visual C++（简称 EVC）、Visual Studio 等工具，它们是专门针对 Windows CE 操作系统的开发工具。把 Windows CE 操作系统中的 SDK（软件开发包）导出然后安装在 EVB 或 EVC 下，就可以变成专门针对这种设备或系统的开发工具了。Visual Studio 中的 VC++、VB 和 C♯也提供了对以 Windows CE 为操作系统的智能设备开发的支持。

以医疗仪器为例，在选择好嵌入式硬件环境后，定制出符合需要的 Windows CE 操作系统，利用这个系统导出 SDK，然后用 Visual Studio 基于这个 SDK 来开发信号采集、处理和病情分析的应用程序，最后就形成了一整套定制的医疗仪器技术。

1.3.6　Symbian

在 SmartPhone 领域,目前最主要的平台就是 Symbian 的 EPOC。

Symbian 的 EPOC 最早由 Psion 公司开发,Psion 在进军 SmartPhone 市场时,就已经把 Symbian EPOC 定性为开放源码的平台,跟 Linux 有异曲同工之妙,任何第三方都可以提出自己的意见并对平台做出改动,使 EPOC 发展迅速。随后 Psion 跟 Sony Ericsson、Nokia 及稍后加入的 Motorola 建立 Symbian 的联盟,发展至今,许多世界著名的智能手机生产厂商都已加入该联盟。

Symbian 是第一个支持 Java 的 SmartPhone 平台,Palm 以及 Pocket PC 相比之下只是刚起步。支持 Java 的结果是,马上就有一大堆现成的程序、游戏可以使用,使得 Symbian 普及得更快。

1.3.7　Android

Android 一词的本义是指"机器人",同时也是 Google 的基于 Linux 平台的开源手机操作系统的名称。Android 平台由操作系统、中间件、用户界面和应用软件组成,号称是首个为移动终端打造的真正开放和完整的移动软件。Android 是一个对第三方软件完全开放的平台,开发者在为其开发程序时拥有更大的自由度,突破了 iPhone 等只能添加为数不多的固定软件的枷锁;同时与 Windows Mobile、Symbian 等厂商不同,Android 操作系统免费向开发人员提供,这样可节省近三成成本。

为了共同开发其开源移动操作系统 Android,Google 成立了一个全球性的合作联盟——Open Handset Alliance(开放手机联盟)来支撑其嵌入式平台 Android 操作系统及其相关应用的全面发展,联盟成员为包括 Google、HTC(宏达电)、Philips、T-Mobile、高通、魅族、摩托罗拉、三星、LG 以及中国移动在内的 34 家企业,涵盖了从移动运营商到半导体硬件制造商,从手机制造商到软件开发商,横跨上中下游产业链,串联相关附属产业领域,大大提高了其在移动领域的竞争力。开放手机联盟表示,Android 平台可以促使移动设备的创新,让用户体验到最优越的移动服务,同时,开发商也将得到一个新的开放级别,更方便地进行协同合作,从而保障新型移动设备的研发速度。

Android 平台包括以下内容。

(1) 经过 Google 剪裁和调优的 Linux Kernel,对于掌上设备的硬件提供了优秀的支持。

(2) 经过 Google 修改的 Java 虚拟机 Dalvik,比 Sun 的 Java 虚拟机 Hotspot 执行性能更高。有了 Java 虚拟机,大部分 Java 核心类库可以直接运行。

(3) 大量立即可用的类库和应用软件,例如浏览器 WebKit,数据库 SQLite,在此基础上可轻易开发出媲美桌面应用的手机软件。

(4) Google 已经开发好的大量现成的应用软件,同时可以直接使用 Google 很多的在线服务。

(5) 基于 Eclipse 的完整开发环境、模拟器、文档、帮助、示例等。

2016 年第一季度,Android 在全球的智能手机操作系统份额约占到了 70% 左右。

1.3.8　iOS

苹果 iOS 是由苹果公司开发的手持设备操作系统。苹果公司最早于 2007 年 1 月 9 日的

Macworld 大会上公布这个系统，最初是设计给 iPhone 使用的，后来陆续用到 iPod touch、iPad 以及 Apple TV 等产品上。iOS 与苹果的 MacOS X 操作系统一样，也是以 Darwin 为基础的，同样属于 UNIX 类的商业操作系统。这个系统的原名为 iPhone OS，2010 年 6 月的 WWDC 大会上宣布改名为 iOS。

iOS 用户界面的创新设计是能使用多点触控直接操作，控制方法包括滑动、轻触开关及按键，交互方法包括滑动、轻按、挤压及旋转等。此外，通过其内置传感器，可旋转设备改变屏幕方向。另外，用户必须通过 iOS 自带的 iTunes 购买和下载歌曲和视频，通过 AppStore 购买和下载软件。iOS 界面的操作方式颠覆了传统的用户界面操作，iOS 系统的音视频和软件获取方式也颠覆了传统的获取方式，同时还拉动了一个更优秀更具商业价值的软件开发行业。iOS 的推出，颠覆了人们传统上对手机的认识和使用方法，获得了极大的成功。2016 年第一季度，iOS 在全球的智能手机操作系统份额约占到了 20% 左右。

1.3.9　其他嵌入式操作系统

QNX 是一个实时的、可扩充的操作系统，它部分遵循 POSIX 相关标准，如 POSIX.1b 实时扩展。它提供了一个很小的微内核以及一些可选的配合进程。其内核仅提供 4 种服务：进程调度、进程间通信、底层网络通信和中断处理。其进程在独立的地址空间运行。所有其他 OS 服务，都实现为协作的用户进程，因此 QNX 内核非常小巧（QNX4.x 大约为 12Kb）而且运行速度极快。这个灵活的结构可以使用户根据实际的需求，将系统配置成微小的嵌入式操作系统或是包括几百个处理器的超级虚拟机操作系统。

Palm OS 是早期由 U.S. Robotics（后被 3Com 收购，再独立改名为 Palm 公司）研制的专门用于其掌上电脑产品 Palm 的操作系统。该操作系统完全为 Palm 产品设计和研发，一度普占据了 90% 的 PDA 市场份额，获得了极大的成功。它有开放的操作系统应用程序接口（API），开发商可以根据需要自行开发所需要的应用程序。Lynx Real-time Systems 的 LynxOS 是一个分布式、嵌入式、可规模扩展的实时操作系统，它遵循 POSIX.1a、POSIX.1b 和 POSIX.1c 标准。LynxOS 支持线程概念，提供 256 个全局用户线程优先级；提供一些传统的、非实时系统的服务特征；包括基于调用需求的虚拟内存，一个基于 Motif 的用户图形界面，与工业标准兼容的网络系统以及应用开发工具。

1.4　嵌入式系统设计

1.4.1　嵌入式系统设计过程

按照常规的工程设计方法，嵌入式系统的设计可以分成三个阶段：分析、设计和实现。分析阶段是确定要解决的问题及需要完成的目标，也常常被称为需求阶段；设计阶段主要是解决如何在给定的约束条件下完成用户的要求；实现阶段主要是解决如何在所选择的硬件和软件的基础上进行整个软、硬件系统的协调实现。在分析阶段结束后，通常开发者面临的一个棘手的问题就是硬件平台和软件平台的选择，因为它的好坏直接影响着实现阶段的任务完成。

在嵌入式系统的应用开发中，整个系统的开发过程如图 1-2 所示。

通常硬件和软件的选择包括：处理器、硬件部件、操作系统、编程语言、软件开发工具、硬件调试工具、软件组件等。

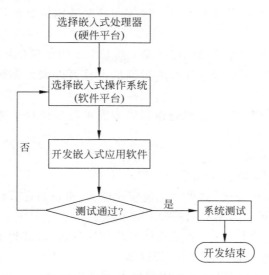

图 1-2　嵌入式系统开发流程

　　在上述选择中,通常处理器是最重要的,同时操作系统和编程语言也是非常关键的。处理器的选择往往同时会限制操作系统的选择,操作系统的选择又会限制开发工具的选择。

　　嵌入式系统发展到今天,对应于各种处理器的硬件平台一般都是通用的、固定的、成熟的,这就大大减少了由硬件系统引入错误的机会。此外,由于嵌入式操作系统屏蔽了底层硬件的复杂性,使得开发者通过操作系统提供的 API 函数就可以完成大部分工作,因此大大简化了开发过程,提高了系统的稳定性。嵌入式系统的开发者现在已经从反复进行硬件平台设计的过程中解脱出来,从而可以将主要精力放在满足特定的需求上。

　　嵌入式系统通常是一个资源受限的系统,因此直接在嵌入式系统的硬件平台上编写软件比较困难,有时候甚至是不可能的。目前一般采用的解决办法是首先在通用计算机上编写程序,然后通过交叉编译生成目标平台上可以运行的二进制代码格式,最后再下载到目标平台上的特定位置上运行。

1.4.2　硬件设计平台的选择

1. 处理器的选择

　　处理器作为嵌入式系统的核心部件,由于种类非常多,而嵌入式系统设计的差异性极大,因此选择是多样化的。

　　设计者在选择处理器时要考虑的主要因素有以下几个。

　　(1) 处理性能:一个处理器的性能取决于多个方面的因素,如时钟频率、内部寄存器的大小、指令是否对等处理所有的寄存器等。对于许多需要处理器的嵌入式系统设计来说,目标不是在于挑选速度最快的处理器,而是在于选取能够完成作业的处理器和 I/O 子系统。

　　(2) 技术指标:当前,许多嵌入式处理器都集成了外围设备的功能,减少了芯片的数量,降低了整个系统的开发费用。开发人员首先考虑的是,系统所要求的一些硬件能否无须过多的逻辑就连接到处理器上。其次是考虑该处理器的一些支持芯片,如 DMA 控制器、内存管理器、中断控制器、串行设备、时钟等的配套。

　　(3) 功耗:嵌入式处理器最大并且增长最快的市场是手持设备、电子记事本、PDA、手机、

GPS 导航器、智能家电等消费类电子产品。这些产品中选购的处理器，典型的特点是要求高性能、低功耗。

（4）软件支持工具：选择合适的软件开发工具对系统的实现会起到很好的作用。

（5）是否内置调试工具：处理器如果内置调试工具可以大大缩短调试周期，降低调试的难度。

（6）供应商是否提供评估板：许多处理器供应商可以提供评估板来验证理论是否正确，决策是否得当。

2. 硬件选择的其他因素

硬件选择要考虑的因素有以下几个。

（1）需要考虑的是生产规模，如果生产规模比较大，可以自己设计和制备硬件，这样可以降低成本。反之，最好从第三方购买主板和 I/O 板卡。

（2）需要考虑开发的市场目标，如果想使产品尽快发售，以获得竞争力，此时要尽可能买成熟的硬件；反之，可以自己设计硬件，降低成本。

（3）软件对硬件的依赖性，即软件是否可以在硬件没有到位的时候并行设计或先行开发也是硬件选择的一个考虑因素。

（4）只要可能，尽量选择使用普通的硬件。在 CPU 及架构的选择上，一个原则是：只要有可替代的方案，尽量不要选择 Linux 尚不支持的硬件平台。

1.4.3 软件设计平台的选择

如图 1-3 所示的嵌入式软件的开发流程，主要涉及代码编程、交叉编译、交叉链接、下载到目标板和调试等几个步骤，因此软件设计平台的选择也涉及以下几个方面。

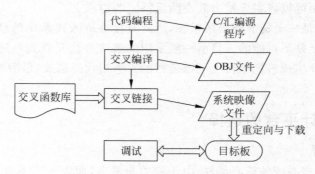

图 1-3　嵌入式系统软件设计流程

1. 操作系统

硬件方案确定之后，操作系统的选择就相对轻松了。硬件的不同，会影响操作系统的选择。低端无 MMU（Memory Management Unit，存储器管理单元）的 CPU，要使用 μCLinux 操作系统；而相对高端的硬件，则可以用标准的嵌入式 Linux 操作系统。

可用于嵌入式系统软件开发的操作系统很多，但关键是如何选择一个适合开发项目的操作系统，可以从以下几点进行考虑。

（1）操作系统提供的开发工具。有些实时操作系统（RTOS）只支持该系统供应商的开发工具，因此，还必须向操作系统供应商获取编译器、调试器等；而有些操作系统使用广泛，且有第三方工具可用，因此，选择的余地比较大。

（2）操作系统向硬件接口移植的难度。操作系统到硬件的移植是一个重要的问题，是关系到整个系统能否按期完工的一个关键因素。因此，要选择那些可移植性程度高的操作系统，避免操作系统难以向硬件移植而带来的种种困难，加速系统的开发进度。

（3）操作系统的内存要求。均衡考虑是否需要额外花钱去购买 RAM 或 EEPROM 来迎合操作系统对内存的较大要求。

（4）开发人员是否熟悉此操作系统及其提供的 API。

（5）操作系统是否提供硬件的驱动程序，如 SD 卡、LCD 屏幕等。

（6）操作系统的可剪裁性。有些操作系统具有较强的可剪裁性，如嵌入式 Linux、VxWorks 等。

（7）操作系统的实时性能。

2. 编程语言

编程语言的选择主要考虑以下因素。

（1）通用性。不同种类的处理器都有自己专用的汇编语言，这就为系统开发者设置了一个巨大的障碍，使得系统编程更加困难，软件重用无法实现；而高级语言一般和具体机器的硬件结构联系较少，多数处理器都有良好的支持，通用性较好。

（2）可移植性程度。汇编语言和具体的处理器密切相关，为某个处理器设计的程序不能直接移植到另一个不同种类的处理器上使用，移植性差；而高级语言对所有处理器都是通用的，程序可以在不同的处理器上运行，可移植性较好。

（3）执行效率。一般来说，越是高级的语言，其编译器和开销就越大，应用程序也就越大、越慢；但单纯依靠低级语言，如汇编语言来进行应用程序的开发，带来的问题是编程复杂、开发周期长。因此，存在一个开发时间和运行性能间的权衡问题，设计者应通过目标环境的计算能力确定可接受的运行性能。

（4）可维护性。低级语言如汇编语言，可维护性不高。高级语言程序往往是模块化设计，各个模块之间的接口是固定的，当系统出现问题时，可以很快地将问题定位到某个模块内，并尽快得到解决。另外，模块化设计也便于系统功能的扩充和升级。

下面来看一下几种主要的开发语言。

在嵌入式系统开发过程中使用的语言种类很多，比较广泛应用的高级语言有 Ada、C/C++ 和 J2ME 等。Ada 语言定义严格，易读易懂，有较丰富的库程序支持，目前在国防、航空、航天等相关领域应用比较广泛，未来仍将在这些领域占有重要地位。C 语言具有广泛的库程序支持，目前在嵌入式系统中是应用最广泛的编程语言，在将来很长一段时间内仍将在嵌入式系统应用领域占重要地位。C++ 是一种面向对象的编程语言，目前在嵌入式系统设计中也得到了广泛的应用，但 C 与 C++ 相比，C++ 的目标代码往往比较庞大和复杂，在嵌入式系统应用中应充分考虑这一因素。J2ME 有很强的跨平台特性，其"一次编程，到处可用"的特性，使得它在很多领域备受欢迎。随着网络技术和嵌入式技术的不断发展，J2ME 及嵌入式 Java 的应用也将越来越广泛，但是消耗硬件资源较大。

3. 集成开发环境

集成开发环境（Integrated Development Environment，IDE）是进行开发时重要的平台，开发者选择时应考虑以下因素。

（1）系统调试器的功能，包括远程调试环境。

（2）支持库函数。许多开发系统提供大量使用的库函数和模板代码，如大家比较熟悉

C++编译器就带有标准的模板库。它提供了一套用于定义各种有用的集装、存储、搜寻、排序对象。与选择硬件和操作系统的原则一样：尽量采用标准的 glibc。

（3）编译器开发商是否持续升级编译器。

（4）链接程序是否支持所有的文件格式和符号格式。

1.4.4 嵌入式应用软件开发

1. 交叉开发

需要交叉开发环境（Cross Development Environment）的支持是嵌入式应用软件开发时的一个显著特点。交叉开发环境是指编译、链接和调试嵌入式应用软件的环境，它与运行嵌入式应用软件的环境有所不同，通常采用宿主机/目标机模式。宿主机（Host）是一台通用计算机（如 PC 或者工作站），它通过串口或者以太网接口与目标机通信。宿主机的软硬件资源比较丰富，不但包括功能强大的操作系统（如 Windows 和 Linux），而且还有各种各样优秀的开发工具，能够大大提高嵌入式应用软件的开发速度和效率。目标机（Target）一般在嵌入式应用软件开发和调试期间使用，用来区别与嵌入式系统通信的宿主机。目标机可以是嵌入式应用软件的实际运行环境，也可以是能够替代实际运行环境的仿真系统，但软硬件资源通常都比较有限。

嵌入式系统的交叉开发环境一般包括交叉编译器、交叉调试器和系统仿真器，其中交叉编译器用于在宿主机上生成能在目标机上运行的代码，而交叉调试器和系统仿真器则用于在宿主机与目标机间完成嵌入式软件的调试。在采用宿主机/目标机模式开发嵌入式应用软件时，首先利用宿主机上丰富的资源和良好的开发环境开发和仿真调试目标机上的软件，然后通过串口或者以网络将交叉编译生成的目标代码传输并装载到目标机上，并在监控程序或者操作系统的支持下利用交叉调试器进行分析和调试，最后目标机在特定环境下脱离宿主机单独运行。

建立交叉开发环境是进行嵌入式软件开发的第一步，目前常用的交叉开发环境主要有开放和商业两种类型。开放的交叉开发环境的典型代表是 GNU 工具链、目前已经能够支持 x86、ARM、MIPS、PowerPC 等多种处理器。商业的交叉开发环境则主要有 Metrowerks CodeWarrior、ARM Software Development Toolkit、SDS Cross compiler、WindRiver Tornado、Microsoft Visual Studio、Android Studio、Xcode 等。

2. 交叉调试

嵌入式软件经过编译和链接后即进入调试阶段，调试是软件开发过程中必不可少的一个环节，嵌入式软件开发过程中的远程调试与通用软件开发过程中的调试方式有所差别。在通用软件开发中，调试器与被调试的程序往往运行在同一平台上，调试器是一个单独运行着的进程，它通过操作系统提供的调试接口来控制被调试的进程。而在嵌入式软件开发中，调试时采用的是在宿主机和目标机之间进行的远程调试，调试器仍然运行在宿主机的通用操作系统之上，但被调试的进程却是运行在基于特定硬件平台的嵌入式操作系统中，调试器和被调试进程通过串口或者网络进行通信，调试器可以控制、访问被调试进程，读取被调试进程的当前状态，并能够改变被调试进程的运行状态。

远程调试（Remote Debug）允许调试器以某种方式控制目标机上被调试进程的运行方式，并具有查看和修改目标机上内存单元、寄存器以及被调试进程中变量值等各种调试功能。

嵌入式系统远程调试方法有很多，可被细分成不同的层次，但一般都具有以下特点。

（1）调试器和被调试进程运行在不同的机器上，调试器运行在 PC 或者工作站上（宿主机),而被调试的进程则运行在各种专业调试板上(目标机)。

(2)调试器通过某种通信方式与被调试进程建立联系,如串口、并口、网络、DBM、JTAG或者专用的通信方式。

(3)在目标机上一般会具备某种形式的调试代理,它负责与调试器共同配合完成对目标机上运行着的进程的调试。这种调试代理可能是某些支持调试功能的硬件设备(如 DBI 2000),也可能是某些专门的调试软件(如 gdbserver)。

(4)目标机可能是某种形式的系统仿真器,通过在宿主机上运行目标机的仿真软件,整个调试过程可以在一台计算机上运行。此时物理上虽然只有一台计算机,但逻辑上仍然存在着宿主机和目标机的区别。

在嵌入式软件开发过程中的调试方式有很多种,应根据实际的开发要求和条件进行选择。

1.4.5 测试和优化

嵌入式系统的硬件一般采用专门的测试仪器进行测试,而软件则需要有相关的测试技术和测试工具的支持,并要采用特定的测试策略。在嵌入式软件测试中,常常要在基于目标机的测试和基于宿主机的测试之间做出折中,基于目标机的测试需要消耗较多的时间和经费,而基于宿主机的测试虽然代价较小,但毕竟是在仿真环境中进行的,因此难以完全反映软件运行时的实际情况。这两种环境下的测试可以发现不同的软件缺陷,关键是要对目标机环境和宿主机环境下的测试内容进行合理取舍。

嵌入式软件的测试除了逻辑正确性的常规测试之外,相比 PC 软件,更加看重性能测试和健壮性测试。一方面由于嵌入式环境的资源稀缺性,CPU 主频低、内存小,只有少量甚至没有存储空间可用等;另一方面是嵌入式软件一般都固化在存储介质上,不易修改升级,而且运行环境比较恶劣,如发生断电、物理损坏、异常进程切换等情况。

小 结

现今的嵌入式系统在网络化潮流的推动下,正逐渐摆脱过去那种小巧而简单的模式,开始进入复杂度高、功能强大的阶段,吸引了许多程序设计人员和硬件开发人员的视线。本章讨论了嵌入式系统的基本概念、特点和发展,接着介绍了嵌入式处理器,并着重介绍了目前世界上使用最多的 ARM 嵌入式处理器。然后本章介绍了当前主流的各个嵌入式方向的操作系统。在此基础上,介绍了嵌入式系统设计的开发流程、开发工具与方法、调试工具与方法和测试与优化等,并向读者指出嵌入式系统的开发与一般通用计算机软件开发的不同点及应该注意的事项,这些都是今后在进行嵌入式系统开发时必须具备的基础知识。

进一步探索

(1)了解 ARM 处理器的最新产品,在技术上和产品性能上有哪些突破,在此基础上了解嵌入式系统硬件平台的发展趋势是什么。

(2)嵌入式操作系统领域,各个发行版本的特点,并了解它们的发展趋势。

(3)综合嵌入式处理器和嵌入式操作系统的产品来看,哪些产品的结合在一起应用比较多,其原因是什么。

## 第 2 章

ARM 处理器和指令集

ARM 系列处理器凭借其小体积、低功耗、低成本和高性能，针对不同层次的需求有不同的产品类型，几乎占据了嵌入式处理器的整个市场。ARM 处理器是基于 RISC（精简指令集）设计的，支持 32 位的 ARM 指令集和 16 位的 Thumb 指令集。ARM 指令集效率高，但是代码密度低，而 Thumb 指令集具有更好的代码密度，却仍然保持 ARM 的大多数性能上的优势，ARM 指令集的子集。

本章将首先介绍 ARM 处理器的指令集体系架构和系列产品，然后介绍 ARM 指令集，在此基础上对 ARM 的寻址方式进行深入介绍，最后对 32 位 ARM 指令和 16 位 Thumb 指令中的各类常用指令进行介绍。

通过本章的学习，读者可以获得以下知识点。

（1）ARM 指令集体系结构发展；

（2）ARM 处理器系列介绍；

（3）RISC 基本知识；

（4）ARM 指令寻址方式；

（5）ARM 指令和 Thumb 指令。

2.1　ARM 处理器简介

2.1.1　ARM 公司和 ARM 产品简介

ARM 公司总部位于英国剑桥，全称 Advanced RISC Machines，成立于 1990 年，最初由 Arcon、Apple 和 VLSI 合资成立。作为一家全球领先的芯片设计公司，它的经营模式比较独特，与 Intel，AMD 等公司自己设计自己制造处理器的路线不同，ARM 自己并不制造和销售半导体芯片，而是将芯片设计技术授权给客户，再由客户根据自己的需求封装适当的外围电路形成 ARM 处理器进入市场。通过这种知识产权（IP）的授权方式，目前 ARM 的合作伙伴包括世界最顶级的芯片生产和系统设计公司，20 家全球最大的半导体厂商中有 19 家是 ARM 的用户，包括德州仪器、意法半导体、Atmel、Philips、Intel、三星等。而像 Microsoft，Sun 和 MRI 等知名软件系统公司也获得了 ARM 公司提供的技术授权。

ARM 设计了大量高性能、低成本、低耗能的 RISC 处理器及相关技术和软件，这些特性让它迅速占领了嵌入式市场，嵌入式设备在消费电子、工业控制、通信系统、网络系统、军工项目中得到大量应用。

2.1.2　ARM 指令集体系结构版本

ARM 的 32 位指令体系设计具有出色的性价比，到目前为止基于 ARM 技术的处理器大约占据了 32 位 RISC 处理器 80% 以上的市场份额。ARM 公司从成立至今,总共推出了 8 个版本的体系结构,不仅引入了 Thumb 16 位指令集,而且性能也不断提高。

1. v1 版本

该版本并未商业化,而只在原型机 ARM1 上出现过,它的寻址空间为 64MB,处理能力有限,只提供基本的数据处理指令,甚至不包含乘法指令。此外,v1 提供基于字节、字、多字的 load/store 存储器访问指令;子程序调用指令(BL)和链接指令;完成操作系统调用的软件中断指令 SWI。

2. v2 版本

版本 2 是版本 1 的扩展,它还包括一个扩展版本 v2a。ARM2 采用了 v2 版本,而 ARM3 则是 v2a 架构。与版本 1 相比,版本 2 增加了一些功能:它支持乘法指令和乘加指令;支持协处理器操作指令;对于快中断(FIQ)提供影子寄存器支持;支持 SWP 和 SWPB 指令,实现最基本的存储器和寄存器内容交换。

3. v3 版本

前两个版本并没有产生非常大的影响,而从 v3 开始,ARM 体系结构被大规模应用,主要是因为 v3 在三个方面产生了很大的变化。

第一方面是地址空间扩展到 32 位,而且向前兼容(除了 v3g 子版本以外)26 位的地址空间。第二方面是 v3 增加了两个非常重要的寄存器:CPSR(Current Program Status Register,当前程序状态寄存器)和 SPSR(Saved Program Status Register,备份程序状态寄存器)。CPSR 是当前程序状态寄存器,用来存储当前运行程序的一些状态量,例如指令集结构、系统工作模式等。SPSR 是备份程序状态寄存器,是在程序运行被异常中断时用来保护现场的。为了方便读写这两个寄存器,v3 还增加了两条指令:MRS 指令和 MSR 指令。MRS 指令将状态寄存器的值保存到通用寄存器中,而 MSR 则是将通用寄存器中的值还原到状态寄存器中。第三方面是 v3 增加了中止(Abort)和未定义两种异常模式,使得操作系统可以比较方便地使用数据访问中止异常,指令预取中止异常和未定义指令异常。同时 v3 还改进了从异常返回的指令。

4. v4 版本

版本 4 是被最广泛应用的 ARM 体系结构,ARM7、ARM9、StrongARM 都采用 v4 架构。与之前的版本相比,版本 4 在很多地方都有飞跃性的创新。

首先,v4 引入了 Thumb 状态。当处理器工作于 Thumb 状态下时,处理器指令集为 16 位。有关 Thumb 状态和 Thumb 指令在 2.2.2 节中会有较详细介绍。在该版本下,处理器存在两种工作状态,使用两套指令集,即程序的编写可以同时包含 ARM 指令和 Thumb 指令,程序在执行中能够在两种状态之间相互切换。其次,v4 在处理器系统模式上增加了系统模式,在该模式下,处理器使用的是用户模式下的寄存器。第三,增加了对有符号、无符号半字和有符号字节的存/取指令。

5. v5 版本

版本 5 是在版本 4 基础上增加了一些新的指令,ARM9E、ARM10 和 XScale 都采用 v5 架构。这个版本主要可分为两个变形版本 5T 和 5TE。与 v4 相比,指令集主要有以下的变化:提高了 ARM 指令集和 Thumb 指令集的混合使用的效率;增加了前导零计数(CLZ)指令,该指令使整数除法和中断优先级排队操作更为有效;引入了软件断点(BKPT)指令,这个指令可以用来进行中断调试;增加了数字信号处理指令(v5TE 版)。

6. v6 版本

版本 6 于 2001 年发布,并在 ARM11 处理器进行了使用。v6 具备高性能定点 DSP 功能,并引入全新 Jazelle 技术,有效降低了 Java 应用程序对内存的空间占用,同时在性能上有大幅提高。在多媒体处理性能上,v6 在降低耗电量的前提下提高了图像处理能力,通过支持 SIMD (Single Instruction Multiple Data,单指令流多数据流)技术,使语音和图像处理能力提到原机型的 4 倍。同时 v6 支持多处理器内核。

7. v7 版本

版本 7 是目前为止 32 位 ARM 处理器体系结构的最高版本,该架构定义了三大系列: "A"系列面向尖端的基于虚拟内存的操作系统和用户应用;"R"系列针对实时系统;"M"系列对微控制器和低成本应用提供优化。新的 ARM Cortex 处理器系列是基于 v7 架构的。

v7 采用了 Thunmb-2 技术,该技术比纯 32 位代码减少了 31%的内存占用,却能够提供比已有的基于 Thumb 技术的解决方案高出 38%的性能表现;并且向前兼容为早期处理器编写的代码;采用 NEON 技术,即进阶 SIMD 延伸集,它是一个结合 64 位和 128 位的 SIMD 指令集,从而将 DSP 和媒体处理能力提高了近四倍。并支持改良的浮点运算。同时支持改良的运行环境,以迎合不断增加的 JIT(Just In Time)和 DAC(Dynamic Adaptive Compilation)技术的使用。

8. v8 版本

2011 年 11 月,ARM 公司发布了新一代处理器架构 ARMv8 的部分技术细节。ARMv8 是 ARM 系列处理器中首款支持 64 位指令集的处理器架构,将被用于对扩展虚拟地址和 64 位数据处理技术有更高要求的产品领域,如企业应用、高档消费电子产品。

ARMv8 架构跟 AMD 和 Intel 的 64 位处理器的做法一样,采取 64 位兼容 32 位的方式。ARMv8 架构包含两个执行状态:AArch64 和 AArch32。AArch64 执行状态针对 64 位处理技术,引入了一个全新指令集 A64;而 AArch32 执行状态将支持现有的 ARM 指令集。目前的 ARMv7 架构的主要特性都将在 ARMv8 架构中得以保留或进一步拓展,如 TrustZone 技术、虚拟化技术及 NEON advanced SIMD 技术等。

2.1.3 ARM 处理器系列

ARM 处理器以及授权厂商基于 ARM 体系结构设计的处理器现在主要有下面几个系列: ARM7 系列,ARM9 系列,ARM9E 系列,ARM10E 系列,ARM11 系列,Cortex 系列, SecurCore 系列。

不同系列的处理器有着不同的性能特点,面向不同的需求群体。下面将对每个系列的产品做一个比较详细的介绍。

按照命名规律上的特点,首先介绍以 ARM 开头的 5 个处理器,从 ARM7 到 ARM11,它们的系列号由低到高,提供了对从低端应用直到高端应用的不同支持。然后再分别介绍 SecurCore 系列、StrongARM 系列和 XScale 系列。

ARM7 系列处理器为低功耗的 32 位 RISC 处理器,支持 16 位 Thumb 指令集,典型处理速度为 0.9MIPS/MHz,常见的系统主时钟为 20~133MHz,适用于价位低、功耗低的消费类应用。其主要应用领域为:工业控制、Internet 设备、网络和调制解调器设备、移动电话等多种多媒体和嵌入式应用。其中,ARM7TDMI 是目前使用最广泛的 32 位嵌入式 RISC 处理器,没有 MMU,只能运行像 μCLinux 那样不需要 MMU 支持的操作系统,而无法运行标准的

Linux。

ARM9 系列处理器提供了更高的性能：流水线级数由 ARM7 的三级增加到五级；支持数据 Cache 和指令 Cache，具备更高的指令和数据处理能力；增加了对 32 位 ARM 指令集的支持；提供全性能的 MMU，支持 Windows CE、Linux、Palm OS 等多种主流嵌入式操作系统。其典型处理速度为 1.1MIPS/MHz，常见的 ARM9 芯片的系统主时钟为 100～233MHz，主要应用于无线设备、仪器仪表、安全系统、机顶盒、高端打印机、数字照相机和数字摄像机等。

ARM9E 系列处理器为综合处理器：使用单一的处理器内核；支持 VFP9 浮点处理协处理器；提供了微控制器、DSP、Java 应用系统的解决方案，极大地减少了芯片的面积和系统的复杂程度。ARM9E 系列处理器提供了增强的 DSP 处理能力，很适合于那些需要同时使用 DSP 和微控制器的应用场合。ARM9E 系列主要应用于下一代无线设备、数字消费品、成像设备、工业控制、存储设备和网络设备等领域。

ARM10E 系列处理器由于采用了新的体系结构，支持 VFP10 浮点处理协处理器，并且内嵌并行读/写操作部件。ARM10E 系列与同等的 ARM9 器件相比较，在同样的时钟频率下，性能提高了近 50%，其典型处理速度为 1.25MIPS/MHz，其时钟频率则可以高达 400MHz。同时，由于采用了两种先进的节能方式，ARM10E 系列处理器得以保留功耗极低的优点。ARM10E 系列处理器主要应用于下一代无线设备、数字消费品、成像设备、工业控制、通信和信息系统等领域。

ARM11 系列处理器基于 ARMv6 的第一代设计实现，内核时钟频率可达 350MHz～1GHz。ARM11 处理器的流水线与以往内核不同，由 8 级流水线组成，比以前的 ARM 内核提高了 40% 的吞吐量，并通过 forwarding 技术来避免流水线太长造成的执行效率降低。ARM11 允许用户在向要求授权时选择是否包括浮点处理器内核，增加了定制的灵活性。ARM11 媒体处理能力强，功耗低，特别适合用于无线和消费类电子产品；高数据吞吐量和高性能适合网络应用；而且它具有很高的实时性，能够满足高端的嵌入式实时应用系统。

如果按照上述命名规则，Cortex 可能应该被叫做"ARM12"之类的，它是目前 ARM 最高端的处理器系列，基于 ARM 最新的 v7 架构（除 Cortex-M0 和 Cortex-M1，它们是基于 v6 架构）。Cortex 主要分为三个系列：Cortex-A、Cortex-R 和 Cortex-M。Cortex-A 面向高性能应用，它具有长达 13 级的流水线，并且可以支持 1～4 个核，每个核处理速度高达 1.5～2.5DMIPS/MHz。Cortex-R 面向具有高实时性要求的应用，通常应用于专用集成电路（ASIC）。它仍然采用 8 级流水线，处理速度为 1.6DMIPS/MHz，但是能耗是出奇的低，仅有 6.3DMIPS/mW。Cortex-M 是全球微控制器的标准，面向对能耗和价格有较高要求的用户，它采用低延迟的 3 级流水线，支持休眠模式，并提供多级电源域。

SecurCore 系列处理器专为安全需要而设计，提供了完善的 32 位 RISC 技术的安全解决方案。SecurCore 系列处理器在系统安全方面具有如下的特点。

（1）带有灵活的保护单元，以确保操作系统和应用数据的安全。

（2）采用软内核技术，防止外部对其进行扫描探测。

（3）可集成用户自己的安全特性和其他协处理器。

SecurCore 系列处理器主要应用于一些对安全性要求较高的应用产品及应用系统，如电子商务、电子政务、电子银行业务、网络和认证系统等。

2.2　ARM 指令集简介

2.2.1　RISC 简介

ARM 的全称"Advanced RISC Machine"很明确地说明了它是一种 RISC 处理器。所谓的 RISC 是计算机中央处理器的一种设计模式，全称 Reduced Instruction Set Computer，中文称为精简指令集计算机。1974 年，IBM 研究中心的研究人员发现，计算机不同指令的执行密度有非常大的差异，其中有 20% 的指令会被频繁地使用到，承担了几乎 80% 的计算任务。当时计算机处理器普遍采用的是 CISC(Complex Instruction set Computer)指令结构，CISC 的指令类型很多，总共包含三百多条指令，而且单条指令功能也很复杂，例如同一条指令中会进行取操作数、乘除法计算、回写结果等复杂操作。这样做的目的是为了支持高级语言、应用程序的复杂功能，当然导致的必然结果便是增加了处理器结构的复杂性，提高了生产成本。但实际情况是，这种复杂性增加的成本要远大于复杂指令所带来的效益，鉴于这种情况，RISC 的概念被提了出来，RISC 选取使用最为频繁的简单指令及部分复杂指令，而且指令等长，通常指令为 16 位或 32 位，指令格式更加规格化和简单化，并采用高效的流水线操作，提高了数据和指令的处理速度。同时，RISC 结构采用大量的寄存器，大部分操作都在寄存器之间进行，以提高效率。存储器访问指令被独立出来，避免 CISC 结构中指令频繁的内存访问操作。

除了 ARM 以外，还有很多处理器都采用 RISC 结构，像高档服务器中应用的 HP 公司的 PA-RISC、IBM 的 Power PC 以及 SUN 公司的 SPARC 等。RISC 也并不是没有缺点，例如当用一系列指令完成某个简单任务时，由于取指令的次数变多，会导致执行时间变长。现在的 CPU 发展趋势是融合 CISC 和 RISC 各自的优点，例如超长指令集的应用。Intel 现在的 CISC 处理器已经具有了明显的 RISC 特性。

2.2.2　ARM 状态和 Thumb 状态

如 2.1.2 节所介绍的，从 v4 版本开始，ARM 引入了 Thumb 指令集。Thumb 指令为 16 位，能完成的功能是 32 位 ARM 指令的子集。对应这两类指令，ARM 处理器支持两种运行状态：ARM 状态和 Thumb 状态，ARM 指令必须在 ARM 状态下执行；同样，Thumb 指令也必须处于 Thumb 状态下执行。ARM 处理器可以在两种状态下进行切换。只要遵循 ATPCS 调用规则，Thumb 子程序和 ARM 子程序之间可以进行相互调用。

ARM 指令和 Thumb 指令并存可以增加系统的灵活性，ARM 指令在 32 位的存储下性能较高；而 Thumb 指令具有较高的指令密度，可以有效降低存储器功耗，并且在 16 位的存储器下具有较好的性能。

在一些情况下是必须使用 ARM 指令的：ARM 处理器启动的第一句指令必须是 ARM 指令，随后可以根据需要切换到 Thumb 状态下执行 Thumb 指令。访问程序状态寄存器 CPSR 或协处理器时必须是 ARM 指令。ARM 在处理异常中断时会自动切换到 ARM 状态，执行中断处理程序入口处的 ARM 指令，之后程序也可以切换到 Thumb 状态，但在中断程序返回时，会再次自动切换到 ARM 状态。

ARM 状态和 Thumb 状态切换可以通过 BX(Branch eXchange)指令来实现。BX 指令将通用寄存器 Rn(R0～R15)的值复制到程序寄存器 PC 中来实现 4G 地址范围的绝对跳转。

BX 指令通过判断 Rn 所存储的目标地址的最后一位来判断要跳转到什么状态：若 Rn[0]＝0，则跳转到 ARM 状态，若 Rn[0]＝1，则跳转到 Thumb 状态。CPSR 的位 5 是 T 位，即状态控制位，它的值决定了处理器的运行状态。当 T＝1 时，处理器处于 Thumb 状态，当 T＝0 时，则处于 ARM 状态。可以通过直接修改 CPSR 的 T 位来达到切换运行状态的目的，但是这样有时会出现问题，因为 ARM9 采用 5 级流水线结构，在执行过程中，流水线上会存在多条预取指令。若修改了 CPSR 的 T 位，状态的切换会导致预取指令执行出错。而 BX 指令实现状态切换时，会清除流水线上的预取指令，保证在新状态下重新进行指令预取，从而避免了上述问题。在 v4 版本中的函数调用中，如果调用过程不涉及状态的切换，情况比较简单，只需要用到 BL 指令就可以实现了，此时 R14，即连接寄存器 LR 会保存函数的返回地址，当程序结束时只要用 LR 来恢复 PC 就能实现函数返回了。但如果函数调用时需要进行状态切换，情况会复杂一点儿，BL 指令不能进行状态切换，需要执行 BX 指令，但 BX 指令不能自动保存函数的返回地址，需要在调用 BX 指令前保存 LR。当函数返回时，需要用指令：

```
BX  LR
```

具体过程可以用图 2-1 表示。

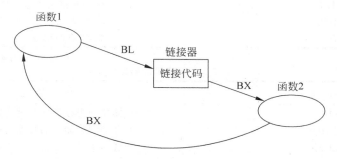

图 2-1　不同状态间的函数调用

到了 ARM v5 版本后，引入了一条新的指令 BLX，从命名规则就可以看出，它结合了 BL 和 BX 指令各自的功能特点，它使得交互的函数调用通过一条指令就可以实现。所以在 AMR9E 中可以通过执行 BLX 来进行跨状态的函数调用。v5 版本还能将 PC 加载值的最低位自动地送到 CPSR 的 T 位，这样就能通过给 PC 赋值来实现状态的切换。

2.2.3　ARM 指令类型和指令的条件域

ARM 指令集属于加载/存储型指令，指令的操作数都储存在寄存器中，处理结果直接放回到目的寄存器中，而想要访问存储器需要使用专门的存储器访问指令。ARM 指令集可以分为 6 类，分别是跳转指令、数据处理指令、存储器访问指令、协处理器指令、杂项指令和饱和算术指令。基本的指令如表 2-1～表 2-6 所示。

表 2-1　跳转指令

助 记 符	功 能 描 述	助 记 符	功 能 描 述
B	跳转指令	BLX	带链接和状态切换的跳转指令
BL	带链接的跳转指令	BX	带状态切换的跳转指令

表 2-2　数据处理指令

助记符	功 能 描 述
MOV	数据传输指令
MVN	数据取反传输指令
ADD	加法指令
SUB	减法指令
RSB	逆向减法指令
ADC	带进位加法指令
SBC	带借位减法指令
RSC	带借位逆向减法指令
AND	逻辑与指令
ORR	逻辑或指令
EOR	异或指令
BIC	位清零指令
CMP	比较指令
CMN	比较反指令
TST	位测试指令
TEQ	相等测试指令
MUL	32 位乘法指令
MLA	32 位乘加指令

表 2-3　存储器访问指令

助记符	功 能 描 述
LDR	存储器到寄存器的数据传输指令
STR	寄存器到存储器的数据传输指令
LDM	加载多个寄存器指令
STC	协处理器寄存器写入存储器指令
STM	批量内存字写入指令
SWP	交换指令

表 2-4　协处理器指令

助记符	功 能 描 述
CDP	协处理器数据操作指令
LDC	协处理器从存储器读取数据指令
STC	协处理器寄存器写入存储器指令
MCR	ARM 寄存器到协处理器寄存器的数据传输指令
MRC	协处理器寄存器到 ARM 寄存器的数据传输指令

表 2-5　杂项指令

助记符	功 能 描 述
SWI	软件中断指令
MRS	传送 CPSR 或 SPSR 的内容到通用寄存器指令
MSR	传送通用寄存器到 CPSR 或 SPSR 的指令
BKPT	断点指令

表 2-6　饱和算术指令

助记符	功能描述
QADD	饱和加法
QSUB	饱和减法
QDADD	$SAT(Rm+SAT(Rn\times2))$
QDSUB	$SAT(Rm-SAT(Rn\times2))$

上述指令在 2.4 节中会有详细的介绍。

ARM 指令一般由操作码、目的寄存器、操作数几部分组成，并可以配合条件码，S 后缀等可选项目，以完成更复杂操作，它的格式一般为：

< opcode>{<cond>}{S} <Rd>,<Rn> {, <shift_op2>}

指令中<>内的项目是必需的，例如 opcode，Rd，Rn 等，{}内的项目是可选的，可以根据功能需求选择，各个项目的具体含义如表 2-7 所示。

表 2-7　ARM 指令格式

opcode	操作码，即指令助记符，如 BL，ADD
cond	条件码，描述指令执行的条件，在下文会有详细介绍
S	可选后缀，若在指令后加上"S"，在指令完毕后会自动更新 CPSR 中条件码标志位的值
Rd	ARM 指令中的目标操作数总是一个寄存器，通常用 Rd 表示
Rn	存放第 1 操作数的寄存器
opcode2	第 2 操作数，它的使用非常灵活，不仅可以是寄存器，还能使用立即数，而且能够使用经过位移运算的寄存器和立即数，这在下文也会介绍

ARM 指令集不同寻常的特征是几乎每条指令（除了某些 v5T 指令）都可以是条件执行的。ARM 指令的最高 4 位[31:28]称为条件码，它指定了指令要执行所需要满足的条件。而条件是否满足，需要根据当前程序状态寄存器 CPSR 中的条件码标志位[31:28]的复制情况决定。ARM 指令的条件码以两个字符表示，可以添加到指令助记符的后面和指令同时使用，例如常见的 BEQ 指令，B 是跳转指令，EQ 是指令条件域，约束指令只有在"相等"的情况才会跳转，而是否"相等"则要参照 CPSR 中的位[30]中 Z 标志的值决定。条件码共 4 位，总共可以表示 16 种情况，在 ARM9 中，第 16 种(1111)情况属于系统保留。条件码的具体描述如表 2-8 所示。

表 2-8　ARM 指令条件码

AMR 指令条件码	助记符	描述	CPSR 条件码标志位的值
0000	EQ	相等，运行结果为 0	Z 置位
0001	NE	不相等，运行结果不为 0	Z 清零
0010	CS/HS	无符号数大于等于	C 置位
0011	CC/LO	无符号数小于	C 清零
0100	MI	负数	N 置位
0101	PL	非负数	N 清零
0110	VS	上溢出	V 置位
0111	VC	没有上溢出	V 清零
1000	HI	无符号数大于	C 置位且 Z 清零

续表

AMR 指令条件码	助记符	描　述	CPSR 条件码标志位的值
1001	LS	无符号数小于等于	C 清零且 Z 置位
1010	GE	带符号数大于等于	N＝V
1011	LT	带符号数小于	N！＝V
1100	GT	带符号数大于	Z 清零且 N＝V
1101	LE	带符号数小于等于	Z 置位且 N！＝V
1110	AL	无条件执行	
1111		系统保留	

　　< shift_op2 >形式非常灵活,共有 11 种形式。这是 ARM 的一个显著特点,就是在第 2 操作数进入算术逻辑单元之前可以先对操作数进行各种方式的左移或右移。具体形式如表 2-9 所示。

表 2-9　< shift_op2 >的各种形式

语　法	含　义
＃< immediate >	立即数寻址
< Rm >	寄存器寻址
< Rm >, LSL ＃< shift_imm >	立即数逻辑左移
< Rm >, LSL < Rs >	寄存器逻辑左移
< Rm >, LSR ＃< shift_imm >	立即数逻辑右移
< Rm >, LSR < Rs >	寄存器逻辑右移
< Rm >, ASR ＃< shift_imm >	立即数算术右移
< Rm >, ASR < Rs >	寄存器算术右移
< Rm >, ROR ＃< shift_imm >	立即数循环右移
< Rm >, ROR < Rs >	寄存器循环右移
< Rm >, RRX	寄存器扩展循环右移

　　从表 2-9 可以看出,ARM 指令集有 5 种形式的位移操作,分别是 LSL 逻辑左移,LSR 逻辑右移,ASR 算术右移,ROR 循环右移和 RRX 带扩展的循环右移。许多人对这些概念会产生混淆,有必要在这里讲清楚这几种操作的概念。

　　逻辑左移(Logical Shift Left)操作是在移位操作时,用 0 补足低位;而逻辑右移(Logical Shift Right)移动的方向相反,并用 0 补足高位。

　　算术右移(Arithmetic Shift Right)在移位操作时,根据符号位来补足高位,若原数符号位是 1,即当原数为负数时,移位空出的高位都用 1 补足,反之则用 0 补足。

　　循环右移(Rotate Right)可以将数字看作首尾相接的“环形”,当最低位被移出后,它会绕到数组的最高位去,继续参与移位操作。

　　带扩展的循环右移(Rotate Right one bit with eXtended)较前面的几种移位方法复杂一些,它需要用到 CPSR 中的 C 位。当最低位被向右移出后,最高位由 C 位的值补足,然后被移出的最低位被放到 C 位中。

　　C 位在一些指令加了 S 后缀并有移位操作通常会被影响,如 MOV,MVN,AND,ORR,EOR 或 BIC。最后一位被移出的值会放到 C 位中。而指令 TEQ 和 TST 则不需要 S 位就能影响到 C 位。

关于表 2-9 中 #＜immediate＞有一点需要非常注意,立即数并不是任意数都是合法的,在立即数寻址中,分配给立即数的空间是 12 位,8 位用于保存一个常数,4 位用于保存循环右移基数,而循环右移每次需要移动偶数位,即右移的位数是基数×2。假设常数为 A,循环右移位数为 N,则最后得到的立即数＝A 循环右移($N×2$ 位)。举个例子:0x3FC 立即数合法,因为此时可以取到一组值:$A=$0b11111111,$N=$0d15。但是 0x1FE 不合法,因为无法找到一组值可以使得 A 和 N 同时满足条件。

但对于一些立即数来说,虽然本身“不合法”,但是当它取逆或取负时却能够变成合法的立即数,而 ARM 中有一些指令对,除了操作数存在互逆或互负的关系,其他都是相同的,如 ADD 和 SUB,ADC 和 SBC,AND 和 BIC,MOV 和 MVN,CMP 和 CMN。所以在一些时候,这些指令对会通过这样的方法得到合法的立即数并完成和原指令相同的功能,这个变换被称为指令替换(Instruction Substitution)。

2.3　ARM 指令的寻址方式

ARM 指令有 9 种寻址方式,所谓寻址方式是指处理器根据指令给出的地址信息来寻找物理地址的方式,下面将具体介绍这 9 种寻址方式。

2.3.1　立即寻址

立即寻址也可被称为立即数寻址,这种方式比较特别,其实并不需要真正的“寻址”,因为操作数本身已经包含在指令中了,读取指令后可以立即得到操作数,而不需要去物理内存得到相应内容。这个给出的操作数叫立即数,它一般以“#”为前缀,“#0x”“#0d”“#0b”开头的计数用来表示十六进制,十进制和二进制。举例:

```
ADD R1, R1, #0x1 ; R1 <- R1 + 1
```

2.3.2　寄存器寻址

寄存器寻址也是一种不需要访问存储器内容的寻址方式,指令中直接指明操作数所在的寄存器,执行时处理器直接访问寄存器获取操作数,如下面的指令。

```
ADD R1, R1, R2 ; R1 <- R1 + R2
MOV R1, R0; R1 <- R0
```

2.3.3　寄存器偏移寻址

寄存器偏移寻址是 ARM 指令特有的一种寻址方式,它利用了＜shift_op2＞形式的灵活性,如 2.2.2 节所介绍。第 2 操作数可以在与第 1 操作数结合之前,进行各种形式的移位操作,下面举几个简单的寄存器偏移寻址的例子。

```
ADD R1, R1, R2 , ROR #0x2;        R2 循环右移两位后与 R1 相加,结果放入 R1
MOV R1, R0, LSL R2;               R0 逻辑左移 R2 位后放入 R1 中
```

2.3.4 寄存器间接寻址

寄存器间接寻址的指令中虽然也是指定寄存器,但并不是直接拿寄存器中的值来进行运算操作,此时寄存器中储存的是地址,处理器需要根据这个地址从存储器中获取操作数。所以寄存器间接寻址是需要进行存储器访问的,所以执行效率比寄存器寻址要慢。相应的指令举例如下。

```
STR R1, [R2];           将 R1 的值存入以 R2 内容为地址的存储器中
SWP R1, R1, [R2];       交换以 R2 为地址的存储器内容和 R1 内容
```

2.3.5 基址变址寻址

基址变址寻址与寄存器间接寻址相似,但此时从寄存器取出的内容需要加上指令所给定的偏移量,这样才构成操作数的有效地址。变址寻址方式通常用于访问基地址附近的地址单元,常用于查表、数组操作、功能部件寄存器访问等。通常基址变址寻址有以下 4 种形式。

```
op Rd, [Rn, R1]
op Rd, [Rn, FlexOffset]
op Rd, [Rn, FlexOffset]!
op Rd, [Rn], FlexOffset
```

按照顺序依次解释一下:第一种形式称为零偏移(Zero Offset),Rn+R1 的结果便是有效的操作数地址;第二种形式被称为前索引偏移(Pre-Indexed),指令首先 Rn+FlexOffset 得到有效的操作数地址,然后完成指令操作;第三种形式被称为带写回的前索引偏移(Pre-Indexed with Writeback),它在完成第二种形式的操作后,需要在最后将操作数地址存入 Rn 寄存器中。"!"后缀的作用就是完成 Rn 寄存器的自增功能,这种寻址方式适合数组,因为会自动进行数组下标的更新;第四种形式称为后索引偏移(Post-Indexed),它首先根据 Rn 的值寻址操作数,在完成指令操作后,计算 Rn+FlexOffset 的值并将其存入 Rn 寄存器中。

FlexOffset 可以被称为灵活的偏移量,它有以下两种形式。

```
#expr
{-}Rm{, shift}
```

可以看到它的形式和 2.2.3 节中介绍的灵活的第二操作数的形式很相似,但还是有一些不同的地方:首先,Expr 表示的整数范围为 -4095～+4095,而不存在 8 位结构的合法性问题。第二,此时 Rm 不允许是 R15,在第二操作数中没有这个限制。第三,在书写指令时,FlexOffset 有{-}选项,第二操作数没有。关于 shift 移位操作可以完全参照第二操作数的介绍。

2.3.6 多寄存器寻址

多寄存器寻址方式可以在同一条指令中完成多个寄存器数据的传送,最多可以传送 16 个通用寄存器。下面举两个例子。

```
LDMIA R0, {R1, R2, R3, R4, R5} ; R1 <- R0, R2 <- R0 + 4, …, R5 <- R0 + 16
STMIA R0, {R2 - R5, R7}; R0 <- R2, R0 + 4 <- R3, …, R0 + 12 <- R5, R0 + 16 <- R7
```

    LDM 和 STM 指令后缀 IA 的作用是每次加载/存储操作后,R0 的值按字长度增加,从而完成连续存储单元和多个寄存器之间内容的传递。寄存器的顺序一般都是由大到小排列,连续的寄存器可用"-"连接,不连续的寄存器之间用","分隔。

2.3.7　堆栈寻址

    堆栈是一个后进先出的数据结构,堆栈寻址方式会有一个指针,始终指向存储单元的栈顶,这个指针需要用一个专门的寄存器来存放,这个寄存器一般是 R13,当然用户也可以自己指定。如果堆栈指针总是指向最后压入堆栈的数据,称为满堆栈(Full Stack),当堆栈指针指向下一个空位置时,称为空堆栈(Empty Stack)。按照地址增长方式,堆栈又可以分成递增堆栈(Ascending Stack)和递减堆栈(Descending Stack)。递增堆栈从低地址向高地址生长,递减堆栈则相反。通过组合,共有 4 种堆栈类型:满递增堆栈(Full Ascending,指令如 LDMFA,STMFA),空递增堆栈(Empty Ascending,指令如 LDMEA,STMEA),满递减堆栈(Full Descending,指令如 LDMFD,STMFD),空递减堆栈(Empty Descending,指令如 LDMED,STMED),如图 2-2 所示。

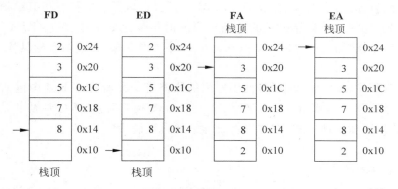

图 2-2　4 种堆栈类型

堆栈寻址的例子如下。

```
STMFD SP!, {R1 - R7, LR} ;        将 R1 - R7,LR 存放到堆栈中,这条指令一般用来保护现场
```

2.3.8　相对寻址

    相对寻址可以看作是寄存器变址寻址方式的一个特例,因为此时包含基地址的寄存器特指程序计数器 PC,通过 PC 值与指令中的偏移量结合,生成有效的操作数地址。一般这种寻址方式用于指令跳转,如:

```
BL Label;       转跳到 Label 标签处
  …
  Label:
  …
```

2.4 ARM 指令简介

本节将具体介绍 ARM 指令集中各类常用指令的用法和注意点。

2.4.1 跳转指令

ARM 转跳指令主要用于：向后跳转实现循环；通过条件判断实现现在跳转；子程序调用；切换处理器工作状态。ARM 实现程序跳转有以下两种方法。

第一种方法是将当前的程序寄存器 PC 值改写为跳转的目的地址，此时可以实现 4G 地址范围内的长跳转。通常使用的方法有两种，可以使用指令：

```
MOV PC, # immediate; PC<- immediate
```

此处要注意的问题还是立即数的合法性问题，也正是如此，这种方法并不能做到跳转到任意地址，而另一种方法则可以保证跳转的任意性。

```
LDR PC, [PC, # offset]; PC<- [PC + offset]
```

此时跳转的目标地址被预先存放于存储器中，通过存取器读取指令将其赋值给 PC。但这个方法也有不足之处，就是存储单元的地址距当前的指令地址不能超过 4KB 的范围，这是因为给偏移量 offset 分配的空间只有 12 位的大小（MOV 指令和 LDR 指令的具体用法会在下文详细介绍）。

第二种实现程序跳转的方法就是使用专门的跳转指令实现，在 ARM 中包括 B、BL、BX 和 BLX 指令。其实在 2.2.3 节介绍 ARM 状态和 Thumb 状态时，读者已经初步认识了 BL、BX 和 BLX 指令的作用和实现方式，在这里将更详细地进行说明。

B（Branch）：

B 指令是基本的转跳指令，它的格式为：

```
B{cond}, Label
```

cond 表示指令的条件域，它可以是 2.2.3 节中列出的 15 种可能条件中的一种。Label 并不是一个绝对跳转地址，而只是表示相对于当前指令地址的偏移。它是一个 24 位的带符号数，在实际寻址过程中，由于 ARM 采用 32 位对齐方式，故 Label 会左移两位，然后符号扩展到 32 位，实际有效的寻址空间范围为：当前指令地址±32MB，即使用 B 指令可以在当前指令的前后 32MB 范围内实现跳转。但这个当前指令的地址是多少需要注意，ARM9 采用 5 级流水线，计算偏移在第三级流水线上，因此在此条指令之后已经预取两条指令，故当前指令的地址是 PC-8。

BL（Branch with Link）：

BL 是带链接的跳转指令，所谓带链接是指在跳转过程发生之前，会先将下一条要执行的指令地址存放到链接寄存器 R14 中，这条指令一般用于函数的调用，当函数执行完成时，只要将 R14 中的值恢复到 PC 中，便可以实现函数的返回。BL 指令的格式和注意事项基本与 B 指令相同，格式如下。

```
BL{cond}, Label
```

BX（Branch and eXchange）：

BX 指令用于 ARM 状态和 Thumb 状态之间的切换，它将通用寄存器 Rm（R0～R15）的值复制到程序寄存器 PC 中来实现 4GB 地址范围的绝对跳转。BX 指令通过判断 Rm 所存储的目标地址的最后一位来判断要跳转到什么状态，在 ARM 状态下，若 $Rm[0]=1$，BX 指令将 CPSR 的 T 位置位，然后跳转到 Thumb 状态，若 $Rm[0]=0$，则 $Rm[1]$ 必须为 0，以保证 ARM 指令的字对齐。BX 指令的格式如下。

```
BX{cond}, Rm
```

Rm 存储了目标跳转地址，具体跳转过程可以看一个具体的汇编程序例子。

```
CODE32
  …
ADR R1, Label + 1
BX R1
Label2
  …
CODE16
  …
    LDR R2, = Lable2
    BX R2
  …
```

程序中 Label+1 是为了指明这个跳转指令要切换到 Thumb 状态。因为 ARM 指令是字对齐的，故指令地址最低两位 $[1:0]=0b00$；而 Thumb 指令是半字对齐的，指令地址最低位 $[0]=0$。所以无论指令属于哪种类型，指令地址的最低位必为 0，为确保这一地址特性，在执行 BX 指令时处理器会自动将 R1 的值和 0xFFFFFFFE 进行与操作，以得到合法的目标地址。但在执行这个与操作之前，处理器会判断指令最后一位是 0 或 1，以决定转跳的状态类型，所以在上面的程序中能够正确切换到 Thumb 状态。

BLX（Branch with Link and eXchange）：

这是 v5 版本后才出现的命令，它能够在一条指令内完成指令跳转、返回位置保存和处理器工作状态切换三个动作。它有两种格式，一种是目标地址为任意绝对地址的带条件跳转，另一种是目标地址为当前程序相对地址的无条件跳转，格式如下。

```
BLX{cond}, Rm
BLX Label
```

第一种带条件跳转的注意事项和 BX 指令基本相同，而第二种无条件跳转是指执行这条指令肯定会引起状态切换。Label 同样是程序相对地址，转跳范围是：当前指令地址±32MB。用法有：

```
BLX R2
BLXNE R2
BLX Thumblabel
```

注意一下指令用法是错误的，开始学习时容易犯这样的错误：

```
BLXMI Thumblabel          ;相对地址跳转指令必须是无条件的
```

2.4.2　通用数据处理指令

ARM 的通用数据处理指令大致可以分为 4 类：数据传送指令，算术逻辑运算指令，比较指令和前导零计数指令。通用数据传送指令实现寄存器和存储器之间的双向传输，算术逻辑运算指令执行算术和逻辑运算，如加减、与或操作等，比较指令通常将一个寄存器的值与 32 位的常数进行比较或测试。前导零计数指令只有一条，即 CLZ，用于统计寄存器数据的前导零个数。ARM 数据处理指令可以选择使用 S 后缀，这样在执行指令时会同时影响 CPSR 的条件标志位。比较指令 CMP，CMN，TST 和 TEQ 无论加不加 S 都会影响标志位，所以不需要加 S 后缀。

通用数据处理指令有以下几个注意事项。

第一，当将 R15 作为 Rd 时，如 2.4.1 节所述，可以完成跳转功能。若此时加上 S 后缀，SPSR 的当前模式会复制到 CPSR，这样能够完成从异常模式的返回。但必须注意，因为用户模式和系统模式不属于异常模式，所以不用在这两种模式下使用 S 后缀，否则会造成不可以预知的后果，因为汇编编译器在编译阶段是不会报告这个警告的。

第二，当指令中包含寄存器控制的移位操作时，不能够将 R15 用作 Rd 或是任何的操作数。

第三，由于 ARM9 采用 5 级流水线，执行数据操作的 ALU 在第三级流水线上，因此在此条指令之后已经预取两条指令，当 R15 用作 Rn 时，它的值是当前指令地址加 8，即当前的 PC 值。

1. 数据传送指令

MOV（MOVE）和 MVN（MOVE NOT）

这两条指令的格式如下。

```
MOV{cond}{S} Rd, Operand2
MVN{cond}{S} Rd, Operand2
```

MOV 指令将 Operand2 的值复制到 Rd 寄存器中，而 MVN 指令会先将 Operand2 按位取反后再复制到 Rd 寄存器中。Operand2 被称为灵活的第二操作数，详见 2.2.3 节中< shift_op2 >介绍。这两条指令在使用时如果使用了 S 后缀，会根据结果影响到 CPSR 的 N 位和 Z 位，而第二操作数的位移操作可能会影响到 C 位。

指令举例如下。

```
MOVS R0, R0, ASR R2
MVNNE R1 ♯0x22
```

注意以下用法有误，违反注意事项第三条。

```
MVN R15, R0, ASR R2
```

2. 算术逻辑运算指令

1）ADD 和 ADC,SUB 和 SBC,RSB 和 RSC

这三组指令分别是加法指令、减法指令、逆向减法指令及其各自的带进位操作指令。它们的格式相同：

```
op{cond}{S}   Rd, Rn, Operand2
```

ADD 指令将 Rn 和 Operand2 的值相加,放入 Rd 中；而 ADC 需要将 Rn 和 Operand2 相加,再加上 CPSR 中 C 位的值,然后将结果存入 Rd 中。

SUB 指令将 Rn 的值减去 Operand2,结果放入 Rd 中；SBC 用 Rn 的值减去 Operand2 的值后,需要考虑 C 位的值,如果 C 位清零,则还要减掉 1,再把结果存入 Rd 中。

RSB 是逆向减法指令,所谓逆向是指和 SUB 相比,被减数与减数角色的转换,在 RSB 中将 Operand2 减去 Rn 的值,然后把结果放入 Rd 中；RSC 同样考虑 C 位的值,如果 C 位是清零的,则 Operand2 减去 Rn 后,还需要再减去 1,然后把结果放入 Rd 中。

S 后缀的使用会影响 N,Z,C 和 V 位的值。使用实例如下。

```
ADDS R0, R1, #1280
SUBHI R1, R2, R3;          只有在 C 位置位和 Z 位清零条件才会执行
RSBES R1, R4, R1, LSL R3
```

而下面的指令有误,违反注意事项第三条。

```
RSBES R1, R15, R1, LSL R3
```

当算术逻辑指令需要运算两个大于 32 位的操作数时,可以使用多条指令和多个寄存器来实现。比如需要将两个 96 位的整数相加,可以通过以下的方法。

```
ADDS R6, R0, R3
ADCS R7, R1, R4
ADC R8, R2, R5
```

R0、R1 和 R2 组成第一个 96 位操作数,R3、R4 和 R5 组成第二个操作数,通过 S 后缀和带进位加法指令的使用,将计算结果存入 R6、R7 和 R8 中。其实寄存器并不需要连续,只要不构成冲突,寄存器可以任意指定。

2）AND,ORR,EOR,BIC

这 4 条指令分别是逻辑与指令,逻辑或指令,逻辑异或指令和位清除指令。格式如下。

```
op{cond}{S}   Rd, Rn, Operand2
```

AND 指令、ORR 指令、EOR 指令分别对 Rn 和 Operand2 两个操作数按位作逻辑与操作、逻辑或操作和逻辑异或操作,并将结果存入 Rd 中。BIC 指令将 Rn 的值与 Operand2 的值的反码按位作逻辑与操作,并将结果存入 Rd 中。

AND 和 BIC 指令在一些情况下是可以进行指令替换的(Instruction Substitute)。关于指令替换,参见 2.2.3 节。

当这 4 条指令使用 S 后缀时会更新 N 位和 Z 位。当 Operand2 执行移位操作时会影响 C 位。但上述指令不影响 V 位。

指令使用可以举几个例子如下。

```
EOR R0, R1, ♯0xFF00
ORR R1, R2, R4, LSR ♯2
BICNES R5, R6, R1, RRX
```

下面的指令有误，违反注意事项第三条。

```
ANDS R0, R15, R1, LSL R3
```

3. 比较指令

1）TST 和 TEQ

位测试指令和相等测试指令。格式如下。

```
TST{cond} Rn, Operand2
TEQ{cond} Rn, Operand2
```

单从指令格式看 TST 和 TEQ 就和前面介绍的数据处理指令有些区别：首先这两条指令不需要加 S 后缀，因为无论如何它们都会影响 CPSR 的条件标志位；第二指令中没有目标寄存器 Rd，说明两条指令执行后不需要将结果放入任何寄存器中。

TST 指令将寄存器 Rn 的值和 Operand2 的值按位作逻辑与操作，除了最后的计算结果被丢弃外，整个过程和 ANDS 相同。

TEQ 指令将寄存器 Rn 的值和 Operand2 的值按位作逻辑异或操作，除了最后的计算结果被丢弃外，整个过程和 EORS 相同。

这两条指令会根据结果影响 N 和 Z 位的值，当 Operand2 执行移位操作时会影响 C 位。但上述指令不影响 V 位。

指令的使用如以下例子。

```
TST R1, ♯0x0F
TEQNE R9, ♯0x4000
```

下面的指令有误，违反注意事项第三条。

```
TSTNE R15, R1, LSL R0
```

2）CMP 和 CMN

比较指令和反值比较指令。指令格式如下。

```
CMP{cond} Rn, Operand2
CMN{cond} Rn, Operand2
```

这两条指令的格式与上面介绍的 TST 和 TEQ 指令很相似，都没有 S 后缀和目标寄存器 Rd，原因和上述指令原因相同。

　　CMP 指令将 Rn 寄存器值减去 Operand2 的值,除了最后的计算结果被丢弃外,这个过程和 SUBS 相同。在进行两个数的大小比较时,常常会用 CMP 指令及相应的条件码来判断。

　　CMN 指令将 Rn 的值和 Operand2 的值相加,除了最后的计算结果被丢弃外,这个过程与 ADDS 相同。CMN 指令用于负数的比较,比如以下指令表示 R0 与-1 进行大小比较。

```
CMN R0, ♯1
```

　　在一些情况下,CMP 和 CMN 可以进行指令替换(Instruction Substitute)。关于指令替换,参见 2.2.3 节。这两条指令会影响 CPSR 的 N 位,Z 位,C 位和 V 位,指令的具体例子如下。

```
CMPLT R4, R2
CMN R13, R5, LSL ♯4
```

下面的指令有误,违反注意事项第三条。

```
CMN R13, R15, LSL ♯4
```

4. 前导零计数指令
CLZ
前导零计数指令,它是从 v5 版本开始引入的,格式如下。

```
CLZ{cond} Rd, Rm
```

　　该指令从 Rm 寄存器值的高位开始计数(32 位的数据即从[31]开始),直到遇到第一个非零位为止,统计总共前导零的个数,并将统计值存入 Rd 中。举个例子,如果 Rm 的值全部为 0,则前导零个数为 32 个;如果 Rm[29]非零,之前的位都是 0,则前导零个数为 2。该指令不会影响 CPSR 的条件标志位。

2.4.3　乘法指令

1. MUL 和 MLA
MUL 和 MLA 指令是 32 的乘法指令和乘加指令,格式如下。

```
MUL{cond}{S} Rd, Rm, Rs
MLA{cond}{S} Rd, Rm, Rs, Rn
```

　　MUL 指令首先计算 Rm×Rs,并将结果的低 32 位存入 Rd 中;而 MLA 指令计算 Rm×Rs+Rn 的值,然后将结果的低 32 位存入 Rd 中。当使用 S 后缀时,指令会根据结果更新 N 位和 Z 位的值,但不影响 V 位。在 v4 版本或之前版本,C 位会被污染,但从 v5 版本开始,C 位不会被影响。指令使用如下。

```
MULLT R7, R7, R8
MLA R3, R2, R4, R6
```

2. UMULL、UMLAL、SMULL 和 SMLAL

上述指令的 U 表示无符号，S 表示带符号，L 表示结果为长整型，所以上述指令分别叫做无符号长整型乘法指令，无符号长整型乘加指令，带符号长整型乘法指令和带符号长整型乘加指令。指令格式如下。

```
Op{cond}{S} RdLo, RdHi, Rm, Rs
```

UMULL 指令将 Rm 和 Rs 的值作无符号数相乘，64 位结果的低 32 位存入 RdLo 寄存器，高 32 位存入 RdHi 寄存器。

UMLAL 指令将 Rm 和 Rs 的值作无符号数相乘，计算结果再和保存在 RdLo、RdHi 中的 64 位无符号数相加，最终结果的低 32 位存入 RdLo 寄存器，高 32 位存入 RdHi 寄存器。

SMULL 指令将 Rm 和 Rs 的值作带符号数相乘，64 位结果的低 32 位存入 RdLo 寄存器，高 32 位存入 RdHi 寄存器。

SMLAL 指令将 Rm 和 Rs 的值作带符号数相乘，计算结果再和保存在 RdLo、RdHi 中的 64 位带符号数相加，最终结果的低 32 位存入 RdLo 寄存器，高 32 位存入 RdHi 寄存器。

R15 不能作为 RdLo、RdHi、Rm 或是 Rs。当使用 S 后缀时，指令会根据结果更新 N 位和 Z 位的值，但不影响 V 位。在 v4 版本或之前版本，C 位会被污染，但从 v5 版本开始，C 位不会被影响。指令使用如下。

```
UMULLS R1, R2, R3, R4
UMLALNE R1, R2, R3, R1
SMULL R5, R4, R3, R2
SMULLLES R5, R3, R2, R1
```

3. SMULxy 和 SMLAxy

SMULxy 指令和 SMLAxy 指令是 16 位的带符号乘法指令，格式如下。

```
SMUL<x><y>{cond} Rd, Rm, Rs
SMLA<x><y>{cond} Rd, Rm, Rs, Rn
```

x，y 可以是 B 或者 T。当 x 为 B 时，第一操作数取 Rm[15:0]，当 x 为 T 时，第一操作数取 Rm[31:16]。同理，y 的值决定第二操作数取 Rs 的哪一部分。

在取得 Rm 和 Rs 的 16 位值后，SMULxy 指令将两个操作数相乘并将 32 位结果放入 Rd 中，SMLAxy 指令将两个操作数相乘后再加上保存在 Rn 中的 32 数据，并将最终的结果存入 Rd 中。

R15 不能作为 Rd、Rm、Rs 或是 Rn。SMULxy 指令不会影响条件标志位，但 SMLAxy 可能会造成溢出而更新 Q 位。指令使用如下。

```
SMULTT R1, R2, R3
SMLABTEQ R2, R3, R4, R4
```

4. SMULWy 和 SMLAWy

从上面两条指令类推，从格式上就能看出，这两条指令分别是 32×16 位的带符号乘法指令和乘加指令。指令格式如下。

```
SMULW < y >{cond} Rd, Rm, Rs
SMLAW < y >{cond} Rd, Rm, Rs, Rn
```

W 的含义即 word,表示第一个操作数是 32 位的,而 y 决定了第二操作数取 Rs 的哪一半。

取出操作数后,SMULWy 指令将两个操作数相乘,并将 48 位结果的高 32 位存入 Rd 寄存器中,SMLAWy 指令将操作数相乘后取结果的高 32 位,然后加上保存在 Rn 中的 32 位数据,并将最终的结果存入 Rd 中。

R15 不能作为 Rd、Rm、Rs 或是 Rn。SMULWy 指令不会影响条件标志位,但 SMLAWy 可能会造成溢出而更新 Q 位。指令使用如下。

```
SMULWTVS R1, R2, R1
SMLAWT R2, R2, R4, R4
```

2.4.4　Load/Store 内存访问指令

ARM 处理器是典型的 RISC 处理器体系结构,对于存储器的访问必须通过专门的加载/存储指令来完成。本节将详细介绍 ARM 的各个存储器加载/存储指令。

1. LDR 和 STR

LDR 和 STR 指令是单一数据加载和存储指令,LDR 指令从内存读取数据装入寄存器中,STR 指令将寄存器中的数据存入内存。ARM 的 LDR 和 STR 指令传输的数据宽度有多种变化,可以实现字、半字、双字、有符号/无符号字节的数据加载和存储。

1) 字或无符号字节传输

当 LDR 和 STR 实现字和无符号字节传输时,它们加载或存储 32 位或是无符号 8 位的内容。此时的格式为:

```
op{cond}{B}{T} Rd, [Rn]
op{cond}{B} Rd, [Rn, FlexOffset]{!}
op{cond}{B} Rd, label
op{cond}{B}{T} Rd, [Rn], FlexOffset
```

对于指令的一些部分需要说明一下:B 后缀可选,当加上此后缀时,表示指令进行无符号字节传输,只有 Rd 的最低 8 位[7:0]会被传输。当此时 op 是 LDR 时,Rd 的其他位都会被清零。T 后缀的作用是当它存在时,内存系统会认为处理器运行在用户模式上,虽然可能处理器实际是运行在特权模式下。但当指令的寻址方式是前索引寻址时,不能使用 T 后缀。

当指令使用了 T 后缀或是寻址使用后索引偏移或带写回的前索引偏移时,Rn 和 Rd 必须是不同的寄存器。

若 LDR 指令的 Rd 寄存器为程序计数器 R15,则会发生指令的转跳。在采用 v5 版本的 ARM9 中,载入到 R15 的数据[1:0]的值不能为 0b10,否则会出错。当载入值的最低位是 1 时,处理器会切换到 Thumb 状态,正如 2.2.2 节中介绍的状态切换所述。

当指令中出现 R15 时,总会有许多的限制,在 LDR 和 STR 指令中,若 Rn 是 R15,则不能使用 ! 后缀;当指令是后索引偏移时,Rn 不能为 R15;当 LDR 指令的 Rd 为 R15 时,不能使用 B 后缀和 T 后缀。

字或无符号字节传输的 LDR 和 STR 指令举例如下。

```
LDR R0, [R1]
STRT R2, [R0, R3, LSL ♯0x2]!
LDRB R4, [R8], ♯0x4
```

2）半字或带符号字节传输

当 LDR 和 STR 实现半字和带符号字节传输时，它们加载或存储 16 位或是带符号 8 位的内容。此时的格式如下。

```
op{cond}type Rd, [Rn]
op{cond}type Rd, [Rn, Offset]{!}
op{cond}type Rd, label
op{cond}type Rd, [Rn], Offset
```

指令格式与前面字或无符号字节传输的格式基本相同，有两个不同的地方需要说明一下：第一个是 type 这个后缀，它有三种类型，且适用的情况不同，如表 2-10 所示。

表 2-10　type 类型

type	适用指令	作　　用
SH	LDR	表示带符号的半字
H	LDR, STR	表示无符号的半字
SB	LDR	表示带符号的字节

第二个就是 Offset 的不同，在字或无符号字节传输中，偏移量是 2.3.5 节中介绍的灵活的偏移量（FlexOffset），而此时的偏移量没有那么灵活，它只有两种形式：立即数偏移和寄存器偏移。立即数大小为−255～255 之间；寄存器偏移也不允许移位操作，只是存储了偏移量的值。可以看下面具体的例子。

```
LDRSH R0, [R1, ♯0xF2]
STRH R2, [R0, R3]!
LDRB R4, Lable
```

而此时下面的指令就不正确了，因为第二操作数不允许有移位操作。

```
LDRSH R0, [R1, R5, LSL ♯0x2]
```

3）双字传输

当 LDR 和 STR 实现双字传输时，它们加载或存储 64 位的数据内容。此时的格式如下。

```
op{cond}D Rd, [Rn]
op{cond}D Rd, [Rn, Offset]{!}
op{cond}D Rd, label
op{cond}D Rd, [Rn], Offset
```

此时也有两个地方需要说明一下：第一个地方是关于 Rd 和 Rn 的，Rd 必须使用偶数寄存器,比如 R2,R4 等,但不能是 R14。而 Rn 只有在两种情况下才能使用和 Rd 或 R(d+1) 相同的寄存器,分别是在零偏移或是不带写回的前索引偏移情况下。第二个地方是后缀 D 表示双字传输。此时的偏移 Offset 和半字传输时的偏移是一样的。可以看下面几个具体例子。

```
LDRD R8, [R1], ♯0xF2
STREQD R2, [R0, -R4]!
LDRMID R4, Lable
```

而以下指令都有错误。

```
LDRD R5, [R1],            ♯0xF2; Rd 必须是偶数寄存器
STREQD R2, [R3, -R4]!;    此时 Rn 不能是 R2 或者 R3
LDRMID R14, Lable;        Rd 不能为 R14
```

2. LDM 和 STM

批量加载指令 LDM 将一片连续内存单元的数据加载到一组通用寄存器中,而批量存储指令 STM 过程相反,它将一组通用寄存器中的值存储到一片连续内存单元之中。批量指令允许一次最多传输 16 个寄存器,即从 R0 到 R15,当然也可以是这 16 个寄存器的任意组合。指令的格式如下。

```
op{cond}mode Rn{!}, reglist{^}
```

表 2-11 中的 8 种模式可以分为两大类,前 4 种用于数据的加载和存储,后 4 种用于堆栈操作。4 种堆栈操作在 2.3.7 节堆栈寻址中已有详细的介绍,而 4 种数据操作的含义也非常明确,其实这两大类操作在批量加载/存储指令中对应的指令含义是相同的,只是适用的场合不同。

STMIB = STMFA	LDMIB = LDMED
STMIA = STMEA	LDMIA = LDMFD
STMDB = STMFD	LDMDB = LDMEA
STMDA = STMED	LDMDA = LDMFA

表 2-11　mode 的 8 种形式

形　　式	说　　明
IA	先完成指令操作,再完成地址递增
IB	先增加地址,再完成指令操作
DA	先完成指令操作,再完成地址递减
DB	先递减地址,再完成指令操作
FA	满递增堆栈
FD	满递减堆栈
EA	空递增堆栈
ED	空递减堆栈

Rn 的内容是存储器的有效基地址,不允许使用 R15 作为 Rn。Reglist 表示多个寄存器集合,具体写法在 2.3.6 多寄存器寻址中已经有介绍,也可以参照之后的具体例子。“^”是可选后缀,有两个作用:当指令是 LDM 并且 reglist 包含 R15 时,在完成数据传输的同时,SPSR 中

的内容会恢复到 CPSR 中，即处理器会从异常模式返回，所以"＾"后缀是不能在用户模式和系统模式下使用的；当情况和上述情况不同时，指令数据传输所涉及的寄存器全部使用用户模式下的寄存器，不管此时处理器处于什么模式下。

具体例子如下。

```
LDMFA R5, {R1, R3, R5, R7}
STMFD R13!, {R0 - R4, LR};        将 R0～R4 及 LR 压入栈堆
LDMFD R13!, {R0 - R4, PC};        恢复 R0～R4 及 PC,一般用于程序返回
```

以下用法有误。

```
STMIB R6!, {R1, R3, R6, R7};      此时 R5 存入的值不可预计
LDMFA R3, {};                     {}中至少包含一个寄存器
```

3. SWP（Swap）

交换指令 SWP 用于寄存器和存储器之间内容的交换，它将指定内存单元的数据存入目标寄存器，然后将源寄存器的内容储存到该内存单元中。指令格式如下。

```
SWP{cond}{B} Rd, Rm, [Rn]
```

B 后缀表示交换的数据宽度是字节，此时目标寄存器 Rd 的高 24 位将被清零。Rd 是目的寄存器，用来存放从存储器中读取的数据，Rm 是源寄存器，它的内容将会被存入指定内存中。Rn 存放了需要用来交换内容内存的地址，Rn 不能和 Rm 或是 Rd 相同。具体实例如下。

```
SWPB R2, R3, [R4];
SWP R1, R1, [R5];        将 R1 与 R5 指定的内存进行内容交换
```

4. PLD

预读取 PLD 指令是 ARMv5E 版本引入的，它指示存储器系统在接下去的几条指令中很可能会有 Load 指令，存储系统以此做好相应的准备，从而加速内存访问过程。指令格式如下。

```
PLD [Rn{, FlexOffset}]
```

Rn 寄存器保存了对应内存地址的基地址，偏移量 FlexOffset 的格式如 2.3.5 节中介绍的那样。指令的使用如下。

```
PLD [R2, #Label * 5];        Label * 5 在汇编时计算,范围应该在 - 4095 ～ + 4095
PLD [R3, R2, LSR #0x2]
```

2.4.5 ARM 协处理器指令

ARM 协处理指令主要有以下功能：初始化 ARM 处理器；协处理器数据处理；处理器寄存器和协处理器寄存器数据的交互；协处理器寄存器和存储器数据交互。ARM 处理器共有16 个协处理器，完成不同的协处理操作，每个协处理器只会执行特定的针对自身的协处理命

令,忽略其他所有的协处理指令。

1. CDP 和 CDP2

CDP 是协处理器数据处理指令(Coprocessor Data oPeration),用来执行特定的数据操作。格式如下。

```
CDP{cond} coproc, opcode1, CRd, CRn, CRm{, opcode2}
```

coproc 指定了执行该条协处理器的名字,标准的命名应该是 pn,n 可以是 0～15 之间的某个值。opcode1 和 opcode2 是协处理器相关的操作码,协处理器根据指令的操作码完成相应的数据操作。CRd、CRn 和 CRm 是协处理器寄存器,分别作为目标寄存器,第一操作数和第二操作数。协处理器如果不能成功地执行该指令,会产生未定义的指令异常中断。

CDP2 是从 ARMv5 版本引进的,它的格式如下。

```
CDP2 coproc, opcode1, CRd, CRn, CRm{, opcode2}
```

可以看到 CDP2 是不能条件执行的。这两条指令的例子如下。

```
CDP P3, 2, C12, C10, C3, 4;        完成协处理器 P3 的初始化
CDP2 P6, 1, C3, C4, C5
```

2. LDC 和 LDC2,STC 和 STC2

上述指令用于协处理器和存储器之间的数据传输。LDC 指令将存储器内容复制到协处理器寄存器中,而 STC 指令则是将协处理器寄存器数据复制到存储器中。协处理器控制要传送数据的长度。协处理器如果不能成功地执行该指令,会产生未定义的指令异常中断。指令格式如下。

```
op{cond}{L} coproc, CRd, [Rn]
op{cond}{L} coproc, CRd, [Rn, #{-}offset]{!}
op{cond}{L} coproc, CRd, [Rn], #{-}offset
```

以上三种形式主要是内存地址偏移方式的变化,分别是零偏移,前索引偏移和后索引偏移。偏移量 offset 必须是 4 的倍数,范围在 0～1020 之间。"L"后缀表示长整数传送。两条指令的举例如下。

```
LDC P5, C2, [R4, #0x8]!
STC P6, C2, [R3], #-0x7
```

LDC2 和 STC2 是从 ARMv5 版本引入的,注意它们的格式有点儿区别:这两条指令不能进行条件指令,并且没有"L"后缀,即不能进行长整数传送。

3. MCR,MCR2 和 MCRR

MCR 指令将 ARM 寄存器中的数据传输到协处理器寄存器中。根据协处理器的不同,操作也会有点儿变化。MCR2 指令是从 ARMv5 版本引入的,而 MCRR 指令从 ARMv5E 版本引入。协处理器如果不能成功地执行这些指令,会产生未定义的指令异常中断。指令格式如下。

```
MCR{cond} coproc, opcode1, Rd, CRn, CRm{, opcode2}
MCR2 coproc, opcode1, Rd, CRn, CRm{, opcode2}
MCRR{cond} coproc, opcode1, Rd, Rn, CRm
```

上述指令中 Rd 和 Rn 为 ARM 处理器寄存器，它们不能为 R15。MCRR 实现将两个 ARM 寄存器的数据存入协处理器寄存器中。指令的实例如下。

```
MCR P7, 3, R1, C3, C2, 1;      将 ARM 寄存器 R1 的数据存入协处理器 P7 的寄存器 C2,C3 中
```

4. MRC，MRC2 和 MRRC

MRC 指令的数据传输方向与 MCR 指令相反，它将协处理器寄存器中的数据传送到 ARM 处理器寄存器中。MRC2 指令是从 ARMv5 版本引入的，而 MRRC 指令从 ARMv5E 版本引入。协处理器如果不能成功地执行这些指令，会产生未定义的指令异常中断。指令格式如下。

```
MRC{cond} coproc, opcode1, Rd, CRn, CRm{, opcode2}
MRC2 coproc, opcode1, Rd, CRn, CRm{, opcode2}
MRRC{cond} coproc, opcode1, Rd, Rn, CRm
```

可以看到 MRC2 是不能条件执行的。Rd 是目的寄存器，当它是 R15 时，只会影响到条件标志位。MRRC 实现将协处理器寄存器的数据存入两个 ARM 寄存器中，在指令 MRRC 中，Rn 和 Rd 不能为 R15。指令实例如下。

```
MRC P4, 3, R1, C5, C6, 1;      将协处理器 P4 的寄存器数据传送到 ARM 处理器寄存器中
```

2.4.6　杂项指令

1. SWI

软件中断指令 SWI 用来实现在用户模式下的程序调用管理模式下的代码，这条指令造成处理器模式的切换，CPSR 会被存入管理模式下的 SPSR，随后指令会跳转到中断向量。在其他模式下当执行 SWI 指令时，处理器也同样会切换到管理模式。这条指令的执行不会影响条件标志位。该指令格式如下。

```
SWI{cond} immed_24
```

Immed_24 表示 24 位的立即数，范围从 0 到 16 777 215。指令实例如下。

```
SWI 0x22222
```

2. MRS 和 MSR

为了方便读写状态寄存器（CPSR 或 SPSR），ARM 引入两条专门的指令：状态寄存器读取指令 MRS(Move to ARM Register from Status register)和写状态寄存器指令 MSR(Move to a Status register from ARM Register)，用于在程序状态寄存器和 ARM 通用寄存器之间传输数据。当需要改变程序状态寄存器的内容时，比如将 Q 位清零，可以先用 MRS 指令读取程

序状态寄存器的内容,然后进行修改后再用 MSR 指令将其写回状态寄存器中。当处理异常或进程切换时,现场保护需要 MRS 和 MSR 配合使用,保存或恢复状态寄存器的内容。

MRS 指令的格式如下。

```
MRS{cond} Rd, psr
```

psr 指状态寄存器,可以是 CPSR 或 SPSR,目的寄存器 Rd 不能为 R15。

MSR 指令的格式如下。

```
MSR{cond} <psr>_<field>, #immed_8r
MSR{cond} <psr>_<field>, Rm
```

immed_8r 表示常数,它必须是一个 8 位结构,可以通过在 32 位字内循环移位偶数位得到,如 2.2.3 节中合法立即数的描述。psr 可以是 CPSR 或 SPSR,field 表示要移动的 CPSR 或 SPSR 的域,在 2.2.1 节中曾经介绍过状态寄存器可以分为 4 个域:标志位域 f,PSR[31:24];状态域 s,PSR[23:16];扩展域 x,PSR[15:8];控制域 c,PSR[7:0]。

指令举例如下。

```
MSR R5, SPSR
MSR CPSR_f, R7;          更新状态寄存器的标志位
```

3. BKPT

这是 ARMv5 版本引入的断点指令,使用断点指令使 ARM 处理器进入 Debug 模式,调试工具可以利用这条指令在特殊地址设置断点,然后检测系统的运行状态,这对于开发测试都具有很重要的作用。指令格式如下。

```
BKPT   immed_16
```

立即数 Immed_16 为 16 位的整数,范围在 0～65 535 之间。立即数会被 ARM 硬件忽略,但是能够被调试工具利用来得到有用的信息。指令使用如下。

```
BKPT   0xFF32
BKPT 640
```

2.4.7 饱和算术指令

一般指令在整数溢出时会自动回卷,比如 32 位寄存器 R1 最大的正整数是 0x7FFFFFFF,当执行 R1+1 时会得到结果-0x8FFFFFFF,因为此时发生了溢出,导致结果变成了负数,同时 V 会被置位。但饱和算术指令(Saturating Arithmetic Instructions)在发生溢出时会导致不同的情况:Q 位会被置位,若结果小于-231,返回的结果为-231,若结果大于 231-1,则返回的结果为 231-1。因此如果在计算结束后目标寄存器保存了饱和数(-231 或 231-1)且 Q 置位,则说明程序发生了溢出。虽然 Q 位也会被 SMLAxy 和 SMLAWy 指令置位,但这两条指令不是饱和指令。饱和指令有:

QADD、QSUB、QDADD 和 QDSUB

这些指令都是带符号操作,指令格式如下。

```
op{cond} Rd, Rm, Rn
```

QADD 和 QSUB 指令的计算过程和 ADD 和 SUB 指令相同。

QDADD 和 QDSUB 用公式可以这样表示: SAT(Rm+SAT(Rn×2)) 和 SAT(Rm-SAT (Rn×2)),饱和过程可能会发生在 Rn×2 或是加减操作时或是都发生。如果饱和过程发生在 Rn×2 时,而且在加减操作时没有发生,那么 Q 被置位,但最后的结果并不是饱和数。

饱和指令不允许 R15 作为 Rd、Rm 或是 Rn。指令会使 Q 置位,但不会使它清零,清除 Q 位需要使用 MSR 指令。饱和指令用法如下。

```
QADD R3, R3, R2
QDSUB R4, R3, R8
```

2.4.8　ARM 伪指令

为了编程方便,ARM 引入了伪指令,编程者可以完全把它们当作真正的指令那样使用,但是汇编器会在编译阶段使用等效的真正的指令组合来替代这些伪指令。当然这个过程对于编程者是完全透明的。ARM 伪指令主要是 4 条: ADR 指令、ADRL 指令、LDR 指令和 NOP 指令,下面分别介绍。

1. ADR

小范围的地址读取伪指令,主要用来读取基于 PC 相对偏移的地址或基于寄存器相对偏移的地址。指令格式如下。

```
ADR{cond} register, expr
```

register 是目的寄存器,expr 是基于 PC 或基于寄存器的表达式,如果地址不是按字对齐的,那么偏移量范围在±255B 之间,如果地址按字对齐,偏移范围在±1024B 之间。

在汇编阶段,ADR 伪指令通常会被 ADD 或 SUB 指令替代,如果不能在一条指令完成任务,那么会产生错误。指令举例如下。

```
SUB R2, PC, 0xC;        相对 PC 偏移 12 个字节
```

2. ADRL

中等范围地址取指伪指令,它的取值范围比 ADR 要大,通常会用两条指令来替代。格式如下。

```
ADR{cond}L register, expr
```

expr 同样是基于 PC 或基于寄存器的表达式,如果地址不是按字对齐的,那么偏移量范围在±64KB 之间,如果地址按字对齐,偏移范围在±256KB 之间。

在汇编阶段,ADRL 会用两条指令来替代,即使有时候一条指令已经能够完成任务,还是会产生一条冗余指令。如果两条指令不能完成任务,则会产生错误。指令举例如下。

```
start MOV R4, ♯0x22
    ADR R2, start + 60000
```

已经知道 start 的地址为 PC-0xC，故最终地址是 0xEA54，按照第二操作数立即数合法性要求，可以将上述伪指令替换为：

```
ADD R4, PC, ♯0xE800
ADD R4, R4, ♯0x254
```

3. LDR

这里讲的是 LDR 伪指令，不是内存访问指令 LDR。LDR 伪指令是大范围地址读取伪指令，用于加载 32 位的立即数或是一个地址值。格式如下。

```
LDR{cond} register, = [expr | label - expr]
```

expr 表达式代表一个 32 位的立即数，如果它在 MOV 或 MNV 的范围，则用 MOV 指令或 MVN 指令替换，如果超出范围，汇编器会将立即数存入字池中，并通过一条程序相对偏移 LDR 指令从字池中读取这个立即数。

Label-expr 是一个程序相对偏移或是外部表达式，汇编器会将其存入字池中，并通过一条程序相对偏移 LDR 指令从字池中读取它的值。如果 label-expr 是一个外部表达式，或未包含在当前代码段内，则汇编器会在对象文件中放入一个链接器重定向指令，链接器将在链接时生成该地址。

需要注意的是存在字池中的相对于 PC 的偏移量不能大于 4KB。伪指令使用如下。

```
LDR R1, = 0xFF0
LDR R2, = 0xFFF
LDR R3, = place
```

第一条伪指令立即数在 MOV 指令范围内，所以可以用 MOV 指令替代。

```
MOV R1, 0xFF0
```

第二条伪指令需要使用字池，并用 LDR 指令替代。

```
LDR R2, [PC, offset_to_litpool]
```

第三条伪指令将标签表达式所表示的地址存入字池，然后用 LDR 指令替代。

```
LDR R3, [PC, offset_to_litpool]
```

4. NOP

NOP 伪指令在汇编时会被 ARM 的空操作替代，比如很有可能会产生如下指令。

```
MOV R0, R0
```

NOP 伪指令可以用于延迟操作，执行 NOP 伪指令时 ALU 的状态位保持不变。

2.5 Thumb 指令简介

Thumb 指令将 32 位 ARM 指令的一个子集进行编码，成为一个 16 位的指令集。相对于 ARM 指令集，Thumb 指令拥有更高的代码密度，这对于嵌入式设备来说至关重要。Thumb 指令继承了 ARM 指令的许多特点，它也是采用 Load/Store 结构，有数据处理、数据传送机流控制指令等。除了 B 指令外，Thumb 指令都是无条件执行的，许多 Thumb 指令数据处理指令都是采用 2 地址格式，即目的寄存器和源寄存器相同，而大多数 ARM 数据处理指令采用 3 地址格式。本章将对 Thumb 指令进行介绍。

2.5.1 Thumb 跳转指令

1. B

B 指令是 Thumb 指令中唯一可以条件执行的指令。格式如下。

```
B{cond} label
```

和 ARM 指令一样，label 并不是一个绝对地址，B 指令只能完成小范围转跳，若 B 是条件执行，则跳转范围是－252～258B；若无条件执行，则跳转范围为±2KB。需要注意的是，此时 ARM 链接器不会自动添加代码以生成长跳转，所以 label 必须在特定的范围内。指令实例如下。

```
BEQ label
B loop
```

2. BL

带链接的长跳转，格式如下。

```
BL  label
```

label 表示相对于当前指令地址的偏移，在执行时 BL 会将下一条指令的地址存入链接寄存器 r14 中。BL 指令的跳转范围为±4MB，ARM 链接器会在必要的时候插入代码以完成更长跳转。指令示例如下。

```
BL section1
```

3. BX

BX 指令在跳转的同时，会选择性地切换指令集，格式如下。

```
BX Rm
```

Rm 是 ARM 寄存器，保存了要跳转的地址，Rm 的位 0 并不用作地址的一部分，但是当位 0 被清零时，位 1 必须也同时被清零，若 CPSR 的 T 位也同时被清零，则跳转的目的代码被认为是 ARM 代码。指令示例如下。

```
BX R3
```

4. BLX

BLX 是带链接的跳转,并选择性地切换指令集。指令格式如下。

```
BLX Rm
BLX label
```

Rm 的格式与 BX 指令相同,当使用 BLX 指令时,BLX 在 R14 中保存下一条指令的地址,跳转到目的地址并根据指令格式选择性地切换指令集:若 Rm 的位 0 被清零或使用 BLX label 指令格式时,指令切换到 ARM 状态。指令实例如下。

```
BLX R4
BLX armsub
```

2.5.2　Thumb 通用数据处理指令

1. AND、ORR、EOR 和 BIC

这 4 条指令是按位逻辑运算指令,分别是按位与、按位或、按位异或和按位清零操作,指令格式如下。

```
op Rd, Rm
```

其中,Rd 是目标寄存器,同时也是第一操作数,Rm 是第二操作数,Rd 和 Rm 必须是 R0～R7 中的一个。这些指令的结果可能会影响状态寄存器的 N 位和 Z 位,C 位和 V 位不会受影响。指令使用如下。

```
ORR R2, R3
```

2. ASR、LSL、LSR 和 ROR

这 4 条指令是移位指令,分别是算术右移、逻辑左移、逻辑右移和循环右移操作,指令的操作数可以是寄存器,也可以是立即数,格式如下。

```
op Rd, Rs
op Rd, Rm, #expr
```

Rd 是目的寄存器,当移位值存放在寄存器中时,Rd 也作为源寄存器。Rs 存放移位值,Rm 是源寄存器,expr 是立即数移位值,在 LSL 指令中,它的范围是 0～31,在其他移位指令中它的范围是 1～32。需要注意的是 ROR 只有第一种形式,不允许立即数移位。指令实例如下。

```
ASR R3, R5
LSR R0, R3, #5
LSL R1, R4, #0
```

以下指令用法是错误的。

```
ROR R2, R7, ♯4;          ROR 不允许使用立即数移位
LSL R10, R1;             寄存器错误
```

3. CMP 和 CMN

比较指令和反值比较指令。指令格式如下。

```
CMP Rn, ♯ expr
CMP Rn, Rm
CMN Rn, Rm
```

expr 是一个整数表达式，范围在 0~255，CMP 指令用 Rn 减去 Rm，或者是 expr 的值，CMN 则将 Rn 和 Rm 相加。指令会影响状态寄存器的条件位，但比较结果被抛弃。

在 CMP 的第一种形式中，Rn 必须是 R0~R7 中的一个，在第二种形式中，Rn 和 Rm 可以是 R0~R15 中的任意一个。

在 CMN 指令中，Rn 和 Rm 必须是 R0~R7 中的一个。

这两条指令可能会更新 N，Z，C 和 V 条件位。指令的用法如下。

```
CMP R7, ♯255
CMP R7, R12
CMN R2, R3
```

以下指令使用有误。

```
CMP R3, ♯333;           立即数范围超出
CMP R12, ♯24;           此时不能用 R12
CMN R3, R10;            此时不能用 R10
```

4. MOV，MVN 和 NEG

这三条指令格式如下。

```
MOV Rd, ♯ expr
MOV Rd, Rm
MVN Rd, Rm
NEG Rd, Rm
```

MOV 指令将 ♯ expr(0~255) 值或是 Rm 值存入 Rd 中。

MVN 指令将 Rm 值按位取反，然后将其存入 Rd 中。

NEG 指令将 Rm 值乘以 -1，然后将其存入 Rd 中。

需要注意的是，在 MOV 指令的第一种形式，MVN 以及 NEG 指令中，Rd 和 Rm 必须是 R0~R7 中的一个。此时 MOV 和 MVN 会更新 N 位和 Z 位，NEG 指令会更新 N，Z，C 和 V 位。

在 MOV 的第二种形式中，Rd 和 Rm 可以为 R0~R15 中的任意一个。若 Rd 和 Rm 使用 R8~R15，指令不会影响条件标志位；若 Rd 和 Rm 使用 R0~R7，则会影响 N 位和 Z 位。

指令使用如下。

```
MOV R3, ♯0
MOV R0, R12;          此时不更新标志位
MVN R7, R1
NEG R3, R3
```

5. TST

位测试指令,格式如下。

```
TST Rn, Rm
```

TST 指令将 Rn 和 Rm 执行按位与操作,它会更新条件标志位 N 和 Z 位,但计算结果会被丢弃。Rn 和 Rm 范围是 R0～R7。指令使用如下。

```
TST R3, R4
```

2.5.3 Thumb 算术指令

1. 低寄存器的 ADD 和 SUB

低寄存器是指指令中使用的寄存器范围是 R0～R7。低寄存器的加法和减法指令有以下三种形式。

```
op Rd, Rn, Rm
op Rd, Rn, ♯expr3
op Rd, ♯expr8
```

第一种形式操作两个寄存器值,并将结果存入第三个寄存器 Rd 中;第二种形式用一个寄存器加上或减去一个小的整数,并将结果存入另一个寄存器中;第三种形式用一个寄存器加上或减去一个较大的整数,结果放入该寄存器中。Expr3 表达式值的范围是 ±7,expr8 的范围是 ±255。这些指令会更新 N,Z,C 和 V 位。指令使用如下。

```
ADD R2, R3, R4
SUB R1, R2, ♯33
ADD R5, ♯244
```

2. 高寄存器或低寄存器的 ADD

指令格式如下。

```
op Rd, Rm
```

指令将 Rd 和 Rm 相加,并将结果存入 Rd 中。注意,若此时 Rd 和 Rm 都为低寄存器时,汇编时会将其翻译成:

```
op Rd, Rd, Rm
```

此时指令会影响 N,Z,C 和 V 位,否则当寄存器出现高寄存器时,不影响条件标志位。指令使用如下。

```
ADD R11, R3
ADD R2,R3;          此时和 ADD R2, R2, R3 等价
ADD R3, R12
```

3. sp 的 ADD 和 SUB

这两条指令将堆栈指针 sp 作为操作数，用来增加或减少 sp，格式如下。

```
ADD sp, ♯expr
SUB sp, ♯expr
```

expr 表达式的取值必须是在 −508～508 之间的 4 的倍数。指令的使用如下。

```
ADD sp ♯256
SUB sp ♯vc + 8
```

4. pc 或 sp 相关的 ADD

这条指令将 sp 或 pc 的值加上或减去一个常量，并将结果存入低寄存器中，指令格式如下。

```
ADD Rd, Rp, ♯expr
```

Rd 是低寄存器（R0～R7），Rp 是 pc 或是 sp，expr 表达式取值必须是 0～1020 之间 4 的倍数。如果 Rp 是 pc，则执行指令时它的值取：（当前指令地址＋4）AND &FFFFFFFC。指令使用如下。

```
ADD R5, sp, ♯64
ADD R3, pc, ♯980
```

5. ADC,SBC 和 MUL

这三条指令分别是带进位的加法指令，带进位的减法指令，以及乘法指令。指令格式如下。

```
op Rd, Rm
```

ADC 指令将 Rd,Rm 以及进位标志位相加，并将结果存入 Rd 中，这条指令可以用来解决多字加法。

SBC 指令将 Rd 减去 Rm 和进位标志位，并将结果存入 Rd 中，这条指令可以用来解决多字减法。

MUL 指令将 Rd 和 Rm 相乘，并将结果存入 Rd 中。

Rd 和 Rm 必须是低寄存器（R0～R7）。ADC 指令和 SBC 指令会更新 N,Z,C 和 V 位，MUL 指令会更新 N 和 Z 位。指令用法如下。

```
ADC R3, R5
SBC R5, R6
```

2.5.4　Thumb 内存访问指令

1. 立即数偏移的 LDR 和 STR

内存地址由寄存器基址和立即数偏移指定,指令格式如下。

```
op Rd, [Rn, ♯ immed_5 * 4]
opH Rd, [Rn, ♯ immed_5 * 2]
opB Rd, [Rn, ♯ immed_5 * 1]
```

H 后缀表示无符号的半字传输,B 表示无符号字节传输,Rn 和 Rd 都是低寄存器(R0~R7),immed_5 * N 是偏移量,表达式取值必须是 0~31N 之间 N 的倍数。

STR 指令将寄存器中字、半字或字节的内容存入内存,而 LDR 指令则是将其从内存中的内容取出放入寄存器中。当传输半字或字节内容时,数据被载入 Rd 的低位,高位则用 0 填充。指令用法如下。

```
LDR R4, [R3, ♯ 0]
STRB R2, [R2, ♯ 33]
LDRH R6, [R3, ♯ 2]
```

2. 寄存器偏移的 LDR 和 STR

内存地址由寄存器基址和寄存器偏移指定,指令格式如下。

```
op Rd, [Rn, Rm]
```

Rd、Rn、Rm 都是低寄存器(R0~R7),op 共有 8 种形式,如表 2-12 所示。

表 2-12　op 的 8 种形式

op	含　义
LDR	读取 4 字节内容
STR	存入 4 字节内容
LDRH	读取两字节无符号内容
LDRSH	读取两字节带符号内容
STRH	存入两字节内容
LDRB	读取 1 字节无符号内容
LDRSB	读取 1 字节带符号内容
STRB	存入 1 字节内容

数据传输半字或字节长度时,可以是带符号或是无符号的,不同的情况寄存器填充情况也不同:当传输无符号数据时,内容放在寄存器的低地址,高地址用 0 填充;当传输带符号数时,高位用符号位填充。指令的用法如下。

```
LDR R2, [R3, R4]
LDRSH R0, [R0, R7]
```

3. pc 或 sp 相关的 LDR 和 STR

内存地址由 pc 值或 sp 值加上一个偏移量指定,指令格式如下。

```
LDR Rd, [pc, # immed_8 * 4]
LDR Rd, label
LDR Rd, [sp, # immed_8 * 4]
STR Rd, [sp, # immed_8 * 4]
```

Rd 是低寄存器(R0~R7),immed_8 * 4 是偏移量,取值必须是 0~1020 之间的 4 的倍数,label 表示程序相对的表达式,它必须在当前指令之后 1KB 的范围之内。可以看到,STR 没有 pc 相关的指令。指令用法如下。

```
LDR R3, [pc, # 1016]
LDR R4, next
STR R3, [sp, # 24]
```

4. PUSH 和 POP

PUSH 指令将低寄存器(有时包括 lr)的内容压入堆栈中;POP 指令将低寄存器(有时包括 pc)的内容从堆栈中弹出。指令格式如下。

```
PUSH {reglist}
POP {reglist}
PUSH {reglist, lr}
POP {reglist, pc}
```

Thumb 状态下的堆栈属于满递减堆栈(Full Descending Stack),堆栈向下生长,sp 指向最后压入项,如图 2-2 所示。存储在堆栈上的寄存器按数字顺序,小的寄存器放在堆栈的低地址上。reglist 表示一组低寄存器(R0~R7),寄存器的顺序一般都是由大到小排列,连续的寄存器可用"-"连接,不连续的寄存器之间用","分隔。需要注意下面这条指令。

```
POP {reglist, pc}
```

由于改变了 pc 值,指令会引起程序跳转,它通常用于从子程序返回,而此时弹出的正是 lr 的值。当然需要同时注意跳转是否引起了状态的变化,如果存到 pc 的值位[1:0]是 b00,则处理器会切换到 ARM 状态。位[1:0]不允许取 b10。指令用法如下。

```
PUSH {R0, R2 - R4}
PUSH {R2, LR}
POP {R0 - R7, pc}
```

以下指令用法有误。

```
POP {R2 - R8};          R8 不是低寄存器
PUSH {};                至少需要一个寄存器
PUSH {R1 - R4, pc};     不允许将 pc 压栈
POP {R1 - R4, LR};      不允许弹出 LR
```

5. LDMIA 和 STMIA

这两条指令用来读取或存入多个寄存器内容,指令格式如下。

```
op Rn!, {reglist}
```

Rn 和 reglist 是低寄存器(R0~R7)，在每次 Load 或 Store 之后，Rn 的值增加 4。寄存器按照数字顺序操作，即首先对最小寄存器进行存取。如果 Rn 在 reglist 之中，那么需要注意，对于 LDMIA 指令来说，Rn 的最终值不是地址，而是从内存中读取出来的值；对于 STMIA 来说，如果 Rn 的数值最小，那么 Rn 存入内存的值是 Rn 的初始值，如果 Rn 的数值不是最小，那么存入的值就不可预计。指令用法如下。

```
LDMIA R2!, {R0,R3}
STMIA R0!, {R6, R7}
```

以下指令使用有误。

```
LDMIA R3!, {R4, R8};        不允许使用 R8
STMIA R5!, {R1 - R6};       从 R5 开始存入的值不可预计
```

2.5.5　Thumb 软中断和断电指令

1. SWI

软中断指令，指令格式如下。

```
SWI immed_8
```

SWI 指令会引起 SWI 异常，这会导致处理器切换到 ARM 状态，处理器模式切换到 Supervisor，保存状态寄存器后跳转到 SWI 向量表。immed_8 表达式取值范围是 0~255，它被处理器忽略，但异常处理器用它来判断是哪个服务请求了 SWI。指令用法如下。

```
SWI 12
```

2. BKPT

断点指令，指令格式如下。

```
BKPT immed_8
```

BKPT 指令导致处理器进入 Debug 模式，调试工具可以用它来跟踪系统状态。immed_8 表达式取值范围是 0~255，它被处理器忽略，但调试器用它来保存断点的额外信息。指令用法如下。

```
BKPT 2_10110
```

2.5.6　Thumb 伪指令

1. ADR Thumb 伪指令

ADR 伪指令读取一个程序相对的地址到寄存器，指令格式如下。

```
ADR reglist, expr
```

expr 是程序相对的表达式，表示一个偏移量，这个偏移量必须是正的，且范围不能超过 1KB，同时需要保证地址和 ADR 指令在同一个段中。在 Thumb 状态，ADR 只能生成字对齐的地址。指令用法如下。

```
ADR R4, txampl; => ADD R4, pc, #nn
; code
ALIGN
Txampl DCW 0,0,0,0
```

2. LDR Thumb 伪指令

LDR 伪指令读取地址或 32 位的常量到低寄存器中，指令格式如下。

```
LDR register, ={expr | label-exp}
```

register 是要载入的寄存器，它必须是低寄存器（R0～R7）。expr 表达式的数值在 MOV 指令的范围里面时，汇编器会生成 MOV 指令；当数值不在 MOV 范围内时，汇编器会将数值存入字池中，并通过程序相对的 LDR 指令来读取这个字池。label-exp 是一个程序相对或是外部表达式，如果它是程序相对的，汇编器将 label-exp 的值存入字池并通过程序相对的 LDR 指令来读取；如果 label-exp 是外部表达式，或者不在当前的段中，汇编器在目标文件中放置一个链接器重新定位指令，链接器将在链接时生成地址。

字池中的值与 pc 的偏移量必须是正值，且不超过 1KB。指令主要有两个功能：立即数超出 MOV 和 MVN 指令范围，而不能被移入寄存器中时生成文字常数；将相对于程序的地址或外部地址载入寄存器。指令用法如下。

```
LDR R1, = 0xfff
LDR R2, = labelname
```

小　　结

本章首先介绍了 ARM 处理器的两种状态，并介绍了 ARM 指令类型和条件域。ARM 指令一般都是可以条件执行的，而 Thumb 指令除了 B 指令外都不能条件执行。随后介绍了 ARM 指令的 8 种寻址方式，这对于理解和使用 ARM 指令有很大帮助。本章的最后两节对 ARM 指令和 Thumb 指令做了详细介绍，包括用法、注意事项、举例等，读者在阅读本章后对于 ARM 指令和 Thumb 指令应该会有一个比较清晰的认识。

进一步探索

（1）阅读 ARM 汇编代码，比如可以试着阅读 Boot Loader 的相关源码，结合第 6 章内容，深入了解 Boot Loader 工作机制。

（2）试着自己写汇编代码，可以先修改一下 Boot Loader 源码，并将其移植到实验板上。

## 第 3 章

嵌入式 Linux 操作系统

Linux 操作系统的诸多优势,完全符合嵌入式系统对操作系统的"高度简练、界面友善、质量可靠、应用广泛、易开发、多任务,并且价格低"的要求,为嵌入式操作系统提供了一个极有吸引力的选择。近年来,由于价格低廉、功能强大又易于移植,嵌入式 Linux 操作系统被广泛采用,众多商家纷纷转向了嵌入式 Linux 开发和应用。嵌入式 Linux 成为嵌入式操作系统领域的主流。

本章将首先对三个主流的嵌入式 Linux 进行简介,然后从内存管理、进程管理和文件系统进一步详细介绍嵌入式 Linux 操作系统。

通过本章的学习,读者可以获得以下知识点。

(1) 常见的嵌入式 Linux 操作系统;

(2) 嵌入式 Linux 的内存管理;

(3) 嵌入式 Linux 的进程管理;

(4) 嵌入式 Linux 的文件系统。

3.1　嵌入式 Linux 简介

由于嵌入式 Linux 有着广阔的发展前景,国际上和国内的一些研究机构和知名企业都投入大量的人力和物力,力争在嵌入式 Linux 上有所为。目前,国内外主流的嵌入式 Linux 操作系统主要有以下几种。

3.1.1　μCLinux

在 μCLinux 这个英文单词中 μ 表示 Micro,小的意思,C 表示 Control,控制的意思,所以 μCLinux 代表着 Micro-Control-Linux,字面上的意思是"针对微控制领域而设计的 Linux 系统"。μCLinux 是 Lineo 公司的主打产品,同时也是开放源码的嵌入式 Linux 的典范之作。

μCLinux 秉承了标准 Linux 的优良特性,经过各方面的小型化改造,形成了一个高度优化的、代码紧凑的嵌入式 Linux。虽然它的体积很小,却仍然保留了 Linux 的大多数的优点:稳定、良好的移植性、优秀的网络功能、对各种文件系统完备的支持和标准丰富的 API。

最初的 μCLinux 仅支持 Palm 硬件系统,基于 Linux 2.0 内核。随着系统的日益改进,支持的内核版本从 2.0、2.2、2.4 一直到现在最新版本的 2.6(目前最新的 Linux 内核为 4.7.2)。编译后目标文件可控制在几百 KB 数量级,并已经被成功地移植到很多平台上。

大部分嵌入式系统为了减少系统复杂程度、降低硬件及开发成本和运行功耗,在硬件设计中取消了内存管理单元(MMU)模块。μCLinux 是专门针对没有 MMU 的处理器而设计的,即 μCLinux 无法使用处理器的虚拟内存管理技术。μCLinux 采用实存储器管理策略,通过地址总线对物理内存进行直接访问。所有程序中访问的地址都是实际的物理地址，所有的进程都在一个运行空间中运行（包括内核进程），这样的运行机制给程序员带来了不小的挑战，在操作系统不提供保护的情况下必须小心设计程序和数据空间，以免引起应用程序进程甚至是内核的崩溃。

MMU 的省略虽然带来了系统及应用程序开发的限制，但对于成本和体积敏感的嵌入式设备而言，其应用环境和应用需求并不要求复杂和相对昂贵的硬件体系，对于功能简单的专用嵌入式设备，内存的分配和管理完全可以由开发人员考虑。

3.1.2　RT-Linux

RT-Linux 就是 Real-time Linux 的简写，RT-Linux 是源代码开放的具有硬实时特性的多任务操作系统，它部分支持 POSIX. 1b 标准。RT-Linux 是美国新墨西哥州大学计算机科学系 Victor Yodaiken 和 Micae Brannanov 开发的嵌入式 Linux 操作系统。

RT-Linux 开发者并没有针对实时操作系统的特性而重写 Linux 的内核，因为这样做的工作量非常大，而且要保证兼容性也非常困难。而是通过底层对 Linux 实施改造的产物。通过在 Linux 内核与硬件中断之间增加一个精巧的可抢先的实时内核，把标准的 Linux 内核作为实时内核的一个进程与用户进程一起调度，标准的 Linux 内核的优先级最低，可以被实时进程抢断。正常的 Linux 进程仍可以在 Linux 内核上运行，这样既可以使用标准分时操作系统即 Linux 的各种服务，又能提供低延时的实时环境。

到目前为止，RT-Linux 已经成功地应用于航天飞机的空间数据采集、科学仪器测控和电影特技图像处理等广泛领域。

3.1.3　红旗嵌入式 Linux

红旗嵌入式 Linux 是由北京中科红旗软件技术有限公司推出的，是国内做得较好的一款嵌入式 Linux 操作系统。这款嵌入式 Linux 具有以下特点。

（1）精简内核，适用于多种常见的嵌入式 CPU；

（2）提供完善的嵌入式 GUI 和嵌入式 X-Windows；

（3）提供嵌入式浏览器、邮件程序和多媒体播放程序；

（4）提供完善的开发工具和平台。

3.2　内存管理

3.2.1　内存管理和 MMU

存储管理包含地址映射、内存空间的分配，有时候还包括地址访问的限制（即保护机制）；如果将 I/O 也放在内存地址空间中，则还要包括 I/O 地址的映射；另外，像代码段、数据段、堆栈段空间的分配等都属于内存管理。对内核来讲，存储管理机制的实现和具体的 CPU 以及 MMU 的结构关系非常紧密，所以存储管理，特别是地址映射，是操作系统内核中比较复杂的一个成分。甚至可以说操作系统内核的复杂性相当程度上来自内存管理，对整个系统的结构有着根本性的深远影响。

MMU，也就是"内存管理单元"，其主要作用是两个方面：一是地址映射；二是对地址访问的保护和限制。简单地说,MMU 就是提供一组寄存器,依靠这组寄存器来实现地址映射和访问保护。MMU 可以做在芯片中,也可以作为协处理器。

由于地址映射是通过 MMU 实现的,因此不采用地址映射就不需要 MMU。但是严格地说,内存的管理总是存在的,只是方式和复杂程度不同而已。

3.2.2 标准 Linux 的内存管理

标准 Linux 使用虚拟存储器技术,提供比计算机系统中实际使用的物理内存大得多的内存空间,从而使得编程人员再不用考虑计算机中的物理内存容量。

为了支持虚拟存储管理器的管理,Linux 系统采用分页的方式来载入进程。所谓分页即是把实际的存储器分割为相同大小的段,例如每个段 1024B,这样 1024B 大小的段便称为一个页面。

虚拟存储器由存储器管理机制及一个大容量的快速硬盘存储器支持。它的实现基于局部性原理,当一个程序在运行之前,没有必要全部装入内存,而是仅将那些当前要运行的部分页面或段装入内存运行(Copy-on-Write)。其余暂时留在硬盘上,程序运行时如果它所要访问的页(段)已存在,则程序继续运行,如果发现不存在的页(段),操作系统将产生一个页错误,这个错误导致操作系统把需要运行的部分加载到内存中。必要时操作系统还可以把不需要的内存页(段)交换到磁盘上。利用这样的方式管理存储器,便可把一个进程所需要用到的存储器以化整为零的方式,视需求分批载入,而核心程序则凭借属于每个页面的页码来完成寻址各个存储器区段的工作。

标准 Linux 是针对有内存管理单元的处理器设计的。在这种处理器上,虚拟地址被送到 MMU,把虚拟地址映射为物理地址。

通过赋予每个任务不同的虚拟-物理地址转换映射,支持不同任务之间的保护。地址转换函数在每一个任务中定义,在一个任务中的虚拟地址空间映射到物理内存的一个部分,而另一个任务的虚拟地址空间映射到物理存储器中的另外区域。计算机的存储管理单元(MMU)一般有一组寄存器来标识当前运行的进程的转换表。在当前进程将 CPU 放弃给另一个进程时(一次上下文切换),内核通过指向新进程地址转换表的指针加载这些寄存器。MMU 寄存器是有特权的,只能在内核态才能访问。这就保证了一个进程只能访问自己用户空间内的地址,而不会访问和修改其他进程的空间。当可执行文件被加载时,加载器根据默认的 ld 文件,把程序加载到虚拟内存的一个空间,因为这个原因实际上很多程序的虚拟地址空间是相同的,但是由于转换函数不同,所以实际所处的内存区域也不同。而对于多进程管理,当处理器进行进程切换并执行一个新任务时,一个重要部分就是为新任务切换任务转换表。

标准 Linux 操作系统的内存管理至少实现了以下功能。

(1) 运行比内存还要大的程序。

(2) 先加载部分程序运行,缩短了程序启动的时间。

(3) 可以使多个程序同时驻留在内存中提高 CPU 的利用率。

(4) 可以运行重定位程序。即程序可以放于内存中的任何一处,且可以在执行过程中移动。

(5) 写机器无关的代码。程序不必事先约定机器的配置情况。

(6) 减轻程序员分配和管理内存资源的负担。

(7) 可以进行内存共享。

(8) 提供内存保护,进程不能以非授权方式访问或修改页面,内核保护单个进程的数据和代码以防止其他进程修改它们。否则，用户程序可能会偶然（或恶意）地破坏内核或其他用户程序。

当然，虚存系统并不是没有代价的。内存管理需要地址转换表和其他一些数据结构，留给程序的内存减少了。地址转换增加了每一条指令的执行时间，而对于有额外内存操作的指令会更严重。当进程访问不在内存的页面时，系统发生失效。系统处理该失效，并将页面加载到内存中，这需要极耗时间的磁盘 I/O 操作。内存管理活动占用了相当一部分 CPU 时间。

3.2.3 μCLinux 的内存管理

对于 μCLinux 来说，其设计针对没有 MMU 的处理器，即 μCLinux 不能使用处理器的虚拟内存管理技术。在 μCLinux 中，系统为进程分配的内存区域是连续的，代码段、数据段和栈段间没任何空隙。为节省内存，进程的私有堆被取消，所有进程共享一个由操作系统管理的堆空间。标准 Linux 和 μCLinux 的内存映射区别如图 3-1 所示。

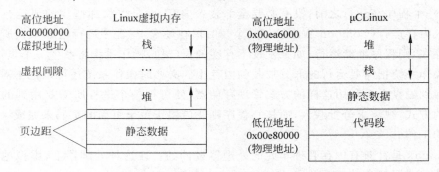

图 3-1　标准 Linux 和 μCLinux 的内存映射

μCLinux 不能使用处理器的虚拟内存管理技术，它仍然采用存储器的分页管理。系统启动时对存储器分页，加载应用程序对程序分页加载。由于没有 MMU 管理，所以 μCLinux 采用实存储器管理（Real Memory Management）。μCLinux 系统对内存的访问是直接的（它对地址的访问不经 MMU，而是直接送到地址线上输出），所有程序访问的地址是物理地址。那些比物理内存还大的程序将无法执行。

μCLinux 将整个物理内存划分成为 4KB 的页面。由数据结构 page 管理，有多少页面就有多少 page 结构，它们又作为元素组成数组 mem_map[]。物理页面可作为进程代码、数据和堆栈的一部分，还可存储装入的文件，也可作缓冲区。跟很多嵌入式操作系统一样，μCLinux 操作系统对内存空间没有保护，各个进程没有独立的地址转换表，实际上共享一个运行空间。

一个进程在执行前，系统必须为进程分配足够的连续物理地址空间，然后全部载入主存储器的连续空间中。另外一个方面，程序加载地址与预期（ld 文件中指出的）通常都不相同，这样 Relocation 过程就是必需的。此外，磁盘交换空间也是无法使用的，系统执行时如果缺少内存将无法通过磁盘交换来得到改善。

从易用性这一点来说，μCLinux 的内存管理是一种倒退，退回到了 UNIX 早期或是 DOS 系统时代。开发人员不得不参与系统的内存管理。从编译内核开始，开发人员必须告诉系统这块开发板到底拥有多少的内存，从而系统将在启动的初始化阶段对内存进行分页，并且标记已使用和未使用的内存。系统将在运行应用时使用这些分页内存。

由于应用程序加载时必须分配连续的地址空间，而针对不同硬件平台的可一次成块（连续地址）分配内存大小限制是不同的，所以开发人员在开发应用程序时必须考虑内存的分配情况并关注应用程序需要运行空间的大小。另外,由于采用实存储器管理策略,用户程序同内核以及其他用户程序在一个地址空间,程序开发时要保证不侵犯其他程序的地址空间,以使得程序不至于破坏系统的正常工作,或导致其他程序的运行异常。

从内存的访问角度来看,开发人员的权力增大了(开发人员在编程时可以访问任意的地址空间),但与此同时系统的安全性也大为下降。

虽然 μCLinux 的内存管理与标准 Linux 系统相比功能相差很多,但应该说这是嵌入式设备的选择。在嵌入式设备中,由于成本等敏感因素的影响,普遍采用不带有 MMU 的处理器,这决定了系统没有足够的硬件支持实现虚拟存储管理技术。从嵌入式设备实现的功能来看,嵌入式设备通常在某一特定的环境下运行,只要实现特定的功能,其功能相对简单,内存管理的要求完全可以由开发人员考虑。

3.3 进程管理

3.3.1 进程和进程管理

进程是一个运行程序并为其提供执行环境的实体,它包括一个地址空间和至少一个控制点,进程在这个地址空间上执行单一指令序列。进程地址空间包括可以访问或引用的内存单元的集合,进程控制点通过一个一般称为程序计数器(Program Counter,PC)的硬件寄存器控制和跟踪进程指令序列。

任务调度主要是协调任务对计算机系统内资源(如内存、I/O 设备、CPU)的争夺使用。进程调度又称为 CPU 调度,其根本任务是按照某种原则为处于就绪状态的进程分配 CPU。由于嵌入式系统中内存和 I/O 设备一般都和 CPU 同时归属于某进程,因此任务调度和进程调度概念相近,很多场合下,两者的概念是一致的。本文统一以进程来进行说明。

下面先来看几个进程管理相关的概念。

上下文(Context):上下文是指进程运行的环境。例如,针对 x86 的 CPU,进程上下文可包括程序计数器、堆栈指针、通用寄存器的内容。

上下文切换(Context Switching):多任务系统中,上下文切换是指 CPU 的控制权由运行进程转移到另外一个就绪进程时所发生的事件,当前运行进程转为就绪(或者挂起、删除)状态,另一个被选定的就绪进程成为当前进程。上下文切换包括保存当前进程的运行环境,恢复将要运行进程的运行环境。上下文的内容依赖于具体的 CPU。

抢占(Preemptive):抢占是指当系统处于核心态运行时,允许进程的重新调度。换句话说就是指正在执行的进程可以被打断,让另一个进程运行。抢占提高了应用对异步事件的响应能力。操作系统内核可抢占,并不是说任务调度在任何时候都可以发生。例如,当一个任务正在通过一个系统调用访问共享数据时,重新调度和中断都被禁止。

优先抢占(Preemptive Priority):每一个进程都有一个优先级,系统核心保证优先级最高的进程运行于 CPU。如果有进程优先级高于当前的进程优先级,系统立刻保存当前进程的上下文,切换到优先级高的进程的上下文。

轮转调度(Round-Robin Scheduling):使所有相同优先级,状态为就绪的进程公平分享CPU(分配一定的时间间隔,使各进程轮流享有 CPU)。

进程调度策略可分为"抢占式调度"和"非抢占式调度"两种基本方式。所谓"非抢占式调度"是指：一旦某个进程被调度执行，则该进程一直执行下去直至该进程结束，或由于某种原因自行放弃 CPU 进入等待状态，才将 CPU 重新分配给其他进程。所谓"抢占式调度"是指：一旦就绪状态中出现优先权更高的进程，或者运行的进程已用满了规定的时间片时，便立即抢占当前进程的运行（将其放回就绪状态），把 CPU 分配给其他进程。

3.3.2 RT-Linux 的进程管理

RT-Linux 有两种中断：硬中断和软中断。软中断是常规 Linux 内核中断。它的优点在于可无限制地使用 Linux 内核调用。硬中断是实现实时 Linux 的前提。依赖于不同的系统，实时 Linux 下硬中断的延迟低于 $15\mu s$。RT-Linux 通过一个高效的、可抢占的实时调度核心来全面接管中断，并把 Linux 作为此实时核心的一个优先级最低的进程运行。当有实时任务需要处理时，RT-Linux 运行实时任务；无实时任务时，RT-Linux 运行 Linux 的非实时进程。其系统结构如图 3-2 所示。

在 Linux 进程和硬件中断之间，本来由 Linux 内核完全控制，现在 Linux 内核和硬件中断的地方加上了一个 RT-Linux 内核的控制。Linux 的控制信号都要先交给 RT-Linux 内核进行处理。在 RT-Linux 内核中实现了一个虚拟中断机制，Linux 本身永远不能屏蔽中断，它发出的中断屏蔽信号和打开中断信号都修改成向 RT-Linux 发送一个信号。如在 Linux 里面使用"SI"和"CLI"宏指令，让 RT-Linux 里面的某些标记做了修改。

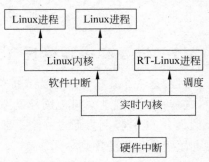

图 3-2　RT-Linux 的系统结构

也就是说将所有的中断分成 Linux 中断和实时中断两类。如果 RT-Linux 内核接收到的中断信号是普通 Linux 中断，那就设置一个标志位；如果是实时中断，就继续向硬件发出中断。在 RT-Linux 中执行 STI 将中断打开之后，那些设置了标志位表示的 Linux 中断就继续执行，因此 CLI 并不能禁止 RT-Linux 内核的运行，却可以用来中断 Linux。Linux 不能中断自己，而 RT-Linux 可以。总之，RT-Linux 将标准 Linux 内核作为实时操作系统里优先权最低的线程来运行，从而避开了 Linux 内核性能的问题。RT-Linux 仿真了 Linux 内核所看到的中断控制器。这样即使在被 CPU 中断，同时 Linux 内核请求被取消的情况下，关键的实时中断也能够保持激活。

RT-Linux 在默认的情况下采用优先级的调度策略，系统进程调度器根据各个实时任务的优先级来确定执行的先后次序。优先级高的先执行，优先级低的后执行，这样就保证了实时进程的迅速调度。同时 RT-Linux 也支持其他的调度策略，如最短时限最先调度（EDP）、确定周期调度（RM）（周期段的实时任务具有高的优先级）。RT-Linux 将任务调度器本身设计成一个可装载的内核模块，用户可以根据自己的实际需要，编写适合自己的调度算法。

为保证 RT-Linux 实时进程与非实时 Linux 进程进行数据交换，RT-Linux 引入了 RT-FIFO 队列。RT-FIFO 被 Linux 视为字符设备，分别命名为/der/rtf0、/dev/rtf1，一直到/dev/rtf63。最大的 RT-FIFO 数量在系统内核编译时设定，最多可达 150 个。带 RT-FIFO 的 RT-Linux 系统运行图如图 3-3 所示。

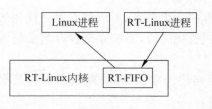

图 3-3　带 RT-FIFO 的 RT-Linux 系统运行图

RT-Linux 程序运行于用户空间和内核态两个空间。RT-Linux 提供了应用程序接口。借助这些 API 函数将实时处理部分编写成内核模块,并装载到 RT-Linux 内核中,运行于 RT-Linux 的内核态。非实时部分的应用程序则在 Linux 下的用户空间中执行。这样可以发挥 Linux 对网络和数据库的强大支持功能。

3.3.3 标准 Linux 的进程管理

1. Linux 进程

进程是由进程标识符(PID)表示的。从用户的角度来看,一个 PID 是一个数字值,可唯一标识一个进程。一个 PID 在进程的整个生命期间不会更改,但 PID 可以在进程销毁后被重新使用。进程的其他重要属性还有以下几个。

(1) 父进程和父进程的 ID(PPID)。

(2) 启动进程的用户 ID(UID)和所归属的组(GID)。

(3) 进程状态:状态分为运行 R、休眠 S、僵尸 Z。

(4) 进程执行的优先级。

(5) 进程所连接的终端名。

(6) 进程资源占用:比如占用资源大小(内存、CPU 占用量)。

由于进程为执行程序的环境,因此在执行程序前必须先建立这个能运行程序的环境。Linux 系统提供系统调用复制现行进程的内容,以产生新的进程,调用 fork 的进程称为父进程;而所产生的新进程则称为子进程。子进程会承袭父进程的一切特性,但是它有自己的数据段,也就是说,尽管子进程改变了所属的变量,却不会影响到父进程的变量值。父进程和子进程共享一个程序段,但是各自拥有自己的堆栈、数据段、用户空间以及进程控制块。

当内核收到 fork 请求时,它首先检查存储器是不是足够;其次是进程表是否仍有空缺;最后是看看用户是否建立了太多的子进程。如果上述三个条件满足,那么操作系统会给子进程一个进程识别码,并且设定 CPU 时间,接着设定与父进程共享的段,同时将父进程的 inode 复制一份给子进程应用,最终子进程会返回数值 0 以表示它是子进程,至于父进程,它可能等待子进程执行结束,或与子进程各做各的。

Linux 进程还可以通过 exec 系统调用产生。该系统调用提供一个进程去执行另一个进程的能力,exec 系统调用是采用覆盖旧进程存储器内容的方式,所以原来程序的堆栈、数据段与程序段都会被修改,只有用户区维持不变。

由于在使用 fork 时,内核会将父进程复制一份给子进程,但是这样做相当浪费时间,因为大多数情形都是程序在调用 fork 后就立即调用 exec,这样刚复制的进程区域又立即被新的数据覆盖掉。因此 Linux 系统提供一个系统调用 vfork,vfork 假定系统在调用完成 vfork 后会马上执行 exec,因此 vfork 不复制父进程的页面,只是初始化私有的数据结构与准备足够的分页表。这样实际在 vfork 调用完成后父子进程事实上共享同一块存储器(在子进程调用 exec 或是 exit 之前),因此子进程可以更改父进程的数据及堆栈信息,因此 vfork 系统调用完成后,父进程进入睡眠,直到子进程执行 exec。当子进程执行 exec 时,由于 exec 要使用被执行程序的数据,代码覆盖子进程的存储区域,这样将产生写保护错误(do_wp_page)(这个时候子进程写的实际上是父进程的存储区域),这个错误导致内核为子进程重新分配存储空间。当子进程正确开始执行后,将唤醒父进程,使得父进程继续往后执行。

2. Linux 进程的调度

Linux 操作系统有以下三种进程调度策略。

(1) 分时调度策略(SCHED_OTHER)。SCHED_OTHER 是面向普通进程的时间片轮转策略。采用该策略时,系统为处于 TASK_RUNNING 状态的每个进程分配一个时间片。当时间片用完时,进程调度程序再选择下一个优先级相对较高的进程,并授予 CPU 使用权。

(2) 先到先服务的实时调度策略(SCHED_FIFO)。SCHED_FIFO 策略适用于对响应时间要求比较高,运行所需时间比较短的实时进程。采用该策略时,各实时进程按其进入可运行队列的顺序依次获得 CPU。除了因等待某个事件主动放弃 CPU,或者出现优先级更高的进程而剥夺其 CPU 之外,该进程将一直占用 CPU 运行。

(3) 时间片轮转的实时调度策略(SCHED_RR)。SCHED_RR 策略适用于对响应时间要求比较高,运行所需时间比较长的实时进程。采用该策略时,各实时进程按时间片轮流使用 CPU。当一个运行进程的时间片用完后,进程调度程序停止其运行并将其置于可运行队列的末尾。

实时进程将得到优先调用,实时进程根据实时优先级决定调度权值。分时进程则通过 nice 和 counter 值决定权值,nice 越小,counter 越大,被调度的概率越大,也就是曾经使用了 CPU 最少的进程将会得到优先调度。

在 SCHED_OTHER 调度策略中,调度器总是选择那个 priority+counter 值最大的进程来调度执行。从逻辑上分析,SCHED_OTHER 调度策略存在着调度周期,在每一个调度周期中,一个进程的 priority 和 counter 值的大小影响了当前时刻应该调度哪一个进程来执行,其中 priority 是一个固定不变的值,在进程创建时就已经确定,它代表了该进程的优先级,也代表着该进程在每一个调度周期中能够得到的时间片的多少;counter 是一个动态变化的值,它反映了一个进程在当前的调度周期中还剩下的时间片。在每一个调度周期的开始,priority 的值被赋给 counter,然后每次该进程被调度执行时,counter 值都减少。当 counter 值为零时,该进程用完自己在本调度周期中的时间片,不再参与本调度周期的进程调度。当所有进程的时间片都用完时,一个调度周期结束,然后周而复始。

当采用 SHCED_RR 策略的进程的时间片用完,系统将重新分配时间片,并置于就绪队列尾。放在队列尾保证了所有具有相同优先级的 RR 任务的调度公平。

SCHED_FIFO 一旦占用 CPU 则一直运行。直到有更高优先级任务到达或自己放弃。如果有相同优先级的实时进程(根据优先级计算的调度权值是一样的)已经准备好,FIFO 时必须等待该进程主动放弃后才可以运行这个优先级相同的任务。而 RR 可以让每个任务都执行一段时间。

3.3.4 μCLinux 的进程管理

μCLinux 的进程调度沿用了 Linux 的传统,系统每隔一定时间挂起进程,同时系统产生快速和周期性的时钟计时中断,并通过调度函数(定时器处理函数)决定进程什么时候拥有它的时间片。然后进行相关进程切换,这是通过父进程调用 fork 函数生成子进程来实现的。在 μCLinux 下,由于 μCLinux 没有 MMU 管理存储器,在实现多个进程时需要实现数据保护。由于没有 MMU,系统虽然支持 fork 系统调用,但其实质上就是 vfork。μClinux 系统 fork 调用完成后,要么子进程代替父进程执行(此时父进程已经 sleep),直到子进程调用 exit 退出;要么调用 exec 执行一个新的进程,这个时候产生可执行文件的加载,即使这个进程只是父进程的拷贝,这个过程也不可避免。当子进程执行 exit 或 exec 后,子进程使用 wakeup 把父进程唤醒,使父进程继续往下执行。

在 μCLinux 下,启动新的应用程序时系统必须为应用程序分配存储空间,并立即把应用程序加载到内存。缺少了 MMU 的内存重映射机制,μCLinux 必须在可执行文件加载阶段对可执行文件 Relocation 处理,使得程序执行时能够直接使用物理内存。

μCLinux 由于没有内存映射机制,因此其对内存的访问是直接的,所有程序中访问的地址都是实际的物理地址。操作系统对内存空间没有保护,各个进程实际上共享一个运行空间。这就需要实现多进程时进行数据保护,也导致了用户程序使用的空间可能占用到系统内核空间,这些问题在编程时都需要多加注意,否则容易导致系统崩溃。

3.4 文 件 系 统

3.4.1 文件系统定义

文件系统的定义如下:包含在磁盘驱动器或者磁盘分区的目录结构,整个磁盘空间可以给一个或者多个文件系统使用。在对某个文件系统做在某一个挂载点的挂载(Mount)操作后,就可以使用该文件系统了。

3.4.2 Linux 文件系统

Linux 支持许多种文件系统。Linux 初期的基本文件系统是 Minix,但其适用范围和功能都很有限。其文件名最长不能超过 14 个字符并且最大的文件不超过 64MB。因此于 1992 年开发了 Linux 专用的文件系统 ext(Extended File System),解决了很多的问题。但 ext 的功能也并不是非常优秀,最终于 1993 年增加了 ext2(Extended File System 2)。Linux 还支持 ext3、JFS2、XFS 和 ReiserFS 等新的日志型文件系统。另外,Linux 支持加密文件系统(如 CFS)和虚拟文件系统(如/proc)。

下面对 ext2 和 ext3 文件系统做个简单介绍。

1. ext2 文件系统

ext2 是 Linux 事实上的标准文件系统,它已经取代了它的前任——ext 文件系统。ext 文件系统支持的文件大小最大为 2GB,支持的最大文件名称大小为 255 个字符,而且它不支持索引节点(包括数据修改时间标记)。ext2 文件系统做得更好,它的优点如下。

(1) 支持达 4TB 的内存。

(2) 文件名称最长可以到 1012 个字符。

(3) 当创建文件系统时,管理员可以选择逻辑块的大小(通常大小可选择 1024、2048 和 4096 字节)。

(4) 实现快速符号链接:不需要为此目的而分配数据块,并且将目标名称直接存储在索引节点(inode)表中。这使性能有所提高,特别是在速度上。

(5) 因为 ext2 文件系统的稳定性、可靠性和健壮性,所以几乎在所有基于 Linux 的系统(包括台式计算机、服务器和工作站,甚至一些嵌入式设备)上都使用 ext2 文件系统。然而,当在嵌入式设备中使用 ext2 时,它有一些缺点。

(6) ext2 是为像 IDE 设备那样的块设备设计的,这些设备的逻辑块大小是 512B、1KB 等这样的倍数。这不太适合于扇区大小因设备不同而不同的闪存设备。

（7）ext2 文件系统没有提供对基于扇区的擦除/写操作的良好管理。在 ext2 文件系统中，为了在一个扇区中擦除单个字节，必须将整个扇区复制到 RAM，然后擦除，然后重写入。考虑到闪存设备具有有限的擦除寿命（大约能进行 100 000 次擦除），在此之后就不能使用它们，所以这不是一个特别好的方法。

（8）在出现电源故障时，ext2 不是防崩溃的。

（9）ext2 文件系统不支持损耗平衡，因此缩短了扇区/闪存的寿命（损耗平衡确保将地址范围的不同区域轮流用于写/擦除操作以延长闪存设备的寿命）。

（10）ext2 没有特别完美的扇区管理，这使设计块驱动程序十分困难。

2. ext3 文件系统

在 ext2 文件系统尚未关闭之前就关机的话，很可能会造成文件系统的异常，在系统重新开机后，就能检测到内容的不一致性，此时，文件系统需要做检查工作，将不一致和错误的地方进行修复。这个检查和整理工作是比较耗时的，特别在文件系统容量比较大的时候，而且不能保证 100% 的内容能完全修复。为了克服这个问题，日志式文件系统（Journal File System）便应运而生。这种文件系统的做法是：它会将整个磁盘的写入动作完整记录在磁盘的某个区域上，以便有需要时可以回溯追踪。

ext3 便是一种日志式文件系统，是对 ext2 系统的扩展，它兼容 ext2。在 ext3 文件系统中，由于详细记录了每个细节，故当在某个过程中被中断时，系统可以根据这些记录直接回溯并重整被中断的部分，而不必花时间去检查其他的部分，故重整的工作速度相当快，几乎不需要花时间。

ext3 相比较 ext2 文件系统而言，具有以下特点。

1）具有高可用性

系统使用了 ext3 文件系统后，即使在非正常关机后，文件系统的恢复时间只要数十秒钟。

2）具有很好的数据完整性

ext3 文件系统能够极大地提高文件系统的完整性，避免了意外关机对文件系统的破坏。

3）访问速度快

尽管使用 ext3 文件系统时，有时在存储数据时可能要多次写数据，但是 ext3 的日志功能对磁盘的驱动器读写头进行了优化，因此从总体上看来，ext3 比 ext2 的性能还要好一些。

4）兼容性好

由于 ext3 兼容 ext2，因此将 ext2 文件系统转换成 ext3 文件系统非常容易，只要简单地调用一个小工具即可完成整个转换过程，用户不用花时间备份、恢复、格式化分区等。另外，ext3 文件系统可以不经任何更改，而直接加载成为 ext2 文件系统。

5）多种日志模式

ext3 有多种日志模式，一种工作模式是对所有的文件数据及 metadata 进行日志记录（data＝journal 模式）；另一种工作模式则是只对 metadata 记录日志，而不对数据进行日志记录，也即所谓 data＝ordered 或者 data＝writeback 模式。系统管理人员可以根据系统的实际工作要求，在系统的工作速度与文件数据的一致性之间做出选择。

3.4.3　嵌入式 Linux 文件系统

嵌入式文件系统就是在嵌入式系统中应用的文件系统。嵌入式文件系统是嵌入式系统的一个重要组成部分,随着嵌入式系统硬件设备的广泛应用和价格的不断降低以及嵌入式系统应用范围的不断扩大,嵌入式文件系统的重要性显得更加突出。

由于系统体系结构的不同,嵌入式文件系统在很多方面与桌面文件系统有较大区别。例如在普通桌面操作系统中,文件系统不仅要管理文件,提供文件系统 API,还要管理各种设备,支持对设备和文件操作的一致性(像操作文件一样操作各种 I/O 设备)。

嵌入式设备的自身特点决定了它很少使用大容量的 IDE 硬盘等常见的 PC 上的主要存储设备。嵌入式设备往往选用 ROM、Flash Memory 等作为它的主要存储设备。因此,学习嵌入式文件系统的目标就是找到最适合在这些存储设备上运行的文件系统。首先说到的是 Rootfs(根文件系统),嵌入式系统一般从 Flash 启动,最简单的方法是将 Rootfs 装载到 RAM 的 RamDisk,较复杂的是直接从 Flash 读取 Cramfs,更复杂的是在 Flash 上分区,然后构建 JFFS2 等文件系统。首先来介绍 Flash Memory。

1. Flash Memory 简介

Flash Memory 是近年来发展迅速的内存,属于 Non-Volatile 内存(Non-Volatile 即断电数据也能保存),它具有 EEPROM(Electrically EProM)电擦除的特点,还具有低功耗、密度高、体积小、可靠性高、可擦除、可重写、可重复编程等优点。Flash Memory 由 Toshiba(东芝)于 1980 年申请专利,并在 1984 年的国际半导体学术会议上首先发表,然后 Intel 和 SEEQ 大力发展芯片,到现在可以说,Flash Memory 已经成为应用最广的移动微存储介质。实际上,不但在新型数码产品上广泛应用,连传统的 EPROM、EEPROM 等市场也开始被 Flash Memory 取代,像主板上的 BIOS 已经越来越多地采用 Flash Memory 为存储器。

2. Flash Memory 上的两种技术 NAND 和 NOR

Flash Memory 主要有两种技术:NAND 和 NOR。NAND 型的单元排列是串行的,而 NOR 型则是并行的。在 NAND 型 Flash Memory 中,存储单元被分成页,由页组成块。根据容量不同,块和页的大小有所不同,而组成块的页的数量也会不同,如 8MB 的模块,页大小为 (512+16)B、块大小为(8K+256)B;而 2MB 模块,页大小为(256+8)B、块大小为(4K+128) B。NAND 型存储单元的读写是以块和页为单位来进行的,像硬盘以及内存。实际上,NAND 型的 Flash Memory 可以看作是顺序读取的设备,它仅用 8 比特的 I/O 端口就可以存取按页为单位的数据。正因为这样,它在读和擦文件、特别是连续的大文件时,与 NOR 型的 Flash Memory 相比速度相当的快。但 NAND 型的不足在于随机存取速度较慢,而且没有办法按字节写;这些方面就恰好是 NOR 型的优点所在:NOR 型随机存取速度较快,而且可以随机按字节写。正因为这些特点,所以 NAND 型的 Flash Memory 适合用在大容量的多媒体应用中,而 NOR 型适合应用在数据/程序存储应用中。

NOR 和 NAND 是现在市场上两种主要的非易失闪存技术。Intel 于 1988 年首先开发出 NOR Flash 技术,彻底改变了原先由 EPROM 和 EEPROM 一统天下的局面。紧接着,1989 年,东芝公司发表了 NAND Flash 结构,强调降低每比特的成本,更高的性能,并且像磁盘一样可以通过接口轻松升级。但是经过了十多年之后,仍然有相当多的硬件工程师分不清 NOR 和 NAND 闪存。

NOR 的特点是芯片内执行(eXecute In Place,XIP),这样应用程序可以直接在 Flash 闪存内运行,不必再把代码读到系统 RAM 中。NOR 的传输效率很高,在 1～4MB 的小容量时具有很高的成本效益,但是很低的写入和擦除速度大大影响了它的性能。

NAND 结构能提供极高的单元密度,可以达到高存储密度,并且写入和擦除的速度也很快。应用 NAND 的困难在于 Flash 的管理和需要特殊的系统接口。

在 NOR 器件上运行代码不需要任何的软件支持，在 NAND 器件上进行同样操作时，通常需要驱动程序，也就是内存技术驱动程序（MTD），NAND 和 NOR 器件在进行写入和擦除操作时都需要 MTD。

使用 NOR 器件时所需要的 MTD 要相对少一些，许多厂商都提供用于 NOR 器件的更高级软件，这其中包括 M-System 的 TrueFFS 驱动，该驱动被 Wind River System、Microsoft、QNX Software System、Symbian 和 Intel 等厂商所采用。

驱动还用于对 DiskOnChip 产品进行仿真和 NAND 闪存的管理，包括纠错、坏块处理和损耗平衡。

3. 嵌入式文件系统分类

不同的文件系统类型有不同的特点，因而根据存储设备的硬件特性、系统需求等有不同的应用场合。在嵌入式 Linux 应用中，主要的存储设备为 RAM（DRAM，SDRAM）和 ROM（常采用 Flash 存储器），常用的基于存储设备的文件系统类型包括：JFFS2、YAFFS、Cramfs、Romfs、RamDisk、Ramfs/Tmpfs 等。

1）基于 Flash 的文件系统

Flash 作为嵌入式系统的主要存储媒介，有其自身的特性。Flash 的写入操作只能把对应位置的 1 修改为 0，而不能把 0 修改为 1（擦除 Flash 就是把对应存储块的内容恢复为 1），因此，一般情况下，向 Flash 写入内容时，需要先擦除对应的存储区间，这种擦除是以块（block）为单位进行的。

Flash 存储器的擦写次数是有限的，NAND 闪存还有特殊的硬件接口和读写时序。因此，必须针对 Flash 的硬件特性设计符合应用要求的文件系统；传统的文件系统如 ext2 等，用作 Flash 的文件系统会有诸多弊端。

在嵌入式 Linux 下，MTD 为底层硬件（闪存）和上层（文件系统）之间提供一个统一的抽象接口，即 Flash 的文件系统都是基于 MTD 驱动层的。使用 MTD 驱动程序的主要优点在于，它是专门针对各种非易失性存储器（以闪存为主）而设计的。

（1）JFFS2 文件系统

随着技术的发展，近年来日志文件系统在嵌入式系统上得到了较多的应用，其中以支持 NOR Flash 的 JFFS、JFFS2 文件系统和支持 NAND Flash 的 YAFFS 最为流行。这些文件系统都支持掉电文件保护，同时支持标准的 MTD 驱动。

JFFS 文件系统是瑞典 Axis 通信公司开发的一种基于 Flash 的日志文件系统，它在设计时充分考虑了 Flash 的读写特性和用电池供电的嵌入式系统的特点，在这类系统中必须确保在读取文件时，如果系统突然掉电，其文件的可靠性不受到影响。对 Red Hat 的 Davie Woodhouse 进行改进后，形成了 JFFS2。主要改善了存取策略以提高 Flash 的抗疲劳性，同时也优化了碎片整理性能，增加了数据压缩功能。需要注意的是，当文件系统已满或接近满时，JFFS2 会大大放慢运行速度。这是因为垃圾收集的问题。

JFFS2 的底层驱动主要完成文件系统对 Flash 芯片的访问控制，如读、写、擦除操作。在 Linux 中这部分功能是通过调用 MTD 驱动实现的。相对于常规块设备驱动程序，使用 MTD 驱动程序的主要优点在于 MTD 驱动程序是专门为基于闪存的设备所设计的，所以它们通常有更好的支持、更好的管理和更好的基于扇区的擦除和读写操作的接口。MTD 相当于在硬件和上层之间提供了一个抽象的接口，可以把它理解为 Flash 的设备驱动程序，它主要向上提供两个接口：MTD 字符设备和 MTD 块设备。通过这两个接口，就可以像读写普通文件一样对 Flash 设备进行读写操作。经过简单的配置后，MTD 在系统启动以后可以自动识别支持 CFI 或 JEDEC 接口的 Flash 芯片，并自动采用适当的命令参数对 Flash 进行读写或擦除。

（2）YAFFS2 文件系统

YAFFS(Yet Another Flash File System)是一种和 JFFS 类似的闪存文件系统。主要针对 NAND Flash 设计，和 JFFS 相比它减少了一些功能，所以速度更快，而且对内存的占用比较小。此外 YAFFS 自带 NAND 芯片驱动，并且为嵌入式系统提供了直接访问文件系统的 API，用户可以不使用 Linux 中的 MTD 与 VFS，直接对文件进行操作。在其他嵌入式系统中也可以直接使用这些 API 实现对文件的操作。

YAFFS2 是 YAFFS 的改进版本，在速度、内存的使用上，对 NAND 设备的支持上都有所改善。YAFFS2 还支持大页面的 NAND 设备，并且对大页面的 NAND 设备做了优化。

（3）Cramfs

Cramfs 是 Linux 的创始人 Linus Torvalds 参与开发的一种只读的压缩文件系统。它也基于 MTD 驱动程序。

在 Cramfs 文件系统中，每一页（4KB）被单独压缩，可以随机页访问，其压缩比高达 2∶1，为嵌入式系统节省大量的 Flash 存储空间，使系统可通过更低容量的 Flash 存储相同的文件，从而降低系统成本。

Cramfs 文件系统以压缩方式存储，在运行时解压缩，所以不支持应用程序以 XIP 方式运行，所有的应用程序要求被复制到 RAM 里去运行，但这并不代表比 Ramfs 需求的 RAM 空间要大一点儿，因为 Cramfs 是采用分页压缩的方式存放档案，在读取档案时，不会一下子就耗用过多的内存空间，只针对目前实际读取的部分分配内存，尚未读取的部分不分配内存空间，当我们读取的档案不在内存时，Cramfs 文件系统自动计算压缩后的资料所存的位置，再即时解压缩到 RAM 中。另外，它的速度快，效率高，其只读的特点有利于保护文件系统免受破坏，提高了系统的可靠性。

由于以上特性，Cramfs 在嵌入式系统中应用广泛。但是它的只读属性同时又是它的一大缺陷，使得用户无法对其内容进行扩充。

Cramfs 映像通常放在 Flash 中，但是也能放在别的文件系统里，使用 loopback 设备可以把它安装在别的文件系统里。

（4）Romfs

传统型的 Romfs 文件系统是一种简单的、紧凑的、只读的文件系统，不支持动态擦写保存，按顺序存放数据，因而支持应用程序以 XIP 方式运行，在系统运行时，节省 RAM 空间。μCLinux 系统通常采用 Romfs 文件系统。

（5）其他文件系统

FAT/FAT32 也可用于实际嵌入式系统的扩展存储器（例如 PDA、Smartphone、数码相机等的 SD 卡），这主要是为了更好地与最流行的 Windows 桌面操作系统相兼容。ext2 也可以作为嵌入式 Linux 的文件系统，不过将它用于 Flash 闪存会有诸多弊端。

2）基于 RAM 的文件系统

（1）RamDisk

RamDisk 将部分固定大小的内存当作分区来使用。它将实际的文件系统装入内存，所以并非一个实际的文件系统，可以作为根文件系统。将一些经常被访问而又不会更改的文件通过 RamDisk 放在内存中，可以明显地提高系统的性能。在 Linux 的启动阶段，initrd 提供了一套机制，可以将内核映像和根文件系统一起载入内存。

（2）Ramfs/Tmpfs

Ramfs 是 Linus Torvalds 开发的一种基于内存的文件系统，工作于虚拟文件系统（VFS）层，不能格式化，可以创建多个，在创建时可以指定其最大能使用的内存大小（实际上 VFS 本质上可看成一种内存文件系统，它统一了文件在内核中的表示方式，并对磁盘文件系统进行缓冲）。由于文件系统把所有的文件都放在 RAM 中，所以读/写操作发生在 RAM 中，可以用 Ramfs/Tmpfs 来存储一些临时性或经常要修改的数据，例如/tmp 和/var 目录，这样既避免了对 Flash 存储器的读写损耗，也提高了数据读写速度。相对于传统的 RamDisk 的不同之处主要在于：不能格式化，文件系统大小可随所含文件内容大小变化。Tmpfs 的一个缺点是当系统重新引导时会丢失所有数据。

3）网络文件系统

NFS 是 Network File System 的简写，即网络文件系统，由 Sun Microsystems 公司开发，是一种网络操作系统，并且是 UNIX 操作系统的协议。

网络文件系统是 FreeBSD 支持的文件系统中的一种，也被称为 NFS。NFS 允许一个系统在网络上与他人共享目录和文件。通过使用 NFS，用户和程序可以像访问本地文件一样访问远端系统上的文件。

以下是 NFS 最显而易见的好处。

① 本地工作站使用更少的磁盘空间，因为通常的数据可以存放在一台机器上而且可以通过网络访问到。

② 用户不必在每个网络上的机器里都有一个 Home 目录。Home 目录可以被放在 NFS 服务器上并且在网络上处处可用。

③ 诸如软驱，CDROM 之类的存储设备可以在网络上被别的机器使用。这可以减少整个网络上的可移动介质设备的数量。

NFS 至少有两个主要部分：一台服务器和一台（或者更多）客户机。客户机远程访问存放在服务器上的数据。为了正常工作，一些进程需要被配置并运行。

NFS 有很多实际应用。下面是比较常见的一些。

① 多个机器共享一台 CDROM 或者其他设备。这对于在多台机器中安装软件来说更加便宜与方便。

② 在大型网络中，配置一台中心 NFS 服务器用来放置所有用户的 Home 目录可能会带来便利。这些目录能被输出到网络以便用户不管在哪台工作站上登录，总能得到相同的 Home 目录。

③ 几台机器可以有通用的/usr/ports/distfiles 目录。这样的话，当需要在几台机器上安装 port 时，可以无须在每台设备上下载而快速访问源码。

服务器必须运行以下服务。

① nfsd，为来自 NFS 客户端的请求服务。

② mountd，FS 挂载服务，处理 NFSD 递交过来的请求

③ rpvbind，此服务允许 NFS 客户程序查询正在被 NFS 服务使用的端口。

小　　结

　　本章首先介绍了几种常见的嵌入式 Linux 操作系统,接着针对是否支持 MMU,介绍了嵌入式 Linux 的不同处理方法,然后针对不同的进程调度模式,分别介绍了实时操作系统和分时操作系统的进程管理,最后在标准 Linux 文件系统基础上,介绍了嵌入式 Linux 文件系统的种类和特点。

进一步探索

　　在本章内容的基础上,进一步了解各种嵌入式 Linux 操作系统的特点,以及它们的应用领域以及典型设备。

## 第 4 章

嵌入式软件编程技术

在嵌入式软件开发中,使用的主要编程语言是 C 语言和汇编语言。不管是嵌入式应用软件,或者是嵌入式操作系统等系统软件,大部分的代码都是采用 C 语言编写的,这要归功于 C 语言的功能强大、结构好,而且有大量的支持库。尽管如此,在嵌入式软件开发中还是有很多地方需要用到汇编语言,比如对硬件相关的操作、中断处理等。另外,一些对性能要求比较高的模块,也需要用汇编来编写才能达到目的。

本章将首先介绍嵌入式编程基础,包括嵌入式汇编语言基础、嵌入式高级编程知识以及嵌入式开发工程,接着在此基础上,对嵌入式汇编编程技术、嵌入式高级编程技术和高级语言与汇编语言混合编程技术进行深入介绍。

通过本章的学习,读者可以获得以下知识。

(1) 嵌入式编程基础;

(2) 嵌入式汇编编程技术;

(3) 嵌入式高级编程技术;

(4) 高级语言和汇编语言混合编程技术。

4.1　嵌入式编程基础

4.1.1　嵌入式汇编语言基础

ARM 系列处理器共有 37 个 32 位寄存器,其中 31 个属于通用寄存器,6 个为 ARM 处理器不同工作模式所设立的专用状态寄存器。这些专用状态寄存器并不是在任意时候都能被访问到的,它们在不同的处理器工作模式下访问权限是不同的。

ARM 总共有 7 种不同的处理器模式,分别是:用户模式(User),这是程序正常执行的模式;快中断模式(FIQ),用于高速数据传输和通道处理;外部中断模式(IRQ),用于普通的外部中断请求处理;管理模式(Supervisor),这是供操作系统使用的一种保护模式;数据访问中止模式(Abort),用于虚拟存储和存储保护;未定义模式(Undef),用于支持硬件协处理器的软件仿真;系统模式(System),用于运行特权级的操作系统任务。以上 7 种模式除了用户模式外,都叫特权模式(Privileged Modes)。而特权模式中,除系统模式之外的其余 5 种模式被称为异常模式(Exception Modes)。不同的模式之间可以相互切换。表 4-1 列出了 ARM 寄存器在不同工作模式下的使用情况。

表 4-1　不同工作模式下 ARM 寄存器的使用

用户模式	系统模式	管理模式	中止模式	未定义模式	外部中断模式	快中断模式
R0	R0	R0	R0	R0	R0	R0
R1	R1	R1	R1	R1	R1	R1
R2	R2	R2	R2	R2	R2	R2
R3	R3	R3	R3	R3	R3	R3
R4	R4	R4	R4	R4	R4	R4
R5	R5	R5	R5	R5	R5	R5
R6	R6	R6	R6	R6	R6	R6
R7	R7	R7	R7	R7	R7	R7
R8	R8	R8	R8	R8	R8	R8_fiq
R9	R9	R9	R9	R9	R9	R9_fiq
R10	R10	R10	R10	R10	R10	R10_fiq
R11	R11	R11	R11	R11	R11	R11_fiq
R12	R12	R12	R12	R12	R12	R12_fiq
R13	R13	R13_svc	R13_abt	R13_und	R13_irq	R13_fiq
R14	R14	R14_svc	R14_abt	R14_und	R14_irq	R14_fiq
R15	R15	R15	R15	R15	R15	R15
CPSR	CPSR	CPSR	CPSR	CPSR	CPSR	CPSR
		SPSR_svc	SPSR_abt	SPSR_und	SPSR_irq	SPSR_fiq

　　从表 4-1 可以看出,无论处于什么工作模式下,R0～R7 都会被使用到,所以称它们为不分组寄存器。对于 R8～R12 在物理上有两组寄存器,一组是快中断模式专用的 R8_fiq～R12_fiq,另一组是其他模式通用的 R8～R12。所以只有快中断模式可以在模式切换时不对 R8_fiq～R12_fiq 进行现场保护,其他模式必须对 R8～R12 的内容进行保护。R13～R14 在物理上对应 6 组寄存器,其中用户模式和系统模式共用一组,其余每种模式都有各自专用的寄存器。R13 一般习惯上作为栈指针 SP；R14 被称为链接寄存器 LR,它的作用主要有两点：一是在通过 BL 或 BLX 指令调用子程序时存放当前子程序的返回地址；二是在发生异常时用来保存该模式基于 PC 的返回地址。一般把上述 R8～R14 称为分组寄存器。R15 是程序计数器 PC,用来保存处理器取指的地址,不建议使用 STR/STM 指令随便更改 R15 的值,否则会造成程序执行顺序的改变。

　　ARM 的 6 个状态寄存器包括一个当前程序状态寄存器(CPSR)和 5 个备份状态寄存器(SPSR)。CPSR 在所有模式下都是通用的,它包含条件代码标记位、中断禁止位、当前处理器模式以及其他状态和控制信息。SPSR 是在处理器进入异常模式时用来保存 CPSR 寄存器内容的,当从异常退出时,用 SPSR 来恢复 CPSR 的值。由于用户模式和系统模式都不属于异常模式,所以不需要 SPSR。

4.1.2　嵌入式高级编程知识

1. 可重入函数概念

　　可重入(Reentrant)函数可以由多个任务并发使用,而不必担心数据出错。相反,不可重入(Non-reentrant)函数不能由多个任务所共享,除非能确保函数的互斥(使用信号量,或者在代码的关键部分禁用中断)。可重入函数可以在任意时刻被中断,稍后再继续运行也不会丢失数据。可重入函数可以使用本地变量，也可以在使用全局变量时保护自己的数据。

由此可见，函数可重入问题是由对函数并发访问引起的。先来看两个例子。

例子 1 的代码如下。

```
static int tmp;
void swap( int * x, int * y) {
    tmp = * x;
    * x = * y;
    * y = tmp;
}
```

在这个例子中，swap 函数是不可重入的。因为在产生中断或任务切换的条件下，操作系统会在 swap 还没有执行完的情况下，有可能切换到中断处理程序或另一个任务中，那段代码可能再次调用 swap，这样执行结果就有可能出错了。

例子 2 的代码如下。

```
void swap2( int * x, int * y) {
    int tmp;
    tmp = * x;
    * x = * y;
    * y = tmp;
}
```

在这个例子中，swap2 是可重入的。即使在产生中断或任务切换的条件下，切换前后两个地方同时调用 swap2，但是由于 swap2 没有全局资源或静态资源，参数传递和内部变量分配所使用的栈都是独立的，因此，两个 swap2 并发访问时不会产生冲突。

2. 中断及处理概念

在计算机系统中，由于异步事件导致 CPU 停止当前执行路径，而跳转到对该异步事件的特定处理程序，称为中断或异常。由于中断和异常的概念经常被混合使用，本文所指"中断"为广义概念，"异常"为狭义概念。大多数嵌入式处理器体系结构提供中断机制。

中断可能由应用软件有意地触发，或者由一个错误的、不寻常的条件或某些非计划的外部事件触发。根据中断触发源，可将中断分为硬中断、软中断和异常。硬中断（Hardware Interrupt）是指计算机外设引起的异步事件，比如键盘鼠标事件、收到网络数据包等。软中断（Software Interrupt）是软件执行了某些特殊指令引起的中断，比如 x86 指令集中的 int 指令，ARM 指令集中的 SWI 指令等。软中断常用于操作系统调用入口。异常（Exception）是指 CPU 在运行过程中由其本身引起的事件，比如产生缺页、除 0、遇到未定义指令等。异常产生后，CPU 一般由操作系统接管。

虽然中断产生的原因不同，但是中断处理过程基本相同。中断处理过程一般由软件和硬件两部分共同完成。由硬件完成的工作（以 ARM 处理器为例）有以下几种。

（1）复制 CPSR 到 SPSR_< MODE >（MODE 指 ARM 异常模式的种类）。

（2）设置正确的 CPSR 位。

（3）切换到< MODE >。

（4）保存返回地址到 LR_< MODE >。

（5）设置 PC 跳转到相应的异常向量表入口。

由中断服务程序软件完成的工作(以配合 ARM 处理器为例)如下。

(1) 把 SPSR 和 LR 压栈。

(2) 把中断服务程序的寄存器压栈。

(3) 开中断,允许嵌套中断。

(4) 中断服务程序执行完后,恢复寄存器。

(5) 弹出 SPSR 和 PC,恢复执行。

4.1.3　嵌入式开发工程

GNU make 是一种常用的编译工具,通过它,开发人员可以很方便地管理软件编译的内容、方式和时机,从而能够把主要精力集中在代码的编写上。make 会自动根据文件修改时间来判断源文件中哪些部分有更新,通过解释 Makefile 文件内的规则并执行相应的命令,重新编译链接这些更新过的文件。

Makefile 文件有自己的语法格式、关键字、函数以及变量声明,也可以使用系统 shell 所提供的任何命令来执行所要完成的工作。Makefile 目前在绝大多数的 IDE 开发环境中使用,已成为一种工程的编译方法。

1. make 工作过程

make 执行编译工作之前,需要一个命名为 Makefile 的特殊文件来告诉它做什么以及怎么做。Makefile 由一系列规则组成,每条规则说明要生成哪些目标文件、生成目标文件所依赖的其他文件以及生成目标文件所需要的命令。它的基本规则格式如下。

```
TARGET… : PREREQUISITES …
COMMAND
```

(1) TARGET:规则的目标。通常是最后所要生成的可执行文件名或者为了生成这个目标而必需的中间过程的目标文件名。另外,目标也可以是一个 make 执行动作的名称,如目标"clean",这类目标被称为"伪目标",具体看后面的例子。

(2) PREREQUISITES:规则的依赖。生成规则目标所需要的文件列表,通常一个目标依赖于一个或多个文件。当然,像"clean"这种伪目标并不存在任何可依赖的文件。

(3) COMMAND:规则执行的命令。生成规则目标所需要执行的命令,可以是 shell 下面的任何命令组合。注意,命令前必须用 Tab 缩进,Tab 告诉 make 此行是一个命令行。

make 通过查看时间戳来确认依赖文件是否比目标文件更新,如果是则重新执行这条规则的命令,并执行依赖这些中间目标文件的规则,层层推进,最后生成新的结果文件。

2. Makefile 示例

Makefile 涉及的内容很多,在这里通过一个小的例子来说明 Makefile 的基本写法。此例子由两个头文件(.h)和 7 个源文件(.c)组成。最终生成的可执行文件依赖于上面所述的源文件和头文件,并由 Makefile 来描述如何创建。Makefile 文件的内容如下。

```
# Makefile Example for Math
math : main.o display.o plus.o minus.o multi.o divide.o mod.o
gcc - o math main.o display.o plus.o minus.o multi.o divide.o mod.o
main.o : main.c defs.h display.h
    gcc - c main.c
```

```
display.o : display.c defs.h display.h
    gcc - c display.c
plus.o : plus.c defs.h
    gcc - c plus.c
minus.o: minus.c defs.h
    gcc - c minus.c
multi.o: multi.c defs.h
    gcc - c multi.c
divide.o: divide.c defs.h
    gcc - c divide.c
mod.o: mod.c defs.h
    gcc - c mod.c

.PHONY: clean
clean :
    - rm main.o display.o plus.o minus.o multi.o divide.o mod.o
```

写好之后，就可以直接在 Makefile 所在目录输入 make 命令来编译生成 math 可执行文件，或者使用 make clean 来清理 make 生成的文件。默认情况下，make 执行的是 Makefile 中的第一条规则，此规则的第一个目标称为结果目标，即最后生成的可执行文件，如上面例子中结果目标为 math。

第一行是以"♯"开头的，说明这是一行注释。有时候在编写时为了避免一行的长度过长，可以在行尾使用反斜杆(\)，它可以将一个较长行分解成多行书写，增加代码的可读性。但是需要注意的是，在反斜杆后面不能有空格。

接下来就是一条条规则。规则的目标就是所要生成的可执行文件(math)或一些中间过程文件(main.o、display.o 等)，而依赖文件就是规则冒号后面的文件列表，而每个规则所执行的是以 gcc 开头的编译命令。

目标 clean 就是上面提到过的伪目标，它并不是一个要生成的目标文件，而只是代表一个动作的标识(删除动作)。在编译过程中，并不需要执行这个规则所定义的命令，因此 clean 并没有出现在其他任何一条规则的依赖文件列表中。除非在 make 执行的过程中显式指定它，如 make clean。通过.PHONY 语句来显式声明 clean 是一个伪目标，从而避免当前目录存在一个同名的文件，造成目标 clean 所在规则的命令无法执行。而在命令之前使用"-"，意思是忽略命令的执行错误继续执行下面的语句。

上面的例子全部套用基本规则的语法来写，包括目标文件、依赖文件以及执行命令，这种写法浅显易懂，但是却不够简洁和方便。在实际工作中，通常不会这样去写 Makefile，而是会使用一些 Makefile 的特殊功能，比如说变量、隐含规则、文件指示符等。

3. 变量定义

在上面的例子中，生成 math 的规则如下所示。

```
math : main.o display.o plus.o minus.o multi.o divide.o mod.o
    gcc - o math main.o display.o plus.o minus.o multi.o divide.o mod.o
```

在这里，*.o 文件列表被重复了两次，假如要添加一个新的.o 文件，那就需要在两处分别添加。随着工程代码越来越复杂，Makefile 文件也会变得更加庞大，有时候需要添加的地方不止一两处，很容易造成遗漏，从而导致编译错误。解决这个问题的方法就是定义变量，如定义一个 OBJS 的变量。

```
OBJS = main.o display.o plus.o minus.o multi.o divide.o mod.o
```

变量的引入使得 Makefile 的编写更加灵活方便,例如上面这个例子可以写成:

```
math : $(OBJS)
       gcc - o math $(OBJS)
```

在需要使用变量的地方,以 $(变量名)的方式展开变量的值。如果有一个新的.o 文件需要添加,就只要简单地修改 OBJS 变量定义的地方,方便日后的维护。

也有像 CC、CFLAGS 和 LEX 这种预定义的变量,预定义变量包含编译器、汇编器名称以及编译选项。若执行 make -p 可看到 make 中预先指定好的各个值。除了上面两种变量之外,Makefile 还预置了一些内置变量,内置变量可以代替规则命令中出现的目标文件和依赖文件,常用的内置变量如表 4-2 所示。

表 4-2　make 内置变量

宏名	含　　义
$ *	没有扩展名的当前目标文件
$ @	当前目标文件
$ <	规则的第一个依赖文件名
$?	比目标文件更新的依赖文件列表
$ ^	规则的所有依赖文件列表

使用内置变量可以进一步简化 Makefile 的书写,比如上面的例子中使用内置变量代替用户自定义的变量,修改如下。

```
math : $(OBJS)
       gcc $^ - o $@
```

4. Makefile 规则

上面介绍的所有规则都属于显式规则,它们的共同点是,在规则描述语句中都包含目标文件、依赖文件和所要执行的命令。但有时候为了简化 Makefile 的编写,往往除了显式规则以外,还会使用大量的隐含规则和模式规则。

隐含规则为 make 提供了编译一类目标文件的通用方法,并且不需要在 Makefile 中明确地给出编译特定目标文件所需要的详细描述。例如,make 对 C 文件的编译过程由.c 源文件编译生成.o 目标文件。当 Makefile 中出现一个.o 文件目标时,make 会使用这个通用方式将后缀为.c 的文件编译称为目标的.o 文件。编译.c 文件为.o 文件的隐含规则所执行的命令如下。

```
$(CC) - c $(CPPFLAGS) $(CFLAGS)
```

模式规则的结构类似于显式规则,但是在模式规则中,目标包含模式符号"%"。包含模式符号的目标用来匹配一个文件名。相应地,规则的依赖文件中同样可以包含"%",它的取值同目标中的"％"保持一致。与隐含规则不同的是，模式规则中允许使用变量。下面这个例子使用了模式规则。

```
%.o: %.c
    $(CC) $(CFLAGS) $< -o $@
```

4.2 嵌入式汇编编程技术

4.2.1 基本语法

1. GNU 汇编语言语句格式

Linux 汇编行都是如下结构：

[< label >:][< instruction or directive or pseudo – instruction >] @comment

其中，instruction 为指令，directive 为伪操作，pseudo-instruction 为伪指令；< label >为标号，GNU 汇编中任何以冒号结尾的标识符都被认为是一个标号，而不一定非要在一行的开始；comment 为语句的注释。

下面定义一个"add"函数，最终返回两个参数的和。

```
.section .text, "x"
.global add              @ give the symbol "add" external linkage
add:
    ADD r0, r0, r1       @ add input arguments
    MOV pc, lr           @ return from subroutine
@ end of program
```

注意：

（1）每一条 ARM 指令、伪指令、伪操作和寄存器名助记符可以全部为大写字母，也可全部为小写字母，但不可大小写混用。

（2）如果语句太长，可以将一条语句分为几行来书写，在行末用"\"表示换行（即下一行与本行为同一语句）。"\"后不能有任何字符，包含空格和制表符（Tab）。

2. GNU 汇编程序中的标号 symbol（或 label）

标号只能由 a～z，A～Z，0～9，"．"，_ 等（由点、字母、数字、下画线等组成，除局部标号外，不能以数字开头）字符组成。

symbol 代表它所在的地址，因此也可以当作变量或者函数来使用。

（1）段内标号的地址值在汇编时确定；

（2）段外标号的地址值在链接时确定。

3. GNU 汇编程序中的分段

用户可以通过 .section 伪操作来自定义一个段，格式如下。

.section section_name [, "flags"[, %type[,flag_specific_arguments]]]

每一个段以段名为开始，以下一个段名或者文件结尾为结束。这些段都有默认的标记（flags），链接器可以识别这些标记。表 4-3 是 ELF 格式允许的段标记 flags。

表 4-3　**ELF 格式允许的段标记**

标记	含义
a	允许段
w	可写段
x	执行段

例如,定义一个"段":

```
.section .mysection        @自定义数据段,段名为".mysection"
.align 2
strtemp:
      .ascii "Temp string \n\0"
@将"Temp string \n\0"这个字符串存储在以标号 strtemp 为起始地址的一段内存空间里
```

汇编系统预定义的段名如下。

```
.text      @代码段
.data      @初始化数据段
.bss       @未初始化数据段
.sdata     @短数据的初始化数据段
.sbss      @段数据的未初始化数据段
```

注意：源程序中.bss 段应该在.text 段之前。

4. GNU 汇编语言定义入口点

汇编程序的默认入口是_start 标号,用户也可以在链接脚本文件中用 ENTRY 标记指明其他入口点。

例：定义入口点

```
.section .data
< initialized data here >
.section .bss
< uninitialized data here >
.section .text
.globl _start
_start:
< instruction code goes here >
```

5. GNU 汇编程序中的常数

(1) 十进制数以非 0 数字开头,如：123,8964。

(2) 二进制数以 0b 或 0B 开头,如：0b1010,0B1111。

(3) 八进制数以 0 开始,如：0456,0123。

(4) 十六进制数以 0x 或 0X 开头,如：0xabcd,0X123f。

(5) 字符串常量需要用双引号括起来,中间可以使用转义字符,如："You are welcome!\n"。

(6) 当前地址以"."表示,在 GNU 汇编程序中可用这个符号代表当前指令的地址。

(7) 在 GNU 汇编程序中的表达式可以使用常数或者数值,"-"表示取负数,"~"表示取补,"<>"表示不相等,其他的符号如＋、－、＊、/、%、<、<<、>、>>、|、&、^、!、==、>=、<=、&&、|| ,与 C 语言中的用法相似。

6. GNU ARM 汇编的常用伪操作

1) 数据定义伪操作

.byte：单字节定义,如：.byte 1, 2, 0b01, 0x34, 072, 's'。

.short：定义双字节数据,如：.short 0x1234, 60000。

.long：定义 4 字节数据,如：.long 0x12345678, 23876565。

.quad：定义 8 字节,如：.quad 0x1234567890abcd。

.float：定义浮点数,如：.float 0f-31415926535897932384626433832795028841971.693993751E-40 @ -pi。

.string/.asciz/.ascii：定义多个字符串,如：.string "abcd", "efgh", "hello!"; .asciz "qwer", "sun", "world!"; .ascii "welcome\0"。

2) 函数的定义伪操作

函数的定义,格式如下。

函数名：

函数体
返回语句

一般的函数如果在其他文件中调用,需用.global 伪操作将函数声明为全局函数。

3) 其他常用伪操作

(1) .align

用来指定数据的对齐方式,格式如下。

.align [absexpr1, absexpr2]

以某种对齐方式,在未使用的存储区域填充值。第一个值表示对齐方式,可以为 2、4、8、16 或 32。第二个表达式值表示填充的值。

(2) .end

.表明源文件的结束。

(3) .include

可以将指定的文件在使用.include 的地方展开,一般是头文件,例如：

.include "myarmasm.h"

(4) .incbin

伪操作可以将原封不动的一个二进制文件编译到当前文件中,使用方法如下。

.incbin "file"[,skip[,count]] skip 表明是从文件开始跳过 skip 个字节开始读取文件,count 是读取的字数。

(5) .global/.globl

用来定义一个全局的符号,格式如下。

.global symbol 或者.globl symbol

(6) .type

用来指定一个符号的类型是函数类型或对象类型,对象类型一般是数据,格式如下。

.type 符号,类型描述

例如：

```
section .text
.type asmfunc, @function
.globl asmfunc
asmfunc:
mov pc, lr
```

4.2.2 汇编语言程序设计案例

本节通过两个简单的例子讲解汇编语言程序设计的过程。

例 1：用 GNU ARM 汇编程序设计实现 20 的阶乘，并将其 64 位结果放在 R9 和 R8 寄存器中（其中 R9 放高 32 位，R8 放低 32 位）。

程序代码及注释如下。

```
.global _start
.text
_start:
        MOV R8, #20          @低 32 位初始化为 20
        MOV R9, #0           @高 32 位初始化为 0
        SUB R0,R8,#1         @初始化计数器
Loop:
        MOV R1,R9            @暂存高位值
        UMULL R8,R9,R0,R8    @[R9:R8] = R0 * R8
        MLA R9,R1,R0,R9      @R9 = R1 * R0 + R9
        SUBS R0,R0,#1        @计数器递减
        BNE Loop             @计数器不为 0 时继续循环
.Stop:
        B Stop
.end                         @文件结束
```

例 2：用 GNU ARM 汇编语言编写程序，实现将数据从源数据区复制到目标数据区，要求以 4 个字为单位进行复制，最后如不足 4 个字时，以字为单位进行复制。

程序代码及注释如下。

```
.global _start
.equ NUM, 18                 @设置要拷贝的字数
.text
.arm
_start:
        LDR     R0, = SRC
        LDR     R1, = DST
        MOV     R2, #NUM
        MOV     SP, #0X9000
        MOVS    R3, R2, LSR #2
        BEQ     COPY_WORDS
        STMFD   SP!, {R5 - R8}
COPY_4WORD:
        LDMIA   R0!, {R5 - R8}
        STMIA   R1!, {R5 - R8}
        SUBS    R3, R3, #1
```

```
        BNE        COPY_4WORD
        LDMFD      SP!, {R5 - R8}
COPY_WORDS:
        ANDS       R2, R2, ♯3
        BEQ        STOP
COPY_WORD:
        LDR        R3, [R0], ♯4
        STR        R3, [R2], ♯4
        SUBS       R2, R2, ♯1
        BNE        COPY_WORD
STOP:
        B          STOP
.ltorg
SRC:
    .long 1,2,3,4,5,6,7,8,9,0xa,0xb,0xc,0xd,0xe,0xf,0x10,0x11,0x12
DST:
    .long 0,0,0,0,0,0,0,0,0,0,0,0,0,0,0,0,0,0
.end
```

4.3　嵌入式高级编程技术

4.3.1　函数可重入

针对函数可重入问题，主要有以下几种优化解决方案。

1. 将全局变量或静态变量改成局部变量

以 4.1.2 节中的 swap 为例，采用将全局变量或静态变量改成局部变量的优化方案见表 4-4。

表 4-4　函数可重入优化方法一

优 化 前	优 化 后

`static int tmp;`
`void swap(int * a, int * b)`
`{`
`    tmp = * a;`
`    * a = * b;`
`    * b = tmp;`
`}`
	`void swap(int * a, int * b)`
	`{`
	`    int tmp;`
	`    tmp = * a;`
	`    * a = * b;`
	`    * b = tmp;`
	`}`

2. 采用信号量进行临界资源保护

以 4.1.2 节中的 swap 为例，采用信号量进行临界资源保护的优化方案见表 4-5。

表 4-5　函数可重入优化方法二

优 化 前	优 化 后

`static int tmp;`
`void swap(int * a, int * b)`
`{`
`    tmp = * a;`
`    * a = * b;`
`    * b = tmp;`
`}`
	`static int tmp;`
	`void swap(int * a, int * b)`
	`{`
	`    [申请信号量操作]`
	`    tmp = * a;`
	`    * a = * b;`
	`    * b = tmp;`
	`    [释放信号量操作]`
	`}`

3. 禁止中断

以 4.1.2 节中的 swap 为例，采用禁止中断的优化方案见表 4-6。

表 4-6　函数可重入优化方法三

优　化　前	优　化　后
| ```
static int tmp;
void swap( int * a, int * b)
{
    tmp = * a;
    * a = * b;
    * b = tmp;
}
``` | ```
static int tmp;
void swap( int * a, int * b)
{
    Disalble_IRQ();
    tmp = * a;
    * a = * b;
    * b = tmp;
    Enable_IRQ()
}
``` |

4.3.2　中断处理过程

标准 C 不包括中断。许多编译开发商在提供的标准 C 库中增加对中断的支持，提供新的关键字用于标识中断服务程序 ISR，比如 __interrupt、♯program interrupt 等。当一个函数被定义为 ISR 时，编译器会自动为该函数增加中断服务程序所需要的中断现场入栈和出栈代码。

为了便于使用高级语言直接编写中断处理函数，ARM C 编译器对此做了特定扩展。使用函数声明关键字 __irq，编译出来的函数就能满足中断响应时需要对现场保护和恢复的需要，并且自动加入对 LR 进行减 4 的处理，符合 IRQ 和 FIQ 中断处理的要求。

表 4-7 是一个使用了 __irq 函数关键字声明中断处理函数的例子，与经过汇编之后的代码的对比。

表 4-7　__irq 函数关键字声明函数及汇编

C 语言代码	汇编代码
| ```
__irq void IRQHandler(void)
{
    volatile unsigned int * source = (unsigned
int * )0x80000000;
    if( * source == 1)
        int_hander_1();
* source = 0;
}
``` | ```
STMFD sp!, {r0 - r4,r12,lr}
MOV r4, ♯0x80000000
LDR r0, [r4, ♯0]
CMP r0, ♯1
BLEQ int_hander_1
MOV r0, ♯0
STR r0, [r4, ♯0]
LDMFD sp!,{r0 - r4,r12,lr}
SUBS pc,lr, ♯4
``` |

4.4　高级语言与汇编语言混合编程

4.4.1　高级语言与汇编语言混合编程概述

早期的嵌入式程序一般使用汇编语言编程。但是，用汇编语言书写的程序不仅开发效率低下，不便于维护，而且可读性差。随着编程技术和编译技术的发展，产生了嵌入式 C 语言。

嵌入式 C 语言使嵌入式开发人员更加高效地进行嵌入式编程,快速构建嵌入式软件。

尽管在稍大规模的嵌入式软件中大部分的代码都用 C 语言编写,还是有很多部分需要用到汇编语言,比如对硬件相关的操作、中断处理等。还有一些对性能要求比较高的模块,也需要用汇编来编写才能达到目的。

C 语言和汇编语言混合编程主要有以下两种形式:C 语言程序调用汇编语言程序和汇编语言调用 C 语言程序。不管哪种语言程序调用哪种语言程序,都涉及相互调用的标准。

在采用 ARM 处理器架构的嵌入式软件开发中,ARM 公司提供了过程调用标准 ATPCS(ARM-Thumb Procedure Call Standard),该标准规定了子程序间相互调用的基本规则,包含子程序调用过程中寄存器的使用规则、数据栈的使用规则和参数的传递规则。2007 年,ARM 公司推出了新的过程调用标准 AAPCS(ARM Architecture Procedure Call Standard),它改进了 ATPCS 的兼容性,但是基本规则还是一样的。

在 ATPCS 中,寄存器使用规则如下。

(1) 子程序间通过寄存器 R0～R3 传递参数,可记作 A1～A4。

(2) 在子程序中,ARM 状态下使用寄存器 R4～R11 保存局部变量,可记作 V1～V8。子程序在使用它们前必须先保存值,并在返回前恢复它们的值。

在 ATPCS 中,数据栈的使用规则如下:采用满递减类型(Full Descending,FD),即栈通过减小存储器地址而向下增长。

在 ATPCS 中,参数传递规则如下。

(1) 整数参数的前 4 个使用 R0～R3 传递,其他参数使用堆栈传递。

(2) 浮点参数使用编号最小且能够满足需要的一组连续的 FP 寄存器传递。

在 ATPCS 中,子程序返回结果规则如下。

(1) 结果为一个 32 位整数时,通过寄存器 R0 返回。

(2) 结果为一个 64 位整数时,可以寄存器 R0 和 R1 返回。

(3) 结果为一个浮点数时,可以通过浮点运算的寄存器 f0,d0 或 s0 返回。

4.4.2　汇编程序调用 C 程序

汇编程序调用 C 程序子程序的方法如下。

(1) 在汇编程序中使用 IMPORT 伪指令事先声明将要调用的 C 语言子程序。

(2) 然后通过 BL 指令来调用 C 函数

举个用汇编语言程序用 C 语言子程序的例子。

C 语言子程序声明如下。

```
int add( int x, int y)
{
    return(x + y);
}
```

在汇编程序中,可以采用如下方式调用。

```
IMPORT add          @声明要调用的 C 函数
...
MOV r0, 1
```

```
MOV r1, 2
BL add                      @调用 C 函数 add
```

其中,使用 r0 和 r1 实现参数 x 和 y 传递,返回结果由 r0 带回。

4.4.3　C 程序调用汇编程序

C 语言程序中调用汇编语言程序有两种形式:嵌入式汇编(Embedded Assemble)和内联汇编(Inline Assemble)。

1. 嵌入式汇编

在 C 语言中采用嵌入式汇编方法调用汇编语言子程序的过程如下。

(1) 在汇编程序中使用 EXPORT 伪指令声明被调用的子程序,表示该子程序将在其他文件中被调用。

(2) 在 C 程序中使用 extern 关键字声明要调用的汇编子程序为外部函数。

下面是一个嵌入式汇编的例子。

汇编语言子程序声明如下。

```
EXPORT add          @声明 add 子程序将被外部函数调用
…
add: @求和子程序 add
ADD r0,r0,r1
MOV pc,lr
```

在 C 语言中如下调用。

```
extern int add (int x, int y);        //声明 add 为外部函数
void main()
{
    int a = 1, b = 2, c;
    c = add(a, b);                     //调用 add 子程序
    …
}
```

2. 内联汇编

在 C 语言中内联汇编有以下场景。

(1) 可以实现一些高级语言不能实现或者不容易实现的功能。

(2) 对于有时间紧迫要求的功能也可以通过在 C 语言中内嵌汇编语句来实现。

内联汇编支持大部分 ARM 指令和 Thumb 指令,但也有限制,比如由于受操作系统限制不支持底层功能等。

Linux 下 GCC 支持的内联汇编如下。

```
__asm __ ("instruction
        …
        instruction");
```

具体格式如下。

```
__asm __ (
```

汇编语句模板：

输出部分：
输入部分：
修改部分）

比如：

asm("mov % 0, % 1, ror ♯1" : "= r" (result) : "r" (value));

下面是一个内联汇编的例子。

```
# include < stdio. h >
int main(void)
{
    int result ,value;
    value = 1;
    printf("old value is % x",value);
    __asm("mov % 0, % 1,ror ♯1": "= r"(result):"r"(value));
    printf("new result is % x\n",result) ;

    return 1;
}
```

小　结

　　嵌入式编程技术是嵌入式软件开发的基础，是一个嵌入式开发人员所必须掌握的技术。本章首先从嵌入式汇编语言、嵌入式高级编程和开发工程三方面介绍了嵌入式编程基础，接着详细介绍了嵌入式汇编编程技术，包括基本语法和编程案例，然后介绍了嵌入式高级编程的两个主题：函数可重入和中断处理，第四部分是高级语言和汇编语言的混合编程技术，包括汇编语言程序调用 C 语言子程序、嵌入式汇编和内联汇编三种方法的步骤和案例。

进一步探索

　　（1）了解在 Windows 操作系统交叉开发环境下 ARM 汇编和 C 语言的混合编程技术。
　　（2）了解 PowerPC 或 MIPS 嵌入式处理器架构下，汇编编程技术以及混合编程技术。

## 第 5 章

开发环境和调试技术

嵌入式系统的开发环境与通用计算机大不相同,从硬件资源上说它有很大的局限性,比如存储空间小,处理器频率低,甚至没有键盘、鼠标等设备,这也就限制了已有的开发调试工具(比如 GNU 软件)在嵌入式系统上的使用。另外,硬件资源的局限性会给嵌入式软件开发和调试带来一定的约束,比如内存使用。因此,开发人员经过长时间的探索,提出了一种方便和有效的开发和调试模式,即宿主机-目标板交叉开发模式。

本章将首先介绍交叉开发模式的主要原理,并分别从宿主机和目标板两个方面简单介绍基础环境的搭建。接着介绍交叉编译工具链。最后介绍几种常用的调试技术,包括 gdb 本地调试、远程调试、内核调试和网络调试等。

本章介绍的概念和工具都需要熟悉掌握,这是今后嵌入式系统开发不可或缺的技能。通过本章的学习,读者可以获得以下知识点。

(1) 交叉开发模式;

(2) 交叉编译工具链构建;

(3) gdb 本地调试技术;

(4) 远程调试技术;

(5) 内核调试技术;

(6) 网络调试技术。

5.1 交叉开发模式概述

嵌入式系统在硬件上的局限性,造成通用计算机的集成开发环境很难原封不动地移植到嵌入式平台。嵌入式系统的存储空间小,不能够安装完整的操作系统;处理器频率低,无法进行大量的编译运算等工作。这些都使得直接在嵌入式系统平台上进行开发设计困难重重,开发人员不得不采用另外一种模式,即宿主机-目标板交叉开发模式。

宿主机-目标板交叉开发模式,主要由两个部分组成:一是宿主机,就是平时使用的桌面计算机;二是目标板,指的是嵌入式开发板。通过交叉开发环境的方式,在宿主机上利用已有的成熟的开发工具,专门针对目标板定制一套系统,包括引导程序、内核和文件系统,然后下载到目标板上运行。而以后嵌入式应用程序的开发,都可以在宿主机上编辑,并通过交叉编译工具编译出能够在目标板上运行的程序,然后下载到目标板上测试执行,最后利用宿主机上的调试工具对目标板上运行的程序进行远程调试。

目前许多主流的操作系统都包含非常丰富的开发工具,并在许多领域广泛使用。其中比较著名的有 Linux 操作系统,它是一款非常优秀的开源操作系统,并且绝大多数基于 Linux 内核的操作系统使用了大量的 GNU 软件,包括 shell、glibc、gcc、gdb 等,还有许多其他功能强大的程序,例如 Vim、Emacs。开源系统和软件可以自由下载使用,而且越来越多的人致力于开发 Linux 系统和软件,这使得 Linux 系统越来越稳定,应用也越来越广泛。因此,大多数嵌入式系统都选择 Linux 作为主要的操作系统。交叉开发环境的模式使得开发人员可以使用熟悉的开发工具,而不需要重新学习掌握另外的工具,就可以在嵌入式平台上进行开发设计,这样极大地提高了嵌入式系统的开发效率。

通常,宿主机和目标板的连接方式有 4 种,分别是串口、以太网接口、USB 接口和 JTAG 接口。这 4 种连接方式各有好坏,需要在不同的场合正确地使用才能发挥它们的最大功用。

串口可以当作终端使用,利用串口给目标板发送命令,同时也可以接收目标板返回的信息并显示。宿主机可以通过串口往目标板传送文件;目标板可以把程序运行的结果返回并显示。串口驱动程序的实现相对比较简单,缺点是传输速度慢,并不适用于传输大量数据的场合。

以太网是当今局域网采用的最通用的通信协议标准。它使用简单,配置灵活,支持广泛,传输速率快,安全可靠,缺点是网络驱动的实现比较复杂。

USB 是 Universal Serial Bus(通用串行总线)的缩写,现已成为 PC 的标准,很多基于 USB 标准的设备被广泛使用。它是一种快速、灵活的总线接口,与其他通信接口相比,USB 接口的特点是易于使用。另外,USB 还支持热插拔,无须用户自己配置,系统会自动搜索驱动并安装。然而 USB 是典型的主从结构,两端分别需要不同的驱动程序。

JTAG(Joint Test Action Group,联合测试行动小组)是一种国际标准测试协议,主要用于芯片内部测试及对系统进行仿真、调试。在嵌入式系统领域,几乎所有的处理器都支持 JTAG,调试器的单步调试和断点都需要和 JTAG 交涉。另外,还可以使用 JTAG 将程序烧写到目标板上。

5.2　宿主机环境

宿主机和目标板使用不同的平台,因此交叉开发模式属于跨平台开发。开发人员利用宿主机上的开发工具,开发设计能够在目标板上运行的应用程序。由于目标板的实际操作系统不提供编译器或者开发环境不完整,甚至没有操作系统,通常采用交叉编译的方式产生目标代码。一般情况下,宿主机的性能要远超出目标板,因此交叉编译也可以节约开发时间。交叉编译采用的工具链通常和目标板运行的操作系统紧密相关。

另外,目标板需要通过通信接口向宿主机提出请求,比如 IP 分配、文件传输等,这就需要宿主机提供相应的服务,比如 DHCP、TFTP 等。

5.2.1　串口终端

上文曾提到,串口并不适用于传输大量数据的场合,而是可以作为终端来使用。串口终端主要用来控制管理嵌入式系统,例如管理 Boot Loader、输入命令等,这样就可以免去额外的键盘、鼠标和显示器等。

串口终端的使用非常广泛,因此很多操作系统上面都已经集成了超级终端工具,比如 Windows 下面的超级终端和 Linux 下面的 Minicom,都是用得比较普遍的串口终端工具。与拥有图形界面(Graphic User Interface,GUI)的 Windows 超级终端不同,Linux 下的 Minicom 采用的是命令行界面(Command User Interface,CUI)。Minicom 的优点是操作简单方便,配置都是以菜单的形式进行选择。

5.2.2　BOOTP

在一台连接到 TCP/IP 网络计算机能够有效地同其他计算机通信之前,它必须知道自己的 IP 地址。通用计算机可以从硬盘中读取 IP 信息,但是对一些无盘的嵌入式设备来说,就没办法办到了。因此,它们只能通过网络上的其他计算机来提供 IP 地址和其他一些必要的信息,为此,开发人员提出了一种新的协议,即 BOOTP。

引导协议(Bootstrap Protocol,BOOTP)是一种基于 TCP/IP 的协议,它最初在 RFC951 中定义,如今在通用计算机上广泛使用的 DHCP 就是从 BOOTP 扩展而来。BOOTP 使用 TCP/IP 网络协议中的 UDP 67/68 两个通信端口。BOOTP 主要是用于无盘客户机从服务器得到自己的 IP 地址、服务器的 IP 地址、启动映像文件名、网关信息等。这个过程处理如下。

第一步,在主机平台运行 BOOTP 服务的情况下,目标板由 Boot Loader 启动 BOOTP,此时目标板还没有 IP 地址,它就用广播形式以 IP 地址 0.0.0.0 向网络中发出 IP 地址查询的请求,这个请求帧中包含客户机的网卡 MAC 地址。

第二步,主机平台上的 BOOTP 服务器接收到这个请求帧,根据帧中的 MAC 地址在 Bootptab 启动数据库中查找这个 MAC 的记录,如果没有此 MAC 的记录则不响应这个请求;如果有就将 FOUND 帧发送回目标板。FOUND 帧中包含的主要信息有目标板的 IP 地址、服务器的 IP 地址、硬件类型、网关 IP 地址、目标板 MAC 地址和启动映像文件名。

第三步,目标板就根据 FOUND 帧中的信息通过 TFTP 服务器下载启动映像文件。

5.2.3　TFTP

TFTP 的全称是 Trivial File Transfer Protocol,可以翻译为"简单文件传输协议",它是 TCP/IP 协议族中的一个在客户端和服务端之间进行简单文件传输的协议,提供不复杂、开销不大的文件传输服务。

FTP 想必读者非常熟悉,TFTP 可以看成一个简化了的 FTP。它们之间主要的区别是,TFTP 没有用户权限管理的功能,也就是说 TFTP 不需要认证客户端的权限,这样远程启动的目标板在启动一个完整的操作系统之前就可以通过 TFTP 下载启动映像文件,而不需要证明自己是合法的用户。这样一来,TFTP 服务就存在着比较大的安全隐患,现在黑客和网络病毒也经常用 TFTP 服务来传输文件。所以 TFTP 在安装时一定要设立一个单独的目录作为 TFTP 服务的根目录,作为下载启动映像文件的目录,TFTP 服务只能访问这个目录。另外还可以设置 TFTP 服务为只能下载不能上传等,以减少安全隐患。

5.2.4　交叉编译

交叉编译就是在一个架构的机器下编译另一个架构的目标文件。目标文件在不同架构间由于采用的 CPU 指令集不同等原因不能通用。比如 x86 架构的程序不能运行于 ARM 架构的 XSBase255 目标板。而且通常在一个架构下,会有多个操作系统。不同的操作系统会使用不同的目标文件格式,所以采用何种交叉编译器产生何种格式的目标文件还要取决于目标板的操作系统。

这里讲的交叉编译就是在 x86 架构的宿主机上生成适用于 ARM 架构的 ELF 格式的可执行代码。如果没有可用的二进制交叉编译器,就需要手工编译交叉编译器。在第 5.4 节中将会具体介绍如何构建交叉编译工具链。

5.3 目标板环境

5.3.1 JTAG 接口简介

作为硬件测试手段，JTAG 的功能与 CPU 状态无关，可驱动设备的所有外部引脚并读入数据，而且在设备内部夺取外部的连接点（与通往外部的各个 pin 脚一一连接）。各个 cell 为了形成 Serial Shift Register(Boundary Scan Register)而相连。整体的接口由 5 个 pin 脚来控制(TDI，TMS，TCK，nTRST，TDO)。其功能包括：测试线路连线和端子的连接状态；测试设备间的连接状态；进行 Flash memory 烧写等。

5.3.2 Boot Loader 简介

Boot Loader 是系统加电后运行的第一段代码。在 PC 中引导程序一般由 BIOS 和位于 MBR 的操作系统 Boot Loader(如 LILO 或 GRUB)组成。然而在嵌入式系统中通常没有 BIOS 这样的固件程序，因此整个系统的加载启动任务就完全由 Boot Loader 来完成。

简单说来，Boot Loader 就是操作系统内核运行前执行的一段小程序，完成初始化硬件设备、创建内核需要的信息等工作，最后调用操作系统内核。因此 Boot Loader 的实现对硬件的依赖非常强，不同的体系结构、不同的嵌入式板级设备配置都会对 Boot Loader 有不同的需求。

通常情况下，Boot Loader 通过串口与宿主机进行文件传输，但串口传输的速度是有限的，因此通过以太网连接并借助 TFTP 来下载文件是一个更好的选择。

5.4 交叉编译工具链

嵌入式系统由于硬件资源上的局限性，没有充足的存储空间和运算能力，而一般而言，编译器需要很大的存储空间，并需要很强的 CPU 处理运算能力。因此在交叉开发环境下需要借助宿主机的编译环境。

编译的过程就是把用高级语言编写的应用程序转化成运行该程序的 CPU 所能识别的机器代码。由于不同的架构有不同的指令集，因此不同的 CPU 需要不同的编译器。一个平台上编译的代码不能直接在另外一个平台上执行。因此，在跨平台的开发中往往需要交叉编译工具链。通过交叉编译工具链，可以在 x86 平台上编译出能够在 ARM 平台上运行的程序，编译得到的程序在 PC 上不能运行，而只能在 ARM 平台上执行。这种方法充分利用了 PC 的丰富资源和优秀的集成开发环境，从而弥补了嵌入式系统开发的不足。相对于交叉编译，平时做的编译称为本地编译。

交叉编译工具链是一个由编译器、链接器和解释器组成的集成开发环境。和本地编译类似，交叉编译的过程也是由编译、链接等阶段组成的，源程序通过交叉编译器编译成目标模块，并由交叉链接器加载库最后链接成可在目标平台上执行的程序代码。

交叉编译的主要过程如图 5-1 所示。

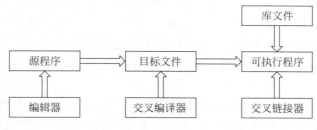

图 5-1　交叉编译过程

5.4.1　交叉编译的构建

交叉编译的过程其实并不复杂,但是要完成交叉编译工具链的制作却是比较困难的。网上有许多交叉编译的构建方法可以提供参考。在制作工具链之前,首先要明确目标平台,比如嵌入式开发一般是在 ARM 平台下,这样才能选择正确的交叉编译工具,比如 arm-linux-gcc。

通常交叉编译的构建有以下三种方法,它们由难到易分别如下。

1. 从头编译

这种方法是最为困难的,它分别编译和安装交叉编译工具链所需要的各种库和源代码,最终生成交叉编译工具链。在编译过程中,有许多依赖关系和配置选项,往往会因此而出现各种编译错误。推荐想要深入学习交叉编译工具链的读者可以尝试这种方法,可以加深对整个过程的理解。

2. 脚本编译

通过网上专门提供的 Crosstool 脚本工具,选择合适的平台脚本来一次性地编译生成交叉编译工具链。与方法 1 相比,这种方法节省了许多配置,相对简单了许多。

3. 下载使用

如果只想使用交叉编译工具链,而不想花太多时间制作它们,推荐去网上直接下载已经制作好的交叉编译工具链。这种方法最为简单,但缺点是不够灵活,不一定能够满足所有人的开发需求。

在实际的开发过程中,读者可以根据自己的需要选用以上任意一种方法来构建交叉编译工具链。

5.4.2　相关工具

交叉编译工具链主要包括:
(1) 标准库
(2) 编译器
(3) 链接器
(4) 汇编器
(5) 调试器

以上功能主要由 glibc、gcc、binutils 和 gdb 4 个软件包提供,gdb 作为调试工具将在 5.5 节重点介绍。

1. glibc

glibc 全称为 GNU C Library,它是一种按照 LGPL 许可协议发布的,公开源代码的,可以免费从网络下载的 C 的编译程序。glibc 最初是自由软件基金会为其 GNU 操作系统所写，但目前最主要的应用是配合 Linux 内核，成为 GNU/Linux 操作系统一个重要的组成部分。glibc 是 Linux 系统中最底层的 API，几乎其他任何运行库都会直接或间接地依赖于 glibc。glibc 除了封装系统调用之外，还提供一些基本的功能，例如 open、malloc、printf、exit 等。

2. gcc

gcc 是 GNU Compiler Collection 的缩写，它是 GNU 项目中最具有代表性的作品，gcc 支持不同的编程语言，它被目前许多 UNIX/Linux 系统作为默认的标准编译器。gcc 已经被移植到多种处理器架构上，并且在商业、专利和开源软件开发环境中广泛使用。gcc 同样适用于嵌入式系统平台，比如 Symbian、AMCC 和 Freescale Power 等。gcc 最初命名为 GNU C Compiler，因为它仅处理 C 语言。1987 年 GCC 1.0 发布，同年 12 月它开始支持编译 C++ 语言。后来，gcc 支持越来越多的编译语言，包括 FORTRAN、Pascal、Objecive-C、Java 和 Ada 等，而 gcc 的意思也不仅仅是 GNU C Compiler 了，而变成了更加强大的 GNU Compiler Collection。

gcc 是一个交叉平台的编译器，目前支持几乎所有主流处理器平台，它可以将源文件编译成在指定平台硬件上可执行的目标代码。gcc 不仅功能非常强大，结构也异常灵活，便携性与跨平台支持特性是 gcc 的显著优点。目前最新的 gcc 版本是 4.4.3，但是在选择 gcc 的版本时并不是越新越好。新版本虽然添加了一些新特性，但是同样也会带来许多潜在的 Bug。由于发布的时间短，并没有广泛推广使用。因此在实际开发过程中，尽量要选择稳定的版本。

gcc 编译过程一般分成 4 个阶段，分别是预处理、编译、汇编和链接。预处理阶段，gcc 首先调用 cpp 命令，在这个过程主要是对源文件中的包含文件和预编译语句进行分析并展开。接着进入编译阶段，用 cc 命令编译源文件生成目标文件。汇编过程是针对汇编语言的步骤，这一步通过调用 as 命令生成目标文件。最后就是链接，它由 ld 命令来完成。

下面通过一个例子来讲述 gcc 的编译流程，同时介绍一些常用的 gcc 命令选项。

```
# include "hello.h"

int main()
{
    printf("%s", HELLO);
    return 0;
}
```

预处理过程读入源代码，检查包含预处理指令的语句和宏定义，并对源代码进行相应的转换。预处理过程还会删除程序中的注释和多余的空白字符。预处理语句是以 # 开头的代码行。gcc 中可以使用"-E"选项，使得在预处理阶段停止，默认输出预处理的结果到标准输出。如果源代码不需要预处理，则什么事都不会做。

```
# gcc -E hello.c -o hello.i
```

"-o"选项指定输出文件名，这条语句执行的结果如下。

```
# 1 "hello.c"
# 1 "<built-in>"
# 1 "<command-line>"
```

```
# 1 "hello.c"
# 1 "hello.h" 1
# 2 "hello.c" 2

int main()
{
    printf("% s", "Hello, world!\n");
    return 0;
}
```

可见，在预处理阶段，include 语句和宏都在相应的地方展开。

编译阶段主要负责检查语法格式，如果无误，则把代码翻译成汇编文件，汇编文件一般后缀为 .s。同选项"-E"类似，gcc 命令的"-S"选项告诉编译器在编译生成汇编代码后停止，不进行后续的汇编工作。

```
# gcc - S hello.i - o hello.s
```

汇编阶段就是把汇编代码转换成目标文件，这里使用选项"-c"。

```
# gcc - c hello.s - o hello.o
```

最后通过下面的命令完成最后的链接工作，生成可执行文件，执行得到最后的结果。

```
# gcc hello.o - o hello
# ./hello
Hello, world!
```

gcc 是一个非常强大的编译工具，拥有众多的命令选项，其中包括常规选项、预警和错误选项、优化选项和体系相关选项。合理地使用 gcc 的各种选项，能有效地提高代码质量和编译效率。一般来说，在实际应用中前两者用到的比较多，后面两种选项在项目工程规模比较大的时候会用到。gcc 编译的时候提供的警告和错误信息，可以帮助程序员改进代码，增加程序的健壮性。

常规选项在平时使用中也会经常碰到，如表 5-1 所示，部分已经在前面提到过。

表 5-1　gcc 常用编译选项

选　　项	含　　义
-E	只进行预编译，不做其他处理
-S	只进行编译不汇编，生成后缀为 .s 的汇编文件
-c	只进行编译不链接，生成后缀为 .o 的目标文件
-o file	指定输出文件保存到 file
-g	创建用于 gdb 的符号表和调试信息
-v	显示编译器命令行信息和版本信息
-Idir	添加头文件搜索路径 dir
-Ldir	添加库文件搜索路径 dir
-llibrary	链接库文件 library

这些选项需要在实际应用中灵活使用。例如，编写一个需要使用 libm 库的程序，直接按照前面的编译过程会出错，需要使用"-lm"指明链接 libm.so 库。

指定"-l"选项的时候，gcc 会去系统的默认库目录查找，如果找不到就会出错，这时候就可以使用"-Ldir"添加库文件搜索路径。同样道理，在头文件目录不在系统指定的默认目录的时候，也可以使用"-Idir"添加额外的搜索路径。

本书只是介绍一些基本的 gcc 命令选项，更多的选项可以在使用的时候查看 gcc 帮助文档。

3. binutils

binutils 是一组开发工具包，包括链接器、汇编器和其他用于目标文件和档案的工具。binutils 中的不少工具和 gcc 相类似。binutils 工具包是在嵌入式系统开发中必须掌握的，主要包括以下部分。

addr2line 是用来将程序地址转换成其所对应的程序源文件及所对应的代码行号，当然也可以得到所对应的函数。前提是在编译的时候使用了-g 的选项，即在目标代码中加入调试信息。

ar 是用来管理归档文件，例如创建、修改、提取归档文件等。归档文件是一个包含多个文件的单一文件，有时也被称为库文件，其结构保证了可以从中检索并提取原始的被包含的文件。在嵌入式系统开发中，ar 主要用于管理静态库。

as 主要用来编译 gcc 输出的汇编文件，生成的目标文件由链接器 ld 链接。

ld 是 GNU 提供的链接器，主要功能是将目标文件和库文件结合在一起重定位数据并链接符号引用。

nm 用来列出目标文件中的符号清单，包括变量和函数等。如果没有指定目标文件，则默认使用 a.out。

objdump 可以用来查看目标程序的信息，可以通过选项控制显示那些特定信息，也可以用来对目标程序进行反汇编。程序是由多个段组成的，比如 .text 段是用来存放代码，.data 段用来存放已经初始化过的数据，.bss 用来存放尚未初始化过的数据等。在嵌入式系统的开发过程中，也可以用它查看执行文件或库文件的信息。比如查看其中的某个段在程序运行时的起始地址是什么。

objcopy 可以进行目标文件的格式转换。它使用 GNU BFD 库进行读/写目标文件。使用 BFD，objcopy 就能将原始的目标文件转化为不同格式的目标文件。

ranlib 可以用来生成归档文件索引，这样使得存取归档文件中被包含文件的速度更快，它的功能和"ar -s"是一样的。

readelf 用来显示 ELF 格式目标文件的信息，可通过参数选项来控制显示哪些特定信息。ELF 格式是 UNIX/Linux 平台上应用最为广泛的二进制文件标准之一。

5.5　gdb 调试器

调试是应用程序开发过程中必不可少的环节之一。gdb 是 GNU C 自带的调试工具。它可以使得程序的开发者了解到程序在运行时的细节，从而能够很好地除去程序的错误，达到调试的目的。英文 Debug 的原意就是"除虫"，而 gdb 的全称就是 Gnu DeBugger。gdb 是一款功能非常强大的调试器，既支持多种硬件平台，也支持多种编程语言，目前 gdb 支持的调试语言有 C/C++、Java、FORTRAN、Modula-2 等多种语言。gdb 不仅用于本地调试,还可以用于远程调试,非常适合嵌入式系统开发使用。

使用 gdb 可以完成下面这些任务。

(1) 运行程序,可以给程序加上所需的任何调试条件;

(2) 在给定的条件下让程序停止;

(3) 检查程序停止时的运行状态;

(4) 通过改变一些数据,可以更快地改正程序的错误。

gdb 提供了大量的命令,用来完成程序的调试;gdb 本身只是基于命令行界面的程序,工作在终端模式。而 xxgdb 在 gdb 的基础上还实现了图形前端,它的调试界面友好,比较有名的 gdb 图形前端工具还有 DDD 等。在使用 gdb 调试程序之前,必须使用"-g"编译选项编译源文件,从而在目标文件中加入调试信息,这些信息可以被 gdb 等调试工具利用。

可以在 Linux 终端下输入"gdb",简单地启动 gdb 调试器。

```
# gdb
GNU gdb (gdb) 7.0 - ubuntu
Copyright (C) 2009 Free Software Foundation, Inc.
License GPLv3 + : GNU GPL version 3 or later < http://gnu.org/licenses/gpl.html>
This is free software: you are free to change and redistribute it.
There is NO WARRANTY, to the extent permitted by law. Type "show copying"
and "show warranty" for details.
This gdb was configured as "i486 - linux - gnu".
…
(gdb)
```

启动后,gdb 会显示版本以及平台信息,从上面的输出可以看出,这里采用的是 Ubuntu 平台下 gdb 7.0 版本,编译时配置的目标平台是 i486-linux-gnu。最下面是以(gdb)开头的提示符,表示可以在后面输入 gdb 调试相关的命令。如果不喜欢启动 gdb 时显示版本及平台信息,可以加上-q 选项指定 gdb 以安静模式启动。

gdb 启动的时候可以显式地指定需要调试的可执行程序,命令语法如下。

```
gdb [options] [executable - file [core - file or process - id]]
gdb [options] -- args executable - file [inferior - arguments ...]
```

假如需要调试的可执行程序名为 program,可以使用以下方式启动 gdb。

```
# gdb program
```

当调试的程序需要指定参数的时候,可以在 gdb 启动的时候打开--args 选项,在可执行文件名后提供需要的参数。

```
# gdb -- args program 10 20
```

如果程序在执行过程中意外崩溃,操作系统会把程序崩溃时的内存内容存储到 core dump 文件中,该文件可以配合 gdb 方便地对可执行程序进行调试。假如 program 崩溃后生成的 core dump 文件为 program.core,gdb 可以通过指定 core dump 文件进行调试。

```
# gdb program program.core
```

另外一种情况是被调试的可执行程序是一个系统服务，那么可以在启动的时候指定此服务的进程 ID 号。注意，program 必须在系统 PATH 中可以找到。

```
# gdb program 1234
```

如果不想在 gdb 启动的时候指定调试的可执行程序，也可以在进入 gdb 后，使用 file 命令载入调试程序。file 命令后跟着的参数就是要被调试的可执行程序，gdb 在载入调试程序后读取调试信息，例如符号表等。

```
(gdb) file program
Reading symbols from program...done.
```

载入调试程序后，就可以使用 gdb 提供的命令进行调试了。

gdb 的强大功能足以跟 Visual Studio 相比，它拥有非常多的调试命令。按照功能特点分类，主要分成别名（alias）、断点（breakpoints）、数据（data）、文件（file）、程序执行（running）和堆栈（stack）等几个部分，每类命令都包含功能相似的一组命令集合。更多的类别可以在 gdb 提示符后输入 help 查看。在 gdb 中，help 命令是非常有用的一个命令，它可以用来查看某个命令或者某类命令的用法。例如，输入 help breakpoints 可以查看有关断点的所有命令。

```
(gdb) help breakpoints
Making program stop at certain points.

List of commands:

awatch -- Set a watchpoint for an expression
break -- Set breakpoint at specified line or function
...
trace -- Set a tracepoint at specified line or function
watch -- Set a watchpoint for an expression

Type "help" followed by command name for full documentation.
Type "apropos word" to search for commands related to "word".
```

在 help 后面指定命令类别可以打印出此类调试命令的子命令集合，同样地，在 help 命令后面指定特定的某个子命令可以得到这个子命令的具体用法。例如，help break。

```
(gdb) help break
Set breakpoint at specified line or function.
break [LOCATION] [thread THREADNUM] [if CONDITION]
LOCATION may be a line number, function name, or "*" and an address.
If a line number is specified, break at start of code for that line.
If a function is specified, break at start of code for that function.
If an address is specified, break at that exact address.
With no LOCATION, uses current execution address of selected stack frame.
```

```
This is useful for breaking on return to a stack frame.

THREADNUM is the number from "info threads".
CONDITION is a boolean expression.
```

通过 help 命令，可以非常方便地知道 gdb 调试命令的用法，上面的 help break 的输出结果表示，break 断点命令是在指定行或者指定函数或者以"＊"开头的指定地址处设置断点。如果没有显式地指定断点位置，则在选择的栈帧中即将执行的地址上设置一个断点。另外，还可以添加条件判断，在条件满足时才断点，这在调试的时候是非常有用的。

gdb 不仅功能强大，并且和用户交互的设计也是非常人性化的。gdb 的命令输入采用和 Bash 类似的命令自动补全功能。当用户输入一个命令的起始部分时，可以使用 Tab 键补全。如果符合的命令不止一个，需要连续按两次 Tab 键。有时候要记住这么多命令是非常困难的，使用自动补全可以更加灵活地使用 gdb 命令，而不需要记住每个命令的完整形式。另外一个技巧是，可以使用命令缩写来代替输入完整的命令，比如 break 命令可以直接输入"b"，在后台 gdb 会自动补全成 break 命令。

如果使用过 Vim 的读者肯定知道，在 Vim 中可以使用!cmd 调用外部 shell 命令，或者输入"：shell"临时启动 shell 外壳，外壳退出后（执行完 exit 命令）返回到 Vim 界面。同样地在 gdb 中除了使用本身的调试命令外，也可以执行 shell 下的命令。它是通过 gdb 提供的 shell 命令来实现的，可以使用 help shell 查看 shell 命令的帮助信息。

```
(gdb) help shell
Execute the rest of the line as a shell command.
With no arguments, run an inferior shell.
```

使用 shell 命令的方法有两种，一种是在 shell 命令后面跟着 shell 下要执行的命令，比如要使用 date 命令查看系统时间。

```
(gdb) shell date
Thu Mar 25 10:16:44 CST 2010
```

另外一种方法是像 Vim 一样临时启动 shell 外壳，在执行完命令后输入"exit"命令返回 gdb 界面。在 gdb 调试的过程中，免不了需要用 shell 同系统交互，使用这种方法就节省了退出再重新启动 gdb 的烦琐步骤。值得一提的是，可以不必通过 shell 就可以在 gdb 下执行 make 命令，该命令的用法同 shell 下是一模一样的。gdb 也有命令历史功能，默认是关闭的，可以通过执行以下命令，打开历史功能。

```
(gdb) set history filename cmdhistory
(gdb) set history save on
(gdb) set history size 100
```

这三条语句的作用是指定命令历史文件名，开启命令历史功能，并且指定历史记录的命令条数。启用命令历史功能后，就可以使用方向键回滚以前执行过的命令。

调试过程结束后，可以使用 quit（缩写 q）退出 gdb 界面，或者也可以使用 Ctrl＋D 键退出 gdb。

通过以上的介绍，相信读者对 gdb 的使用已经有了初步的了解，这里只是引导读者去了解如何使用 gdb，有关 gdb 的调试命令可以参考 gdb 的相关帮助文档，本书下篇也有 gdb 调试的实验内容。

5.6 远 程 调 试

5.6.1 远程调试原理

在桌面操作系统上，调试器和被调试的程序往往是运行在同一台机器上的两个进程，调试器需要通过操作系统专门提供的调试接口（比如早期 UNIX 系统的 ptrace 调用和现在的进程文件系统）来控制和访问被调试进程，这种调试称为本地调试。而嵌入式操作系统往往不具备使用本地调试的能力，原因大多归结于自身硬件和软件上的局限性，比如嵌入式系统自身的资源有限，内存小，输入和输出设备不能用于调试，又或者嵌入式系统通常无文件系统，尤其是在内核调试时还不支持文件系统。因此，在嵌入式操作系统上，为了向系统开发人员提供灵活方便的调试界面，调试器往往运行在宿主机上，而被调试的程序则运行在目标板上，相对于本地调试，这种方法被称为远程调试。

这就带来以下问题：调试器与被调试程序如何通信；被调试程序产生异常如何及时通知调试器；调试器如何控制和访问被调试程序；调试器如何识别有关被调试程序的多任务信息并控制某一特定任务；调试器如何处理某些与目标硬件平台相关的信息（如目标平台的寄存器信息、机器代码的反汇编等）。

要解决以上问题，需要在目标操作系统和宿主机调试器内分别添加一些功能模块，然后二者互通信息调试，这种方案称为插桩（Stub）。使用插桩方案，可以解决以上所提到的几个问题。

1. 调试器与被调试程序的通信

宿主机调试器与目标板被调试程序通过指定通信端口（串口、网卡、并口）并遵循远程调试协议进行通信。

2. 被调试程序产生异常及时通知调试器

目标板被调试程序产生的所有异常处理转发给通信模块，通知宿主机调试器当前的异常代码；宿主机调试器据此向用户显示被调试程序产生了哪一类异常。

3. 调试器控制、访问被调试程序

宿主机调试器的控制访问请求，实际上都将转换成对目标板被调试程序的地址空间或目标操作系统的某些寄存器的访问，目标操作系统可以直接处理这样的请求。

4. 调试器识别有关被调试程序的多任务信息并控制某一特定任务

由目标操作系统提供专门接口。目标操作系统根据宿主机调试器发送的多任务请求，调用该接口提供相应信息或对某一特定任务进行控制，并返回调试信息给宿主机调试器。

5. 调试器处理与目标硬件平台相关的信息

第 2 条所述调试器应能根据异常号识别目标平台产生异常的类型也属于这一范畴，这类工作完全可以由调试器独立完成。支持多种目标平台正是 gdb 的一大特色。

综上所述，插桩方案的实现需要目标操作系统提供支持远程调试协议的通信模块（如串口驱动）和多任务调试接口，并且还需要改写异常处理的相关部分。另外，目标操作系统还需要定义一个设置断点的函数,因为有的硬件平台并没有提供产生特定调试异常的断点指令。这些添加的模块统称为 stub。运行在目标板上的被调试程序,一经初始化,在入口点会调用设置断点的函数,主动触发异常然后由异常处理程序控制,异常处理程序将会调用调试端口通信模块,监听宿主机调试器发送的调试信息。双方通信一旦建立,就可以根据远程调试协议进行调试。它的原理如图 5-2 所示。

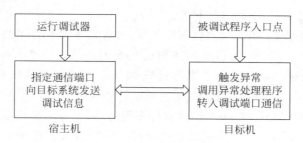

图 5-2　远程调试原理

就目前而言,嵌入式操作系统中的远程调试方法主要分为三种:一是用 ROM Monitor 调试目标板程序;二是用 kgdb 调试系统内核;三是用 gdbserver 调试用户空间应用程序。这三种方法之间的主要区别在于目标板调试 stub 的存在形式的不同,而它们的设计思路和实现过程是大致相同的。调试 stub 的实现和使用方式一般与硬件平台和应用场合有关,为了最好地利用特定硬件的特征,往往会设计相应的调试 stub。不过,尽管远程调试具有依赖目标的特性,但还是可以创建一个高度的可移植的调试 stub,使得它可以在不同的硬件平台上只需少量修改就可以做到重用。

5.6.2　gdb 远程调试功能

gdb 可以调试各种程序,包括 C/C++、Java、FORTRAN 等高级语言和 GNU 所支持的所有微处理器的汇编语言。在嵌入式 Linux 系统中,开发人员可以在宿主机上使用 gdb 方便地以远程调试的方式调试目标操作系统上运行的程序。gdb 远程调试功能包括单步调试程序、设置断点、查看内存等。

gdb 远程调试主要由宿主机 gdb 和目标板调试 stub 共同构成,两者又通过串口或 TCP 连接,采用的通信协议是标准的 gdb 远程串行协议(Remote Serial Protocol,RSP),通过这种机制实现对目标板上的系统内核和高层应用程序的控制和调试功能。gdb 远程串行协议定义了宿主机 gdb 和被调试的目标板程序进行通信时数据包的格式。它是一种基于消息的 ASCII 码协议,包含内存读写、寄存器查询、程序运行等命令。

调试 stub 作为宿主机 gdb 和目标板被调试程序通信的媒介,实现远程串行协议中读写内存、寄存器和 stop、continue 指令等。gdb 源码包中提供的 stub 文件(*-stub.c)实现了目标板端的通信协议,而宿主机端则是在 remote.c 文件中实现。通常情况下,可以直接使用这些子程序实现通信而不需要关注其中的细节。即使要按照需要自己实现 stub 文件,也可以忽略实现细节,在已有的 stub 文件基础上进行修改,比如 sparc-stub.c 文件结构最清晰,便于阅读和修改。

要使用 gdb 进行远程调试,在目标板端必须将被调试的应用程序和实现远程通信协议的调试 stub 链接成可执行程序。调试 stub 和特定的硬件平台相关,比如前面提到的 sparc-stub.c 就是用于调试 SPARC 体系下的程序。除此之外,与 gdb 一同发布的调试 stub 包括以下几个。

(1) i386-stub.c：用于 Intel 386 和兼容体系。

(2) m32r-stub.c：用于 Renesas M32R 体系。

(3) m68k-stub.c：用于 Motorola 680X0 体系。

(4) sh-stub.c：用于 Renesas SH 体系。

当然不同的版本提供的 stub 文件会有所不同,具体还需要查看相关的文档。在宿主机端相对就简单得多,因为 gdb 已经知道如何使用远程通信协议。当所有步骤完成之后,就可以在 gdb 命令行输入 target remote 命令进行远程调试。关于远程调试将会在 5.6.3 节具体介绍。

不过,即使如此,要成功移植 stub 仍然有许多困难,因此 gdb 又提供了另外一种远程调试方法——gdbserver。gdbserver 是一种特殊的 stub 调试方式,它是 gdb 自带的用于类 UNIX 系统的控制程序,允许远程 gdb 通过 target remote 命令直接调试目标板上的程序,而无须将被调试程序和调试 stub 链接在一起。gdbserver 的工作原理同 gdb 本地调试相似,通过将被调试程序作为其子进程,利用内核提供的代码跟踪机制(ptrace)监控被调试程序的执行,从而完成调试任务。它的调试模型如图 5-3 所示。

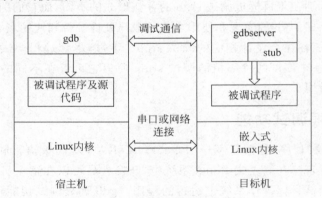

图 5-3 gdbserver 调试模型

5.6.3 使用 gdbserver

gdbserver 并不能完全代替一般的调试 stub,这是因为 gdbserver 调试方式要求宿主机和目标板上的操作系统必须具有相同的系统调用接口。然而,由于 gdbserver 本身的体积小,能够在资源有限的系统上独立运行,因此非常适合于嵌入式系统开发。同时,它具有良好的可移植性,可交叉编译到不同的平台上运行,使用起来比 stub 方式简单得多。因此,在实际开发中经常使用 gdbserver 来调试用户空间的程序,比如交叉编译中,可以使用 gdbserver 作为调试的一种选择。

要对目标板上的程序进行远程调试,首先需要连接到目标平台。gdb 提供了两种连接方式：一种是通过串口连接；另一种是通过 TCP 或者 UDP 连接。两者都遵循标准的 gdb 远程串口协议。

1. 连接到远程目标

使用 gdbserver 调试方式时,在目标板端需要有一份被调试程序的拷贝,宿主机端则需要被调试程序以及其源代码文件。由于 gdbserver 并不处理程序符号表，符号表是由宿主机端的 gdb 处理的。所以如果有必要，可以使用 strip 工具将复制到目标板的被调试程序的符号表去掉，从而节省空间。当然，被调试程序需要使用交叉编译工具编译，并且 gdbserver 也需要用交叉编译工具编译到目标平台上。

在宿主机 gdb 发起远程调试之前，需要先在目标板上启动 gdbserver 和要调试的程序。尤其是当使用 TCP 连接方式时，必须先在执行宿主机 gdb 的 target remote 命令之前启动目标板上的 gdbserver，否则将无法建立远程调试连接。要使用 gdbserver，必须显式地指定与 gdb 的通信方式、被调试程序的名称以及被调试程序需要的参数。常用的语法是：

```
# gdbserver comm program [ args ... ]
```

comm 可以是一个串行设备名称或者 TCP 主机名和端口号。比如使用参数 foo.txt 调试 Vim，并且通过串口/dev/S1 同 gdb 通信。

```
# gdbserver /dev/ttyS1 vim foo.txt
```

然后 gdbserver 被动地等待宿主机的 gdb 与其进行通信。

若是要通过 TCP 方式同 gdb 进行通信而非串口方式，则需要使用以下的命令。

```
# gdbserver hostname:portname vim foo.txt
```

其中，参数 hostname:portname 的意思是指，gdbserver 希望从宿主机（hostname 指的是宿主机名或者其 IP 地址）到本地 TCP 端口（portname 指定的端口号）建立 TCP 连接。端口号可以任意选择，只要它不同目标操作系统上已经被使用的任何 TCP 端口冲突，比如 23 是 Telnet 服务的保留端口号，建议使用大于 1024 的端口号。同时，此端口号必须同宿主机 gdb 中的 target remote 命令使用同一个端口号，否则调试连接是不能建立的。

在某些目标板上，gdbserver 也可以依附到正在运行的程序上，这主要是通过--attach 参数来完成的。语法是：

```
# gdbserver comm - attach PID
```

其中，PID 是当前运行的进程 ID 号。如果有一个程序有多个映像在执行，或者程序有多个线程，在这种情况下，绝大多数版本的 pidof 支持-s 选项，这将只返回第一个进程的 ID 号。

```
# gdbserver comm -- attach 'pidof - s program'
```

一旦目标板上启动 gdbserver 并指定被调试程序之后，在宿主机端就可以通过 target remote 命令建立一个到目标板的连接。同样地，既可以使用串口也可以使用 TCP 或 UDP 同目标板通信。无论哪一种情况，gdb 都使用同一种协议调试程序，只是通信媒介不同而已。

若使用串口方式连接，它的语法如下。

```
(gdb) target remote serial - device
```

其中，serial-device 指定串口设备，比如/dev/ttyS1。可以在命令后面添加--baud 选项设置串口连接的波特率,或者在使用 target remote 之前使用 set remotebaud 命令设置,关于 gdb 远程调试选项将会在下面具体介绍。

当然也可以使用下面的命令建立 TCP 连接。

```
(gdb) target remote [tcp:][hostname]:portnumber
```

默认是使用 TCP 方式连接,因此可以不用显式地指定 tcp。如果被调试程序和调试器是运行在同一平台上,还可以忽略主机名。注意,中间的冒号不能省略。若是要使用 UDP 方式,只需要将 tcp 换成 udp 就可以了。但相对于 TCP,UDP 是不可靠的。若使用 UDP 方式进行远程调试很可能会在繁忙或者不可靠的网络上丢弃包,从而影响调试过程。因此,推荐尽量使用 TCP 方式来建立调试连接。

当远程调试过程完成后,可以通过 detach 命令将远程目标从宿主机 gdb 的控制下释放。远程目标被释放后会继续其正常的执行过程。在使用 detach 命令之后,宿主机 gdb 可以自由连接到另外一个目标。disconnect 命令的行为类似 detach,除了远程目标并不会继续恢复执行,它将等待 gdb(这一实例或者另外一个)建立连接并继续调试。

2. gdb 远程调试选项

gdb 提供了许多选项专门用于远程调试,每种远程调试选项都可以通过 set 或 show 命令改变或显示当前选项值。

```
set remoteaddresssize bits
show remoteaddresssize
```

设置内存包中地址的最大值,单位为位(bit)。当传递地址到远程目标时,gdb 将会屏蔽大于此位数的地址。默认值为目标地址的位数。可以通过 show 命令查看此选项值。

```
set remotebaud n
show remotebaud
```

设置远程串口 I/O 的波特率为 n。这个值用来设置远程调试目标的串口传输速度。通过 show 命令查看远程连接的当前波特率。例如:

```
(gdb) show remotebaud
Baud rate for remote serial I/O is 4294967295.
(gdb) set remotebaud 115200
(gdb) show remotebaud
Baud rate for remote serial I/O is 115200
```

从输出结果可以看出,默认情况下,gdb 并没有设置远程调试时的串口连接的波特率,其默认值为 4 294 967 295。用 set 命令将其设置为 115 200 后,通过 show 命令可以验证当前波特率已经改变。

```
set remotebreak
show remotebreak
```

如果设置为 On,当按下 Ctrl+C 键来中断运行在远程目标的程序时,gdb 将会发送 Break

信号给远程目标。如果设置为 Off，gdb 则发送 Ctrl＋C 字符。默认情况下，此选项设置为 Off。

```
set remotelogbase base
show remotelogbase
```

设置记录远程串口协议通信的基数。默认值为 ascii，另外还支持 hex 和 octal。通过 show 命令可以查看当前远程串口协议通信记录的基数。

```
set remotelogfile file
show remotelogfile
```

设置记录远程通信信息的日志文件，默认不做记录。通过 show 命令显示当前日志文件名。

```
set remotetimeout num
show remotetimeout
```

设置等待远程目标响应的最大时限为 num，默认为值 2s。可以通过 show 命令显示当前等待远程目标响应的最大时限。

```
set remote hardware － watchpoint － limit limit
set remote hardware － breakpoint － limit limit
```

限制 gdb 远程调试的硬件断点或观察点的数量，默认值为 4 294 967 295。

另外还有其他一些远程调试选项，读者可以自行查阅相关文档或者使用 gdb help 命令作进一步的了解。

5.7　内　核　调　试

前面说过，对于应用程序来说，调试是软件开发过程中不可缺少的一个环节。对于 Linux 内核而言，调试同样重要。然而，Linux 内核调试比起应用程序调试要困难得多。Linux 内核的规模之庞大，往往让人望而却步，单靠阅读代码查找 Bug 已经非常困难。而 Linux 内核的开发人员出于保证内核代码正确性的考虑，不愿意在 Linux 内核源代码中添加调试器。他们认为在内核中加入调试器会误导开发者，从而引入不良的修改。所以对 Linux 内核进行调试一直是项艰苦的工作。调试工作的艰苦性正是内核级的开发有别于用户级程序开发的一个显著特点。

尽管没有一些内置的调试内核的有效方法，但是随着 Linux 内核的不断完善，也逐渐形成了一些有效的监视内核代码和错误跟踪的技术。同时，许多第三方的针对 Linux 内核调试的补丁也应运而生，它们为标准的 Linux 内核提供了内核调试的功能。调试内核时，利用这些工具和方法可以有效地查找和判断 Bug 的位置和产生原因。

5.7.1　内核调试技术

实际调试中，最普通的调试技术就是监视，即在应用程序编程中，在一些适当的地点调用

printf 函数显示监视信息。调试内核代码的时候，则可以用 printk 函数来完成相同的工作。通过使用打印函数，可以直接把关心的信息打印到终端或日志文件中，从而可以观察到程序执行过程中所关心的变量、指针等信息。

Linux 内核标准的系统打印函数是 printk。printk 函数具有良好的健壮性，不受内核运行条件的限制，在系统运行的任何阶段都可以使用。和 C 标准库中的 printf 函数不同的是，printk 函数可以指定一个日志级别。内核根据这个级别来判断是否在终端上打印消息。内核把级别比某个特定值低的所有消息都显示在终端上。

在头文件< linux/kernel. h >中定义了以下 8 种可用的日志级别。

（1）KERN_EMERG：用于紧急事件消息，它们一般是系统崩溃之前提示的消息。

（2）KERN_ALERT：用于需要立即采取动作的情况。

（3）KERN_CRIT：临界状态，通常涉及严重的硬件或软件操作失败。

（4）KERN_ERR：用于报告错误状态，设备驱动多用此级来报告来自硬件的问题。

（5）KERN_WARNING：警告可能出现问题，这类情况通常不会对系统造成严重问题。

（6）KERN_NOTICE：正常情形的提示，许多与安全相关的状况用这个级别进行汇报。

（7）KERN_INFO：提示信息，很多设备驱动启动时，用此级别打印相应的硬件信息。

（8）KERN_DEBUG：用于调试信息。

每个字符串（以宏的形式展开）表示成一个带尖括号的整数。整数值的范围为 0～7，数值越小，优先级就越高。例如 KERN_ALERT 定义：

```
＃define  KERN_ALERT  "<1>"
```

printk 默认采用的级别是 DEFAULT_MESSAGE_LOGLEVEL，这个宏在文件 kernel/printk. c 中指定为一个整数值。在 2.6 内核里面的值是 KERN_WARNING。

```
＃define DEFAULT_MESSAGE_LOGLEVEL 4
```

但是在 Linux 的开发过程中，这个默认的级别值已经有过多次变化，因此建议读者在使用时始终指定一个明确的级别，例如：

```
printk(KERN_WARNING "This is a warning!\n");
```

需要注意的是，在日志级别后不能忘记加上一个空格，否则会出错。

通过 printk 函数打印信息需要重新编译内核，如果修改的是模块的话，那么只需要重新编译这个模块，而不需要编译整个内核，因为模块是可以动态加载的。

内核消息是以环形队列的方式保存在一个大小为 LOG_BUF_LEN 的缓冲区中。该缓冲区的大小可以在编译内核的时候修改 CONFIG_LOG_BUF_SHIFT 选项进行修改，默认大小是 16KB。也就是说，内核最多能保存大小为 16KB 的内核消息，如果内核消息的大小超出了缓冲区所能承受的最大值，旧的内核消息就会被新的消息所覆盖。使用这种机制的好处是，当某个问题产生大量的内核消息时也不会耗光内存。而使用环形的唯一缺点——可能会丢失旧的内核消息——带来的损失同简单性和健壮性相比，完全可以忽略不计。

在标准的 Linux 系统上，用户空间的守护进程 klogd 首先从记录缓冲区中获取内核消息，然后通过另外一个守护进程 syslogd 保存到系统日志文件中。当系统加载内核及执行 initrd

时,会将内核信息记录在/proc/kmsg 文件中。随后,klogd 进程就可以从该文件中读取这些消息并处理,也可以通过 syslog 系统调用来读取这些消息。默认情况下,它选择从/proc 中读取。处理的方式就是把消息传给 syslogd 守护进程,而后者会把接收到的所有消息保存到/var/log/messages 文件中。

根据日志级别内核可能会把消息打印到当前控制台上。如果优先级小于 console_loglevel 定义的整数值的话,消息才能显示出来。如果系统同时运行了 klogd 和 syslogd 两个守护进程,则无论 console_loglevel 定义为何值,内核消息都将被追加到/var/log/messages 文件中(否则,除此之外的处理方式就依赖于对 syslogd 的设置)。如果 klogd 没有运行,这些消息就不会传递到用户空间,这种情况下,就只能查看/proc/kmsg 了。

内核出现错误往往很难处理,由于内核是整个系统的管理者,所以它不能采取用户空间的应用程序出现错误时所使用的简单处理手段,因为它很难自行修复,它也不能将自己杀死。遇到这种情况,内核通常会发布一个 oops 消息,随后内核会处于一种不稳定的状态,可能崩溃。通常 oops 消息中包含可供跟踪的回溯线索和 CPU 寄存器的内容。分析在内核发生崩溃时发送到终端的 oops 信息,这是 Linux 调试内核崩溃的传统方法。但是,原始的输出信息都是一些十六进制的内存地址,因此很难分析其内在意义。为了把这些数据解码成有意义的可供调试的信息,需要把它们解析为符号。

旧版本的内核可以使用 ksymoops 工具来解码 oops 信息,它使用内核映像的 System.map 文件来解析产生错误的指令,并显示导致错误发生的回溯函数名称。但是在 Linux 2.6 内核引入了 kallsyms 特性之后,就无须使用 ksymoops 和 System.map 了。该特性可以通过定义 CONFIG_KALLSYMS 配置选项启用,该选项可以载入内核映像对应的内存地址的符号名称,所以内核可以直接显示回溯函数名称而不再打印难懂的十六进制数字。因为符号表被编译到内核映像中,所以内核会变大,但是对于开发人员来说,这样做是值得的。

以上的几种调试技术可以称为错误跟踪技术,这些方法只能提供有限的调试能力,而不能提供源代码级的有效的内核调试手段。除了以上几种调试技术,还可以使用一种常用的内核调试工具 kgdb。

kgdb 是一个在 Linux 内核上提供完整的 gdb 调试器功能的补丁。使用 kgdb 时需要两个系统——一个用于运行 gdb,另一个用于运行待调试的内核。在 2.6 版本的 Linux 内核中,已经默认提供了对 kgdb 的支持,因此一般情况下,可以不用再打补丁,而只需要把 kgdb 配置进内核中并进行编译。

5.7.2　kgdb 内核调试

kgdb 是一种插桩式(Stub)的内核调试机制,它提供 Linux 内核源代码级别的调试手段,通过配合使用远程 gdb 来调试 Linux 内核。使用 kgdb 可以像调试用户空间的应用程序那样,在内核中设置断点、单步跟踪运行内核和观察变量。使用 kgdb 需要两台机器——宿主机和目标板,两台机器之间通过串口或者以太网连接。目前,kgdb 发布支持 i386、x86_64、32-bit PPC、SPARC 等几种体系结构的调试器。

要获得内核对 kgdb 调试机制的支持,需要为 Linux 应用 kgdb 补丁。补丁包括 gdb stub、错误处理机制修改以及串口通信支持三个部分。其中,gdb stub 是整个 kgdb 的核心部分,它处理来自远程机器上的 gdb 请求并控制目标板上的内核运行。通过修改错误处理机制,当一个不可预料的错误发生时,内核把控制权交给调试器。串口通信使用内核中的串口驱动，为内核中的 gdb stub 提供接口，它负责串口上的数据传送和接收。同样地，从 gdb 上发送的 Ctrl Break 请求也是由它来处理。

kgdb 其实是远程调试在 Linux 内核上的实现，它在内核中使用插桩的机制。内核在启动时等待远程调试器的连接，相当于实现了 gdbserver 的功能。然后，远程机器上的 gdb 负责读取内核符号表和源代码，并且尝试与之建立连接。一旦连接建立，就可以像调试普通程序那样调试内核了。kgdb 的调试模型如图 5-4 所示。

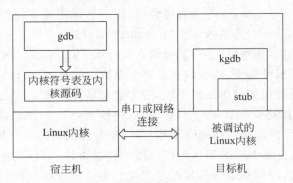

图 5-4　kgdb 调试模型

5.8　网　络　调　试

如果嵌入式平台之间需要进行网络通信，那么可能就需要使用嵌入式平台上的网络调试和诊断工具了。在嵌入式网络程序开发过程中，这些工具往往可以为开发人员提供很大的帮助。在 Linux 和众多类 UNIX 操作系统中，最为著名的网络调试和诊断工具非 tcpdump 莫属。

在传统的网络分析和调试技术中，嗅探器（Sniffer）是最常见也是最重要的一种技术。嗅探器工具是专门为网络管理员和网络程序员进行网络分析而设计的。使用嗅探器可以随时掌握当前的网络状况，在网络性能下降或者出现故障时，可以通过嗅探器工具来分析原因，找出网络故障的来源。

嗅探器工具实际上是网络上的一个抓包工具，同时可以对抓到的包进行分析，这在网络调试过程中非常有用。在共享式的网络中，数据包会以广播的形式发送给网络中所有主机，但是默认情况下，主机的网卡会自行判断该数据包是否该接收，这样就会抛弃不需要接收的数据包。而使用了嗅探器工具之后，它会拦截所有经过主机网卡的数据包，从而达到监听的效果。

tcpdump 就是一款功能强大、截取灵活的开源嗅探器工具，它广泛应用于很多类 UNIX 系统上。tcpdump，即 dump traffic on a network，它可以根据使用者的定义有选择性地对网络上的数据包进行拦截，它支持针对网络层、协议、主机、网络或端口的过滤，并且提供 and、or 和 not 等逻辑关系运算符来加强过滤功能。

tcpdump 的精髓在于它的高效的过滤表达式。tcpdump 通过过滤表达式指定要截取的数据包信息。如果不给出过滤表达式的话，则所有经过主机网卡的数据包都会被输出。如果明确给出了过滤表达式，则匹配此表达式的数据包信息才会被输出。tcpdump 的输出信息既可以直接输出到终端上，也能够保存到指定文件以待分析。

过滤表达式通常由一个或多个原语组成，每个原语前面可以有一个或多个修饰符。多个原语可以使用关系运算符构成关系原语,而多个表达式之间也可以用关系运算符组成更加复杂的表达式。

表 5-2 列出了一些常用的修饰符,包括类型修饰符、方向修饰符和协议修饰符。

表 5-2 tcdump 常用修饰符

修饰符	类型	含 义
host	Type	表示主机
net	Type	表示网络
port	Type	表示端口
src	Dir	指定网络传输的来源
dst	Dir	指定网络传输的目的地
ether	Proto	指定截取以太网数据包
ip	Proto	指定截取 IP 数据包
arp	Proto	指定截取 ARP 数据包
rarp	Proto	指定截取 RARP 数据包
tcp	Proto	指定截取 TCP 数据包
udp	proto	指定截取 UDP 数据包

tcpdump 支持的原语有很多,下面介绍一些常用的原语,一般使用下面的原语已经可以满足基本的网络调试需求,如表 5-3 所示。

表 5-3 tcpdump 原语

原 语	含 义
dst host hostname	若数据包的目的主机为 hostname,则为真
src host hostname	若数据包的来源主机为 hostname,则为真
host hostname	若数据包的来源或目的主机为 hostname,则为真
dst net net	若数据包的目的网络的网络号为 net,则为真
src net net	若数据包的来源网络的网络号为 net,则为真
net net	若数据包的来源或目的网络的网络号为 net,则为真
dst port portnum	若数据包的目的端口为 portnum,则为真
src port portnum	若数据包的来源端口为 portnum,则为真
port portnum	若数据包的来源或目的端口为 portnum,则为真
less length	等价于 len≤length,若数据包的长度小于等于 length,则为真
greater length	等价于 len≥length,若数据包的长度大于等于 length,则为真
ip proto protocol	若数据包为 IP 数据包且其协议为 protocol,则为真
ip broadcast	若数据包为 IP 广播数据包,则为真
ether multicast	若数据包为以太网多播数据包,则为真
ip multicast	若数据包为 IP 多播数据包,则为真
tcp, udp, icmp	等价于 ip proto protocol,若数据包是 TCP、UDP 或 ICMP 数据包,则为真

实际调试中,通过使用 and、or 和 not 等逻辑关系运算符,可以创建更加复杂的过滤表达式。tcpdump 支持的关系运算符有下面这些。

(1)!,not:逻辑非。

(2)&&,and:逻辑与。

(3)||,or:逻辑或。

同时，tcpdump 也支持下面这些比较运算符：$>$、$<$、$>=$、$<=$、$!=$、$=$。

若要访问数据包的特定位置的数据，可以使用以下的方法截取。

```
proto[expr:size]
```

其中，proto 换成要访问的数据包所在的协议层，例如 ether、ip、arp、rarp、tcp、udp、icmp 等。中括号内的 expr 指定所要访问的数据的偏移量，而 size 是可选项，表示所要访问的数据的大小，单位为字节，允许的取值为 1、2 或 4。

tcpdump 命令的语法如下。

```
tcpdump [ - AdDefIKlLnNOpqRStuUvxX ] [ - B buffer_size ] [ - c count ]
        [ - C file_size ] [ - G rotate_seconds ] [ - F file ]
        [ - i interface ] [ - m module ] [ - M secret ]
        [ - r file ] [ - s snaplen ] [ - T type ] [ - w file ]
        [ - W filecount ]
        [ - E spi@ipaddr algo:secret,... ]
        [ - y datalinktype ] [ - z postrotate - command ] [ - Z user ]
            [ expression ]
```

可见，tcpdump 有众多的命令行选项，由于篇幅有限，在这就不一一列出了，具体可以查看 tcpdump 的 man 文档。值得注意的是，过滤表达式应该位于所有命令选项之后。

下面介绍一些常用的选项。

（1）-i interface：指定监听的网络接口。

（2）-s snaplen：设置捕获数据包的长度

（3）-v：指定详细模式输出详细的数据包信息。

（4）-x：指定以十六进制数格式显示数据包。

（5）-X：指定以十六进制数格式显示数据包的同时，也输出相应的 ASCII 码形式。

（6）-S：指定显示 TCP 的绝对顺序号，而不是相对顺序号。

（7）-e：在输出行打印出数据链路层的头部信息。

当然，除了 tcmdump 之外，还有一些常用的网络调试和诊断工具，例如 arp、ping、route、netstat 等，对于这些工具，想必读者或多或少用过，在这就不做具体介绍了。

小　结

本章详细讲解了嵌入式系统交叉开发模式的原理，分成宿主机环境、目标板环境和交叉编译环境三个部分来讲述。本章的另外一个重点是嵌入式系统开发过程中所使用的各种调试技术，包括 gdb 本地调试、远程调试、内核调试及网络调试，这些都是非常重要的调试手段，而且在嵌入式系统的开发过程中也是必不可少的一部分，因此希望读者真正掌握。

进一步探索

（1）查阅相关文档，了解 GNU 工具的具体使用方法。

（2）了解并分析 gdbstub 的原理（http://sourceforge.net/projects/gdbstubs）。

## 第 6 章

Boot Loader 技术

Boot Loader 是在操作系统内核运行之前运行的一段小程序,是带领操作系统掌管设备资源的引路人。Boot Loader 非常依赖于硬件而实现,通常由汇编和 C 语言混合编写而成。因此,设计一个适用于所有嵌入式系统的 Boot Loader 程序几乎是不可能的。但是,可以归纳出一些通用功能,对 Boot Loader 进行分层设计,提高其可移植性。

本章将首先对 Boot Loader 的基本概念进行介绍,然后详细分析典型 Boot Loader 的两阶段工作流程,最后分析两种常见 Boot Loader 案例。

通过本章的学习,读者可以获得以下知识点。

(1) Boot Loader 的作用;

(2) Boot Loader 的实现原理;

(3) U-Boot 分析;

(4) vivi 分析。

6.1 Boot Loader 基本概念

概括地说,Boot Loader 就是在操作系统内核运行之前运行的一段小程序。通过这段小程序,可以初始化硬件设备和建立内存空间的映射图,从而将系统的软硬件环境带到一个合适的状态,以便为最终调用操作系统内核准备好正确的环境。

6.1.1 Boot Loader 所支持的硬件环境

每种不同的 CPU 体系结构都有不同的 Boot Loader。有些 Boot Loader 也支持多种体系结构的 CPU,比如 U-Boot 就同时支持 ARM 体系结构和 MIPS 体系结构。除了依赖于 CPU 的体系结构外,Boot Loader 实际上也依赖于具体的嵌入式板级设备的配置。也就是说,对于两块不同的嵌入式板而言,即使它们是基于同一种 CPU 构建的,要想让运行在一块板子上的 Boot Loader 程序也能运行在另一块板子上,通常也都需要修改 Boot Loader 的源程序。

6.1.2 Boot Loader 的安装地址

系统加电或复位后,所有的 CPU 通常都从某个由 CPU 制造商预先安排的地址上取指令。比如,ARM 处理器在复位时通常都从地址 0x00000000 处取它的第一条指令,而基于这种处理器构建的嵌入式系统通常都有某种类型的固态存储设备(比如:ROM、EEPROM 或 Flash 等)被映射到这个预先安排的地址上。因此在系统加电后,CPU 将首先执行 Boot Loader 程序。

图 6-1 就是一个同时装有 Boot Loader、内核的启动参数、内核映像和根文件系统映像的

固态存储设备的典型空间分配结构图。

图 6-1　固态存储设备的典型空间分配结构

6.1.3　Boot Loader 相关的设备和基址

　　主机和目标机之间一般通过串口建立连接，Boot Loader 程序在执行时通常会通过串口来进行 I/O 操作，比如：输出打印信息到串口，从串口读取用户控制字符等。

6.1.4　Boot Loader 的启动过程

　　通常多阶段的 Boot Loader 能提供更为复杂的功能，以及更好的可移植性。从固态存储设备上启动的 Boot Loader 大多都是两阶段的启动过程，即启动过程可以分为阶段 1 和阶段 2 两部分，至于在阶段 1 和阶段 2 具体完成哪些任务将在下面讨论。

6.1.5　Boot Loader 的操作模式

　　大多数 Boot Loader 都包含两种不同的操作模式："启动加载"模式和"下载"模式，这种区别仅对于开发人员才有意义。但从最终用户的角度看，Boot Loader 的作用就是用来加载操作系统，而并不存在所谓的启动加载模式与下载工作模式的区别。

　　启动加载模式：这种模式也称为"自主"模式。也即 Boot Loader 从目标机上的某个固态存储设备上将操作系统加载到 RAM 中运行，整个过程并没有用户的介入。这种模式是 Boot Loader 的正常工作模式，因此在嵌入式产品发布的时侯，Boot Loader 显然必须工作在这种模式下。

　　下载模式：在这种模式下，目标机上的 Boot Loader 将通过串口连接或网络连接等通信手段从主机下载文件，比如，下载内核映像和根文件系统映像等。从主机下载的文件通常首先被 Boot Loader 保存到目标机的 RAM 中，然后再被 Boot Loader 写到目标机上的 Flash 类固态存储设备中。Boot Loader 的这种模式通常在第一次安装内核与根文件系统时被使用；此外，以后的系统更新也会使用 Boot Loader 的这种工作模式。工作于这种模式下的 Boot Loader 通常都会向它的终端用户提供一个简单的命令行接口。

　　像 Blob 或 U-Boot 等这样功能强大的 Boot Loader 通常同时支持这两种工作模式，而且允许用户在这两种工作模式之间进行切换。比如，Blob 在启动时处于正常的启动加载模式，但是它会延时 10s 等待终端用户按下任意键而将 Blob 切换到下载模式。如果在 10s 内没有用户按键，则 Blob 继续启动 Linux 内核。

6.1.6　Boot Loader 与主机之间的通信设备及协议

　　最常见的情况就是，目标机上的 Boot Loader 通过串口与主机之间进行文件传输，传输协议通常是 xmodem/ymodem/zmodem 协议中的一种。但是，串口传输的速度是有限的，因此通过以太网连接并借助 TFTP 来下载文件是个更好的选择。

此外,主机平台所用的软件也是需要考虑的。比如,在通过以太网连接和 TFTP 来下载文件时,主机平台必须有一个软件用来提供 TFTP 服务。

6.2　Boot Loader 典型结构

在具体讨论的主要任务与典型结构框架之前,首先做一个假定,那就是:假定内核映像与根文件系统映像都被加载到 RAM 中运行。之所以提出这样一个假设是因为,在嵌入式系统中内核映像与根文件系统映像也可以直接在 ROM 或 Flash 这样的固态存储设备中运行。但这种做法无疑是以牺牲运行速度为代价的。

从操作系统的角度看,Boot Loader 的总目标就是正确地调用内核来执行。

另外,由于 Boot Loader 的实现依赖于 CPU 的体系结构,因此大多数 Boot Loader 都分为阶段 1 和阶段 2 两大部分。依赖于 CPU 体系结构的代码,比如设备初始化代码等,通常都放在阶段 1 中,而且通常都用汇编语言来实现,以达到短小精悍的目的。而阶段 2 则通常用 C 语言来实现,这样可以实现一些复杂的功能,而且代码会具有更好的可读性和可移植性。

Boot Loader 的阶段 1 通常包括以下步骤。

(1) 硬件设备初始化。

(2) 为加载 Boot Loader 的阶段 2 准备 RAM 空间。

(3) 复制 Boot Loader 的阶段 2 到 RAM 空间中。

(4) 设置好堆栈。

(5) 跳转到阶段 2 的 C 入口点。

Boot Loader 的阶段 2 通常包括以下步骤。

(1) 初始化本阶段要使用到的硬件设备。

(2) 检测系统内存映射(Memory Map)。

(3) 将 Kernel 映像和根文件系统映像从 Flash 读到 RAM 空间中。

(4) 为内核设置启动参数。

(5) 调用内核。

6.2.1　Boot Loader 阶段 1 介绍

1. 基本的硬件初始化

这是 Boot Loader 一开始就执行的操作,其目的是为阶段 2 的执行以及随后的内核的执行准备好一些基本的硬件环境。它通常包括以下步骤(以执行的先后顺序)。

(1) 屏蔽所有的中断。为中断提供服务通常是操作系统设备驱动程序的责任,因此在 Boot Loader 的执行全过程中可以不必响应任何中断。中断屏蔽可以通过写 CPU 的中断屏蔽寄存器或状态寄存器(如 ARM9 的话就是 CSPR)来完成。

(2) 设置 CPU 的速度和时钟频率。

(3) RAM 初始化。包括正确地设置系统的内存控制器的功能寄存器以及各内存库控制寄存器等。

(4) 初始化 LED。典型地,通过 GPIO 来驱动 LED,其目的是表明系统的状态是 OK 还是 Error。如果板子上没有 LED,那么也可以通过初始化 UART 向串口打印 Boot Loader 的 Logo 字符信息来完成这一点。

2. 为加载阶段 2 准备 RAM 空间

为了获得更快的执行速度,通常把阶段 2 加载到 RAM 空间中来执行,因此必须为加载 Boot Loader 的阶段 2 准备好一段可用的 RAM 空间范围。

由于阶段 2 通常是 C 语言执行代码,因此在考虑空间大小时,除了阶段 2 可执行映像的大小外,还必须把堆栈空间也考虑进来。此外,空间大小最好是 memory page 大小(通常是 4KB)的倍数。一般而言,1MB 的 RAM 空间已经足够了。具体的地址范围可以任意安排,比如 Blob 就将它的阶段 2 可执行映像安排到从系统 RAM 起始地址 0xc0200000 开始的 1MB 空间内执行。但是,将阶段 2 安排到整个 RAM 空间的最顶 1MB(也即(RamEnd-1MB)-RamEnd)是一种值得推荐的方法。

为了后面的叙述方便,这里把所安排的 RAM 空间范围的大小记为:stage2_size(字节),把起始地址和终止地址分别记为:stage2_start 和 stage2_end(这两个地址均以 4 字节边界对齐)。因此:stage2_end＝stage2_start＋stage2_size。

另外,还必须确保所安排的地址范围的的确确是可读写的 RAM 空间,因此,必须对所安排的地址范围进行测试。具体的测试方法可以采用类似于 Blob 的方法,也即,以 memory page 为被测试单位,测试每个 memory page 开始的两个字是否是可读写的。为了后面叙述的方便,记这个检测算法为:test_mp。其具体步骤如下。

(1) 保存 memory page 一开始两个字的内容。

(2) 向这两个字中写入任意的数字。比如:向第一个字写入 0x55,第二个字写入 0xaa。

(3) 将这两个字的内容读回。显然,读到的内容应该分别是 0x55 和 0xaa。如果不是,则说明这个 memory page 所占据的地址范围不是一段有效的 RAM 空间。

(4) 向这两个字中写入任意的数字。比如:向第一个字写入 0xaa,第二个字中写入 0x55。

(5) 将这两个字的内容立即读回。显然,读到的内容应该分别是 0xaa 和 0x55。如果不是,则说明这个 memory page 所占据的地址范围不是一段有效的 RAM 空间。

(6) 恢复这两个字的原始内容。测试完毕。

为了得到一段干净的 RAM 空间范围,也可以将所安排的 RAM 空间范围进行清零操作。

3. 复制阶段 2 到 RAM 中

复制时要确定以下两点。

(1) 阶段 2 的可执行映像在固态存储设备的存放起始地址和终止地址;

(2) RAM 空间的起始地址。

4. 设置堆栈指针

堆栈指针的设置是为了执行 C 语言代码做准备。通常可以把 sp 的值设置为 stage2_end-4,也即在前面所安排的那个 1MB 的 RAM 空间的最顶端(堆栈向下生长)。此外,在设置堆栈指针 sp 之前,也可以关闭 LED 灯,以提示用户准备跳转到阶段 2。经过上述这些执行步骤后,系统的物理内存布局应该如图 6-2 所示。

5. 跳转到阶段 2 入口

在上述一切都就绪后,就可以跳转到 Boot Loader 的阶段 2 去执行了。比如,在 ARM 系统中,这可以通过修改 PC 寄存器为合适的地址来实现。

6.2.2　Boot Loader 阶段 2 介绍

正如前面所说,阶段 2 的代码通常用 C 语言来实现,以便于实现更复杂的功能和取得更

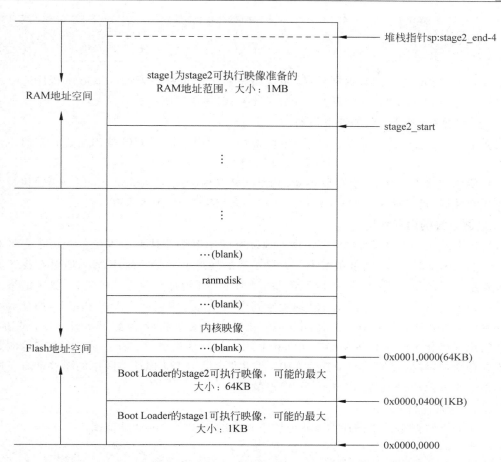

图 6-2　Boot Loader 的阶段 2 可执行映像刚被复制到 RAM 空间时的系统内存布局

好的代码可读性和可移植性。但是与普通 C 语言应用程序不同的是，在编译和链接 Boot Loader 这样的程序时，不能使用 glibc 库中的任何支持函数。其原因是显而易见的。这就带来一个问题，那就是从哪里跳转进 main()函数呢？直接把 main()函数的起始地址作为整个阶段 2 执行映像的入口点或许是最直接的想法。但是这样做有两个缺点：①无法通过 main()函数传递函数参数；②无法处理 main()函数返回的情况。一种更为巧妙的方法是利用 trampoline 的概念。也即，用汇编语言写一段 trampoline 小程序，并将这段 trampoline 小程序来作为阶段 2 可执行映像的执行入口点。然后可以在 trampoline 汇编小程序中用 CPU 跳转指令跳入 main()函数中去执行；而当 main()函数返回时，CPU 执行路径显然再次回到 trampoline 程序。简而言之，这种方法的思想就是：用这段 trampoline 小程序来作为 main()函数的外部包裹（External Wrapper）。

下面给出一个简单的 trampoline 程序示例（来自 blob）：

```
.text

.globl _trampoline
_trampoline:
```

```
    bl   main
    b   _trampoline
```

可以看出,当 main() 函数返回后,又用一条跳转指令重新执行 trampoline 程序——当然也就重新执行 main() 函数,这也就是 trampoline 一词的意思所在。

1. 初始化阶段要使用到的硬件设备

这通常包括:①初始化至少一个串口,以便和终端用户进行 I/O 输出信息;②初始化计时器等。

在初始化这些设备之前,也可以重新把 LED 灯点亮,表明已经进入 main() 函数执行。设备初始化完成后,可以输出一些打印信息,如程序名字字符串、版本号等。

2. 检测系统的内存映射

所谓内存映射就是指在整个 4GB 物理地址空间中有哪些地址范围被分配用来寻址系统的 RAM 单元。虽然 CPU 通常预留出一大段足够的地址空间给系统 RAM,但是在搭建具体的嵌入式系统时却不一定会实现 CPU 预留的全部 RAM 地址空间。也就是说,具体的嵌入式系统往往只把 CPU 预留的全部 RAM 地址空间中的一部分映射到 RAM 单元上,而让剩下的那部分预留 RAM 地址空间处于未使用状态。由于上述这个事实,因此 Boot Loader 的阶段 2 必须在它想干点什么(比如,将存储在 Flash 上的内核映像读到 RAM 空间中)之前检测整个系统的内存映射情况,也即它必须知道 CPU 预留的全部 RAM 地址空间中的哪些被真正映射到 RAM 地址单元,哪些是处于"未使用"状态的。

1) 内存映射的描述

可以用如下数据结构来描述 RAM 地址空间中的一段连续的地址范围。

```
typedef struct memory_area_struct {
    u32 start;              /* 内存区域基地址 */
    u32 size;              /* 内存区域字节数 */
    int used;
} memory_area_t;
```

这段 RAM 地址空间中的连续地址范围可以处于两种状态之一:①若 used=1,则说明这段连续的地址范围已被实现,也即真正地被映射到 RAM 单元上;②若 used=0,则说明这段连续的地址范围并未被系统所实现,而是处于未使用状态。

基于上述 memory_area_t 数据结构,整个 CPU 预留的 RAM 地址空间可以用一个 memory_area_t 类型的数组来表示,如下所示。

```
memory_area_t memory_map[NUM_MEM_AREAS] = {
    [0 ... (NUM_MEM_AREAS − 1)] = {
        .start = 0,
        .size = 0,
        .used = 0
    },
};
```

2) 内存映射的检测

下面给出一个可用来检测整个 RAM 地址空间内存映射情况的简单而有效的算法。

```
/* 数组初始化 */
for(i = 0; i < NUM_MEM_AREAS; i++)
    memory_map[i].used = 0;
/* first write a 0 to all memory locations */
for(addr = MEM_START; addr < MEM_END; addr += PAGE_SIZE)
    *(u32 *)addr = 0;
for(i = 0, addr = MEM_START; addr < MEM_END; addr += PAGE_SIZE) {
    /*
     * 检测从基地址 MEM_START + i * PAGE_SIZE 开始,大小为
* PAGE_SIZE 的地址空间是否是有效的 RAM 地址空间.
     */
    调用算法 test_mp();
    if ( current memory page is not a valid ram page) {
        /* no RAM here */
        if(memory_map[i].used )
            i++;
        continue;
    }
    /*
     * 当前页已经是一个被映射到 RAM 的有效地址范围
     * 但是还要看看当前页是否只是 4GB 地址空间中某个地址页的别名
     */
    if( *(u32 *)addr != 0) {                    /* alias? */
        /* 这个内存页是 4GB 地址空间中某个地址页的别名 */
        if ( memory_map[i].used )
            i++;
        continue;
    }
    /*
     * 当前页已经是一个被映射到 RAM 的有效地址范围
     * 而且它也不是 4GB 地址空间中某个地址页的别名.
     */
    if (memory_map[i].used == 0) {
        memory_map[i].start = addr;
        memory_map[i].size = PAGE_SIZE;
        memory_map[i].used = 1;
    } else {
        memory_map[i].size += PAGE_SIZE;
    }
}                                               /* end of for (…) */
```

在用上述算法检测完系统的内存映射情况后,Boot Loader 也可以将内存映射的详细信息打印到串口。

3. 加载内核映像和根文件系统映像

1) 规划内存占用的布局

这里包括两个方面：①内核映像所占用的内存范围；②根文件系统所占用的内存范围。在规划内存占用的布局时,主要考虑基地址和映像的大小两个方面。

对于内核映像,一般将其复制到从 MEM_START+0x8000 这个基地址开始的大约 1MB 大小的内存范围内(嵌入式 Linux 的内核一般都不操过 1MB)。为什么要把从 MEM_START 到 MEM_START+0x8000 这段 32KB 大小的内存空出来呢? 这是因为 Linux 内核要在这段内存中放置一些全局数据结构,如启动参数和内核页表等信息。

而对于根文件系统映像,则一般将其复制到 MEM_START + 0x00100000 开始的地方。如果用 Ramdisk 作为根文件系统映像,则其解压后的大小一般是 1MB。

2) 从 Flash 上复制

由于像 ARM 这样的嵌入式 CPU 通常都是在统一的内存地址空间中寻址 Flash 等固态存储设备的,因此从 Flash 上读取数据与从 RAM 单元中读取数据并没有什么不同。用如下所示一个简单的循环就可以完成从 Flash 设备上复制映像的工作。

```
while(count) {
    * dest++ = * src++;
    count -= 4;
};
```

4. 设置内核启动参数

应该说,在将内核映像和根文件系统映像复制到 RAM 空间中后,就可以准备启动 Linux 内核了。但是在调用内核之前,应该做一步准备工作,即设置 Linux 内核的启动参数。

Linux 2.4. x 以后的内核都倾向以标记列表的形式来传递启动参数。启动参数标记列表以标记 ATAG_CORE 开始,以标记 ATAG_NONE 结束。每个标记由标识被传递参数的 tag_header 结构以及随后的参数值数据结构来组成。数据结构 tag 和 tag_header 定义在 Linux 内核源码的 include/asm/setup. h 头文件中。

```
/* The list ends with an ATAG_NONE node. */
#define ATAG_NONE0x00000000
struct tag_header {
    u32 size;                /* 注意,这里 size 是以字节数为单位的 */
    u32 tag;
};
…
struct tag {
    struct tag_header hdr;
    union {
        struct tag_core        core;
        struct tag_mem32       mem;
        struct tag_videotext   videotext;
        struct tag_ramdisk     ramdisk;
        struct tag_initrd      initrd;
        struct tag_serialnr    serialnr;
        struct tag_revision    revision;
        struct tag_videolfb    videolfb;
        struct tag_cmdline     cmdline;
        struct tag_acorn       acorn;
        /*
         * DC21285 specific
         */
        struct tag_memclk      memclk;
    } u;
};
```

在嵌入式 Linux 系统中,通常需要由 Boot Loader 设置的常见启动参数有:ATAG_CORE、ATAG_MEM、ATAG_CMDLINE、ATAG_RAMDISK、ATAG_INITRD 等。

比如,设置 ATAG_CORE 的代码如下。

```
params = (struct tag *)BOOT_PARAMS;
    params->hdr.tag = ATAG_CORE;
    params->hdr.size = tag_size(tag_core);
    params->u.core.flags = 0;
    params->u.core.pagesize = 0;
    params->u.core.rootdev = 0;
    params = tag_next(params);
```

其中,BOOT_PARAMS 表示内核启动参数在内存中的起始基地址,指针 params 是一个 struct tag 类型的指针。宏 tag_next()将以指向当前标记的指针为参数,计算出当前标记的下一个标记的起始地址。注意,内核的根文件系统所在的设备 ID 就是在这里设置的。

下面是设置内存映射情况的示例代码。

```
for(i = 0; i < NUM_MEM_AREAS; i++) {
            if(memory_map[i].used) {
                params->hdr.tag = ATAG_MEM;
                params->hdr.size = tag_size(tag_mem32);
                params->u.mem.start = memory_map[i].start;
                params->u.mem.size = memory_map[i].size;

                params = tag_next(params);
            }
}
```

可以看出,在 memory_map[]数组中,每一个有效的内存段都对应一个 ATAG_MEM 参数标记。

Linux 内核在启动时可以以命令行参数的形式来接收信息,利用这一点可以向内核提供那些内核不能自己检测的硬件参数信息,或者重载内核自己检测到的信息。比如,用这样一个命令行参数字符串“console = ttyS0,115200n8”来通知内核以 ttyS0 作为控制台,且串口采用“115 200b/s、无奇偶校验、8 位数据位”这样的设置。下面是一段设置调用内核命令行参数字符串的示例代码。

```
char *p;
/* 去掉前导空格 */
    for(p = commandline; *p == ' '; p++) ;
/* 如果命令行不存在,则使用内核默认的命令行 */
    if(*p == '\0')
        return;
    params->hdr.tag = ATAG_CMDLINE;
    params->hdr.size = (sizeof(struct tag_header) + strlen(p) + 1 + 4) >> 2;
    strcpy(params->u.cmdline.cmdline, p);
    params = tag_next(params);
```

请注意在上述代码中,设置 tag_header 的大小时,必须包括字符串的终止符“\0”,此外还要将字节数向上补充成完整的 4 个字节,因为 tag_header 结构中的 size 成员表示的是字数。

下面是设置 ATAG_INITRD 的示例代码,它告诉内核在 RAM 中的什么地方可以找到 initrd 映像(压缩格式)以及它的大小。

```
params −> hdr.tag = ATAG_INITRD2;
params −> hdr.size = tag_size(tag_initrd);
params −> u.initrd.start = RAMDISK_RAM_BASE;
params −> u.initrd.size = INITRD_LEN;
params = tag_next(params);
```

下面是设置 ATAG_RAMDISK 的示例代码，它告诉内核解压后的 ramdisk 有多大（单位是 KB）。

```
params −> hdr.tag = ATAG_RAMDISK;
params −> hdr.size = tag_size(tag_ramdisk);
params −> u.ramdisk.start = 0;
params −> u.ramdisk.size = RAMDISK_SIZE;        / * 请注意，单位是 KB * /
params −> u.ramdisk.flags = 1;                  / * 自动装载 ramdisk * /
params = tag_next(params);
```

最后，设置 ATAG_NONE 标记，结束整个启动参数列表。

```
static void setup_end_tag(void)
{
    params −> hdr.tag = ATAG_NONE;
    params −> hdr.size = 0;
}
```

5. 调用内核

Boot Loader 调用 Linux 内核的方法是直接跳转到内核的第一条指令处，也即直接跳转到 MEM_START＋0x8000 地址处。在跳转时，下列条件要满足。

1）CPU 寄存器的设置

R0 = 0;

R1＝机器类型 ID；关于机器类型号，可以参见：linux/arch/arm/tools/mach-types；

R2＝启动参数标记列表在 RAM 中起始基地址。

2）CPU 模式

必须禁止中断（IRQs 和 FIQs）；

CPU 必须为 SVC 模式。

3）Cache 和 MMU 的设置

MMU 必须关闭；

指令 Cache 可以打开也可以关闭；

数据 Cache 必须关闭。

如果用 C 语言，可以像下列示例代码这样来调用内核。

```
void ( * theKernel)(int zero, int arch, u32 params_addr) = (void ( * )(int, int, u32))KERNEL_RAM
_BASE;
…
theKernel(0, ARCH_NUMBER, (u32) kernel_params_start);
```

注意：theKernel()函数调用应该永远不返回。如果这个调用返回，则说明出错。

6.2.3　关于串口终端

在 Boot Loader 程序的设计与实现中,没有什么能够比从串口终端正确地收到打印信息能更令人激动了。此外,向串口终端打印信息也是一个非常重要而又有效的调试手段。但是,经常会碰到串口终端显示乱码或根本没有显示的问题。造成这个问题主要有两种原因:①Boot Loader 对串口的初始化设置不正确;②运行在 host 端的终端仿真程序对串口的设置不正确,这包括:波特率、奇偶校验、数据位和停止位等方面的设置。

此外,有时也会碰到这样的问题,那就是:在 Boot Loader 的运行过程中可以正确地向串口终端输出信息,但当 Boot Loader 启动内核后却无法看到内核的启动输出信息。对这一问题的原因可以从以下几个方面来考虑:①首先请确认内核在编译时配置了对串口终端的支持,并配置了正确的串口驱动程序;②Boot Loader 对串口的初始化设置可能会和内核对串口的初始化设置不一致,如果 Boot Loader 和内核对其 CPU 时钟频率的设置不一致,也会使串口终端无法正确显示信息;③最后,还要确认 Boot Loader 所用的内核基地址必须和内核映像在编译时所用的运行基地址一致。假设内核在编译时基地址是 0xc0008000,但 Boot Loader 却将它加载到 0xc0010000 处去执行,那么内核当然不能正确地执行了。

Boot Loader 的设计与实现是一个非常复杂的过程。只有从串口收到类似"booting the kernel…"的内核启动信息,才能说明 Boot Loader 已经成功运行。

6.3　U-Boot 简介

6.3.1　认识 U-Boot

U-Boot 全称 Universal Boot Loader,遵循 GPL 协议,是由德国的工程师 Wolfgang Denk 从 8XXROM 代码发展而来的。U-Boot 不仅支持 Linux 系统的引导,还支持 NetBSD、VxWorks、QNX、RTEMS 以及 LynxOS 嵌入式操作系统。它支持很多处理器,比如 PowerPC、ARM、MIPS 和 x86。目前,U-Boot 源代码在 sourceforge 网站的社区服务器中,Internet 上有一群自由开发人员对其进行维护和开发。U-Boot 的最新版本源代码可以在 Web 地址 http://sourceforge.net 下载。

6.3.2　U-Boot 特点

U-Boot 支持 SCC/FEC 以太网、OOTP/TFTP 引导、IP 和 MAC 的预置功能,这一点和其他 Boot Loader(如 BLOB 和 RedBoot 等)类似。但 U-Boot 还具有一些特有的功能。

(1) 在线读写 FLASH、DOC、IDE、IIC、EEROM、RTC,其他的 Boot Loader 根本不支持 IDE 和 DOC 的在线读写。

(2) 支持串行口 kermit 和 S-record 下载代码,U-Boot 本身的工具可以把 ELF32 格式的可执行文件转换成为 S-record 格式,直接从串口下载并执行。

(3) 识别二进制、ELF32、uImage 格式的 Image,对 Linux 引导有特别的支持。U-Boot 对 Linux 内核进一步封装为 uImage。封装如下:

```
#{CROSS_COMPILE} - objcopy - O binary - R.note - R.comment - S vmlinux \ linux.bin
#gzip - 9 linux.bin
#tools/mkimage - A arm - O linux - T kernel - C gzip - a 0xc0008000 - e\
0xc0008000 - n "Linux - 2.6.30" - d linux.bin.gz /tftpboot/uImage
```

即在 Linux 内核镜像 vmLinux 前添加了一个特殊的头，这个头在 include/image.h 中定义，包括目标操作系统的种类（比如 Linux、VxWorks 等）、目标 CPU 的体系机构（比如 ARM、PowerPC 等）、映像文件压缩类型（比如 gzip、bzip2 等）、加载地址、入口地址、映像名称和映像的生成时间。当系统引导时，U-Boot 会对这个文件头进行 CRC 校验，如果正确，才会跳到内核执行。

（4）单任务软件运行环境。U-Boot 可以动态加载和运行独立的应用程序，这些独立的应用程序可以利用 U-Boot 控制台的 I/O 函数、内存申请和中断服务等。这些应用程序还可以在没有操作系统的情况下运行，是测试硬件系统很好的工具。

（5）监控命令集：读写 I/O、内存、寄存器、内存、外设测试功能等。

（6）脚本语言支持（类似 bash 脚本）。利用 U-Boot 中的 autoscr 命令，可以在 U-Boot 中运行"脚本"。首先在文本文件中输入需要执行的命令，然后用 tools/mkimage 封装，然后下载到开发板上，用 autoscr 执行就可以了。

（7）支持 WatchDog、LCD logo 和状态指示功能等。如果系统支持 splash screen，U-Boot 启动时，会把这个图像显示到 LCD 上，给用户更友好的感觉。

（8）支持 MTD 和文件系统。U-Boot 作为一种强大的 Boot Loader，它不仅支持 MTD，而且可以在 MTD 基础上实现多种文件系统，比如 cramfs、fat 和 jffs2 等。

（9）支持中断。由于传统的 Boot Loader 都分为阶段 1 和阶段 2，所以在阶段 2 中添加中断处理服务十分困难，比如 BLOB；而 U-Boot 是把两个部分放到了一起，所以添加中断服务程序就很方便。

（10）详细的开发文档。由于大多数 Boot Loader 都是开源项目，所以文档都不是很充分。U-Boot 的维护人员意识到了这个问题，充分记录了开发文档，所以它的移植要比 BLOB 等缺少文档的 Boot Loader 方便。

6.3.3 U-Boot 代码结构分析

本节将以 U-Boot 1.3.4 为例来介绍 U-Boot 主要的目录结构。

Board：和一些已有开发板相关的文件，比如 Makefile 和 u-boot.lds 等都和具体开发板的硬件和地址分配有关。

common：与体系结构无关的文件，实现各种命令的 C 文件。

cpu：CPU 相关文件，其中的子目录都是以 U-Boot 所支持的 CPU 为名，比如有子目录 arm926ejs、mips、mpc8260 和 nios 等，每个特定的子目录中都包括 cpu.c 和 interrupt.c，start.S。其中，cpu.c 初始化 CPU、设置指令 Cache 和数据 Cache 等；interrupt.c 设置系统的各种中断和异常，比如快速中断、开关中断、时钟中断、软件中断、预取中止和未定义指令等；start.S 是 U-Boot 启动时执行的第一个文件，它主要是设置系统堆栈和工作方式，为进入 C 程序奠定基础。

disk：disk 驱动的分区处理代码。

doc：文档。

drivers：通用设备驱动程序，比如各种网卡、支持 CFI 的 Flash、串口和 USB 总线等。

dtt：数字温度测量器或传感器的驱动。

examples：一些独立运行的应用程序例子。

fs：支持文件系统的文件，U-Boot 现在支持 cramfs、fat、fdos、jffs2 和 registerfs。

include：头文件，还有对各种硬件平台支持的汇编文件，系统的配置文件和对文件系统支持的文件。

net：与网络有关的代码，BOOTP 协议、TFTP 协议、RARP 协议和 NFS 文件系统的实现。

lib_xxx：与处理器体系结构相关的文件，如 lib_mips 目录与 MIPS 体系结构相关，lib_arm 目录与 ARM 相关。

tools：创建 S-Record 格式文件和 U-Bootimages 的工具。

接下来本书将以 ARM926 EJ-S 系列 CPU 的相关代码为例介绍 U-Boot 的两阶段代码，首先介绍 start.s 的代码结构，它完成 U-Boot 第一阶段的启动工作，ARM926EJ-S 的 start.s 文件位于 cpu/arm926ejs/目录下。然后分析 board.c，它是第二阶段的入口点，位于 lib_arm/目录下。

1. start.s 分析

设置异常向量：

```
/* globl _start 定义一个外部可以引用的变量
 该部分是异常处理向量表,地址范围是 0x00～0x1C,即 8 字长度,8 条指令
*/
.globl _start
_start:
    b    reset                       /* 复位向量并且转跳到 reset,向量表偏移 0x00 */
    ldr  pc, _undefined_instruction  /* 未定义中断,向量表偏移 0x04 */
    ldr  pc, _software_interrupt     /* 软件中断,向量表偏移 0x08 */
    ldr  pc, _prefetch_abort         /* 预取指中止,向量表偏移 0x0C */
    ldr  pc, _data_abort             /* 数据终止,向量表偏移 0x10 */
    ldr  pc, _not_used               /* 未使用,向量表偏移 0x14 */
    ldr  pc, _irq                    /* 外部中断,向量表偏移 0x18 */
    ldr  pc, _fiq                    /* 快速中断,向量表偏移 0x1C */

/* 异常处理指令在后面都有具体定义 */
_undefined_instruction:
    .word undefined_instruction
_software_interrupt:
    .word software_interrupt
_prefetch_abort:
    .word prefetch_abort
_data_abort:
    .word data_abort
_not_used:
    .word not_used
_irq:
    .word irq
_fiq:
    .word fiq

    .balignl 16,0xdeadbeef
```

找到异常处理具体定义：

```
    .align 5
undefined_instruction:
    get_bad_stack
    bad_save_user_regs
    bl  do_undefined_instruction

    .align5
software_interrupt:
    get_bad_stack
    bad_save_user_regs
    bl  do_software_interrupt

    .align5
prefetch_abort:
    get_bad_stack
    bad_save_user_regs
    bl  do_prefetch_abort

    .align5
data_abort:
    get_bad_stack
    bad_save_user_regs
    bl  do_data_abort

    .align5
not_used:
    get_bad_stack
    bad_save_user_regs
    bl  do_not_used

# ifdef CONFIG_USE_IRQ

    .align5
irq:
    get_irq_stack
    irq_save_user_regs
    bl  do_irq
    irq_restore_user_regs

    .align5
fiq:
    get_fiq_stack
    /* someone ought to write a more effiction fiq_save_user_regs */
    irq_save_user_regs
    bl  do_fiq
    irq_restore_user_regs

# else

    .align5
irq:
    get_bad_stack
```

```
    bad_save_user_regs
    bl   do_irq
    .align5
fiq:
    get_bad_stack
    bad_save_user_regs
    bl   do_fiq
```

上面代码中用到的几个宏的定义如下。

```
/*
 * bad_save_user_regs 宏用在 abort/prefetch/undef/swi ... 等异常处理中
 * irq_save_user_regs / irq_restore_user_regs 宏用在 IRQ/FIQ 等异常处理中
 */

    .macro   bad_save_user_regs

    sub  sp, sp, #S_FRAME_SIZE
    stmia sp, {r0 - r12}              @保存用户模式下寄存器(此时在管理模式) r0-r12

    ldr  r2, _armboot_start
    sub  r2, r2, #(CONFIG_STACKSIZE + CFG_MALLOC_LEN)
    sub  r2, r2, #(CFG_GBL_DATA_SIZE + 8)
    @ 得到 abort 模式下的 pc 和 cpsr
    ldmiar2, {r2 - r3}
    add  r0, sp, #S_FRAME_SIZE
    add  r5, sp, #S_SP
    mov  r1, lr
    stmiar5, {r0 - r3}                @ 保存管理模式下的 sp,lr,pc 和 cpsr
    mov  r0, sp                       @ 保存堆栈指针到 r0 中
    .endm

    .macro   irq_save_user_regs
    sub  sp, sp, #S_FRAME_SIZE
    stmia sp, {r0 - r12}              @ 调用 r0-r12
    @ !!!! 需要保存 R8 !!!! 在堆栈的预留点保存比较好
    add  r8, sp, #S_PC
    stmdb r8, {sp, lr}^               @ 调用 SP, LR
    str  lr, [r8, #0]                 @ 保存 lr
    mrs  r6, spsr
    str  r6, [r8, #4]                 @ 保存 CPSR
    str  r0, [r8, #8]                 @ 保存 OLD_R0
    mov  r0, sp
    .endm

    .macro   irq_restore_user_regs
    ldmiasp, {r0 - lr}^               @ 调用 r0 - lr
    mov  r0, r0
    ldr  lr, [sp, #S_PC]              @ 获得 PC
    add  sp, sp, #S_FRAME_SIZE
    subs pc, lr, #4                   @将 spsr_svc 寄存器值恢复到 cpsr 中
    .endm
```

```
      .macro get_bad_stack
      ldr   r13, _armboot_start              @ 设置模式堆栈
      sub   r13, r13, #(CONFIG_STACKSIZE + CFG_MALLOC_LEN)
      sub   r13, r13, #(CFG_GBL_DATA_SIZE + 8)   @在 abort 栈预留一些位置

      str   lr, [r13]                        @在保存堆栈的位置 0 保存调用者的 lr
      mrs   lr, spsr                         @ 获得 spsr
      str   lr, [r13, #4]                    @在保存堆栈的位置 1 保存 spsr
      mov   r13, #MODE_SVC                   @ 准备 SVC – Mode
      @ msr     spsr_c, r13
      msr   spsr, r13                        @ 切换处理器模式
      mov   lr, pc                           @ 得到返回的 pc 值
      movs pc, lr                            @ 跳转到下一条指令并实现模式切换
      .endm

      .macro get_irq_stack                   @ 建立 IRQ 堆栈
      ldr   sp, IRQ_STACK_START
      .endm

      .macro get_fiq_stack                   @ 建立 FIQ 堆栈
      ldr   sp, FIQ_STACK_START
      .endm
```

代码段定义：

```
_TEXT_BASE:
     .wordTEXT_BASE / * TEXT_BASE 定义保存在板相关目中的 config.mk 文件中 * /
   / * 它表示代码在运行时所在的地址 * /

/ * 用_start 初始化_armboot_start * /
.globl _armboot_start
_armboot_start:
     .word _start

/ *
 * 这些是在板指定的连接脚本 u – boot.lds 中定义的
 * /
.globl _bss_start
_bss_start:
     .word __bss_start

.globl _bss_end
_bss_end:
     .word _end

/ * 中断堆栈设置 * /
#ifdef CONFIG_USE_IRQ
/ * IRQ stack memory (calculated at run – time) * /
.globl IRQ_STACK_START
IRQ_STACK_START:
     .word0x0badc0de

/ * IRQ 堆栈内存(在运行时计算) * /
```

```
.globl FIQ_STACK_START
FIQ_STACK_START:
    .word 0x0badc0de
#endif
```

更改处理器模式：

```
reset:
    /*
     * CPU 设为 SVC32 模式
     */
    mrs   r0,cpsr              /* 读取 CPSR 并保存到 R0 中 */
    bic   r0,r0, #0x1f         /* 将 R0 低 5 位清零 */
    orr   r0,r0, #0xd3         /* 将 R0 低 8 位设置为 11x10011,即 CPU 模式为管理模式 */
/* 禁止 IRQ 和 FIQ 中断 */
    msr   cpsr,r0              /* 将 R0 值存入 CPSR 中 */
```

处理器初始化：

```
    /*
     * 只在重启的时候做 CPU 初始化,
 * 从 RAM 中启动的时候,不用初始化
     */
#ifndef CONFIG_SKIP_LOWLEVEL_INIT
    bl   cpu_init_crit
#endif
```

cpu_init_crit 的相关代码如下。

```
cpu_init_crit:
    /*
     * 刷新 v4 版本的数据缓存和指令缓存
     */
    mov  r0, #0
    mcr  p15, 0, r0, c7, c7, 0      /* 使 I/D cache(指令和数据缓存)失效 */
    mcr  p15, 0, r0, c8, c7, 0      /* 使 TLB 失效 */

    /*
     * 禁止 MMU 和缓存
     */
    mrc  p15, 0, r0, c1, c0, 0
    bic  r0, r0, #0x00002300        /* 位 13, 9:8 (--V- --RS) 清零 */
    bic  r0, r0, #0x00000087        /* 位 7, 2:0 (B--- -CAM) 清零 */
    orr  r0, r0, #0x00000002        /* 位 2 (A) Align 置位 */
    orr  r0, r0, #0x00001000        /* 位 12 (I) I-Cache 置位 */
    mcr  p15, 0, r0, c1, c0, 0

    /*
     * 在重定位前设置内存以及板具体的位
     */
    mov  ip, lr                     /* 在函数调用时保存连接寄存器 */
```

```
        bl    lowlevel_init            /* 设置 pll,mux,memory */
        mov   lr, ip                   /* 恢复连接寄存器 */
        mov   pc, lr                   /* 返回 */
/*
```

复制 U-Boot 到 RAM 中：

```
/*
      * 如果需要,对 U-Boot 进行重定位
      * (从 Flash 搬到 SDRAM 中)
      */
# ifndef CONFIG_SKIP_RELOCATE_UBOOT
relocate:                              /* 把 U-Boot 重定位到 RAM */
        adr   r0, _start               /* 将 _start 的运行时位置的值存入 r0 */
        ldr   r1, _TEXT_BASE           /* 将 _TEXT_BASE 的值存入 r1 */
        cmp   r0, r1                   /* 若 r0 = r1 说明 u-boot 是在 RAM 运行,则进入堆栈设置 */
/* 否则需要将 u-boot 从 Flash 搬到 RAM 中 */
        beq   stack_setup

        ldr   r2, _armboot_start       /* _armboot_start 为代码段起始位置 */
        ldr   r3, _bss_start           /* _bss_start 为代码段结束位置 */
        sub   r2, r3, r2               /* 代码段大小 */
        add   r2, r0, r2               /* 代码段的结束位置 */

copy_loop:
        ldmiar0!, {r3 - r10}           /* 从源地址 [r0] 复制 */
        stmiar1!, {r3 - r10}           /* 复制到目标地址 [r1] */
        cmp   r0, r2                   /* 当 r0 大于 r2 时停止循环 */
        ble   copy_loop
# endif                                /* CONFIG_SKIP_RELOCATE_UBOOT */
```

栈设置：

```
/* 为 irq,fiq,abt 模式设置堆栈 */
stack_setup:
        ldr   r0, _TEXT_BASE
        sub   r0, r0, #CFG_MALLOC_LEN        /* 代码下面留出一段空间以实现 malloc */
        sub   r0, r0, #CFG_GBL_DATA_SIZE     /* 继续留出一些空间用以存放全局参数 */

/* 这里如果需要使用 IRQ, 还要给 IRQ 保留堆栈空间, 一般不使用 */
# ifdef CONFIG_USE_IRQ
        sub   r0, r0, #(CONFIG_STACKSIZE_IRQ + CONFIG_STACKSIZE_FIQ)
# endif
        sub   sp, r0, #12                    /* 为 abort 异常堆栈保留 12 字节的空间 */
```

清除 BSS 段：

```
/* 转跳到第二阶段代码前需要清除 BBS 段代码 */
clear_bss:
        ldr   r0, _bss_start           /* 查找起始段 */
        ldr   r1, _bss_end             /* 在这里结束 */
        mov   r2, #0x00000000          /* 清除 */
```

```
clbss_l:str  r2, [r0]      /* 清除循环... */
        add  r0, r0, #4
        cmp  r0, r1
        ble  clbss_l
```

跳转到阶段 2 的 C 入口：

```
/* 跳转到 C 语言的入口程序 start_armboot(),汇编启动代码到这里就结束了 */
    ldr  pc, _start_armboot

_start_armboot:
    .word start_armboot
```

2. board. c

第一阶段汇编代码通过 ldr 指令跳转到第二阶段的 C 语言代码，其入口是 board.c 文件中的 start_armboot()函数。

```
void start_armboot (void)
{
    init_fnc_t * * init_fnc_ptr;                /* init_fnc_t 是各初始化函数的数组 */
    char * s;
#if !defined(CFG_NO_Flash) || defined (CONFIG_VFD) || defined(CONFIG_LCD)
    ulong size;
#endif
#if defined(CONFIG_VFD) || defined(CONFIG_LCD)
    unsigned long addr;
#endif

    /* 为 global_data 分配空间,并清零 */
/* gd_t 定义在 /include/asm-arm/Global_data.h 中,包含一些全局通用的变量 */
/* CFG_MALLOC_LEN 表示 malloc 函数池的大小 */
    gd = (gd_t *)(_armboot_start - CFG_MALLOC_LEN - sizeof(gd_t));
    __asm__ __volatile__(""::: "memory");
    memset ((void *)gd, 0, sizeof (gd_t));        /* 初始化 gd 表,全部清零 */
/* bd_t 定义在/include/asm-arm/u-boot.h 中,定义板子的信息,比如波特率, */
/* ip 地址,物理地址,启动参数等 */
    gd->bd = (bd_t *)((char *)gd - sizeof(bd_t));
    memset (gd->bd, 0, sizeof (bd_t));          /* 初始化 bd 表,全部清零 */

    monitor_flash_len = _bss_start - _armboot_start;   /* U-Boot 代码长度 */

/* 依次调用函数指针数组 init_sequence 中定义的函数 */
/* 如果中途出错,调用 hang()进入死循环 */
    for (init_fnc_ptr = init_sequence; * init_fnc_ptr; ++init_fnc_ptr) {
        if (( * init_fnc_ptr)() != 0) {
            hang ();
        }
    }
/* 初始化 NOR Flash */
#ifndef CFG_NO_Flash
    /* configure available Flash banks */
    size = flash_init ();
```

```
        display_flash_config (size);
#endif / * CFG_NO_Flash * /

/ * 初始化 VFD 存储区(LCD 显示相关) * /
#ifdef CONFIG_VFD
#    ifndef PAGE_SIZE
#      define PAGE_SIZE 4096
#    endif
    / *
     * 为 VFD 显示保留内存
     * /
    / * bss_end is defined in the board-specific linker script * /
    addr = (_bss_end + (PAGE_SIZE - 1)) & ~(PAGE_SIZE - 1);
    size = vfd_setmem (addr);
    gd->fb_base = addr;
#endif
/ * 初始化 LCD 显存 * /
#ifdef CONFIG_LCD
    / * 板初始化时可能已经初始化了 fb_base * /
    if (!gd->fb_base) {
#       ifndef PAGE_SIZE
#           define PAGE_SIZE 4096
#       endif
        / *
         * 为 LCD 保留内存
         * /
        / * bss_end is defined in the board-specific linker script * /
        addr = (_bss_end + (PAGE_SIZE - 1)) & ~(PAGE_SIZE - 1);
        size = lcd_setmem (addr);
        gd->fb_base = addr;
    }
#endif / * CONFIG_LCD * /

    mem_malloc_init (_armboot_start - CFG_MALLOC_LEN);      / * 初始化堆空间 * /

/ * 初始化 NAND Flash * /
#if defined(CONFIG_CMD_NAND)
    puts ("NAND: ");
    nand_init();                                            / * go init the NAND * /
#endif

/ * 初始化 OneNand Flash * /
#if defined(CONFIG_CMD_ONENAND)
    onenand_init();
#endif

/ * 初始化数据 Flash * /
#ifdef CONFIG_HAS_DATAFLASH
    AT91F_DataflashInit();
    dataflash_print_info();
#endif

    / * 初始化环境变量,代码在 common/env_common.c 中 * /
```

```
        env_relocate ();

/* 初始化 VFD */
# ifdef CONFIG_VFD
        /* must do this after the framebuffer is allocated */
        drv_vfd_init();
# endif /* CONFIG_VFD */

/* 初始化串口 */
# ifdef CONFIG_SERIAL_MULTI
        serial_initialize();
# endif

        /* 从环境变量里获取 IP 地址,并赋值给 gd->bd->bi_ip_addr */
        gd->bd->bi_ip_addr = getenv_IPaddr ("ipaddr");

        /* 从环境变量获取 MAC 地址 */
        {
            int i;
            ulong reg;
            char *s, *e;
            char tmp[64];

            i = getenv_r ("ethaddr", tmp, sizeof (tmp));
            s = (i > 0) ? tmp : NULL;

            for (reg = 0; reg < 6; ++reg) {
                gd->bd->bi_enetaddr[reg] = s ? simple_strtoul (s, &e, 16) : 0;
                if (s)
                    s = (*e) ? e + 1 : e;
            }
/* 如果有第二块网卡,则同样从环境变量获取 MAC 地址 */
# ifdef CONFIG_HAS_ETH1
            i = getenv_r ("eth1addr", tmp, sizeof (tmp));
            s = (i > 0) ? tmp : NULL;

            for (reg = 0; reg < 6; ++reg) {
                gd->bd->bi_enet1addr[reg] = s ? simple_strtoul (s, &e, 16) : 0;
                if (s)
                    s = (*e) ? e + 1 : e;
            }
# endif
        }
/* 初始化设备 */
        devices_init ();                  /* get the devices list going. */
# ifdef CONFIG_CMC_PU2
        load_sernum_ethaddr ();
# endif                                   /* CONFIG_CMC_PU2 */

        /* 初始化 gb 表中的跳转表 jt,跳转表保存了一些常用函数的地址 */
        jumptable_init ();

        /* 初始化 console,和平台无关,通常是串口,也可以是 vga 等 */
```

```
    console_init_r ();

    / * 平台相关的其他初始化 * /
# if defined(CONFIG_MISC_INIT_R)
    misc_init_r ();
# endif

    / * 允许中断,通过设置 cpsr 的 I 和 F 位实现 * /
    enable_interrupts ();

    / * TI 芯片内置 MAC 初始化 * /
# ifdef CONFIG_DRIVER_TI_EMAC
extern void dm644x_eth_set_mac_addr (const u_int8_t * addr);
    if (getenv ("ethaddr")) {
        dm644x_eth_set_mac_addr(gd->bd->bi_enetaddr);
    }
# endif
/ * 若有 CS8900 芯片,则获取相应地址 * /
# ifdef CONFIG_DRIVER_CS8900
    cs8900_get_enetaddr (gd->bd->bi_enetaddr);
# endif
# if defined(CONFIG_DRIVER_SMC91111) || defined (CONFIG_DRIVER_LAN91C96)
    if (getenv ("ethaddr")) {
        smc_set_mac_addr(gd->bd->bi_enetaddr);
    }
# endif                          / * CONFIG_DRIVER_SMC91111 || CONFIG_DRIVER_LAN91C96 * /

    if ((s = getenv ("loadaddr")) != NULL) {
        load_addr = simple_strtoul (s, NULL, 16);
    }

/ * 获取 bootfile 参数 * /
# if defined(CONFIG_CMD_NET)
    if ((s = getenv ("bootfile")) != NULL) {
        copy_filename (BootFile, s, sizeof (BootFile));
    }
# endif

/ * 做一些板级初始化 * /
# ifdef BOARD_LATE_INIT
    board_late_init ();
# endif
# if defined(CONFIG_CMD_NET)
# if defined(CONFIG_NET_MULTI)
    puts ("Net: ");
# endif
    eth_initialize(gd->bd);          / * 网卡初始化 * /
# if defined(CONFIG_RESET_PHY_R)
    debug ("Reset Ethernet PHY\n");
    reset_phy();
# endif
# endif
/ * 主循环,会读取 bootdelay 和 bootcmd,如果在 bootdelay 时间内按下键进入命令行 * /
/ * 否则执行 bootcmd 的命令 * /
```

```
    for (;;) {
        main_loop ();
    }
}
```

可以看到 start_armboot() 函数主要工作是做好各种初始化,有的和板无关,而有的和板关系密切。由于篇幅关系,具体的初始化函数将不在这里展开了,有兴趣的读者可以自己去下载 U-Boot 深入了解。

6.4　vivi 简介

6.4.1　认识 vivi

vivi 来自韩国,由 mizi 公司开发维护,但是现在已经停止开发了。vivi 适用于 ARM9 处理器,它是三星官方板 SMDK2410 采用的 Boot Loader。通过修改之后可以支持 S3C2440 等处理器。vivi 有两种工作模式:启动加载模式和下载模式。启动加载模式可以在一段时间后(这个时间可更改)自行启动 Linux 内核,这是 vivi 的默认模式。在下载模式下,vivi 为用户提供一个命令行接口,通过接口可以使用 vivi 提供的一些命令。

vivi 最主要的特点就是代码小巧,有利于移植新的处理器。同时 vivi 的软件架构和配置方法类似 Linux 风格,对于有过编译 Linux 内核经验的读者,vivi 更容易上手。

vivi 支持网卡、USB 接口,LCD 驱动,MTD,支持 yaffs 文件系统固化等功能。

6.4.2　vivi 代码导读

vivi 的代码包括 arch,init,lib,drivers 和 include 等几个目录,共二百多条文件。

arch:此目录包括所有 vivi 支持的目标板的子目录,官方原版只包括 s3c2410 目录,修改后可包括 s3c2440 目录等。

drivers:其中包括引导内核需要的设备的驱动程序,主要是 mtd 和 serial 两个目录,分别是 MTD 设备驱动和串口驱动。MTD 目录下分为 map、nand 和 nor 三个目录。

init:这个目录只有 main.c 和 version.c 两个文件。和普通的 C 程序一样,vivi 将从 main 函数开始执行。

lib:一些平台公共的接口代码,比如 time.c 里的 udelay() 和 mdelay()。

include:头文件的公共目录,其中的 s3c24xx.h 定义了这块处理器的一些寄存器。Platform/smdk24xx.h 定义了与开发板相关的资源配置参数,读者往往只需要修改这个文件就可以配置目标板的参数,如波特率、引导参数、物理内存映射等。

和 U-Boot 一样,vivi 也分为两阶段启动,第一阶段代码采用汇编,位于 arch/s3c2410/head.s,第二阶段代码用 C 语言编写,位于 init/main.c。

head.s 分析如下:

设置异常向量:

```
@ 0x00: Reset
    b   Reset
```

```
@ 0x04: Undefined instruction exception
UndefEntryPoint:
    b   HandleUndef

@ 0x08: Software interrupt exception
SWIEntryPoint:
    b   HandleSWI

@ 0x0c: Prefetch Abort (Instruction Fetch Memory Abort)
PrefetchAbortEnteryPoint:
    b   HandlePrefetchAbort

@ 0x10: Data Access Memory Abort
DataAbortEntryPoint:
    b   HandleDataAbort

@ 0x14: Not used
NotUsedEntryPoint:
    b   HandleNotUsed

@ 0x18: IRQ(Interrupt Request) exception
IRQEntryPoint:
    b   HandleIRQ

@ 0x1c: FIQ(Fast Interrupt Request) exception
FIQEntryPoint:
b   HandleFIQ
```

同样是 8 条跳转指令，和 U-Boot 一样，只不过后 7 条 U-Boot 使用 ldr，而 vivi 全部用 b 指令跳转。区别就是 b 的跳转范围有限，只有±32M，这在修改 Boot Loader 时必须注意。其实在 Boot Loader 开头定义 8 条跳转指令是 ARM 规定的，这被认为是 Boot Loader 的识别标志，检测到这样的标志后就可以从该位置启动。

异常处理函数的定义如下。

```
HandleUndef:
# ifdef CONFIG_DEBUG_LL
    mov   r12, r14
    ldr   r0, STR_UNDEF
    ldr   r1, SerBase
    bl    PrintWord
    bl    PrintFaultAddr
# endif
1:  b     1b              @ infinite loop

HandleSWI:
# ifdef CONFIG_DEBUG_LL
    mov   r12, r14
    ldr   r0, STR_SWI
    ldr   r1, SerBase
    bl    PrintWord
    bl    PrintFaultAddr
# endif
```

```
1:   b    1b          @ infinite loop

HandlePrefetchAbort:
# ifdef CONFIG_DEBUG_LL
    mov  r12, r14
    ldr  r0, STR_PREFETCH_ABORT
    ldr  r1, SerBase
    bl   PrintWord
    bl   PrintFaultAddr
# endif
1:   b    1b          @ infinite loop

HandleDataAbort:
# ifdef CONFIG_DEBUG_LL
    mov  r12, r14
    ldr  r0, STR_DATA_ABORT
    ldr  r1, SerBase
    bl   PrintWord
    bl   PrintFaultAddr
# endif
1:   b    1b          @ infinite loop

HandleIRQ:
# ifdef CONFIG_DEBUG_LL
    mov  r12, r14
    ldr  r0, STR_IRQ
    ldr  r1, SerBase
    bl   PrintWord
    bl   PrintFaultAddr
# endif
1:   b    1b          @ infinite loop

HandleFIQ:
# ifdef CONFIG_DEBUG_LL
    mov  r12, r14
    ldr  r0, STR_FIQ
    ldr  r1, SerBase
    bl   PrintWord
    bl   PrintFaultAddr
# endif
1:   b    1b          @ infinite loop

HandleNotUsed:
# ifdef CONFIG_DEBUG_LL
    mov  r12, r14
    ldr  r0, STR_NOT_USED
    ldr  r1, SerBase
    bl   PrintWord
    bl   PrintFaultAddr
# endif
1:   b    1b          @ infinite loop
```

设置 magic number：

```
@ 0x20: magic number so we can verify that we only put
   .long   0
@ 0x24:
   .long   0
@ 0x28: where this vivi was linked, so we can put it in memory in the right place
   .long   _start
@ 0x2C: this contains the platform, cpu and machine id
   .long   ARCHITECTURE_MAGIC
@ 0x30: vivi capabilities
   .long   0
```

许多的 magic number 虽然设置在这里但都没有使用，上面只使用了 0x24 和 0x2C 两处，0x24 处的设置表示 vivi 在链接时的起始位置，0x2C 处的 magic number 格式如下：bit[31:24]指明平台，bit[23:16]指明 CPU 类型，bit[15:0]为 machine ID。

关闭看门狗：

```
Reset:
    @ disable watch dog timer
    mov   r1, #0x53000000
    mov   r2, #0x0
    str   r2, [r1]
```

看门狗是一个定时器电路，它的主要功能是防止程序发生死循环，它的主要原理就是设置一个定时器，在规定时间内必须给定时器置数，超出规定时间就会造成系统复位。系统上电后看门狗是默认开着的，在 Boot Loader 中关闭看门狗是为了防止计时器超时导致系统重启。

禁止所有中断：

```
@ disable all interrupts
    mov   r1, #INT_CTL_BASE
    mov   r2, #0xffffffff
    str   r2, [r1, #oINTMSK]          @掩码关闭所有中断
    ldr   r2, = 0x7ff
    str   r2, [r1, #oINTSUBMSK]
```

其实在系统开启时所有中断都是默认禁止的，但为了保险起见，还是增加这段代码，明确地禁止中断。

初始化系统时钟：

```
@ 设置 MPLLOCN 寄存器可以设置 m p s 三个倍频因子
@ 通过设置该寄存器可以得到不同的频率
    mov   r1, #CLK_CTL_BASE
    mvn   r2, #0xff000000
    str   r2, [r1, #oLOCKTIME]

    @ldr   r2, mpll_50mhz
    @str   r2, [r1, #oMPLLCON]
#ifndef CONFIG_S3C2410_MPORT1
    @ 设置分频系数，即 Fclk 为 CPU 主频，Hclk 由 Fclk 分频得到，Pclk 由 Hclk 得到
    @ CLKDIVN 表明并设置了这三个时钟的关系
```

```
        @ 此时 Fclk:Hclk:Pclk = 1:2:4,即如果 Fclk = 200MHz,则 Hclk = 100MHz,Pclk = 50MHz
        mov   r1, #CLK_CTL_BASE
        mov   r2, #0x3
        str   r2, [r1, #oCLKDIVN]


        mrc   p15, 0, r1, c1, c0, 0        @ read ctrl register
        orr   r1, r1, #0xc0000000          @ Asynchronous
        mcr   p15, 0, r1, c1, c0, 0        @ write ctrl register


        @此时的 CPU 时钟频率是 200 MHz
        mov   r1, #CLK_CTL_BASE
        ldr   r2, mpll_200mhz
        str   r2, [r1, #oMPLLCON]
#else
        @此时 Fclk:Hclk:Pclk = 1:2:2
        mov r1, #CLK_CTL_BASE
        ldr r2, clock_clkdivn
        str r2, [r1, #oCLKDIVN]


        mrc p15, 0, r1, c1, c0, 0          @ read ctrl register
        orr r1, r1, #0xc0000000            @ Asynchronous
        mcr p15, 0, r1, c1, c0, 0          @ write ctrl register


        @此时 CPU 时钟频率是 100 MHz
        mov r1, #CLK_CTL_BASE
        ldr r2, mpll_100mhz
        str r2, [r1, #oMPLLCON]
#endif
        bl   memsetup                      @这条语句表示调用内存设置
```

设置内存:

```
ENTRY(memsetup)
            @设置内存控制寄存器初值
mov   r1, #MEM_CTL_BASE
      adrl r2, mem_cfg_val
      add  r3, r1, #52            @长度为 13 个寄存器
1:    ldr  r4, [r2], #4
      str  r4, [r1], #4
      cmp  r1, r3
      bne  1b                     @循环,直到 13 寄存器赋值完成
```

操作 LED 灯:

```
@ All LED on
      mov  r1, #GPIO_CTL_BASE
      add  r1, r1, #oGPIO_F
      ldr  r2, = 0x55aa
      str  r2, [r1, #oGPIO_CON]
      mov  r2, #0xff
      str  r2, [r1, #oGPIO_UP]
      mov  r2, #0xe0
      str  r2, [r1, #oGPIO_DAT]
```

初始化 UART：

```
@ set GPIO for UART
    mov   r1, #GPIO_CTL_BASE
    add   r1, r1, #oGPIO_H
    ldr   r2, gpio_con_uart
    str   r2, [r1, #oGPIO_CON]
    ldr   r2, gpio_up_uart
    str   r2, [r1, #oGPIO_UP]
    bl    InitUART

InitUART:
    ldr   r1, SerBase                    @默认情况下只定义 UART0
    mov   r2, #0x0
    str   r2, [r1, #oUFCON]
    str   r2, [r1, #oUMCON]
    mov   r2, #0x3
    str   r2, [r1, #oULCON]
    ldr   r2, = 0x245
    str   r2, [r1, #oUCON]
#define UART_BRD ((50000000 / (UART_BAUD_RATE * 16)) - 1)
    mov   r2, #UART_BRD
    str   r2, [r1, #oUBRDIV]

    mov   r3, #100
    mov   r2, #0x0
1:  sub   r3, r3, #0x1
    tst   r2, r3
    bne   1b

mov   pc, lr
```

复制 vivi 代码到 RAM 中：

```
bl    copy_myself            @调用 copy_myself 函数

    @ jump to ram
    ldr   r1, = on_the_ram
    add   pc, r1, #0
    nop
    nop
1:  b   1b                   @ infinite loop
```

copy_myself 所做的工作有以下几个。

设置 NAND 控制寄存器：

```
mov   r1, #NAND_CTL_BASE
    ldr   r2, = 0xf830           @ 初始值
    str   r2, [r1, #oNFCONF]
    ldr   r2, [r1, #oNFCONF]
    bic   r2, r2, #0x800         @启用芯片
    str   r2, [r1, #oNFCONF]
```

```
    mov   r2, #0xff            @ 命令重置
    strb  r2, [r1, #oNFCMD]
    mov   r3, #0               @ 等待
1:  add   r3, r3, #0x1
    cmp   r3, #0xa
    blt   1b
2:  ldr   r2, [r1, #oNFSTAT]   @等待就绪
    tst   r2, #0x1
    beq   2b
    ldr   r2, [r1, #oNFCONF]
    orr   r2, r2, #0x800       @ 禁用芯片
    str   r2, [r1, #oNFCONF]
```

设置堆栈指针：

```
@ get read to call C functions (for nand_read())
ldr  sp, DW_STACK_START        @设置栈指针
mov  fp, #0                     @ fp 设为 0
```

设置 nand_read_ll 参数：

```
@ copy vivi to RAM
    ldr   r0, = VIVI_RAM_BASE   @r0 表示目的 SDRAM 地址
    mov   r1, #0x0             @r1 为源地址，即 nand flash 地址
    mov   r2, #0x20000         @r2 为复制长度
    bl    nand_read_ll         @调用 nand_read_ll 函数进行复制
```

检查复制结果：

```
mov r0, #0
    ldr   r1, = 0x33f00000     @vivi 在 RAM 中的起始地址
    mov   r2, #0x400           @4K 长度
go_next:
    ldr   r3, [r0], #4
    ldr   r4, [r1], #4
    teq   r3, r4
    bne   notmatch             @RAM 和 Flash 内容不符,复制有误
    subs  r2, r2, #4
    beq   done_nand_read
    bne   go_next
```

跳转到阶段 2 的 c 入口：

```
ldr  sp, DW_STACK_START        @ setup stack pointer
    mov   fp, #0              @ 初始化 fp
    mov   a2, #0              @main 参数为空

    bl    main                @ 调用 main 函数

    mov   pc, #Flash_BASE     @ 否则重启
```

2. main. c 分析

这是 vivi 启动的第二阶段，主要分为以下 8 个阶段。

打印版本信息：

```
putstr("\r\n");
    putstr(vivi_banner);

    reset_handler();
```

vivi_banner 定义在 init/version. c 中，是字符串，读者在自己动手过程中可以再修改这个字符串以输出一些其他的信息。reset_handle 函数实现软复位和硬复位处理，但在这里其实并没有起到作用，而是在 reset_handle. h 头文件中被定义为空函数。

初始化定时器和 GPIO：

```
ret = board_init();
    if (ret) {
        putstr("Failed a board_init() procedure\r\n");
        error();
}
```

建立页表和启动 MMU：

```
ret = heap_init();
    if (ret) {
        putstr("Failed initailizing heap region\r\n");
        error();
```

堆初始化：

```
ldr  sp, DW_STACK_START     @ setup stack pointer
    mov  fp, #0             @ 初始化 fp
    mov  a2, #0             @ main 参数为空
```

MTD 设备初始化：

```
ret = mtd_dev_init();
```

存放启动内核参数：

```
init_priv_data();
```

初始化命令处理函数：

```
misc();
init_builtin_cmds();
```

启动 SHELL 或 Linux 内核：

```
boot_or_vivi();
```

　　具体的函数由于篇幅的关系就不展开分析了,有兴趣的读者可以去下载 vivi 源代码深入分析一下,这对于移植修改来说非常有帮助。

小　　结

　　Boot Loader 是操作系统和硬件的枢纽,它为操作系统内核的启动提供了必要的条件和参数。本章主要对 Boot Loader 工作机制做了一个详细的介绍,并简要分析了两种常用 Boot Loader 的代码。在移植过程中,开发人员除了要掌握 Boot Loader 的结构和工作流程外,还要对相关硬件有一定的了解。至于 Boot Loader 的设计与实现则更是一个非常复杂的过程,有兴趣的读者可以学习相关资料做进一步的研究。

进一步探索

　　(1) 阅读 U-Boot 和 vivi 源码,分析具体函数的机制和功能。
　　(2) 试着修改某个 Boot Loader 并移植。

## 第 7 章

ARM-Linux 内核

Boot Loader 把操作系统内核映像装载到内存,并设置好相关环境后,把处理器的控制权交给内核,嵌入式操作系统就开始正式登场,并掌管整个嵌入式系统直至系统关闭。嵌入式操作系统有很多种,传统的嵌入式操作系统包括嵌入式 Linux、μC/OS-II、VxWorks、Windows CE 和 Symbian 等,而近年来很热门、被广泛使用的 Android 操作系统也是基于嵌入式 Linux 内核的。ARM-Linux 是基于 ARM 处理器的嵌入式 Linux 内核。

本章将首先对 ARM-Linux 内核进行概述,然后从内存管理、进程管理与调度、模块机制、中断管理、系统调用和系统启动与初始化等方面对 ARM-Linux 进行详细介绍。

通过本章的学习,读者可以获得以下知识点。

(1) ARM-Linux 内核和普通 Linux 区别;

(2) ARM-Linux 的内存管理机制;

(3) ARM-Linux 的进程管理和调度;

(4) ARM-Linux 的模块机制;

(5) ARM-Linux 的中断管理;

(6) ARM-Linux 的系统调用;

(7) ARM-Linux 系统的启动和初始化。

7.1 ARM-Linux 内核简介

本书使用的 Linux 内核版本是 Linux-2.6.30。前面已经说过,ARM-Linux 就是基于 ARM 系统架构的 Linux 内核。关于 ARM 处理器和架构,以及其指令集和汇编,本书已经在第 2 章、第 4 章做了详细的介绍。那么读者肯定有一个疑问,以 ARM-Linux 为代表的嵌入式 Linux 内核和普通 Linux 内核有哪些区别呢?

7.1.1 ARM-Linux 内核和普通 Linux 内核的区别

1. 什么是 Linux

Linux 是最受欢迎的操作系统内核之一,是由 C 语言写成的,符合 POSIX 标准的类 UNIX 操作系统。Linux 最早是由芬兰黑客 Linus Torvalds 为尝试在英特尔 x86 架构上提供自由免费的类 UNIX 操作系统而开发的。从技术上说,Linux 是一个内核。这里的“内核”指的是一个提供硬件抽象层、磁盘及文件系统控制、多任务等功能的系统软件。一个内核不是一套完整的操作系统。一套基于 Linux 内核的完整操作系统叫做 Linux 操作系统,或是 GNU/Linux。Linux 是一个宏内核系统。设备驱动程序可以完全访问硬件。Linux 内的设备驱动程序可以方便地以模块化的形式设置,并在系统运行期间可直接装载或卸载。

2. 什么是 ARM-Linux

虽然 Linus Torvalds 的本意并不是使 Linux 成为一个可移植的操作系统,但是今天的 Linux 却是全球被最广泛移植的操作系统内核。读者可以从 www.kernel.org 下载内核的源代码,或者在/usr/src/linux(大部分 Linux 发行版本中)路径下,看到 Linux 内核的源代码。其中的 arch 目录,包含和硬件体系结构相关的代码,每个平台占有一个相应的目录。在 Linux-2.6.30 中,和 ARM 相关的代码存放在 arm 目录下,还可以看到 powerpc 等其他架构。

ARM Linux 就是一个成功的用于基于 ARM 处理器机器的 Linux 内核。ARM-Linux 内核正在或已被移植到了五百多个不同种类的机器上,包括通用计算机、网络计算机、手持设备和评估版。

7.1.2　ARM-Linux 的版本控制

由 7.1.1 节的解释可以知道,ARM-Linux 其实就是基于 ARM 处理器的 Linux,所以版本的控制其实和 Linux 是一样的。Linux 的版本号遵从的格式通常是主版本号.次版本号.修正号。主版本号和次版本号标志着重要的功能修改,而修正号表示较小的功能变动。

一般地,可以从 Linux 内核版本号来区分系统是 Linux 稳定版还是测试版。以版本 2.6.30 为例,2 代表主版本号,6 代表次版本号,30 代表改动较小的修正号。在版本号中,序号的第二位为偶数的版本表明这是一个可以使用的稳定版本,如 2.2.5,而序号的第二位为奇数的版本一般有一些新的东西加入,是个不一定很稳定的测试版本,如 2.3.1。这样稳定版本来源于上一个测试版升级版本号,而一个稳定版本发展到完全成熟后就不再发展。

7.1.3　ARM-Linux 的代码结构

下面以 Linux-2.6.30 为例,简要描述一下 Linux 内核的代码体系结构,从而可以获得一些感性的认识,为阅读源码做些准备。

arch/:arch 子目录包括所有和体系结构相关的核心代码。它的每一个子目录都代表一种支持的体系结构,例如,arm 就是关于 ARM 及与之相兼容体系结构的子目录。

block/:部分块设备驱动程序。

crypto:常用加密和散列算法(如 AES、SHA 等),还有一些压缩和 CRC 校验算法。

documentation/:文档目录,没有内核代码,只是一套有用的文档。

drivers/:放置系统所有的设备驱动程序;每种驱动程序又各占用一个子目录:如/block 下为块设备驱动程序,比如 ide(/ide/ide.c)。

fs/:所有的文件系统代码和各种类型的文件操作代码,它的每一个子目录支持一个文件系统,例如 fat 和 ext2 等。

include/:include 子目录包括编译核心所需要的大部分头文件。与平台无关的头文件在 include/linux 子目录下,与 Intel CPU 相关的头文件在 include/asm-generic 子目录下,而 include/scsi 目录则是有关 SCSI 设备的头文件目录。

init/:这个目录包含核心的初始化代码(注:不是系统的引导代码),包含两个文件即 main.c 和 ersion.c,这是研究核心如何工作的好的起点之一。

ipc/:这个目录包含核心的进程间通信的代码。

kernel/:主要的核心代码,此目录下的文件实现了大多数 Linux 系统的内核函数,其中最重要的文件当属 sched.c;同样,和体系结构相关的代码在 arch/x86/kernel 下。

lib/：放置核心的库代码。

mm/：这个目录包括所有独立于 CPU 体系结构的内存管理代码，如页式存储管理内存的分配和释放等；而和体系结构相关的内存管理代码则位于 arch/arm/mm/下。

net/：核心与网络相关的代码。

scripts/：描述文件，脚本，用于对核心的配置。

security：主要是一个 SELinux 的模块。

sound：常用音频设备的驱动程序等。

usr：实现了一个 cpio。

7.2　ARM-Linux 内存管理

内存是 Linux 内核管理的最重要的资源之一，内存管理系统自然而然是操作系统中最为重要的一部分。了解和熟悉 ARM Linux 的内存管理要从两方面着手：一方面是从 Linux 内核对内存的管理；另一方面从体系对内存管理方面的特殊性来讲，当然这里讨论的是 ARM 体系。

7.2.1　影响内存管理的两个方面

1. Linux 操作系统的内存管理

内存管理是一个操作系统必不可少也是非常重要的一环，包括最重要的地址映射、内存空间的分配，以及地址访问的限制（即保护机制）。如果把 I/O 也放在内存地址空间中，则还要包括 I/O 地址的映射。另外，像代码段、数据段、堆栈段空间的分配等都属于内存管理。

对内核来讲，内存管理机制的实现和具体的 CPU 以及 MMU 的结构关系非常紧密。所以内存管理，特别是地址映射，是操作系统内核中比较复杂的一个成分。甚至可以说操作系统内核的复杂性相当程度上来自内存管理，对整个系统的结构有着深远影响。

2. MMU（ARM 体系）

MMU 是"内存管理单元"的英文缩写，其主要作用有两个方面：一是地址映射；二是对地址访问进行保护和限制。简单来说，MMU 就是提供一组寄存器，依靠这组寄存器来实现地址映射和访问保护。

MMU 可以做在芯片中，也可以作为协处理器。所谓协处理器，就是在传统的单芯片 CPU 基础上，集成其他的硬件单元，比如 ARM 内核＋DSP 数字处理器，这块 DSP 芯片就是作为协处理器使用的。最早的 Intel 8086 芯片也有相对应的 8087 数字协处理器来进行浮点运算。当然，现在的 CPU 早就把这块功能直接集成了。但是在嵌入式系统领域，由于要考虑到成本和功耗等问题，往往都会有多个协处理器，例如，早先 ARM 的 MMU 通常都是由协处理器来控制，在 ARM7 一般是 CP15 协处理器，而在 XScale 芯片系列中集成了多个协处理器，本操作平台 AT91SAM9G45 芯片使用 ARM926EJ-S 内核，它本身就带有了 MMU 功能。

由于地址映射是通过 MMU 实现的，因此不采用地址映射就不需要 MMU。但是严格地说，内存的管理总是存在的，只是方式和复杂程度不同而已。

7.2.2　ARM-Linux 的存储机制

1. ARM 架构下的内核空间和用户空间

在基于 x86 体系的 Linux 内核中,32 位地址会形成 4GB 的虚拟地址空间,然后被分成两个部分:其中位于高端的 1GB 是内核空间,或系统空间,属于 Linux 操作系统;低端的 3GB 则是用户空间,属于应用程序。用户态进程并不能任意使用这 4GB 虚存空间,只有 0~3GB 之间的那一部分可以被直接使用,剩下的 1GB 空间则是属于内核的,不能直接访问到。在创建用户进程时,内核的代码段和数据段都被映射到高端的 1GB 虚存空间,供内核态进程使用。另外,值得注意的一点是,所有进程的 3~4GB 的虚存空间的映像都是相同的。系统通过这种方式共享内核的代码段和数据段。

ARM 处理器的地址也是 32 位的(早期采用 26 位),所以虚拟地址的总容量也是 4GB。同样,ARM-Linux 内核也将这 4GB 虚拟地址空间分为两个部分,但是具体的划分则可以因 CPU 芯片和开发板而有所不同。ARM 和 x86 类似,也是以 3GB 为界的。这一点从下面的宏定义中可以看出(/arch/arm/include/asm/memory.h)。

```
# define TASK_SIZE        (0xc0000000UL)
# define PAGE_OFFSET      (0xc0000000UL)
# define PHYS_OFFSET      (0xa0000000UL)
```

宏 TASK_SIZE 表示每个进程的用户空间大小,实际上就是其虚拟地址的上限。宏 PHYS_OFFSET 表示内存的物理地址从 3GB 开始,这是因为 DRAM 板块的起始地址就是 0xc0000000。在系统空间也就是在内核中,虚拟地址和物理地址在数值上是不相同的。这反映在下列宏定义中(arch/arm/include/asm/memory.h)。

```
# define __virt_to_phys(x)    ((x) - PAGE_OFFSET + PHYS_OFFSET)
# define __phys_to_virt(x)    ((x) - PHYS_OFFSET + PAGE_OFFSET)
```

ARM 将 I/O 也放在内存地址空间中,所以系统空间的这部分虚拟地址不是映射到物理内存,而是映射到一些 I/O 设备的地址,包括寄存器和一些容量较小的存储器。

2. ARM 架构下的内存映射模型

先说一下两个基本概念:页表和页表项。页表是用来反映虚拟地址和物理地址的映射关系。具体来说就是当一个虚拟地址传个 CPU 后,CPU 就会根据这个地址找到对应页表,再找到页表项。然后再访问页表项的内容,就知道这个虚拟地址是对应的哪个物理地址了。

在 ARM 系统结构中,地址映射可以是单层的,即按"段"(Section)映射,也可以通过两层的,即页面映射。在这里要说一下,虚拟存储空间到物理存储空间的映射是以内存块为单位的,虚拟存储空间中的一块连续存储空间会被映射到物理存储空间中大小一样的一块连续的存储空间。

ARM 支持的存储块的大小有以下几种:"段"(Section),大小为 1MB;"大页面"(Large Page),大小为 64KB;"小页面"(Small Page),大小为 4KB;"微小页面"(Tiny Page),大小为 1KB。下面介绍下段映射和页面映射。

1) 段映射

当采用单层段映射的时候,内存中有个"段映射表",称为"段描述符"或"第一级描述项"。

这个表中有 4096 个表项，每个描述项的大小是 4B，所以段映射表的大小是 16KB。而且，其位置必须和 16KB 边界对齐。当 CPU 访问内存的时候，32 位虚地址的高 12 位作为访问段映射表的下标，从表中找到相应的表项。每个表项提供一个 12 位的物理段地址，以及对这个段的访问许可标志，例如可读可写等。将这 12 位物理段地址和虚拟地址中的低 20 位拼接在一起，就得到了 32 位的物理地址。整个过程都由 MMU 硬件完成，而不需要 CPU 的介入。如果采用高速缓存，则高速缓存在地址映射之前，CPU 通过虚拟地址在高速缓存中寻求命中，不能命中的，通过地址映射访问物理内存。

2）页面映射

如果采用页面映射，"段映射表"就成了"第一级页面映射表"，其表项提供的不再是物理段地址，而是相应的"二级映射表"所在的地址。凡是第一级映射表中有映射的表项都对应着一个二级映射表。二级映射表的大小因页面映射的"粗""细"而异。如果是 4KB 的页面，则二级映射表中有 256 个表项。当 CPU 访问内存的时候，映射的过程如下。

以 32 位虚地址的高 12 位（bit[31:20]）作为访问第一级映射表的下标，从表中找到相应的表项，每个表项指向一个二级映射表。

以虚拟地址中的次 8 位（bit[19:12]）作为访问所得二级映射表的下标，进一步从相应表项中取得 20 位的物理页面地址。

最后，将 20 位的物理页面地址和虚拟地址中的最低 12 位拼接在一起，就得到了 32 位的物理地址。

同样，整个过程都是由 MMU 硬件完成的，CPU 并不介入。由于第一级映射表项在用途上的多样性，表项中有两位的位段，表示其用途。00 表示无映射；01 表示指向"粗"页面表，即页面大小为 64KB 或者 4KB 的二级页面映射表；10 表示段映射；11 表示指向"细"页面表，即页面大小为 1KB 的二级页面映射表。

3. Linux 映射机制建立过程

ARM-Linux 代码中，页面的大小采用 4KB，段区的大小为 1MB。最高层为 PGDIR，第二层为 PMD，第三层为页面映射表。下面简单地讲述一下内核是如何建立起具体的内存区间的映射机制的。Linux 在启动初始化的时候依次调用 start_kernel()→setup_arch()→pageing_init()→memtable_init()→create_mapping()，下面是 create_mapping()函数。

```
static void __init create_mapping(struct map_desc * md)
{
        unsigned long virt, length;
        int prot_sect, prot_pte;
        long off;
        if (md->prot_read && md->prot_write &&
            !md->cacheable && !md->bufferable) {
                printk(KERN_WARNING "Security risk: creating user "
                        "accessible mapping for 0x%081x at 0x%081x\n",
                        md->physical, md->virtual);
        }
        if (md->virtual != vectors_base() && md->virtual < PAGE_OFFSET) {
                printk(KERN_WARNING "MM: not creating mapping for "
                        "0x%081x at 0x%081x in user region\n",
                        md->physical, md->virtual);
        }
        prot_pte = L_PTE_PRESENT | L_PTE_YOUNG | L_PTE_DIRTY |
```

```
                    (md -> prot_read ? L_PTE_USER        : 0) |
                    (md -> prot_write ? L_PTE_WRITE       : 0) |
                    (md -> cacheable ? L_PTE_CACHEABLE    : 0) |
                    (md -> bufferable ? L_PTE_BUFFERABLE  : 0);
        prot_sect = PMD_TYPE_SECT | PMD_DOMAIN(md -> domain) |
                    (md -> prot_read ? PMD_SECT_AP_READ    : 0) |
                    (md -> prot_write ? PMD_SECT_AP_WRITE  : 0) |
                    (md -> cacheable ? PMD_SECT_CACHEABLE  : 0) |
                    (md -> bufferable ? PMD_SECT_BUFFERABLE : 0);
        virt   = md -> virtual;
        off    = md -> physical - virt;
        length = md -> length;
        while ((virt & 0xfffff || (virt + off) & 0xfffff) && length >= PAGE_SIZE) {
                alloc_init_page(virt, virt + off, md -> domain, prot_pte);

                virt += PAGE_SIZE;
                length -= PAGE_SIZE;
        }
        while (length >= PGDIR_SIZE) {
                alloc_init_section(virt, virt + off, prot_sect);
                virt += PGDIR_SIZE;
                length -= PGDIR_SIZE;
        }
        while (length >= PAGE_SIZE) {
                alloc_init_page(virt, virt + off, md -> domain, prot_pte);
                virt   += PAGE_SIZE;
                length -= PAGE_SIZE;
        }
}
```

　　三个 while 循环为给定的区间建立映射。如果区间的起点不和 1MB 的边界对齐，就先通过 alloc_init_page() 建立若干个二层页面的映射，直到和 1MB 边界对齐。然后以 1MB 为单位通过 alloc_init_section() 逐段建立单层映射。然后，如果区间的终点不和 1MB 边界对齐，则还要通过 alloc_init_page() 建立若干个二层页面的映射。

　　物理地址的安排取决于具体的开发板的电路设计。内核中有一个专门用于 ARM 处理器的数据结构，如下所示。

```
struct machine_desc {
        unsigned int            nr;
        unsigned int            phys_ram;
        unsigned int            phys_io;
        unsigned int            io_pg_offst;

        const char              * name;
        unsigned int            param_offset;

        unsigned int            video_start;
        unsigned int            video_end;

        unsigned int            reserve_lp0 :1;
        unsigned int            reserve_lp1 :1;
```

```
            unsigned int          reserve_lp2 :1;
            unsigned int          soft_reboot :1;
            void                  (*fixup)(struct machine_desc *,
                                      struct param_struct *, char * *,
                                      struct meminfo *);
            void                  (*map_io)(void);
            void                  (*init_irq)(void);
            void                  (*init_machine)(void);
    };
```

7.2.3　虚拟内存

　　Linux 虚拟内存的实现需要 6 种机制的支持：地址映射机制、请求页机制、内存分配回收机制、缓存和刷新机制、交换机制和内存共享机制。

　　内存管理程序中的映射机制是把用户程序的逻辑地址映射到物理地址。当程序运行时，如果程序发现要用的虚拟地址没有对应的物理内存，就会发出请求页要求①。如果有空闲的内存可供分配，就请求分配内存②（这里就用到了内存的分配和回收），并把正在使用的物理页记录在缓存中③（这里使用了缓存机制）。如果没有足够的内存可供分配，那么就调用交换机制，这是为了腾出一部分内存以供分配④⑤。另外，在地址映射中要通过 TLB（Translation Lookaside Buffer，旁路转换缓冲，或称为页表缓冲）来寻找物理页⑧；交换机制中也要用到交换缓存⑥，并且把物理页内容交换到交换文件中，也要修改页表来映射文件地址⑦。Linux 虚拟内存实现原理见图 7-1。

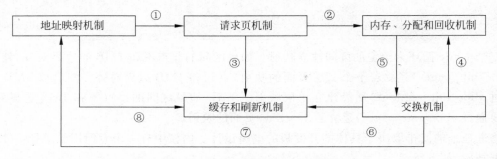

图 7-1　Linux 虚拟内存实现机制间的相互关系

1. 地址映射机制

　　地址的映射机制就是在几种存储媒介（主存、辅存、虚存）间建立的关联，完成地址间的相互转换，它既包括虚拟内存到磁盘文件的映射，也包括虚拟内存到物理内存的映射，如图 7-2 所示。

　　为了保证虚拟存储和进程调度相一致。Linux 采用一系列的数据结构，和 TLB 来实现地址映射机制。

　　虚拟空间的管理是以进程为基础的，每个进程都有各自的虚存空间（或叫用户空间，地址空间）。此外，每个进程的"内核空间"是为所有的进程所共享的（即前面所说的 3~4GB 这部分空间）。

　　一个进程的虚拟地址空间主要由两个数据结构来描述。一个是最高层次的 mm_struct，一个是较高层次的 vm_area_structs。最高层次的 mm_struct 结构描述了一个进程的整个虚

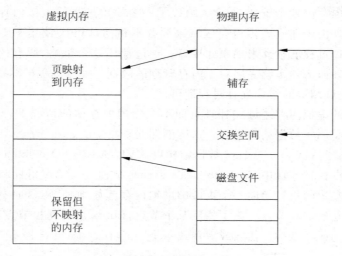

图 7-2　存储介质间的映射关系

拟地址空间。较高层次的结构 vm_area_struct 描述了虚拟地址空间的一个区间。

　　Linux 内核需要 TLB 管理所有的虚拟内存地址，每个进程虚拟内存中的内容在其 task_struct 结构中指向的 vm_area_struct 结构中描述。进程的 mm_struct 数据结构也包含已加载可执行映像的信息和指向进程页表的指针。它还包含一个指向 vm_area_struct 链表的指针，每个指针代表进程内的一个虚拟内存区域，如图 7-3 所示。

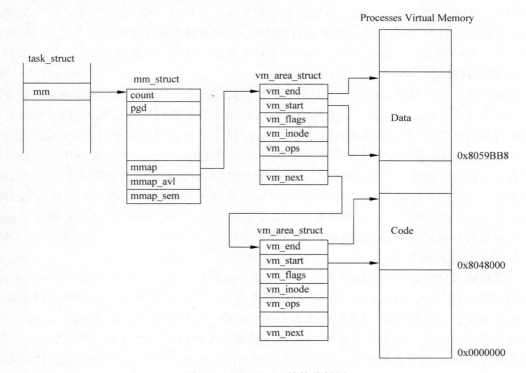

图 7-3　task_struct 结构分析图

此链表按虚拟内存位置来排列，图 7-3 给出了一个简单进程的虚拟内存以及管理它的内核数据结构分布图。由于那些虚拟内存区域来源各不相同，Linux 使用 vm_area_struct 中指向一组虚拟内存处理过程的指针来抽象此接口。通过使用这个策略，所有的进程虚拟地址可以用相同的方式处理而无须了解底层对于内存管理的区别。如当进程试图访问不存在的内存区域时，系统只需要调用页面错误处理过程即可。

为进程创建新的虚拟内存区域或处理页面不在物理内存中的情况下，Linux 内核重复使用进程的 vm_area_struct 数据结构集合。这样消耗在查找 vm_area_struct 上的时间直接影响了系统性能。Linux 把 vm_area_struct 数据结构以 AVL(Adelson-Velskii and Landis) 树结构连接以加快速度。在这种连接中，每个 vm_area_struct 结构有一个左指针和右指针指向 vm_area_struct 结构。左边的指针指向一个更低的虚拟内存起始地址节点，而右边的指针指向一个更高的虚拟内存起始地址节点。为了找到某个节点，Linux 从树的根节点开始查找，直到找到正确的 vm_area_struct 结构。插入或者释放一个 vm_area_struct 结构不会消耗额外的处理时间。

由于 Linux 内核的内存管理机制最初是以 x86 系统结构为蓝本设计的，移植到其他系统结构上会有不相符的情形。为了解决这个问题，系统在初始化的时候采用两套相互平行的页面映射表，一套是逻辑的，即 Linux 内核所要求的页面映射表；另一套是物理的，即 ARM MMU 所要求的，通过软件维持二者在逻辑上的一致。

系统中的每个进程都各有自己的第一级映射表，这就是它的空间，没有独立的空间的就只是线程而不是进程。每当调度一个进程运行的时候，就要将它的第一级映射表的起点地址填入 MMU 中的寄存器。进程的第一级映射表最初是从父进程继承而来的，当子进程和父进程进行不同操作的时候，就会改变其地址映射（需要有不同的物理内存区间来装入其代码段和数据段），产生“写时复制”(Copy-On-Write)，子进程获得独立的第一级映射表。

2．请求页机制

进程的虚拟内存包括可执行代码和多个资源数据。任何时候进程都不同时使用包含在其虚拟内存中的所有代码和数据。如果将这些使用频率比较低的代码和数据，如初始化或者处理特殊事件的代码、一些共享库的部分子程序等，全部加载到物理内存中，就会引起极大的浪费。Linux 使用请求调页技术来把那些进程需要访问的虚拟内存载入物理内存中。内核将进程页表中这些虚拟地址标记成存在但不在内存中的状态，而无须将所有代码和数据直接调入物理内存。当进程试图访问这些代码和数据时，系统硬件将产生页面错误并将控制转移到 Linux 内核来处理。这样对于处理器地址空间中的每个虚拟内存区域，内核都必须知道这些虚拟内存从何处而来以及如何将其载入内存以便于处理页面错误。

3．内存分配回收机制

当进程请求分配虚拟内存时，Linux 并不直接分配物理内存。它只是创建一个 vm_area_struct 结构来描述此虚拟内存，此结构被连接到进程的虚拟内存链表中。当进程试图对新分配的虚拟内存进行写操作时，系统将产生页面访问错误。处理器会尝试解析此虚拟地址，但是如果找不到对应此虚拟地址的页表入口时，处理器将放弃解析并产生页面错误异常，由 Linux 内核来处理，Linux 查看此虚拟地址是否在当前进程的虚拟地址空间中。如果存在，内核会创建正确的 PTE 并为此进程分配物理页面，包含在此页面中的代码或数据可能需要从文件系统或者交换磁盘上读出，然后进程将从页面错误处开始继续执行。此时，由于物理内存已经存在，所以不会再产生页面异常。

4. 缓存和刷新机制

Linux 使用了多种和内存管理相关的高速缓存。高速缓存的使用是为了获得更高的性能,所以常出现在硬件设计和软件设计中。常见的高速缓存有缓存区高速缓存、页面高速缓存、交换高速缓存和硬件高速缓存。

缓存区高速缓存中包含由块设备使用的数据缓冲区。在这些缓冲区中包含从设备中读取的数据块或写入设备的数据块,并通过设备标识号和块标号来进行索引,因此可以快速找出数据块。

页面高速缓存是页面 I/O 操作访问数据所使用的磁盘高速缓存。在文件系统中常见的 read()、write() 和 mmap() 等对常规文件的访问都是通过页面高速缓存来实现的。

交换高速缓存实际包含一个页面表项链表,每个页面表项对应了系统的一个物理页面。修改后的(脏)页面会保存在交换文件中,页面表项包含保存该页面的交换文件信息,以及该页面在交换文件中的位置信息。如果某个交换页面表项非零,则表明保存在交换文件中的对应的物理页面没有被修改;如果被修改,则处于交换缓存中的页面表项就会被清零。

硬件高速缓存是对页面表项的缓存,由处理器完成,操作和具体的处理器架构有关。

5. 刷新机制

刷新机制的作用是为了保持 TLB 和其他缓存中的内容的同步性。Linux 刷新机制,包括 TLB 的刷新、缓存的刷新等,主要完成两个工作:一是保证在任何时刻内存管理硬件所看到的进程的内核映射和内核页表保持一致;二是当负责内存管理的内核代码对用户进程页面进行了修改,在用户的进程被允许执行前,保证在缓存中看到正确的数据。

6. 交换机制

交换机制包括交换的基本原理、交换的单位选择以及置换算法。交换的基本原理是指当物理内存量无法满足要求时,在 Linux 中,会把磁盘空间作为内存使用,这部分磁盘空间叫做交换文件或交换区。以往的交换以进程为单位,在 Linux 中,交换的单位是页面而不是进程。最后,在页面置换中,要考虑到哪种页面要换出、如何在交换区中存放页面、如何选择被交换初的页面以及何时执行页面换出操作 4 个会影响交换性能的关键性指标。

7. 内存共享机制

共享内存是 UNIX/Linux 中最快速的进程间通信(IPC)方法。Linux 的进程拥有各自独立的地址空间,当多个进程要共享同一内存段时,就会通过系统提供的共享内存机制进行,同一块物理内存会被映射到进程 A、B 各自的进程地址空间。共享区域内的任何进程都可以读写内存。由于多个进程共享同一块内存区域,所以必然需要同步机制的保障。

7.3　ARM-Linux 进程管理和调度

进程,又称作任务,是一个动态的执行过程,是处于执行期的程序。进程是系统资源分配的最小单位。在本节中,将会了解到 Linux 进程的生命周期,从进程的创建、内存管理、调度到最后销毁。

7.3.1　进程的表示和生命周期

在 Linux 中,每个进程由一个称为 task_struct 的数据结构来表示,称为进程描述符的结构,用来管理系统中的进程。在这个结构里,包含所有表示此进程锁必需的数据。此外,它还包含其他数据,这些数据用来统计和维护与其他进程的关系(父和子)。操作系统初始化后,建立第一个 task_struct 数据结构 INIT_TASK。当新的进程创建时,从系统内存中分配一个新的 task_struct,用 current 指针指向当前运行的进程。关于 task_struct 结构,由于篇幅限制,读者可以参看 2.6.30 的源代码(include/linux/sched.h 以源代码所在目录为当前目录)。

在这个结构中,可以看到很多项,比如进程执行的状态、父进程、堆栈等。其中,state 变量是表明任务状态的比特位。在 2.6.30 版本中,可以看到以下几种状态。

```
#define TASK_RUNNING              0
#define TASK_INTERRUPTIBLE        1
#define TASK_UNINTERRUPTIBLE      2
#define __TASK_STOPPED            4
#define __TASK_TRACED             8
/* in tsk->exit_state */
#define EXIT_ZOMBIE               16
#define EXIT_DEAD                 32
/* in tsk->state again */
#define TASK_DEAD                 64
#define TASK_WAKEKILL             128
#define TASK_WAKING               256
```

TASK_RUNNING:进程当前正在运行(是系统的当前进程),或准备运行的进程(在 Running 队列中,等待被安排到系统的 CPU)。处于该状态的进程实际上参与了进程调度。

TASK_INTERRUPTIBLE:等待队列中的进程,处于睡眠状态,等待资源有效时唤醒,可由信号唤醒而进入就绪状态。

TASK_UNINTERRUPTIBLE:处于等待队列中的进程,直接等待硬件条件,等待资源有效时才被唤醒。

__TASK_STOPPED:进程被暂停,通过其他进程的信号才能被唤醒。在调试期间接收到任何信号,都会使进程进入这种状态。

__TASK_TRACED:和 TASK_STOPPED 状态很类似,都表示进程暂停下来。而前者相当于在后者之上多了一层保护,正被调试程序等其他进程监控时,进程将进入这种状态。

EXIT_ZOMBIE:进程已终止,正等待其父进程收集关于它的一些统计信息。

EXIT_DEAD:进程从系统中被删除时,将进入这个状态。因为其父进程通过 wait4() 或 waitpid() 调用收集了所有统计信息。

TASK_DEAD:task_struct-> EXIT_DEAD 是一个特殊情况,为了避免混乱引入了这个新的状态。EXIT_DEAD 只能用于-> exit_state 字段。一个进程在退出(调用 do_exit())时,state 字段都被置于 TASK_DEAD 状态。

TASK_WAKEKILL:这个状态设计是为了当进程收到致命错误信号时,唤醒进程。

TASK_WAKING:这个状态说明已经有人正在唤醒这个任务,其他唤醒它的操作都会失败。

这些状态的具体转换关系如图 7-4 所示。

在用户空间,进程是由进程标识符(PID)表示的。对于用户来说,PID 是唯一标识一个进程的数字值。PID 在进程的整个生命期间不会改变,但是 PID 可以在进程销毁后被重新使用。

在 Linux 系统中,所有的进程都是 fork 出来的,它们有个共同的祖先:0 号进程。

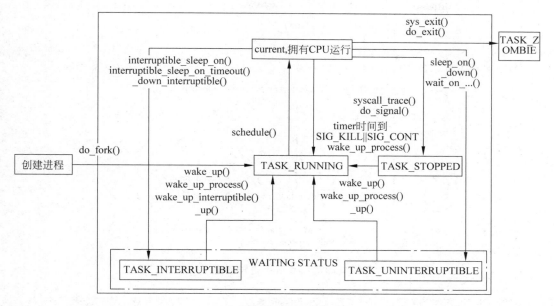

图 7-4 进程状态的转变关系

  系统在启动时处于内核模式,只有一个进程:初始化进程。这个进程和所有进程一样,有堆寄存器等表示的机器状态。系统中其他进程被创建并运行时,这些信息将被存储在初始化进程的 task_struct 结构中。

  在系统初始化的最后,初始化进程会启动一个内核线程(init),自己保留在 idle 状态。如果没有任何事要做,调度管理器将运行 idle 进程。idle 进程是唯一不是动态分配 task_struct 的进程,它的 task_struct 在内核构造是静态定义的,叫 init_task。

  init 是内核启动的第一个用户级进程,也是系统的第一个真正的进程,是其他所有进程的父进程,所以 init 内核线程(或进程)的标识符为 1。init 有很多重要任务,负责完成系统的一些初始化设置任务,以及执行系统初始化程序。init 程序使用/etc/inittab 作为脚本文件来创建系统中的新进程。如启动 getty(用来处理用户登录)、实现运行级别以及处理孤立进程。具体来说有以下这些重要操作:检查文件系统;启动系统守护进程;建立 getty 进程;执行/etc/rc 下的命令文件。

7.3.2 Linux 进程的创建、执行和销毁

1. Linux 进程的创建

  这里一般来说是从用户空间创建一个进程,这其实和从内核创建的底层机制是一致的,因为它们都会通过 do_fork 函数来创建进程(见图 7-5)。创建进程需要使用三个系统调用,分别是 sys_fork、sys_vfork、sys_clone。所有的这三个系统调用都要使用 do_fork。

  可以看到,创建用户空间进程和创建内核线程相似:前者在用户空间调用 fork,导致对 sys_fork 的内核函数的系统调用;后者,内核会调用 kernel_thread(见 linux/arch/arm/kernel/ process. c)函数,在其执行一些初始化后调用 do_fork。

  下面看一下三者的原型。

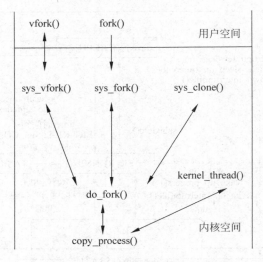

图 7-5 Linux 进程创建

```
asmlinkage int sys_fork(struct pt_regs * regs)
{
    return do_fork(SIGCHLD, regs->ARM_sp, regs, 0);
}
asmlinkage int sys_clone(unsigned long clone_flags, unsigned long newsp, struct pt_regs * regs)
{
    if (!newsp)
        newsp = regs->ARM_sp;
    return do_fork(clone_flags, newsp, regs, 0);
}
asmlinkage int sys_vfork(struct pt_regs * regs)
{
    return do_fork(CLONE_VFORK | CLONE_VM | SIGCHLD, regs->ARM_sp, regs, 0);
}
```

这三者的区别是：sys_fork 是完整地从父进程派生出一个子进程；sys_clone 可以通过参数 clone_flags 决定需要复制给子进程的资源；sys_vfork 产生了一个新的 task_struct，它还是和父进程共享其余的资源，所以不是真正的进程，只能算是线程，在自己运行结束之前一直会阻塞父进程。

当进程调用 fork 之后，系统会创建一个子进程。子进程和父进程唯一不同的地方只是进程 ID，其他都是一样的，就像克隆一样。如果由于内存不足或者是用户的最大进程数已到，fork 调用失败，返回－1，如果成功，则对于子进程和父进程，返回的值又有所不同。对于父进程来说，fork 返回子进程的 ID，而对于子进程来说，fork 返回 0。

在系统调用的结束处有一个新进程，等待调度管理器选择它去运行。系统从物理内存中分配出来一个新的 task_struct 数据结构，同时还有一个或多个包含被复制的进程堆栈（用户与内核）的物理页面，然后创建唯一的标记此新任务的进程标志符。新创建的 task_struct 将被放入 task 数组中，另外将被复制进程的 task_struct 中的内容页表复制入新的 task_struct 中。

复制完成后，Linux 允许两个进程共享资源而不是复制各自的拷贝。这些资源包括文件、信号处理进程和虚拟内存。进程对共享资源用各自的 count 来记数。在两个进程对资源的使用完毕之前,Linux 绝不会释放此资源,例如,复制进程要共享虚拟内存,则其 task_struct 将包含指向原来进程的 mm_struct 的指针。mm_struct 将增加 count 变量以表示当前进程共享的次数。

复制进程虚拟空间所用的技术十分巧妙。复制将产生一组新的 vm_area_struct 结构和对应的 mm_struct 结构,同时还有被复制进程的页表。由于进程的虚拟内存有的可能在物理内存中,有的可能在当前进程的可执行映像中,有的可能在交换文件中,所以复制将是一个困难且烦琐的工作。Linux 使用一种 Copy-On-Write 技术:仅当两个进程之一对虚拟内存进行写操作时才复制此虚拟内存块。但是不管写与不写,任何虚拟内存都可以在两个进程间共享。只读属性的内存,如可执行代码,总是可以共享的。为了使 Copy-On-Write 策略工作,必须将那些可写区域的页表入口标记为只读的,同时描述它们的 vm_area_struct 数据都被设置为 Copy-On-Write。当这两个进程中的一个试图对虚拟内存进行写操作时将产生页面错误。这时 Linux 将复制这一块内存并修改两个进程的页表以及虚拟内存数据结构。

2. Linux 进程的执行

新的子进程可以通过 fork 创建,创建完的新进程只是其创建者的“影子”,还不能执行和父进程不同的任务。创建新进程的原因是由于原有进程有大量的工作要做,创建新的进程可以占用更多的资源。通过系统调用 exec,被执行的程序完全替换调用它的程序的影像。fork 创建一个新的进程会产生一个新的 PID,exec 启动一个新程序,替换原有的进程,所以这个新的被 exec 执行的进程的 PID 不会改变,和调用 exec 函数的进程一样。

在这边要指出的是,在 Linux 中并不存在一个 exec() 的函数形式,而是指一组函数,一共有 6 个,分别如下。

```
# include <unistd.h>
int execl(const char * path, const char * arg, ...);
int execlp(const char * file, const char * arg, ...);
int execle(const char * path, const char * arg, ..., char * const envp[]);
int execv(const char * path, char * const argv[]);
int execvp(const char * file, char * const argv[]);
int execve(const char * path, char * const argv[], char * const envp[]);
```

在这里面,只有 execve 是真正意义上的系统调用,其他几个函数都是在此基础上经过包装的库函数。具体来说,exec 函数族的作用是根据指定的文件名找到可执行文件,由它代替调用进程的内容,也就是说,在调用进程内部执行一个可执行文件。在 Linux 下,可执行文件可以是二进制文件,也可以是可执行的脚本文件。

如果 exec 函数族执行成功的话,并不会返回,因为调用进程的实体,包括数据段、代码段和堆栈等已被取代,只有 PID 等表面信息保持原样。只有调用失败了,才会返回 -1,从原程序的调用点接着执行。下面通过介绍 execve 函数来简单了解下这个 exec 函数族。

系统调用 execve() 对当前进程进行替换,替换者为一个指定的程序,其参数包括文件名(path 指针指向)、参数列表(argv)以及环境变量(envp)。下面介绍 execve() 执行的流程。

(1) 打开可执行文件,获取该文件的 file 结构。

(2) 获取参数区长度,将存放参数的页面清零。

(3) 对 linux_binprm 结构的其他项做初始化。linux_binprm 结构用来读取并存储运行可执行文件的必要信息。

3. 进程的销毁

进程的销毁通过以下三个事件驱动：正常的进程结束、信号和 exit 函数的调用。但是，其实它们最后都要借助内核函数 do_exit 的调用来结束进程。这个函数定义在 linux/kernel/exit.c 中。下面来看图 7-6。

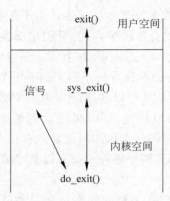

图 7-6　do_exit()函数层次

do_exit()是这样做的：

（1）将 task_struct 中的标志成员设置 PF_EXITING，表明该进程正在被删除，释放当前进程占用的 mm_struct，如果没有别的进程使用，即没有被共享，就彻底释放它们。

（2）如果进程排队等候 IPC 信号，则离开队列。

（3）分别递减文件描述符、文件系统数据、进程名字空间的引用计数。如果这些引用计数的数值降为 0，则表示没有进程在使用这些资源，可以释放。

（4）向父进程发送信号：将当前进程的子进程的父进程重新设置为线程组中的其他线程或者 init 进程，并把进程状态设成 TASK_ZOMBIE。

（5）切换到其他进程，处于 TASK_ZOMBIE 状态的进程不会再被调用。此时进程占用的资源就是内核堆栈、thread_info 结构、task_struct 结构。此时进程存在的唯一目的就是向它的父进程提供信息。父进程检索到信息后，或者通知内核那是无关的信息后，由进程所持有的剩余内存被释放，归还给系统使用。

7.3.3　Linux 进程的调度

1. 进程调度时机

Linux 是个多进程系统，众进程中是如何进行调度的，首先涉及 Linux 进程调度时机的概念，由内核中 schedule()函数决定是否进行进程切换，以及确定要切换后，切换到哪个进程等。

进程调度的时机按大的来分有主动调度和被动调度两种方式：主动的调度随时可以进行，在内核里通过 schedule()启动调度，或者将进程状态设置为 TASK_INTERRUPTIBLE、TASK_UNINTERRUPTIBLE，或者在用户空间通过 pause()；被动调度发生在系统调用返回的前夕、中断异常处理返回前、用户态处理软中断返回前。

如果按细分可以有以下几个。

（1）进程状态转换：进程调用 exit()或 sleep()等函数实现状态转换。

（2）当前进程的时间片用完：即 current-> counter＝0，是由时钟中断来更新的。

（3）设备驱动程序：在驱动程序执行长而且重复的时候，每次循环都检查 need_resched 的值，在必要的时候，调用 schedule()主动放弃 CPU。

（4）进程从中断、异常以及系统调用返回到用户态：因为在从中断、异常以及系统调用返回最后，都会调用 ret_from_sys_call()，这个函数会进行调度标志的检测，必要时调用调度程序。这里要说一下，为什么要在系统调用返回时调用调度程序？这是因为返回时从内核态返回到用户态，这种转换会花费一定时间，所以，在返回前系统应该处理完内核态的所有事情。

从 Linux 2.6 之后，Linux 实现抢占式内核，也就是说，处于内核态的进程也可能被调度出去。

2. 进程调度依据

调度程序运行时要在所有处于可运行状态的进程中选择最值得运行的进程投入运行。那么，这种选择的依据是什么呢？在 task_struct 结构中，可以看到以下 4 项：policy、priority、counter、rt_priority。这 4 项就是选择进程的依据。

policy 是进程的调度策略，用来区分实时进程和普通进程，实时进程会优先于普通进程运行；priority 是进程（包括实时和普通）的静态优先级；counter 是进程剩余的时间片，它的起始值就是 priority 的值，由于在后面 counter 计算一个处于可运行状态的进程值的运行程度 goodness 时起重要作用，因此，counter 也可以看作是进程的动态优先级。rt_priority 是实时进程特有的，用于实时进程间的选择。

在 Linux 中，用函数 googness()综合以上提到的 4 项以及结合其他的因素，给每个处于可运行状态的进程赋予一个权值（Weight），调度程序以这个值作为选择进程的唯一依据。

3. schedule()函数

主动或被动调用 schedule 函数对应着进程是主动调度还是被动调度。

在内核应用中直接调用 schedule()，通常发生在因为等待内核事件而需要将进程置于挂起（休眠）状态的时候。这时应该主动请求调度以方便其他进程使用 CPU。其过程可分为以下 4 步。

（1）将进程添加到事件等待队列中；

（2）置进程状态为 TASK_INTERRUPTIBLE（或 TASK_UNINTERRUPTIBLE）；

（3）在循环中检查等待条件是否满足，不满足则调用 schedule()，满足就退出循环。

（4）将进程从事件等待队列中删除。

被动调用 schedule()。在系统调用执行结束后，控制由内核态返回到用户态之前，Linux 都将检查当前进程的 need_resched 值，如果该值为 1，则调用 schedule()。

由时钟中断触发，负责管理除 0 号进程（idle 进程）以外的其他各个进程的时间片消耗。如果当前进程（实时进程除外）的时间片用完了则设置 need_resched 为 1。

调用 reschedule_idle()，wake_up_process()及其他一系列 wake_up 函数。

sched_setscheduler()、sched_yield()系统调用，以及系统初始化（rest_init()中）、创建新进程（do_fork()中）等从语义上就希望启动调度器工作的场合。

7.4 ARM-Linux 模块机制

Linux 是单内核的，单内核的最大优点是效率高，因为所有的内容都集中在一起，但也有可扩展性以及可维护性差的缺点。模块机制的引入就是为了弥补这一缺陷。内核模块全称为动态可加载内核模块（Loadable Kernel Module，LKM），是 Linux 内核向外部提供的一个插口，简称为模块。

7.4.1　Linux 模块概述

Linux 中的可加载模块（Module）是 Linux 内核支持的动态可加载模块，它们是内核的一部分（通常是设备驱动程序），但是并没有编译到内核里面去。这个模块不同于微内核的模块，微内核的模块是一个个的守护进程，是属于用户空间的。Linux 的模块可以单独编译成为目标代码：2.4 内核中，模块的编译只需内核源码头文件，需要在包含 linux/module.h 之前定义 Module，编译、连接后以.o 的目标文件形式存在；在 2.6 内核中，模块的编译需要配置过的内核源码，编译、连接后生成的内核模块后缀为.ko，编译过程首先会到内核源码目录下，读取顶层的 Makefile 文件，然后再返回模块源码所在目录。它可以根据需要在系统启动后动态地加载到系统内核之中。当模块不再被需要时，可以动态地卸载出系统内核。Linux 中大多数设备驱动程序或文件系统都以模块形式存在。超级用户可以通过 insmod 和 rmmod 命令显式地将模块载入内核或从内核中将它卸载。内核也可在需要时，请求守护进程（kerneld）装载和卸载模块。通过动态地将代码载入内核可以减小内核代码的规模，使内核配置更为灵活。如果在调试新内核代码时采用模块技术，用户不必每次修改后都需重新编译内核和启动系统。

由于它使 Kernel 更加模块化，这已经成为一种增加内容到内核里去的较好方式，许多常用的设备驱动程序就是作成 Module 的。但是，应用 Module 技术会对系统的性能和内存有一定的影响。Module 采用了一些额外的代码和数据结构，它们占用了一部分内存。用户进程通过 Module 对内核资源进行访问是间接的，降低了内核资源的访问效率。

一旦 Linux Module 载入内核后，它就成为内核代码的一部分。它与其他内核代码的地位是相同的。Module 在需要时可通过符号表（Symbol Table）使用内核资源。内核将资源登记在符号表中，当 Module 装载时，内核利用符号表来解决 Module 中资源引用的问题。Linux 中允许 Module 堆栈，即一个 Module 可请求其他 Module 为之提供服务。当 Module 装载到系统内核时，系统修改内核中的符号表，将新装载的 Module 提供的资源和符号加到内核符号表中。通过这种通信机制，新载入的 Module 可以访问已装载的 Module 提供的资源。

若某个 Module 空闲，用户便可将它卸载出内核。在卸载之前，系统释放分配给该 Module 的系统资源，如内核内存、中断等。同时系统将该 Module 提供的符号从内核符号表中删除。

由于 Module 中代码与内核中其他部分代码的地位是相同的，Module 的代码错误会导致系统崩溃。而且 Module 一般需要调用内核的资源，所以必须注意 Module 的版本和内核的版本的相匹配的问题。一般会在 Module 的装入过程中检查 Module 的版本信息。

与 Module 相关的命令有：modprobe、depmod、genksyms、makecrc32、insmod、rmmod、lsmod、ksyms 以及 kerneld。其中以 insmod、rmmod、lsmod、depmod、modprobe、kerneld 最重要。它们的功能如下所述。

lsmod 把现在 Kernel 中已经安装的 Modules 列出来。

insmod 把某个 Module 安装到 Kernel 中。

rmmod 把某个没在用的 Module 从 Kernel 中卸载。

depmod 制造 module dependency file，以告诉将来的 insmod 要去哪儿找 Modules 来安装。这个 dependency file 放在/lib/modules/[当前 kernel 版本]/modules.dep。

7.4.2　模块代码结构

在 2.6 内核下,模块的代码结构是这样的:头文件,模块宏声明,初始化函数,退出函数以及入口出口函数设置。

```
//最简单的模块"Hello World"源文件
//头文件
# include <linux/module.h>
# include <linux/init.h>
# include <linux/kernel.h>

//模块宏声明
MODULE_LICENSE( "GPL" );
MODULE_DESCRIPTION( "Fortune Cookie Kernel Module" );
MODULE_AUTHOR( "M. Tim Jones" );

//初始化函数
static int __init mod_init_func(void)
{
        printk(KERN_EMERG "Hello, World\n");

        return 0;
}

//模块退出函数
static void __exit mod_exit_func(void)
{
        printk(KERN_EMERG "Bye, World\n");
}
//入口出口函数设置
module_init(mod_init_func);
module_exit(mod_exit_func);
```

7.4.3　模块的加载

加载 Module 有两种方法:第一种是通过 insmod 命令手工将 Module 载入内核。第二种是根据需要载入 Module。当内核发现需要某个 Module 时,内核请求守护进程(kerneld)载入该 Module。守护进程是在超级用户权限下运行的一个普通用户进程。当该进程启动时,建立与内核之间的一个 IPC 通道,内核通过该通道发送消息,请求 kerneld 完成具体的任务。

kerneld 的主要功能是将 Module 载入内核和将它卸载出内核。kerneld 本身并不执行这些任务,它只是调用相应命令来完成任务(如 insmod,rmmod),它只是内核负责调度任务的一个代理(Agent)。

对采用 insmod 命令装入的 Module,用户必须保证 insmod 能找到它。对于 kerneld 装入的 Module,一般放在/lib/modules/kernel-version 目录下。Module 是 a. out 或 elf 格式的目标文件,它不是固定链接到某一地址开始运行的。insmod 命令调用 sys_get_kernel_sys( )系统调用收集内核中所有符号来解决 Module 中的资源引用问题。

符号表的记录由两个域构成:符号的名字和符号的值(一般是符号的地址)。内核提供的符号表在 Module 链表最后一个 Module 中。

内核并不把它的所有符号都提供给 Module 使用。它在编译和连接的时候指定把某些符号加入到符号表中。用户可以通过查看/proc/ksyms 文件或利用 ksyms 工具查看内核和 Module 提供的符号。insmod 将 Module 读入虚存,利用符号表解决该模块中引用的内核程序和资源指针的定位。insmod 将符号的地址添入 Module 中的相应位置。

当 insmod 完成 Module 对符号表的引用问题,它调用 sys_create_module()系统调用,为新 Module 分配一个 Module 数据结构和足够的内核空间,将新分配的 Module 结构挂在 Module list 的头上,置新 Module 状态为 UNINITIALIZED。

用户可以通过 lsmod 命令列出系统中的所有 Module 和它们之间的依赖关系。系统将内核分配给 Module 的空间映射到 insmod 进程的地址空间,使 insmod 进程能够对它进行访问。insmod 将 Module 复制到分配的空间。

一般每个,Module 都向内核提供一个符号表。每一个 Module 都必须包含一个初始化和清除程序。当初始化 Module 时,insmod 调用 sys_init_module()系统调用,将 Module 的初始化和清除函数作为参数传递。当 Module 加入到内核后,必须修改内核的符号表,同时系统需要修改新 Module 依赖的所有 Module 中的相关指针。若一个 Module 被其他 Module 引用,则该 Module 的数据结构中包含一个引用该 Module 的 Module 的指针列表。然后内核调用 Module 的初始化函数。如果函数返回成功,则继续进行 Module 的安装。Module 的清除函数的指针存储在 Module 的数据结构之中。然后,置该 Module 的状态为 RUNNING。

7.4.4　模块的卸载

当内核的某一部分在使用某个 Module 时,该 Module 是不能被卸载的。例如,如果系统 Mount 了 VFAT 文件系统,不能卸载 VFAT Module。每一个 Module 有一个计数器(Module Count),可以利用 lsmod 命令来得到它的值。下面给出一个例子。

```
♯ lsmod
Module:            ♯ pages: Used by:
msdos              5                  1
vfat               4                  1 (autoclean)
fat                6    [vfat msdos]  2 (autoclean)
```

计数器的值是内核中依赖该模块的记录的数目。在上例中,vfat module 和 msdos module 都依赖 fat module,所以它的引用数为 2。vfat module 和 msdos module 计数器的值为 1,这是因为系统中 mount 了相应的文件系统。如果又装入一个 VFAT 文件系统,那么 vfat module 的计数器的值会变为 2。一个 Module 的 Module Count 的值保存在它的映像的第一个字中。

Module 的 AUTOCLEAN 和 VISITED 标志也保存在 Module Count 中。这两个标记只适用于由 kenerld 装入的 Module。将 Module 标记为 AUTOCLEAN,系统则可以将它们自动卸载。VISITED 标志表示该 Module 被其他的系统部分使用。当有其他系统部分(Component)使用该 Module 时,则置该标志。当 kerneld 请求系统卸载未被使用的且由它装入的 Module 时,它遍历系统中的 Module List,寻找候选 Module。系统仅考察标记为 AUTOCLEAN 和 RUNNING 的 Module.。若候选 Module 的 VISITED 标记未被置位,那么将该 Module 卸载,否则,系统清除该 Module 的 VISITED 标记位,然后考察系统中的下一个 Module。

当 Module 被卸载时,系统会调用该 Module 的 cleanup 子程序,可以在该子程序中释放系统分配给该 Module 的内核资源。

若 Module 的状态为 DELETED,则将它从系统的 Module List 中脱开,修改该 Module 所依赖的所有 Module 的 Reference List,将卸载的模块从它们的 Reference List 中脱开,释放分配给该 Module 的内核内存。

7.4.5 版本依赖

模块代码一定要在连接不同内核版本之前重新编译,因为模块是结合到某个特殊内核版本的数据结构和数据原型上,不同的内核版本的接口可能差别很大。在 2.6 内核下,源码头文件 linux/version.h 定义有:

LINUX_VERSION_CODE——内核版本的二进制表示,主版本号、从版本号、修订版本号各对应一个字节。

KERNEL_VERSION(major, minor, release)——由主版本号、次版本号、修订版本号构造二进制版本号。

7.5 ARM-Linux 中断管理

从系统的角度来看,中断是一个流程,一般来说,它要经过三个环节:中断响应,中断处理,中断返回。在系统对外部事件做出反应的过程中,中断响应是第一个环节,主要是确定中断源,而后根据中断源指引 CPU 进入具体的中断处理程序。因此中断响应在整个中断机制中起着枢纽的作用。由于现有的技术条件下,芯片的引线数量受到很大的限制,因此很难为了快速地确定中断源而让 CPU 芯片带足够多的中断请求线。这样一来,为了确定中断的来源就需要有一些辅助的手段,使 CPU 在响应中断的时候能迅速地确定中断源。辅助手段主要有下列几种。

CPU 在响应中断时进入一个特殊的中断响应周期,向外发一个"中断响应"(ACK)信号,要求中断源通过数据总线提供一个代表具体设备的数值,称为"中断向量"。发出中断请求的外设则必须在接收中断响应信号时发出这个中断向量。为了防止因为多个外设同时发出中断向量而形成冲突,还需要把所有可能成为中断源的设备连接成一条"中断链",在"中断链"的不同位置有不同的优先级。

在外部提供一个"集线器",称为"中断控制器"。它为外设提供多条中断请求线,但是将这些中断请求线(相或)合并成一条。与此同时,在中断控制器中还要提供一个寄存器,记录下当前的(综合)中断请求来自哪几条外部中断请求线。而 CPU 则可以像访问外设一样地读出这个寄存器的内容,以确定中断请求的来源。

将中断控制器集成在 CPU 芯片中,但是设法"挪用"或"复制"原有的若干引线,而并不实际增加引线的数量。

ARM 是将中断控制器集成在 CPU 内部的,由外设产生的中断请求都由芯片上的中断控制器汇总成一个 IRQ 中断请求。此外,中断控制器还向 CPU 提供一个中断请求寄存器和一个中断控制寄存器。寄存器中的每一位都代表着一个中断源。通过中断请求寄存器可以知道中断请求来自何处,通过中断控制寄存器则可以屏蔽或者连通特定的中断源。GPIO 是一个通用的可编程的 I/O 接口,其接口寄存器中的每一位都可以分别在程序的控制下设置用于输入或者输出。而且,当用于输入的时候,还可以让每一位的状态变化都引发一个中断请求。不同的开发板其中断源的分配可能不同,但是一般来讲 ARM Linux 将中断源分为三组:第一组是针对外部中断源;第二组是针对内部中断源,它们都来自集成在芯片内部的外围设备和控制器,比如 LCD 控制器、串行口、DMA 控制器等。第三组中断源使用的是一个两层结构。

由于无法让每一条中断请求线都使用单一的值用于一个中断源,所以只好让多个中断源共享。也就是说一条中断请求线可以接多个可产生中断的中断外设,如果这条中断请求线发出中断请求信号,那么还要搞清楚产生中断源的具体设备。在 Linux 中,每一个中断控制器都由 strcut hw_interrupt_type 数据结构表示。

```
struct hw_interrupt_type {
const char  * typename;
unsigned int ( * startup)(unsigned int irq);
void ( * shutdown)(unsigned int irq);
void ( * enable)(unsigned int irq);
void ( * ack)(unsigned int irq);
void ( * end)(unsigned int irq);
void ( * set_affinity)(unsiged int irq,unsigned long mask);
};
```

每一个中断请求线都由一个 struct irqdesc 数据结构表示。

```
typedef struct {
unsigned int status;                    / * IRQ 状态 * /
hw_irq_controller * handler;
struct irqaction * action;
unsigned int depth;
spinlock_t lock;
}_cacheline_aligned irq_desc_t;
```

此外还有一个中断请求队列数组 irq_desc_t irq_desc[NR_IRQS];,具体中断处理程序则在数据结构 struct irqaction 中。

```
struct irqaction {
void ( * handler)(int,void * ,struct pt_regs * );
    //指向具体中断服务程序
    unsigned long flags;
    unsigned long mask;
    const char  * name;
    void * dev_id;
    struct irqaction * next;
};
```

这三个数据结构的相互关系如图 7-7 所示。

下面通过中断机制的初始化的说明来了解 ARM Linux 的中断机制。

在 ARM Linux 存储管理中,内核中 DRAM 区间的虚拟地址和物理地址是相同的。系统加电引导以后,CPU 进入内核的总入口,即代码段的起点 stext,CPU 首先从自身读出 CPU 的型号以及其所在的开发板,把有关的信息保存在全局变量中,然后就转入 start_kernel()函数进行初始化。接着是执行函数 trap_init(),这个函数主要做了两件事:第一件事是将下列指令搬运到虚拟地址 0 处。

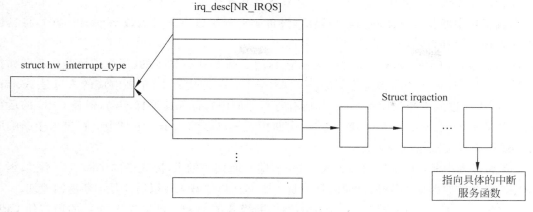

图 7-7　中断相关数据结构

```
.LCvectors:    swi     SYS_ERROR0
               b       __real_stubs_start + (vector_undefinstr − __stubs_start)
               ldr     pc, __real_stubs_start + (.LCvswi − __stubs_start)
               b       __real_stubs_start + (vector_prefetch − __stubs_start)
               b       __real_stubs_start + (vector_data − __stubs_start)
               b       __real_stubs_start + (vector_addrexcptn − __stubs_start)
               b       __real_stubs_start + (vector_IRQ − __stubs_start)
               b       __real_stubs_start + (vector_FIQ − __stubs_start)
```

　　其中,第 7 条指令:b __real_stubs_start ＋ (vector_IRQ-__stubs_start)经过 trap_init 初始化以后,就在地址 0x18 处。ARM 体系机构规定一旦中断发生,CPU 就跳转到 0x18 处去执行,所以上面的第 7 条指令就是中断相应后的要执行的第一条代码。第二件事是搬运底层中断响应程序的代码(如下所示)到 0x200 处。

```
__stubs_start:
vector_IRQ:
        …
vector_data:
…
vector_prefetch:
        …
vector_undefinestr:
        …
vector_FIQ:
        …
vector_addrexcptn:
        …
.LCvswi:    .word   vector_swi
.LCsirq:    .word   __temp_irq
.LCsund:    .word   __temp_und
.LCsabt:    .word   __temp_abt
__stubs_end:
```

　　trap_init()函数执行完了以后,再执行 init_IRQ()。通过函数 init_IRQ()建立上面提及的三个数据结构及其相互联系的框架。

注意：函数的具体内容见源代码，这里只是简单地介绍一下流程。

完成了对中断相应框架的初始化以后，设备驱动程序可以通过函数 request_iq()，将具体的中断处理程序和特定的中断请求号挂上钩。

前面讲过，当 CPU 响应中断时是从地址 0x18 处开始执行指令的，那里应该是一条转移指令，这一点是和具体的操作系统无关的。在 ARM Linux 的代码中，中断响应的入口是 vector_IRQ。当 CPU 进入中断响应状态时，其所有寄存器的内容都保持原样不动，但是 CPU 的运行模式却从原来的模式切换到了中断模式。中断模式有自己的 spsr，sp 和 lr。在进入中断响应之前，CPU 自动完成下列操作。

（1）将进入中断响应前的内容装入 r14_irq，即中断模式的 lr，使其指向中断点。不过，因为取指令流水线的原因，lr 实际所指向的是中断点加 4，所以要减去 4 以后才是中断返回地址。

（2）将 cpsr 原来的内容装入 spsr_irq，即中断模式的 spsr；同时改变 cpsr 的内容使 CPU 运行于中断模式，并关闭中断。

（3）将堆栈指针 sp 切换成中断模式的 sp_irq。

（4）将 pc 指向 0x18。

下面用图 7-8 简单地说明一下中断相应的流程。

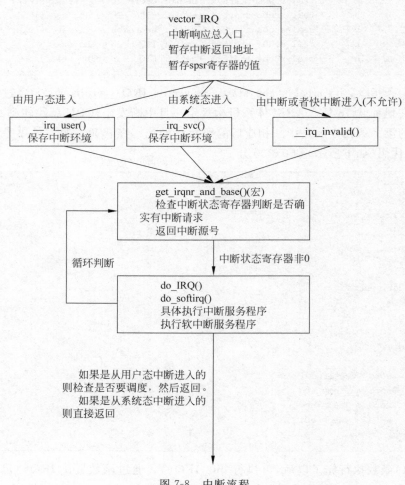

图 7-8 中断流程

7.6　ARM-Linux 系统调用

在 UNIX 系统下有两种方式实现系统调用：通过经过封装的 C 库(libc)或者直接调用。在程序中是否使用 libc 不仅是一个编程风格的问题,使用 libc 的好处是,它的封装可以确保当系统调用接口发生变化时,无须对使用 libc 的程序进行修改。同时 libc 还提供兼容 POSIX 标准的接口。而 UNIX 内核调用往往是和 POSIX 兼容的,这意味着大多数 libc 的系统调用的函数接口和内核系统调用是完全匹配的。而不通过 libc 调用系统服务的缺点是,会丢失若干个非系统调用封装的函数如 printf()、malloc()。

在 x86 处理器上,Linux 系统调用是通过自陷指令"INT 0x80"实现的。系统调用号由 eax 传递,参数则通过寄存器传递,而不是通过堆栈。一共可以具有 5 个参数,顺序存放在 ebx、ecx、edx、esi、edi。如果调用具有 5 个以上的参数,就需要以结构的形式作为第一个参数传递。返回值通过 eax 返回。系统调用函数号包含在/sys/syscall.h 中,而实际上是定义在 asm/unistd.h 中。

同样,在 ARM 处理器也有自陷指令,这就是 SWI。系统调用号就是 SWI 的操作数,参数则和 x86 系统结构很相似:一样通过寄存器传递,一共可以具有 5 个参数,顺序存放在 r0~ r4,如果调用具有 5 个以上的参数,就需要以结构的形式作为第一个参数传递,返回结果保存在寄存器 r0 中。

不管是 x86 用 INT 0x80 也好,还是 ARM 用 SWI 也好,总之系统调用是应用程序从用户空间主动地进入内核空间的唯一手段和途径。接下来比较一下 x86 和 ARM 的系统调用,让读者能够理解 Linux 应用程序是如何进行系统调用的。

系统调用的过程和中断有类似之处,当 CPU 遇到自陷指令后,跳转到内核态,操作系统首先保存当前运行的信息,然后根据系统调用号查找相应的函数去执行,执行完了以后恢复原先保存的运行信息返回。比如在 x86 的系统结构中,自陷指令 int 的操作数是一个"向量",实际上应该称为"向量索引",CPU 用它作为访问"中断向量表"的下标,从表(数组)中得到的才是相应处理程序的入口。这样,通过不同的向量索引可以使 CPU 立即转入不同的处理程序。比如通常应用程序所用的 fork()函数,它是 libc 经过包装过的函数,其最终的实现是系统调用,例如一个简单的程序:

```
# include < unistd.h >
int main()
{
fork();
return 0;
}
```

通过输入 gcc − static − O2 main.c − o main 命令(-static 表示静态链接所用的库,-O2 表示编译优化)。然后再输入命令 objdump − d main > main_dump(这条命令是将 main 反汇编,其结果输出到 main_dump 文件中)查看 main_dump 中的一段。

```
0804d7ec < __libc_fork >:
 804d7ec:    b8 00 00 00 00        mov      $ 0x0, % eax
 804d7f1:    55                    push     % ebp
 804d7f2:    85 c0                 test     % eax, % eax
 804d7f4:    89 e5                 mov      % esp, % ebp
 804d7f6:    53                    push     % ebx
 804d7f7:    74 13                 je       804d80c < __libc_fork + 0x20 >
 804d7f9:    68 a0 40 0a 08        push     $ 0x80a40a0
 804d7fe:    e8 fd 27 fb f7        call     0 < _init − 0x80480d4 >
 804d803:    5a                    pop      % edx
 804d804:    8b 5d fc              mov      0xfffffffc( % ebp), % ebx
 804d807:    c9                    leave
 804d808:    c3                    ret
 804d809:    8d 76 00              lea      0x0( % esi), % esi
 804d80c:    b8 02 00 00 00        mov      $ 0x2, % eax
 804d811:    cd 80                 int      $ 0x80
 804d813:    3d 00 f0 ff ff        cmp      $ 0xfffff000, % eax
 804d818:    89 c3                 mov      % eax, % ebx
 804d81a:    77 07                 ja       804d823 < __libc_fork + 0x37 >
 804d81c:    89 d8                 mov      % ebx, % eax
 804d81e:    8b 5d fc              mov      0xfffffffc( % ebp), % ebx
 804d821:    c9                    leave
 804d822:    c3                    ret
 804d823:    e8 54 b1 ff ff        call     804897c < __errno_location >
 804d828:    f7 db                 neg      % ebx
 804d82a:    89 18                 mov      % ebx, ( % eax)
 804d82c:    bb ff ff ff ff        mov      $ 0xffffffff, % ebx
 804d831:    89 d8                 mov      % ebx, % eax
 804d833:    eb e9                 jmp      804d81e < __libc_fork + 0x32 >
 804d835:    90                    nop
 804d836:    90                    nop
 804d837:    90                    nop
```

804d80c 和 804d811 两行具体的意思是：先将系统调用号 0x2 作为参数赋给寄存器 eax，然后执行指令 int 0x80。由此进入内核后，操作系统查找系统调用列表，找到相应的函数 sys_fork(arch/i386/kernel/process. c)。

以上说的是 x86 体系的 Linux 的应用程序系统调用，ARM 系统结构的系统调用和 x86 系统结构大致相同，但 ARM 的 SWI 指令和 x86 的 int 指令不同，虽然它也可以带上不同的操作数，但是 CPU 在执行这条指令的时候总是转入同一个地址 0x08，并且从这个地址开始执行指令。在 ARM 系统结构中，对于自陷处理只有一个总的入口。SWI 指令可以带操作数，这个操作数作为分发、跳转到不同处理程序的依据，也就是说 SWI 指令的操作数就是系统调用号。举例来说，还是使用上面的程序，但编译的时候用 arm-linux-gcc - static - O2 main. c - o main 命令，然后用 arm-linux-objdump - d main > main_dump 反汇编。查看 main_dump 文件如下。

```
0000ed70 < __libc_fork >:
      ed70:    ef900002        swi      0x00900002
      ed74:    e3700a01        cmn      r0, ♯4096        ; 0x1000
      ed78:    31a0f00e        movcc    pc, lr
ed7c:     ea00018f        b        f3c0 < __syscall_error >
```

注：ed70 所指的就是 ARM 系统调用的具体实现。

7.7　ARM-Linux 系统启动和初始化

7.7.1　使用 Boot Loader 将内核映像载入

ARM 系统结构的启动是从物理地址 0 开始的(一般不是 RAM,可能是 Flash,或者是 ROM)。操作系统的内核就是由 Boot Loader 加载到 RAM 中并执行的。具体 Boot Loader 已经在专门讲解 Boot Loader 的章节中介绍过了,这里就不做详细说明了。

Linux 内核通过 Boot Loader 加载到内存后,经过内核的搬运等一系列工作后跳到函数 start_kernel()(init/main.c)进入初始化过程。

7.7.2　内核数据结构初始化——内核引导第一部分

start_kernel()中调用了一系列初始化函数,以完成 Kernel 本身的设置。这些动作有的是公共的,有的则是需要配置才会执行的。

下面简单介绍一下 start_kernel()函数中各个主要初始化函数的功能。

(1) 输出 Linux 版本信息(printk(linux_banner));

(2) 设置与体系结构相关的环境(setup_arch());

(3) 页表结构初始化(paging_init());

(4) 设置系统自陷入口(trap_init());

(5) 初始化系统 IRQ(init_IRQ());

(6) 内核进程调度器初始化(包括初始化几个默认的 Bottom-half、sched_init()等);

(7) 时间、定时器初始化(包括读取 CMOS 时钟、估测主频和初始化定时器中断等,time_init());

(8) 提取并分析内核启动参数(从环境变量中读取参数,设置相应标志位等待处理, (parse_options());

(9) 控制台初始化(为输出信息而先于 PCI 初始化,console_init());

(10) 剖析器数据结构初始化(prof_buffer 和 prof_len 变量);

(11) 内核 Cache 初始化(描述 Cache 信息的 Cache,kmem_cache_init());

(12) 延迟校准(获得时钟 jiffies 与 CPU 主频 ticks 的延迟,calibrate_delay());

(13) 内存初始化(设置内存上下界和页表项初始值,mem_init());

(14) 创建和设置内部及通用 cache("slab_cache",kmem_cache_sizes_init());

(15) 创建 uid taskcount SLAB cache("uid_cache",uidcache_init());

(16) 创建文件 cache("files_cache",filescache_init());

(17) 创建目录 cache("dentry_cache",dcache_init());

(18) 创建与虚存相关的 cache("vm_area_struct","mm_struct",vma_init());

(19) 块设备读写缓冲区初始化(同时创建"buffer_head"cache 用户加速访问,buffer_init());

(20) 创建页 cache(内存页 hash 表初始化,page_cache_init());

(21) 创建信号队列 cache("signal_queue",signals_init());

(22) 初始化内存 inode 表(inode_init());

（23）创建内存文件描述符表（"filp_cache"，file_table_init（））；

（24）SMP 机器其余 CPU（除当前引导 CPU）初始化（对于没有配置 SMP 的内核，此函数为空，smp_init（））；

（25）启动 init 过程，创建第一个内核线程，调用 init（）函数。

至此 start_kernel（）结束，基本的内核环境已经建立起来了。

7.7.3　外设初始化——内核引导第二部分

init（）函数作为内核线程，首先锁定内核（仅对 SMP 机器有效），然后调用 do_basic_setup（）完成外设及其驱动程序的加载和初始化。主要过程如下。

（1）总线初始化（比如 pci_init（））。

（2）网络初始化（初始化网络数据结构，包括 sk_init（）、skb_init（）和 proto_init（）三部分，在 proto_init（）中，将调用 protocols 结构中包含的所有协议的初始化过程，sock_init（））。

（3）创建 bdflush 内核线程，bdflush（）过程常驻内核空间，由内核唤醒来清理被写过的内存缓冲区，当 bdflush（）由 kernel_thread（）启动后，它将自己命名为 kflushd。

（4）创建 kupdate 内核线程，kupdate（）过程常驻内核空间，由内核按时调度执行，将内存缓冲区中的信息更新到磁盘中，更新的内容包括超级块和 inode 表。

（5）设置并启动内核调页线程 kswapd，为了防止 kswapd 启动时将版本信息输出到其他信息中间，内核先调用 kswapd_setup（）设置 kswapd 运行所要求的环境，然后再创建 kswapd 内核线程。

（6）创建事件管理内核线程，start_context_thread（）函数启动 context_thread（）过程，并重命名为 keventd。

（7）设备初始化，包括并口 parport_init（）、字符设备 chr_dev_init（）、块设备 blk_dev_init（）、SCSI 设备 scsi_dev_init（）、网络设备 net_dev_init（）、磁盘初始化及分区检查等，device_setup（）。

（8）执行文件格式设置，binfmt_setup（）。

（9）启动任何使用 __initcall 标识的函数，方便内核开发者添加启动函数，do_initcalls（）。

（10）文件系统初始化（filesystem_setup（））。

（11）安装 root 文件系统（mount_root（））。

至此 do_basic_setup（）函数返回 init（），在释放启动内存段（free_initmem（））并给内核解锁以后，init（）打开 /dev/console 设备，重定向 stdin、stdout 和 stderr 到控制台。最后，搜索文件系统中的 init 程序（或者由 init=命令行参数指定的程序），并使用 execve（）系统调用加载执行 init 程序。

init（）函数到此结束，内核的引导部分也到此结束了，这个由 start_kernel（）创建的第一个线程已经成为一个用户模式下的进程了。此时系统中存在着以下 6 个运行实体。

（1）start_kernel（）本身所在的执行体，这其实是一个"手工"创建的线程，它在创建了 init（）线程以后就进入 cpu_idle（）循环了，它不会在进程（线程）列表中出现。

（2）init 线程，由 start_kernel（）创建，当前处于用户态，加载了 init 程序。

（3）kflushd 内核线程，由 init 线程创建，在内核态运行 bdflush（）函数。

（4）kupdate 内核线程，由 init 线程创建，在内核态运行 kupdate（）函数。

（5）kswapd 内核线程，由 init 线程创建，在内核态运行 kswapd（）函数。

（6）keventd 内核线程，由 init 线程创建，在内核态运行 context_thread（）函数。

7.7.4　init 进程和 inittab 脚本

init 进程是系统所有进程的起点，内核在完成核内引导以后，即在本线程（进程）空间内加载 init 程序，它的进程号是 1。

可以通过内核参数 init＝XXX 来设置 init 进程，在这个系统 init 进程是一个脚本文件：相应文件系统根目录下的 linuxrc。

```
#!/bin/sh
echo "Setting up RAMFS, please wait ... "
/bin/mount − n − t ramfs ramfs /etc/tmp
/bin/mount − n − t ramfs ramfs /etc/var
/bin/mount − n − t ramfs ramfs /root
/bin/cp − a /mnt/var/ * /etc/var
#/bin/cp − a /mnt/root/ * /root
echo "done and exiting"
exec /sbin/init
```

脚本先 mount 一些 Ramfs（内存文件系统），最后执行 exec /sbin/init，经过这一句以后，当前 init 进程运行的代码就是/sbin/init（以下所提到的 init 就是/sbin/init）。

init 程序需要读取/etc/inittab 文件作为其行为指针，inittab 是以行为为单位的描述性（非执行性）文本，每一个指令行都具有以下格式。

```
id:runlevel:action:process
```

其中，id 为入口标识符，runlevel 为运行级别，action 为动作代号，process 为具体的执行程序。id 一般要求 4 个字符以内，对于 getty 或其他 login 程序项，要求 id 与 tty 的编号相同，否则 getty 程序将不能正常工作。runlevel 是 init 所处于的运行级别的标识，一般使用 0～6 以及 S 或 s。0、1、6 运行级别被系统保留，0 作为 shutdown 动作，1 作为重启至单用户模式，6 为重启；S 和 s 意义相同，表示单用户模式，且无须 inittab 文件，因此也不在 inittab 中出现，实际上，进入单用户模式时，init 直接在控制台（/dev/console）上运行/sbin/sulogin。

在一般的系统实现中，都使用了 2、3、4、5 几个级别，2 表示无 NFS 支持的多用户模式，3 表示完全多用户模式（也是最常用的级别），4 保留给用户自定义，5 表示 XDM 图形登录方式。7～9 级别也是可以使用的，传统的 UNIX 系统没有定义这几个级别。runlevel 可以是并列的多个值，以匹配多个运行级别。对大多数 action 来说，仅当 runlevel 与当前运行级别匹配成功才会执行。

initdefault 是一个特殊的 action 值，用于标识默认的启动级别；当 init 由内核激活以后，它将读取 inittab 中的 initdefault 项，取得其中的 runlevel，并作为当前的运行级别。如果没有 inittab 文件，或者其中没有 initdefault 项，init 将在控制台上请求输入 runlevel。

sysinit、boot、bootwait 等 action 将在系统启动时无条件运行，而忽略其中的 runlevel，其余的 action（不含 initdefault）都与某个 runlevel 相关。各个 action 的定义在 inittab 的 man 手册中有详细的描述。

这个系统的 inittab 文件如下（去掉不执行的语句并加上注释）。

```
id:3:initdefault:                    ＃表示当前默认运行级别为 3
si::sysinit:/etc/rc.d/rc.sysinit    ＃启动时自动执行/etc/rc.d/rc.sysinit 脚本

～～:S:wait:/sbin/sulogin            ＃无论何种级别都要执行/sbin/sulogin,init 等待其返回

l3:3:wait:/etc/rc.d/rc 3            ＃当运行级别为 3 时,以 3 为参数运行/etc/rc.d/rc 脚本,init
                                     ＃将等待其返回

ca:12345:ctrlaltdel:/sbin/shutdown－t1－r now      ＃当按下 Ctrl＋Alt＋Del 键的时候执行
＃/sbin/shutdown

＃在 1～5 各个级别上以 tty0 为参数执行/sbin/mingetty 程序,打开 tty0 终端用于
＃用户登录,如果进程退出则再次运行 mingetty 程序
T0:12345:respawn:/sbin/getty－L ttyS0 115200 vt100

＃在 3 级别上运行:/usr/X11R6/bin/x,并且只可运行一次
x:3:once:/usr/X11R6/bin/x start
```

7.7.5　rc 启动脚本

　　7.7.4 节已经提到 init 进程将启动运行 rc 脚本,这一节将介绍 rc 脚本具体的工作。一般情况下,rc 启动脚本都位于/etc/rc.d 目录下,rc.sysinit 中最常见的动作就是激活交换分区,检查磁盘,加载硬件模块,这些动作无论哪个运行级别都是需要优先执行的。仅当 rc.sysinit 执行完以后 init 才会执行其他的 boot 或 bootwait 动作。如果没有其他 boot 或者 bootwait 动作,在运行级别 3 下,/etc/rc.d/rc 将会得到执行,命令行参数为 3,即执行/etc/rc.d/rc3.d/目录下的所有文件。rc3.d 下的文件都是指向/etc/rc.d/init.d/目录下各个 Shell 脚本的符号连接,而这些脚本一般都能接受 start、stop、restart、status 等参数。rc 脚本以 start 参数启动所有以 S 开头的脚本,在此之前,如果相应的脚本也存在 K 打头的链接,而且已经处于运行态了(以/var/lock/subsys/下的文件作为标志),则将首先启动 K 开头的脚本,以 stop 作为参数停止这些已经启动了的服务,然后再重新运行。显然,这样做的直接目的就是当 init 改变运行级别时,所有相关的服务都将重启,即使是同一个级别的。

7.7.6　Shell 的启动

　　在级别 3 以下 login 的用户,将启动一个用户指定的 Shell,以下以/bin/bash 为例继续我们的启动过程。

　　bash 是 Bourne Shell 的 GNU 扩展,除了继承了 sh 的所有特点以外,还增加了很多特性和功能。由 login 启动的 bash 是作为一个登录 Shell 启动的,它继承了 getty 设置的 TERM、PATH 等环境变量,其中,PATH 对于普通用户为"/bin:/usr/bin:/usr/local/bin",对于 root 为"/sbin:/bin:/usr/sbin:/usr/bin"。Shell 启动时它将首先寻找/etc/profile 脚本文件,并执行它；然后如果存在～/.bash_profile,则执行它,否则执行～/.bash_login,如果该文件也不存在,则执行～/.profile 文件。然后 bash 将作为一个交互式 Shell 执行～/.bashrc 文件(如果存在的话),很多系统中,～/.bashrc 都将启动/etc/bashrc 作为系统范围内的配置文件。当显示出命令行提示符的时候,整个启动过程就结束了。

小　　结

　　本章介绍了 ARM-Linux 的内核知识,Linux 并不是嵌入式操作系统的唯一选择,其他还有很多嵌入式操作系统,比如 WinCE 等,但是由于 Linux 是一个开放源代码的操作系统,因此本章只介绍 ARM-Linux,希望读者通过学习 Linux 从而了解嵌入式操作系统。本章从存储管理,中断处理,系统调用,系统的初始化,进程管理,模块机制这几个方面来讲解 ARM-Linux 的内核,当然要深入了解 ARM-Linux 的内核知识最好的方法就是参考内核源代码,并动手实验。

进一步探索

　　(1) 读者可以参阅 *Understanding Linux Kernel* 一书,对 Linux 内核进入深入了解。
　　(2) 通过移植内核以及制作内核模块实验进行实践。

## 第8章

文件系统

文件系统是文件的数据结构和组织方法,用户通过文件直接地和操作系统交互,是操作系统中最直观的部分。操作系统提供了数据计算和数据存储的功能,这些数据是通过文件系统直观地存储在介质上,操作系统则按照特定的格式管理这些数据。Linux操作系统支持多种文件系统,包括 ext2、ext3、ext4、NFS 和 Ramfs 等。而嵌入式系统和通用 PC 的机制有所不同,需要从文件系统和根文件系统两方面去构建嵌入式 Linux 文件系统。

本章将首先对嵌入式文件系统进行简单介绍,然后介绍嵌入式 Linux 文件系统框架,接着详细介绍常见的 JFFS2 嵌入式文件系统,最后介绍根文件系统。

通过本章的学习,读者可以获得以下知识点。

(1) 嵌入式文件系统简介;

(2) 嵌入式 Linux 文件系统框架;

(3) 几个常用的嵌入式文件系统;

(4) 根文件系统制作。

8.1　嵌入式文件系统简介

Linux 文件系统与 Windows 文件系统有很大的差别,大多数由 Windows 平台转来的用户在使用 Linux 文件系统的时候都会感到困惑。同时,嵌入式系统中的文件系统也有它自身的许多特点。在这一节中主要介绍嵌入式系统中文件系统的一些基础概念和特点,以及嵌入式 Linux 下常用的各种文件系统的使用。

8.1.1　Linux 文件系统简介

Linux 系统支持很多的文件系统。这样 Linux 可以与其他操作系统很好地共存,这也是 Linux 成功的关键因素之一。用户可以在 Linux 上面透明地安装具有其他操作系统文件格式的磁盘或者分区,这些操作系统如 Windows、其他版本的 UNIX 甚至一些很少见到的系统。Linux 初期形成的文件系统有 ext、ext2、xia、VFAT、Minix、msdos、umsdos、proc、smb、ncp、iso9660、sysv、HPFS、AFFS 和 UFS 等 15 种,后来又被全世界的开发者增加了不少。现今 Linux 常用的文件系统包括 Linux 基本文件系统 ext(Extended File System)和 DOS 文件系统 msdos、Windows 文件系统 VFAT 和 CD-ROM 文件系统 iso9660 等。

Linux 中文件系统具有树结构,新 mount 进来的文件系统被添加到这个树结构。所有的文件系统无论什么形式可被 mount 到目录中,文件系统内的文件构成这个目录的内容。

Linux 初期的基本文件系统是 Minix,但其适用范围和功能都很有限。其文件名最长不能超过 14 个字符并且最大的文件不超过 64MB。因此于 1992 年开发了 Linux 专用的文件系统

ext(Extended File System),解决了很多的问题。但 ext 的功能也并不是非常优秀,最终于1993 年增加了 ext2(Extended File System 2)。Linux 中增加 ext 文件系统时用户可通过虚拟文件系统(Virtual File System,VFS)来访问支持 VFS 的多种文件系统。

存储文件系统的设备为 Block 设备(Block Device)。Block 设备指硬盘(HDD)、软盘(FDISK)和 CD-ROM 等,Linux 文件系统不需要知道 Block 设备的物理特性和使用方法等。只要求读或写设备的特定 Block。此外的所有操作都由 Block 设备驱动来进行。

8.1.2　嵌入式文件系统简介

嵌入式文件系统就是在嵌入式系统中应用的文件系统。嵌入式文件系统是嵌入式系统的一个重要组成部分,随着嵌入式系统硬件设备的广泛应用和价格的不断降低以及嵌入式系统应用范围的不断扩大,嵌入式文件系统的重要性显得更加突出。

由于系统体系结构的不同,嵌入式文件系统在很多方面与桌面文件系统有较大区别。例如在普通桌面操作系统中,文件系统不仅要管理文件,提供文件系统 API,还要管理各种设备,支持对设备和文件操作的一致性(像操作文件一样操作各种 I/O 设备)。在嵌入式文件系统中,则发生了变化——在某些情况下,嵌入式操作系统可以针对特殊的目的制定,特别是随着ASOS(Application Specific Operating System,为应用定制的嵌入式操作系统)的发展,对嵌入式操作系统的系统功能归整性和可伸缩性提出了更高的要求。一般说来,嵌入式文件系统要为嵌入式系统的设计目的服务,不同用途的嵌入式操作系统下的文件系统在许多方面各不相同。

1. 嵌入式操作系统的文件系统的设计目标

嵌入式操作系统的文件系统的设计目标如下。

1) 使用简单方便

用户只需要知道文件名、路径等文件的简单特征信息,就可以方便地使用文件,而不必知道文件具体是如何存储在系统的物理空间,以及系统是如何处理文件的打开、关闭等相关操作的。存取文件的其他所有操作都交由文件系统完成。

2) 安全可靠

对文件、数据的保护是文件系统的基本功能。嵌入式系统的应用领域通常要求系统具有高可靠性,作为操作系统的一部分,文件系统应该满足高可靠性的要求。基于该目的,我们不仅实现了文件系统中所有的确保文件系统安全性、一致性、有效性的规范,还提供了基于该规范的大量应用程序,以确保文件的安全和数据的有效。

3) 实时响应

系统的实用性能是嵌入式实时操作系统最重要的特性之一,它要求嵌入式实时操作系统内核对内部和外部的响应时间确定。文件系统应该满足实时系统的实时性要求,提供缩短响应时间的机制和策略,能够为文件的管理和操作提供较短时间的响应。

4) 接口标注的开放性和可移植性

嵌入式应用的领域非常广泛,所应用的实时操作系统和硬件环境也千差万别。为了适应这种差异性,文件系统组件应该不依赖于具体的硬件环境和操作系统,使其能够很容易地移植到各种应用环境。在应用编程接口上,主要参考了嵌入式 Linux 的接口模型,并且对依赖于内核的函数以及结构做出相应的修改,使文件系统能够不依赖于内核。

5) 可伸缩性和可配置性

嵌入式设计具有特定性。因此,相应的软件应该非常灵活,以适应变化的硬件环境,并只包含特定应用所需要的部分。

6）开放的体系结构

文件系统组件应该具有开放的体系结构,支持各种具体的文件系统,并提供对目前主流文件系统的支持。

7）资源有效性

运行于高端处理器上的桌面系统的文件系统可以使用大内存和大容量存储设备,嵌入式文件系统则需要考虑满足运行于不同性能的处理器上的小内存和小容量存储设备环境。

8）功能完整性

文件系统组件应该同桌面操作系统所拥有的文件系统一样,提供文件创建、打开、读/写等文件的管理和操作功能。

9）热插拔

当文件系统需要更新或升级时,应该不影响正在使用文件系统的用户的正常操作。

10）支持多种文件类型

由于嵌入式应用的差异性,文件系统应该能够支持多种文件类型,包括正规文件、目录、设备文件、通道和 FIFO 以及符号链接等。

2. 一些流行的嵌入式文件系统

国外的流行嵌入式操作系统产品基本上都有成熟的文件系统,以下是除了 Linux 以外几个主流的嵌入式操作系统的文件系统组件的概况。

QNX 提供了多种资源管理器,包括各种文件系统和设备管理,支持多个文件系统同时运行,包括提供完全 POSIX.1 及 UNIX 语法的 POSIX 文件系统,支持多种闪存设备的嵌入式文件系统,支持对多种文件服务器(如 Windows、LANManager 等)的透明访问的 SMB 文件系统、FAT 文件系统、CD-ROM 文件系统等。

VxWorks 提供的快速文件系统(FFS)适合于实时系统应用。它包括几种支持使用块设备(如磁盘)的本地文件系统。这些设备都是用一个标准的接口从而使得文件系统能够被灵活地在设备驱动程序上移植。另外,VxWorks 也支持 SCSI 磁带设备的本地文件系统。VxWorks I/O 体系结构甚至还支持在一个单独的 VxWorks 系统上同时并存几个不同的文件系统。VxWorks 支持 4 种文件系统：FAT、RT11FS、RAWFS 和 TAPEFS。另一方面,普通数据文件,外部设备都统一作为文件处理。它们在用户面前有相同的语法定义,使用相同的保护机制。这样既简化了系统设计又便于用户使用。

8.2　嵌入式 Linux 文件系统框架

为什么说文件系统是操作系统重要的一部分？要回答这个问题可以先来看看文件系统的框架。现代操作系统都提供多种访问存储设备的方法。如图 8-1(a)所示,设备驱动提供用户空间设备 API 去直接控制硬件设备。这样,用户的进程就可以绕过操作系统而直接读写磁盘上的内容。但这种方式给操作系统带来了很大的麻烦。因为操作系统难以保证自身数据的完整性,其数据区中的内容很有可能会被用户空间的程序覆盖,使得系统的稳定性也大大地降低。所以大部分操作系统都是由文件管理器来使用设备 API,而对上层用户空间的应用程序提供文件 API。只有在特殊的环境下才允许用户通过设备 API 访问硬件设备。例如,数据库管理系统就需要跳过操作系统层而直接访问硬件设备,这是通过操作系统赋予对应的进程适合的权限做到的。设备驱动的数据访问是按照"块"的方式来进行的。但是文件管理器却可以按照自己的文件结构来读写数据,这样就使得文件管理器能够以各种各样的格式来存取数据。也正是因为文件管理器的存在,才有不同种类的文件系统出现。

在 UNIX 操作系统中,磁盘上的文件大致是按照树的形式来组织的,软盘、CD-ROM 这些可移动设备也不例外。但是在一个文件系统中只有一个根目录,而这些可移动设备可能有自己的文件格式,并且每个分区都有自己的根目录,但是通过 mount 操作被连接到高一级文件系统的一棵子树上,这样不同类型的文件系统就组织到了同一棵树下。Linux 的目录结构之所以是图状,是因为在系统中通过连接将"树"上的"叶子"连接到其他的"叶子"或者"分支处"。

Linux 文件系统的组织框架如图 8-1(b)所示,也有两条独立控制设备驱动的途径,一是通过设备驱动的接口,另一条是通过文件管理器接口。然后无论是在 UNIX 系统还是在 Linux 系统中,设备驱动的接口 API 都是从文件管理器 API 中继承下来的,所以这些设备 API 都有 open()、close()、read()、write()、lseek()和 ioctl()等与文件 API 类似的接口。

UNIX 文件系统通过文件管理器的操作以及对文件、目录的定位来控制存储设备。和现今的大部分 UNIX 系统类似,Linux 也使用文件管理器,但是它的文件管理器使用了 VFS(虚拟文件系统),正是 VFS 让 Linux 能够支持目前多种文件系统。VFS 具备访问各种各样的文件系统的能力,也是因为 VFS 在内部去适应各种不同的文件系统的差异,而提供给用户进程的是统一的文件 API。

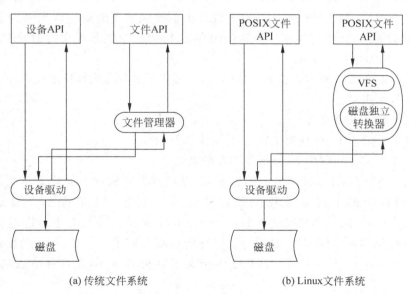

(a) 传统文件系统   (b) Linux文件系统

图 8-1 Linux 文件系统框架

所有嵌入式系统的启动都至少需要使用某种形式的永久性存储设备,它们需要合适的驱动程序,当前在嵌入式 Linux 中有三种常用的块驱动程序可以选择。

1. Blkmem 驱动层

Blkmem 驱动是为 μCLinux 专门设计的,也是最早的一种块驱动程序之一,现在仍然有很多嵌入式 Linux 操作系统选用它作为块驱动程序,尤其是在 μCLinux 中。它相对来说是最简单的,而且只支持建立在 NOR 型 Flash 和 RAM 中的根文件系统。使用 Blkmem 驱动,建立 Flash 分区配置比较困难,这种驱动程序为 Flash 提供了一些基本擦除/写操作。

2. RamDisk 驱动层

RamDisk 驱动层通常应用在标准 Linux 中无盘工作站的启动，对 Flash 存储器并不提供任何的直接支持，RamDisk 就是在开机时，把一部分的内存虚拟成块设备，并且把之前所准备好的档案系统映像解压缩到该 RamDisk 环境中。当在 Flash 中放置一个压缩的文件系统，可以将文件系统解压到 RAM，使用 RamDisk 驱动层支持一个保持在 RAM 中的文件系统。

3. MTD 驱动层

为了尽可能避免针对不同的技术使用不同的工具，以及为不同的技术提供共同的能力，Linux 内核纳入了 MTD 子系统（Memory Technology Device）。它提供了一致且统一的接口，让底层的 MTD 芯片驱动程序无缝地与较高层接口组合在一起。

8.3　JFFS2 嵌入式文件系统

JFFS2 是 Red Hat 公司基于 JFFS 开发的闪存文件系统，本意是为 Red Hat 公司的嵌入式产品 eCos 开发的嵌入式文件系统，不过，JFFS2 也可以使用在 Linux，μCLinux 中。JFFS 最初是由瑞典的 Axis Communications AB 公司开发的，使用在他们的嵌入式设备中，在 1999 年年末基于 GNU GPL 发布出来。最初的发布版本基于 Linux 内核 2.0，后来 Red Hat 将它移植到 Linux 内核 2.2，做了大量的测试和 Bug Fix 的工作使它稳定下来，并且对签约客户提供商业支持。但是，在使用的过程中，JFFS 设计上的缺陷被不断地暴露出来。于是，在 2001 年年初的时候，Red Hat 决定实现一个新的闪存文件系统，这就是现在的 JFFS2。总的来说，JFFS2 克服了 JFFS 中的以下缺点。

（1）使用了基于哈希表的日志节点结构，大大加快了对节点的操作速度。

（2）支持数据压缩。

（3）提供了"写平衡"支持。

（4）支持多种节点类型（数据 I 节点，目录 I 节点等）。

（5）提高了对闪存的利用率，降低了内存的消耗。

下面将会介绍 JFFS2 设计中主要的思想，关键的数据结构和垃圾收集机制，这将为开发者实现一个闪存上的文件系统提供很好的启示。首先，JFFS2 是一个日志结构（log-structured）的文件系统，包含数据和元数据（meta-data）的节点在闪存上顺序的存储。JFFS2 之所以选择日志结构的存储方式，是因为对闪存的更新应该是 out-of-place 的更新方式，而不是对磁盘的 in-place 的更新方式。JFFS2 中定义了多种节点，但是每种节点都包含下面的信息。

```
struct jffs2_unknown_node
{
    __u16 magic;          /* 作为 nodetype 的补充 */
    __u16 nodetype;       /* 节点类型 */
    __u32 totlen;         /* 节点总长度 */
    __u32 hdr_crc;        /* CRC 校验码 */
}
```

如图 8-2 所示可以看到这些数据在存储器中整齐排列，JFFS2 将文件系统的数据和元数据以节点的形式存储在闪存上。

这里 magic 的最左边两位用来表示节点类型,作为对 nodetype 的补充,表示的类型如下。

(1) JFFS2_FEATURE_INCOMPAT:当 JFFS2 发现了一个不能识别的节点类型,并且它的兼容属性是 JFFS2_FEATURE_INCOMPAT,那么 JFFS2 必须拒绝挂载文件系统。

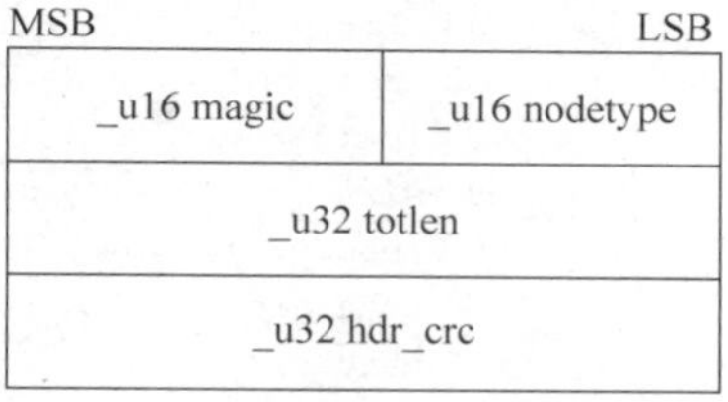

图 8-2　JFFS2 数据结构内存表示

(2) JFFS2_FEATURE_ROCOMPAT:当 JFFS2 发现了一个不能识别的节点类型,并且它的兼容属性是 JFFS2_FEATURE_ROCOMPAT,那么 JFFS2 必须以只读的方式挂载文件系统。

(3) JFFS2_FEATURE_RWCOMPAT_DELETE:当 JFFS2 发现了一个不能识别的节点类型,并且它的兼容属性是 JFFS2_FEATURE_RWCOMPAT_DELETE,那么在垃圾回收的时候,这个节点可以被删除。

(4) JFFS2_FEATURE_RWCOMPAT_COPY:当 JFFS2 发现了一个不能识别的节点类型,并且它的兼容属性是 JFFS2_FEATURE_RWCOMPAT_COPY,那么在垃圾回收的时候,这个节点要被复制到新的位置。

"totlen"包括节点头和数据的长度。"hdr_crc"包含节点头部的校验码,为系统的可靠性提供了支持。

JFFS2 定义了以下三种节点类型。

(1) JFFS2_NODETYPE_INODE:INODE 节点包含 I 节点的原数据(I 节点号,文件的组 ID,属主 ID,访问时间,偏移,长度等),文件数据被附在 INODE 节点之后。除此之外,每个 INODE 节点还有一个版本号,它被用来维护属于一个 I 节点的所有 INODE 节点的全序关系。

(2) JFFS2_NODETYPE_DIRENT:DIRENT 节点就是把文件名与 I 节点对应起来。在 DIRENT 节点中也有一个版本号,这个版本号的作用主要是用来删除一个 dentry。具体来说,当要从一个目录中删除一个 dentry 时,就要写一个 DIRENT 节点,节点中的文件名与被删除的 dentry 中的文件名相同,I 节点号置为 0,同时设置一个更高的版本号。

(3) JFFS2_NODETYPE_CLEANMARKER:当一个擦写块被擦写完毕后,CLEANMARKER 节点会被写在 NORFlash 的开头或 NANDFlash 的 OOB(Out-Of-Band)区域来表明这是一个干净、可写的擦写块。在 JFFS2 中,如果扫描到开头的 1KB 都是 0xFF 就认为这个擦写块是干净的。但是在实际的测试中发现,如果在擦写的过程中突然掉电,擦写块上也可能会有大块连续 0xFF,但是这并不表明这个擦写块是干净的。于是就需要 CLEANMARKER 节点来确切地标识一个干净的擦写块。

8.3.1　目录节点的定义

JFFS2 目录节点的定义如下。

```
struct jffs2_raw_dirent
{
    __u16 magic;
    __u16 nodetype;              /* 节点类型,设置为 JFFS_NODETYPE_DIRENT */
    __u32 totlen;
    __u32 hdr_crc;               /* jffs2_unknown_node 部分的 CRC 校验 */
```

```
    __ u32 pino;              /* 上层目录节点的标号 */
    __ u32 version;
    __ u32 ino;              /* 节点编号,如果是 0 表示没有链接的节点 */
    __ u32 mctime;           /* 创建时间 */
    __ u8 nsize;             /* 大小 */
    __ u8 unused[2];
    __ u32 node_crc;         /* 校验码 */
    __ u32 name_crc;
    __ u8 name[0];           /* 名称 */
}
```

数据结构中最后的一个字段是长度为 0 的名称字段,这并没有为 name 分配空间,name 的实际存放位置在 jffs2_raw_dirent 的后面,长度为 nsize。

8.3.2　数据节点

```
struct jffs2_raw_inode
{
    __ u16 magic;
    __ u16 nodetype;         /* 设置为 JFFS_NODETYPE_inode */
    __ u32 totlen;           /* 节点的总长度(包括有效数据) */
    __ u32 hdr_crc;          /* jffs2_unknown_node 部分的 CRC 校验 */
    __ u32 pino;             /* 上层目录节点的标号 */
    __ u32 version;
    __ u32 ino;
    __ u32 mode;             /* 文件的类型 */
    __ u16 uid;
    __ u16 gid;
    __ u32 isize;            /* 实际长度 */
    __ u32 atime;
    __ u32 mtime;
    __ u32 ctime;
    __ u32 offset;           /* 对应数据在文件中的起始位置 */
    __ u32 csize;            /* 压缩数据的长度 */
    __ u32 dsize;            /* 数据有效长度 */
    __ u8 compr;             /* 当前压缩算法 */
    __ u8 usercompr;         /* 用户指定的压缩算法 */
    __ u16 flags;            /* 标志位 */
    __ u32 data_crc;         /* 数据校验码 */
    __ u32 node_crc;         /* 头节点的校验码 */
}
```

和 JFFS 中定义的数据节点类似,但是有以下几个字段不同。

（1）没有父节点编号,没有文件名称;

（2）对节点做了优化,能放在一个页面里面;

（3）增加了压缩功能。

8.3.3　可靠性支持

如果在对闪存进行擦写操作的时候突然掉电,可能会出现有部分数据没有被擦写干净的情况。为了解决这个问题,JFFS2 对块操作的时候,如果操作成功,会在块的开始做上标记,通过这个标记表明块内的数据处于一致状态。

8.3.4　内存使用

JFFS2 中 I 节点的信息并没有全部存放在内存里面。mount 操作时，会为节点建立映射表，但是这个映射表并不全部存放在内存里面，存放在内存中的节点信息是一个缩小尺寸的 jffs2_raw_inode 结构体——jffs2_raw_node_ref，它的定义如下。

```
struct jffs2_raw_node_ref
{
    struct jffs2_raw_node_ref * next_in_ino;    /* 链表指针 */
    struct jffs2_raw_node_ref next_phys;        /* 在物理上相邻的块 */
    __ u32 flash_offset;                        /* 在 Flash 块中的偏移，一般为 0 */
    __ u32 totlen;
}
```

jffs2_raw_node_ref 信息在内存中通过 jffs2_inode_cache 结构进行管理。

```
struct jffs2_inode_cache
{
    struct jffs2_scan_info * scan;      /* 在扫描链表的时候存放临时信息，在扫描结束以后设置
成 NULL */
    struct jffs2_inode_cache * next;
    struct jffs2_raw_node_ref * nodes;
    __ u32 ino;
    int nlink;                          /* 和当前 I 节点链接的节点数目 */
}
```

内存中 jffs2_inode_cache 和 jffs2_raw_node_ref 的关系如图 8-3 所示。

系统中使用结构体 jffs2_sb_info 来管理所有的节点链表和闪存块，这个结构相当于 UNIX/Linux 系统中的超级块，定义如下。

```
struct jffs2_sb_info{
    struct mtd_info * mtd;
    __ u32 highest_ino;
    unsigned int flags;
    spinlock_t nodelist_lock;
    struct task_struct * gc_task;           /* 垃圾收集任务指针 */
    struct semaphore gc_thread_start;       /* 垃圾收集线程使用的互斥变量 */
    struct completion gc_thread_exit;       /* 垃圾收集结束的信号量 */
    struct semaphore alloc_sem;             /* 用于在垃圾收集的时候保护数据 */
    __ u32 flash_size;                      /* Flash 相关信息 */
    __ u32 used_size;
    __ u32 free_size;
    __ u32 erasing_size;
    __ u32 nr_blocks;
    struct jffs2_eraseblock * blocks;       /* 存放所有块的数组头指针 */
    struct jffs2_eraseblock * nextblocks;   /* 目前正在写入的块 */
    struct jffs2_eraseblock * gcblock;      /* 目前正在进行垃圾收集的块 */

    struct list_head clean_list;            /* 包含所有数据都是正确数据的块(干净块)的链表 */
```

```
    struct list_head dirty_list;              /* 包含脏数据的链表 */
    struct list_head eraseing_list;           /* 正在擦写的块的链表 */
    sturct list_head erase_pending_list;      /* 需要擦写的块的链表 */
    struct list_head erase_complete_list;     /* 完成擦写的块的链表,准备做"干净"标志 */
    struct list_head free_list;               /* 空闲块链表,所有的块都可以被用来存放数据 */
    struct list_head bad_list;                /* 不可用的块的链表,闪存中的坏块 */
    struct list_head bad_used_list;      /* 不可用块的链表,但是里面有数据,只能读,不能写 */
    spinlock_t erase_completion_lock;         /* 对链表操作的互斥变量 */
    wait_queue_head_t erase_wait;             /* 等待擦写结束的信号量 */
    struct jffs2_inode_cache * inocache_lis[INOCACHE_HASHSIZE];  /* 内存 i 节点哈希表 */
}
```

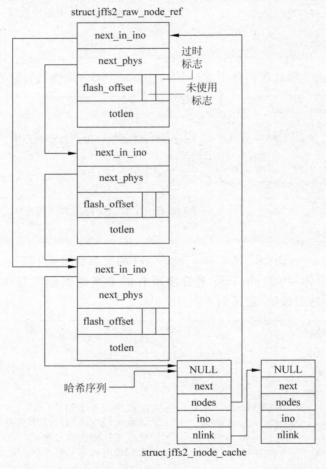

图 8-3 jffs2_inode_cache 和 jffs2_raw_node_ref 关系示意

在这里可以看到 struct jffs2_inode_cache * inocache_list[INOCACHE_HASHSIZE]字段就是刚才提到的内存节点链表。

8.3.5 垃圾收集

JFFS2 使用了多个级别的待回收块队列。垃圾收集有如下这样几步。

（1）先看 bad_used_list 链表中是否有节点,如果有,先回收这个链表的节点,因为这个链表中的节点由于闪存的物理原因很快要失效了。

(2) 做完了 bad_used_list 链表的回收,然后回收 dirty_list 链表。

垃圾收集操作的主要工作是将数据块里面的有效数据移动到空闲块中,然后清除脏数据块,最后将数据块从 dirty_list 链表中摘除,并且放入空闲块链表。此外,可以回收的队列包括 erasble_list、very_dirty_list 等。jffs2_sb_info 中也有几个字段用于对垃圾收集线程进行互斥控制。由于 JFFS2 中使用了多种节点,所以在进行垃圾收集的时候也必须对不同的节点进行不同的操作。JFFS2 进行垃圾收集时也对闪存文件系统中的不连续数据块进行整理。垃圾收集的详细代码请读者参考 JFFS2 源代码中的文件 gc.c,这里就不再详细描述了。

8.3.6 写平衡

写平衡策略是在垃圾收集中实现的,垃圾收集的时候会读取系统时间,使用这个系统时间产生一个伪随机数。利用这个伪随机数结合不同的待回收链表选择要进行回收的链表。使用了这个平衡策略以后能提供较好的写平衡效果。

8.3.7 JFFS2 的不足之处

JFFS2 的不足之处有以下几个。

1. 挂载时间过长

JFFS2 的挂载过程需要对闪存从头到尾地扫描,这个过程是很慢的,在测试中发现,挂载一个 16MB 的闪存有时需要半分钟以上的时间。

2. 磨损平衡的随意性

JFFS2 对磨损平衡是用概率的方法来解决的,这很难保证磨损平衡的确定性。在某些情况下,可能造成对擦写块不必要的擦写操作;在某些情况下,又会引起对磨损平衡调整的不及时。

3. 很差的扩展性

JFFS2 中有两个地方的处理是 O(N)的,这使得它的扩展性很差。首先,挂载时间与闪存的大小、闪存上节点数目成正比。其次,虽然 JFFS2 尽可能地减少内存的占用,但通过上面对 JFFS2 的介绍可以知道实际上它对内存的占用量是同 I 节点数和闪存上的节点数成正比的。因此在实际应用中,JFFS2 最大能用在 128MB 的闪存上。

8.3.8 JFFS3 简介

虽然不断有新的补丁程序来提高 JFFS2 的性能,但是不可扩展性是它最大的问题。这是它自身设计的先天缺陷,是没有办法靠后天来弥补的。因此就需要一个全新的文件系统,而 JFFS3 就是这样的一个文件系统,JFFS3 的设计目标是支持大容量闪存(>1TB)的文件系统。 JFFS3 与 JFFS2 在设计上根本的区别在于,JFFS3 将索引信息存放在闪存上,而 JFFS2 将索引信息保存在内存中。比如说,由给定的文件内的偏移定位到存储介质上的物理偏移地址所需的信息,查找某个目录下所有的目录项所需的信息都是索引信息的一种。JFFS3 现在还处于设计阶段,文件系统的基本结构借鉴了 ReiserFS4 的设计思想,整个文件系统就是一个 B+树。JFFS3 的发起者正工作于垃圾回收机制的设计,这是 JFFS3 中最复杂,也是最富有挑战性的部分。

8.4 根文件系统

Linux 启动时，第一个必须挂载的是根文件系统；若系统不能从指定设备上挂载根文件系统，则系统会出错而退出启动。之后可以自动或手动挂载其他的文件系统。因此，一个系统中可以同时存在不同的文件系统。

8.4.1 什么是根文件系统

简单来说，就是系统挂载的第一个文件系统。本质来说，根文件系统就是一种目录结构。根文件系统和普通的文件系统的区别在于，根文件系统要包括 Linux 启动时所必需的目录和关键性的文件，例如，Linux 启动时都需要有 init 目录下的相关文件，在 Linux 挂载分区时 Linux 一定会找/etc/fstab 这个挂载文件等，根文件系统中还包括许多的应用程序 bin 目录等，任何包括这些 Linux 系统启动所必需的文件都可以成为根文件系统。根文件系统的详细顶层目录见表 8-1。

表 8-1　根文件系统顶层目录

目　录	内　容
bin	存放所有用户都可以使用的、基本的命令
sbin	存放的是基本的系统命令，它们用于启动系统、修复系统等
usr	里面存放的是共享、只读的程序和数据
proc	这是个空目录，常作为 proc 文件系统的挂载点
dev	该目录存放设备文件和其他特殊文件
etc	存放系统配置文件，包括启动文件
lib	存放共享库和可加载块（即驱动程序），共享库用于启动系统、运行根文件系统中的可执行程序
boot	引导加载程序使用的静态文件
home	用户主目录，包括供服务账号锁使用的主目录，如 FTP
mnt	用于临时挂接某个文件系统的挂接点，通常是空目录。也可以在里面创建空的子目录
opt	给主机额外安装软件所摆放的目录
root	root 用户的主目录
tmp	存放临时文件，通常是空目录
var	存放可变的数据

8.4.2 建立 JFFS2 根文件系统

JFFS2 在 Linux 中有两种使用方式，一种是作为根文件系统，另一种是作为普通文件系统在系统启动后被挂载。考虑到实际应用中需要动态保存的数据并不多，且在 Linux 系统目录树中，根目录和/usr 等目录主要是读操作，只有少量的写操作，但是大量的读写操作又发生在/var 和 tmp 目录（这是因为在系统运行过程中产生大量 log 文件和临时文件都放在这两个目录中），因此，通常选用后一种方式。根文件指的是 Romfs、var 和/tmp，目录采用 Ramfs，当系统断电后，该目录所有的数据都会丢失。

综上所述，通常在 Linux 下采用的文件系统构成如图 8-4 所示。图中 Ramfs 文件系统的实现是很方便的，主要需要实现的是 Nor Flash 的底层 MTD 驱动。

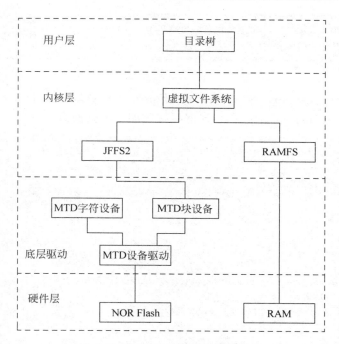

图 8-4 Linux 下常用文件系统结构

接下来,开始动手建立 JFFS2 的文件系统。

实验步骤主要有以下几步。

(1) 准备制作 JFFS2 根文件系统的工具 mkfs.jffs2;

(2) 建立目录;

(3) 编译 busyBox;

(4) 复制动态链接库到 lib 目录中;

(5) 创建/etc/init.d/rcS、/etc/profile、/etc/fstab、/etc/inittab 文件,并且复制主机中的 /etc/passwd、/etc/shadow、/etc/group 文件到相应的目录中;

(6) 移植 bash,将其复制到/bin 目录中;

(7) 执行 mkfs.jffs2 -r ./rootfs -o rootfs.jffs2 -n -e 0x20000,生成 JFFS2 根文件系统镜像。

下面将详细描述每一步的执行过程。

(1) 准备制作 JFFS2 根文件系统的工具 mkfs.jffs2。

使用命令:

```
# apt-get install mtd-utils
```

生成制作 JFFS2 根文件系统的工具 mkfs.jffs2 文件。

(2) 创建根文件系统的目录。

```
#  pwd
/usr/local/src
#  mkdir jffs2 jffs2/rootfs jffs2/rootfs_build
#  cd jffs2/rootfs
```

```
#  mkdir {bin,dev,etc,usr,lib,sbin,proc,sys,tmp}
#  mkdir usr/{bin,sbin,lib}
```

（3）编译 busyBox。

从 http://www.busybox.net/downloads/busybox-1.15.2.tar.bz2 下载文件 busybox-1.15.2.tar.bz2,放入/usr/local/src 目录,然后按照如下步骤操作。

```
# tar jxvf busybox-1.16.1.tar.bz2
# vi Makefile
修改下面两行
CROSS_COMPILE ? = /usr/local/arm-2007q1/bin/arm-none-linux-gnueabi-（这个视交叉编译工
具所在路径而定）
ARCH ? = arm
make menuconfig
Busybox Settings --->
Build Options --->
        [ * ] Build BusyBox as a static binary (no shared libs)
        [ ] Force NOMMU build
[ * ] Build with Large File Support (for accessing files > 2 GB)
() Cross Compiler prefix
() Additional CFLAGS
            Installation Options --->
                    [ * ] Don't use /usr
                    Applets links (as soft-links) --->
                    (./_install) BusyBox installation prefix
# make
# make install
# cd _install/
# pwd
/usr/local/src/busybox-1.16.1/_install
# cp -a * /usr/local/src/jffs2/rootfs/
```

（4）复制动态链接库到 lib 目录中。

```
# pwd
/usr/local/src/jffs2/rootfs/lib
# cp /usr/local/arm-2007q1/arm-none-linux-gnueabi/libc/lib/ * .
```

（5）创建 etc/init.d/rcS、etc/profile、etc/fstab、etc/inittab、dev/console、dev/null 文件,并且复制主机中的/etc/passwd、/etc/shadow、/etc/group 文件到 etc 目录中,步骤如下。

```
# cd etc/init.d
# pwd
/usr/local/src/jffs2/rootfs/etc/init.d
# vi rcS
#!/bin/sh
ifconfig eth0 192.168.1.1
# setting host name
. /etc/sysconfig/network
hostname $ {HOSTN
```

```
# echo " ---- mount all"
/bin/mount - a
/bin/mkdir /dev/pts
# echo " ------ Starting mdev..."
/bin/mount - t devpts devpts /dev/pts
/bin/echo /sbin/mdev >/proc/sys/kernel/hotplug
mdev - s
echo " ************************* "
echo "atmel sam9G45 rootfs"
echo " ************************* "
# cd ..
# vi inittab
::sysinit:/etc/init.d/rcS
::restart:/sbin/init
::respawn: - /bin/bash
::ctrlaltdel:/sbin/reboot
::shutdown:/bin/umount - a - r
::shutdown:/sbin/swapoff - a
# vi profile
# /etc/profile: sys
# echo "Processing /etc/profile..."
# echo "Set search library path in /etc/profile"
export LD_LIBRARY_PATH = /lib:/usr/lib
# echo "Set usr path in /etc/profile"
PATH = /bin:/sbin:/usr/bin:/usr/sbin
export PATH
# echo "Set PS1 in /etc/profile"
export PS1 = "[\u@\h \W]\ $ "
# echo "Done"
# vi fstab
proc /proc proc defalts 0 0
tmpfs /tmp tmpfs defaults 0 0
sysfs /sys sysfs defaults 0 0
tmpfs /dev tmpfs defaults 0 0
# mkdir sysconfig
# cd sysconfig/
# pwd
/usr/local/src/jffs2/rootfs/etc/sysconfig
# vi network
HOSTNAME = sam9g45//设置主机名称
# cd ..
# pwd
/usr/local/src/jffs2/rootfs/etc
# cp /etc/passwd .
# cp /etc/shadow .
# cp /etc/group .
# cd ../dev
# mknod - m 600 console c 5 1
# mknod - m 666 null c 1 3
```

（6）移植 bash，首先从网上下载文件 bash－3.2.tar.gz，然后按照如下步骤操作。

```
# tar zxvf bash－3.2.tar.gz
# cd bash－3.2
# ./configure －－host＝arm－none－linux－gnueabi
# make
# arm－none－linux－gnueabi－strip bash
```

（7）生成 JFFS2 根文件系统镜像。

```
# pwd
/usr/local/src/jffs2
# mkfs.jffs2 －r ./rootfs －o rootfs.jffs2 －n －e 0x20000
```

mkfs.jffs2 命令各参数含义如下，具体使用方法可以使用-h 参数查看。

-r 指定内含根文件系统的目录。

-o 指定文件系统映像的输出文件名称。

-p 表示在映像的结尾用 0x0 补全到 block。

-l 存储格式为小端格式。

-n 每个擦除的 block 中不添加 cleanmark。

-e 擦除 block 的大小。

至此，jffs2 格式的根文件系统已经制作完毕，可以下载到开发板上运行了。

小　　结

本章介绍了嵌入式 Linux 文件系统的框架，常见的几个嵌入式文件系统，并详细地讲了实验——如何制作根文件系统，让读者更好地理解文件系统。

进一步探索

在根文件系统的制作中，本书选用的是 JFFS2，其实还可以采用 NFS 以及 RamDisk 作为根文件系统，有兴趣的读者可以尝试下。

## 第 9 章

设备驱动程序设计基础

在 Linux 操作系统中,大部分的外设,例如键盘、鼠标、显示器、硬盘、串口、网络等,都有一个专用于控制该设备的设备驱动程序。设备驱动是建立在硬件 I/O 设备上的一个抽象层,这个抽象层的建立可以允许上面的软件层使用统一的、独立于硬件的方式来访问设备。嵌入式系统的自身特点决定了设计设备驱动时,必须结合特定的硬件平台来进行开发。设备驱动开发主要关心的是设备的资源分配和管理,这些资源包括 I/O 端口、内存和中断,而现代操作系统具有中断处理、多任务环境、多处理等特征,所以内核需要提供并发控制机制,对多个进程或线程同时访问的公共资源进行同步控制,确保共享资源的安全访问。

本章将首先简单介绍 Linux 设备驱动程序,在此基础上介绍设备驱动程序结构和 Linux 内核设备模型,最后介绍同步机制、内存映射与管理、工作队列、异步 I/O 和 DMA 等在设备驱动开发中经常用到的内核机制。

通过本章的学习,读者可以获得以下的知识点。

(1) Linux 设备驱动程序的简介;

(2) 设备驱动程序的结构;

(3) Linux 内核设备模型;

(4) Linux 同步机制;

(5) 设备驱动中内存映射和管理;

(6) 工作队列;

(7) 异步 I/O;

(8) DMA。

9.1 Linux 设备驱动程序简介

Linux 下设备驱动程序的概念和 DOS 或 Windows 环境下的驱动程序有很大的区别。在前面的章节中介绍的系统调用是操作系统内核和应用程序之间的接口,而设备驱动程序则是操作系统内核和机器硬件之间的接口。设备驱动程序为应用程序屏蔽了硬件的细节,这样在应用程序看来,硬件设备只是一个设备文件,应用程序可以像操作普通文件一样对硬件设备进行操作。设备驱动程序是内核的一部分,它完成以下的功能。

(1) 对设备的初始化和释放。

(2) 把数据从内核传送到硬件和从硬件读取数据到内核。

(3) 读取应用程序传送给设备文件的数据和回送应用程序请求的数据。这需要在用户空间、内核空间、总线以及外设之间传输数据。

(4) 检测和处理设备出现的错误。

Linux 设备驱动的特点是可以以模块的形式加载各种设备驱动，因此允许驱动开发人员跟随着内核的开发过程，在最新版本的内核上对各种新硬件进行设备驱动编写的实验。这一点对于嵌入式系统非常重要，因为嵌入式设备往往具有大量的独有外设，开发人员需要把更多精力放在设备驱动方面。

9.1.1　设备的分类

Linux 支持三类硬件设备：字符设备、块设备和网络设备。字符设备指那些无须缓冲直接读写的设备，如系统的串口设备/dev/cua0 和/dev/cua1。块设备则只能以块为单位进行读写，典型的块大小为 512B 或 1024B。块设备的存取是通过 buffer、cache 来进行并且可以随机访问，即不管块位于设备中何处都可以对其进行读写。块设备可以通过其设备文件进行访问，但更为平常的访问方法是通过文件系统。只有块设备才能支持可安装文件系统。网络设备可以通过 BSD 套接口访问。本章主要介绍前两种设备。

在 Linux 操作系统下有两类主要的设备文件：一类是字符设备，另一类则是块设备。字符设备是以字节为单位逐个进行 I/O 操作的设备，在对字符设备发出读写请求时，实际的硬件 I/O 紧接着就发生了，一般来说字符设备中的缓存是可有可无的，而且也不支持随机访问。块设备则是利用一块系统内存作为缓冲区，当用户进程对设备发出读写请求时，驱动程序先查看缓冲区中的内容，如果缓冲区中的数据能满足用户的要求就返回相应的数据，否则就调用相应的请求函数来进行实际的 I/O 操作。块设备主要是针对磁盘等慢速设备设计的，其目的是避免耗费过多的 CPU 时间来等待操作的完成。

9.1.2　设备文件

从用户的角度出发，如果在使用不同设备时，需要使用不同的操作方法，这样是非常麻烦的。用户希望能用同样的应用程序接口和命令来访问设备和普通文件。Linux 抽象了对硬件的处理，所有的硬件设备都可以作为普通文件一样来看待：它们可以使用和操作文件相同的、标准的系统调用接口来完成打开、关闭、读写和 I/O 控制操作，而驱动程序的主要任务也就是要实现这些系统调用函数。Linux 系统中的所有硬件设备都使用一个特殊的设备文件来表示，例如，系统中的第一个 IDE 硬盘使用/dev/hda 来表示。

由于引入了设备文件这一概念，Linux 为文件和设备提供了一致的用户接口。对用户来说，设备文件与普通文件并无区别。用户可以打开和关闭设备文件，可以读数据，也可以写数据。例如，用同一 write() 系统调用既可以向普通文件写入数据，也可以通过向/dev/lp0 设备文件中写入数据从而把数据发给打印机。

9.1.3　主设备号和次设备号

每个设备文件都对应有两个设备号：一个是主设备号，标识该设备的种类，也标识了该设备所使用的驱动程序；另一个是次设备号，标识使用同一设备驱动程序的不同硬件设备。设备文件的主设备号必须与设备驱动程序在登录该设备时申请的主设备号一致，否则用户进程将无法访问到设备驱动程序。所有已经注册（即已经加载驱动程序）的硬件设备的主设备号可以从/proc/devices 文件中得到。使用 mknod 命令可以创建指定类型的设备文件，同时为其分配相应的主设备号和次设备号。注意：生成设备文件要以 root 权限的用户访问。例如，下面的命令：

```
# mknod /dev/lp0 c 6 0
```

上面的/dev/lp0 是设备名,c 表示字符设备,如果是 b 则表示块设备。6 是主设备号,0 是次设备号。次设备号可以是 0～255 之间的值。

当应用程序对某个设备文件进行系统调用时,Linux 内核会根据该设备文件的设备类型和主设备号调用相应的驱动程序,并从用户态进入到内核态,再由驱动程序判断该设备的次设备号,最终完成对相应硬件的操作。

关于 Linux 系统中对于设备号的分配原则,可以参看 Documentation/Devices.txt 文件。

9.1.4　Linux 设备驱动代码的分布

Linux 内核源码的大多数都是设备驱动。所有 Linux 的设备驱动源码都放在 drivers 目录中,分成以下几类。

1. block

块设备驱动包括 IDE(在 ide.c 中)驱动。块设备包括 IDE 与 SCSI 设备。

2. char

此目录包含字符设备的驱动,如 ttys、串行口以及鼠标。

3. cdrom

包含所有 Linux CDROM 代码。在这里可以找到某些特殊的 CDROM 设备(如 Soundblaster CDROM)。IDE 接口的 CD 驱动位于 drivers/block/ide-cd.c 中,而 SCSI CD 驱动位于 drivers/scsi/scsi.c 中。

4. pci

包含 PCI 伪设备驱动源码。在这里可以找到关于 PCI 子系统映射与初始化的代码。

5. scsi

这里可以找到所有的 SCSI 代码以及 Linux 支持的 SCSI 设备的设备驱动。

6. net

包含网络驱动源码,如 tulip.c 中的 DECChip 21040 PCI 以太网驱动。

7. sound

包含所有的声卡驱动源码。

9.1.5　Linux 设备驱动程序的特点

Linux 操作系统支持多种设备,这些设备的驱动程序有如下一些特点。

1. 内核代码

设备驱动是内核的一部分,一个缺乏优良设计和高质量编码的设备驱动,甚至能使系统崩溃并导致文件系统的破坏和数据丢失。

2. 内核接口

设备驱动必须为 Linux 内核或者其从属子系统提供一个标准接口。比如一个终端驱动程序为内核提供了一个文件 I/O 接口,而一个 SCSI 设备驱动为 SCSI 子系统提供了一个 SCSI 设备接口,同时 SCSI 子系统也必须为内核提供文件 I/O 接口和 buffer、cache 接口。

3. 内核机制与服务

设备驱动可以使用标准的内核服务,如内存分配、中断和等待队列等。

4. 可加载

大多数 Linux 设备驱动可以在需要的时候加载到内核，同时在不再使用时被卸载。这样内核就能更有效地利用系统资源。

5. 可配置

Linux 设备驱动程序可以集成为内核的一部分。在编译内核的时候，可以选择把哪些驱动程序直接集成到内核里面。

6. 动态性

当系统启动及设备驱动初始化后，驱动程序将维护其控制的设备。如果一个特有的设备驱动程序所控制的物理设备不存在，不会影响整个系统的运行。此时此设备驱动只是占用少量系统内存，不会对系统造成什么危害。

9.2   设备驱动程序结构

Linux 的设备驱动程序与外界的接口可以分成以下三部分。

（1）驱动程序与操作系统内核的接口。这是通过 include/linux/fs.h 中的 file_operations 数据结构来完成的，后面将会介绍这个结构。

（2）驱动程序与系统引导的接口。这部分利用驱动程序对设备进行初始化。

（3）驱动程序与设备的接口。这部分描述了驱动程序如何与设备进行交互，这与具体设备密切相关。

根据功能来划分，Linux 设备驱动程序的代码结构大致可以分为如下几个部分：驱动程序的注册与注销、设备的打开与释放、设备的读写操作、设备的控制操作、设备的中断和轮询处理。

9.2.1   驱动程序的注册与注销

向系统增加一个驱动程序意味着要赋予它一个主设备号，这可以通过在驱动程序的初始化过程中调用定义在 fs/devices.c 中的 register_chrdev()函数或者 fs/block_dev.c 中的 register_blkdev()函数来完成。而在关闭字符设备或者块设备时，则需要通过调用 unregister_chrdev()或 unregister_blkdev()函数从内核中注销设备，同时释放占用的主设备号。

9.2.2   设备的打开与释放

打开设备是通过调用定义在 include/linux/fs.h 中的 file_operations 结构中的函数 open()来完成的，它是驱动程序用来完成初始化准备工作的。先来看一下 file_operations 的数据结构定义。

```
struct file_operations {
    struct module * owner;
    loff_t ( * llseek) (struct file * , loff_t, int);
    ssize_t ( * read) (struct file * , char __user * , size_t, loff_t * );
    ssize_t ( * write) (struct file * , const char __user * , size_t, loff_t * );
    ssize_t ( * aio_read) (struct kiocb * , const struct iovec * , unsigned long, loff_t);
```

```
    ssize_t ( * aio_write) (struct kiocb *, const struct iovec *, unsigned long, loff_t);
    int ( * readdir) (struct file *, void *, filldir_t);
    unsigned int ( * poll) (struct file *, struct poll_table_struct *);
    int ( * ioctl) (struct inode *, struct file *, unsigned int, unsigned long);
    long ( * unlocked_ioctl) (struct file *, unsigned int, unsigned long);
    long ( * compat_ioctl) (struct file *, unsigned int, unsigned long);
    int ( * mmap) (struct file *, struct vm_area_struct *);
    int ( * open) (struct inode *, struct file *);
    int ( * flush) (struct file *, fl_owner_t id);
    int ( * release) (struct inode *, struct file *);
    int ( * fsync) (struct file *, struct dentry *, int datasync);
    int ( * aio_fsync) (struct kiocb *, int datasync);
    int ( * fasync) (int, struct file *, int);
    int ( * lock) (struct file *, int, struct file_lock *);
    ssize_t ( * sendpage) (struct file *, struct page *, int, size_t, loff_t *, int);
    unsigned long ( * get_unmapped_area)(struct file *, unsigned long, unsigned long, unsigned
long, unsigned long);
    int ( * check_flags)(int);
    int ( * flock) (struct file *, int, struct file_lock *);
    ssize_t ( * splice_write)(struct pipe_inode_info *, struct file *, loff_t *, size_t,
unsigned int);
    ssize_t ( * splice_read)(struct file *, loff_t *, struct pipe_inode_info *, size_t,
unsigned int);
    int ( * setlease)(struct file *, long, struct file_lock **);
};
```

当应用程序对设备文件进行诸如 open、close、read、write 等操作时,Linux 内核将通过 file_operations 结构访问驱动程序提供的函数。例如,当应用程序对设备文件执行读操作时,内核将调用 file_operations 结构中的 read 函数。

在大部分驱动程序中,open()通常需要完成下列工作:首先检查设备相关错误,如设备尚未准备就绪等;如果是第一次打开,则初始化硬件设备;识别次设备号;如果有必要则更新读写操作的当前位置指针 f_ops;分配和填写要放在 file-> private_data 里的数据;使用计数增 1。

释放设备是通过调用 file_operations 结构中的函数 release()来完成的,这个设备方法有时也被称为 close(),它的作用正好与 open()相反,通常要完成下列工作:使用计数减 1;释放在 file-> private_data 中分配的内存;如果是最后一个释放,则关闭设备。

9.2.3　设备的读写操作

字符设备的读写操作相对比较简单,直接使用函数 read()和 write()就可以了。但如果是块设备的话,则需要调用函数 block_read()和 block_write()来进行数据读写,这两个函数将向设备请求表中增加读写请求,以便 Linux 内核可以对请求顺序进行优化。由于是对内存缓冲区而不是直接对设备进行操作的,因此能很大程度上加快读写速度。如果内存缓冲区中没有所要读入的数据,或者需要执行写操作将数据写入设备,那么就需要执行真正的数据传输了,这是通过调用数据结构 blk_dev_struct 中的函数 request_fn()来完成的。

9.2.4　设备的控制操作

除了读写操作外,应用程序有时还需要对设备进行控制,这可以通过设备驱动程序中的函数 ioctl()来完成。ioctl()的用法与具体设备密切关联，因此需要根据设备的实际情况进行具体分析。

9.2.5 设备的轮询和中断处理

设备执行某个命令时，如"将读取磁头移动到软盘的第 42 扇区上"，设备驱动可以从轮询方式和中断方式中选择一种以判断设备是否已经完成此命令。

对于不支持中断的硬件设备，读写时需要轮流查询设备状态，以便决定是否继续进行数据传输。这种方式可以让内核定期对设备的状态进行查询，然后做出相应的处理。不过这种方式会消耗不少的内核资源，因为无论硬件设备是正在工作或是已经完成工作，轮询总是会周期性地重复执行。轮询方式意味着需要经常读取设备的状态，一直到设备状态表明请求已经完成为止。如果设备驱动被连接进入内核，这时使用轮询方式将会带来灾难性的后果：内核将在此过程中无所事事，直到设备完成此请求。但是轮询设备驱动可以通过使用系统定时器，使内核周期性调用设备驱动中的某个例程来检查设备状态。定时器过程可以检查命令状态及 Linux 软盘驱动的工作情况。使用定时器是轮询方式中最好的一种，但更有效的方法是使用中断。让硬件在需要的时候再向内核发出信号。如果设备支持中断，则可以按中断方式进行操作。内核负责把硬件产生的中断传递给相应的设备驱动。这个过程由设备驱动向内核注册其使用的中断来协助完成，此中断处理例程的地址和中断号都将被记录下来。在/proc/interrupts 文件中可以看到设备驱动所对应的中断号及类型。

```
cat /proc/interrupts
CPU0        CPU1
  0:   3015762    3029275    IO – APIC – edge      timer
  1:      2578       2115    IO – APIC – edge      i8042
  8:         1          0    IO – APIC – edge      rtc0
  9:    243992     244889    IO – APIC – fasteoi   acpi
 12:    121909     121431    IO – APIC – edge      i8042
 16:      1451       1554    IO – APIC – fasteoi   uhci_hcd:usb6
 17:     36957      36188    IO – APIC – fasteoi   uhci_hcd:usb7, HDA Intel
 18:         0          0    IO – APIC – fasteoi   uhci_hcd:usb8
 19:         1          1    IO – APIC – fasteoi   ehci_hcd:usb2
 20:         0          0    IO – APIC – fasteoi   uhci_hcd:usb3
 21:         0          0    IO – APIC – fasteoi   uhci_hcd:usb4
 22:         0          0    IO – APIC – fasteoi   uhci_hcd:usb5
 23:         0          0    IO – APIC – fasteoi   ehci_hcd:usb1
 24:         0          0    PCI – MSI – edge      pciehp
 25:         0          0    PCI – MSI – edge      pciehp
 26:         0          0    PCI – MSI – edge      pciehp
 27:     31328      29916    PCI – MSI – edge      ahci
 28:      3408        862    PCI – MSI – edge      eth0
 29:    130673     133516    PCI – MSI – edge      i915
 30:    472669     306159    PCI – MSI – edge      iwlagn
NMI:         0          0    Non – maskable interrupts
LOC:   2832088    1078822    Local timer interrupts
SPU:         0          0    Spurious interrupts
PMI:         0          0    Performance monitoring interrupts
PND:         0          0    Performance pending work
```

```
RES:     2603253     2545259   Rescheduling interrupts
CAL:        5135        2431   Function call interrupts
TLB:       15204        4564   TLB shootdowns
TRM:           0           0   Thermal event interrupts
THR:           0           0   Threshold APIC interrupts
MCE:           0           0   Machine check exceptions
MCP:          29          29   Machine check polls
ERR:           1
MIS:           0
```

对中断资源的请求在驱动初始化时就已经完成。作为 IBM PC 体系结构的遗产，系统中有些中断已经固定，例如，软盘控制器总是使用中断 6。其他中断，如 PCI 设备中断，在启动时进行动态分配。设备驱动必须在取得对此中断的所有权之前找到它所控制设备的中断号（IRQ）。Linux 通过支持标准的 PCI BIOS 回调函数来确定系统中 PCI 设备的中断信息，包括其 IRQ 号。

如何将中断发送给 CPU 本身取决于体系结构，但是在多数体系结构中，中断以一种特殊模式发送同时还将阻止系统中其他中断的产生。设备驱动在其中断处理过程中做得越少越好，这样 Linux 内核将能很快地处理完中断并返回中断前的状态。为了在接收中断时完成大量工作，设备驱动必须能够使用内核的底层处理例程或者任务队列来对以后需要调用的那些例程进行排队。

9.3　Linux 内核设备模型

内核设备模型是 Linux 2.6 之后引进的，是为了适应系统拓扑结构越来越复杂，对电源管理、热插拔支持要求越来越高等形势下开发的全新的设备模型。它采用 sysfs 文件系统，一个类似于/proc 文件系统的特殊文件系统，作用是将系统中的设备组织成层次结构，然后向用户程序提供内核数据结构信息。

9.3.1　设备模型建立的目的

设备模型提供独立的机制表示设备，并表示其在系统中的拓扑结构。这样使系统具有以下优点：代码重复最小；提供如引用计数这样的统一机制；例举系统中所有设备，观察其状态，查看其连接总线；用树的形式将全部设备结构完整、有效地展现，包括所有总线和内部连接；将设备和对应驱动联系起来；将设备按照类型分类；从树的叶子向根的方向依次遍历，确保以正确顺序关闭各个设备的电源。

设备模型设计的初衷是为了节能，有助于电源管理。通过建立表示系统设备拓扑关系的树结构，能够在内核中实现智能的电源管理。基本原理是这样的，当系统想关闭某个设备节点的电源时，内核必须首先关闭该设备节点以下的设备电源。举个例子来说，内核需要在关闭 USB 鼠标之后，才能关闭 USB 控制器，再之后才能关闭 PCI 总线。

9.3.2　sysfs——设备拓扑结构的文件系统表现

设备模型是为了方便电源管理而设计的一种设备拓扑结构，其开发者为了方便调试，将设备结构树导出为一个文件系统，即 sysfs 文件系统。sysfs 帮助用户以一个简单文件系统的方式来查看系统中各种设备的拓扑结构。sysfs 代替的是/proc 下的设备相关文件。所有的 2.6 内核系统都有 sysfs 文件系统。

sysfs 文件系统挂载在/sys 目录下，视图如下。

```
/sys
|-- block
|-- bus
|-- class
|-- dev
|-- devices
|-- firmware
|-- fs
|-- kernel
|-- module
`-- power
```

可以看到，sysfs 根目录下有 10 个目录，分别是：block，bus，class，dev，devices，firmware，fs，kernel，module 和 power。

block 目录：其下的每个子目录分别对应系统中的一个块设备，每个目录又都包含该块设备的所有分区。

bus 目录：内核设备按总线类型分层放置的目录结构，devices 中的所有设备都是连接于某种总线之下可以找到每一个具体设备的符号链接，它是构成 Linux 统一设备模型的一部分。

class 目录：包含以高层功能逻辑组织起来的系统设备视图。

dev 目录：这个目录下维护一个按字符设备和块设备的主次号码（major.minor）链接到真实的设备（/sys/devices 下）的符号链接，在内核 2.6.26 首次引入。

devices 目录：系统设备拓扑结构视图，直接映射出内核中设备结构体的组织层次。

firmware 目录：包含一些如 ACPI，EDD，EFI 等底层子系统的特殊树。

fs 目录：存放的已挂载点，但目前只有 fuse、gfs2 等少数文件系统支持 sysfs 接口，传统的虚拟文件系统（VFS）层次控制参数仍然在 sysctl(/proc/sys/fs)接口中。

kernel 目录：新式的 slab 分配器等几项较新的设计在使用它，其他内核可调整参数仍然位于 sysctl(/proc/sys/kernel)接口中。

module 目录：系统中所有模块的信息，不管这些模块是以内联（inlined）方式编译到内核映像文件（vmlinuz）还是编译到外部模块（ko 文件），都可能会出现在/sys/module 中。编译为外部模块（ko 文件）在加载后会出现对应的/sys/module/< module_name >/，并且在这个目录下会出现一些属性文件和属性目录来标识此外部模块的一些信息，如版本号、加载状态、所提供的驱动程序等；编译为内联方式的模块只有当它有非 0 属性的模块参数时会出现对应的/sys/module/< module_name >/，这些模块的可用参数会出现在/sys/modules /< modname >/parameters/< param_name >中。

power 目录：包含系统范围的电源管理数据。

在这里面，最重要的是 devices 目录，该目录将设备模型导出到用户空间，因为其目录结构就是系统中实际的设备拓扑结构。

9.3.3　驱动模型和 sysfs

sysfs 文件系统的目标就是要展现设备驱动模型组件之间的拓扑结构。sysfs 是 Linux 统一设备模型的开发过程中的一项副产品。为了将这些有层次的设备以用户可见的方式表达出来，很自然想到了利用文件系统的目录树结构。

Linux 2.6 设备驱动模型的基本元素是设备类结构 classes、总线结构 bus、设备结构 devices、驱动结构 drivers，它们的对应关系见表 9-1。

表 9-1　Linux 统一设备模型的基本结构

类　型	说　明	对应内核数据结构	对应/sys 项
总线类型(Bus Types)	系统中用于连接设备的总线	struct bus_type	/sys/bus/ * /
设备(Devices)	内核识别的所有设备,依照连接它们的总线进行组织	struct device	/sys/devices/ * / * /../
设备类别(Device Classes)	系统中设备的类型(声卡,网卡,显卡,输入设备等),同一类中包含的设备可能连接不同的总线	struct class	/sys/class/ * /
设备驱动(Device Drivers)	在一个系统中安装多个相同设备,只需要一份驱动程序的支持	struct device_driver	/sys/bus/pic/drivers/ * /

power 与 device 有关,是 device 中的一个字段。此外还有 driver 目录,是内核中注册的设备驱动程序,对应结构体为 struct device_driver{…}。

上面说的 bus,devices,classes 和 drivers,在内核中都用相应的结构体来描述,是可以感受到的对象。实际上,如果按照面向对象的思想,需要抽象出一个最基本的对象,那就是设备模型的核心对象 kobject。

作为 Linux 2.6 引入的新的设备管理机制,kobject 在内核中是一个 struct kobject 结构体,提供基本的对象管理,是构成 Linux 2.6 设备模型的核心结构,与 sysfs 文件系统紧密关联,每个在内核中注册的 kobject 对象都对应于 sysfs 文件系统中的一个目录。同时,kobject 是组成设备模型的基本结构,类似于 C++ 中的基类,它嵌入于更大的对象中,即容器,比如上面提到的 bus,classes,devices,drivers,这些容器都是描述设备模型的组件。通过这个数据结构,内核中的所有设备在底层都有了统一的接口。

9.3.4　kobject

在讲 kobject 之前,先回顾一下文件系统中的核心对象:索引节点(inode)和目录项(dentry)。

inode——与文件系统中的一个文件相对应,只有文件被访问,才在内存创建索引节点。

dentry——每个路径中的一个分量,例如路径/bin/ls,其中/、bin 和 ls 三个都是目录项,前两个是目录,最后一个是普通文件。换句话说,目录项,或者是子目录或者是一个文件。

由上可知,dentry 的包容性比 inode 的包容性大。下面来说 kobject 和 dentry 的关系。如果把 dentry 作为 kobject 中的一个字段,就可以方便地将 kobject 映射到一个 dentry 上,也就是说,kobject 和/sys 下的任何一个目录或文件相对应,进一步说,把 kobject 导出形成文件系统就变得如同在内存中构建目录项一样简单了。至此可知,kobject 已经形成一棵树了,驱动模型和 sysfs 文件系统全然联系起来了。由于 kobject 被映射到目录项,而且同时对象模型层次结构在内存中也已经形成了树,导致了最终 sysfs 的形成。

在这里,既然 kobject 要形成一棵树,其中的字段必然要有父节点,用来表现树的层次关系;同时每个 kobject 都得有名字,按理来说,目录或文件名不会太长,但是 sysfs 文件系统为了表示对象之间的复杂关系,需要通过软连接达到,而软连接又会有较长的名字。由以上分析,可以得知 kobject 应该包含的字段有:

```
struct kobject{
    const char * name;              /* 短名字 */
    struct kobject * parent;        /* 表示对象的层次关系 */
    struct sysfs_dirent  * sd;      /* 表示 sysfs 中的一个目录项 */
};
```

kobject 所包含的字段一目了然。但如果查看 kobject.h 头文件,可以看到它还包含如下字段。

```
struct kobject{
    struct kref kref;
    struct list_head entry;
    struct kset * kset;
    struct kobj_type * ktype;
};
```

可以看到,4 个字段,每一个都是结构体,其中的 struct list_head 是内核中形成双向链表的基本结构,下面介绍下其他三个结构体。

1. 结构体 kref

kobject 的主要功能之一是提供一个统一的计数系统。由于 kobject 是“基”对象,其他对象,如 device,bus,class,device_driver 等容器都会将其包含,其他对象的引用计数继承或封装 kobject 的引用计数就可以了。

kobject 初始化其引用计数为 1。如果引用计数不为 0,则该对象会继续留在内存中。任何代码,如果引用该对象,则首先要增加该对象的引用计数;一旦代码结束,则减少它的引用计数。这里有两个操作:增加引用计数称作获得(getting)对象的引用;减少引用计数称作释放(putting)对象的引用。如果引用计数减少到 0 时,对象便可以被摧毁,同时,相关内存也会被释放,如表 9-2 所示。

表 9-2 对引用计数的两个操作

函　　数	作　用	说　明
struct kobject * kobject _ get (struct kobject * kobj)	增加引用计数	正常情况下返回一个指向 kobject 的指针;失败则返回 NULL 指针
void kobject_put(struct kobject * kobj)	减少引用计数	如果对应的 kobject 的引用计数减少到零,则与该 kobject 关联的 ktype 中的析构函数将被调用

深入到引用计数系统的内部,可以发现 kobject 的引用计数是通过 kref 结构体实现,其定义在头文件< linux/kref.h >中。

```
struct kref{
    atomic_t refcount;
};
```

其中唯一的字段是用来存放引用计数的原子变量。在使用 kref 前,必须通过 kref_init() 函数来初始化它。

```
void kref_init(struct kref * kref){
    kref_set(kref,1);
}
```

这个操作会将原子变量置 1,所以 kref 一旦被初始化,则其表示的引用计数便固定为 1。

2. 结构体 ktype

kobject 是一个抽象且基本的对象,对于一族具有共同特性的 kobject,就要用 ktype 描述

```
struct kobj_type{
    void ( * release)(struct kobject * kobj);
    struct sysfs_ops * sysfs_ops;
    struct attribute ** default_attrs;
}
```

定义于头文件< linux/kobject. h >中。对于结构体中的三个指针,见表 9-3。

表 9-3　结构体 ktype 成员的说明

指　　针	指　向　对　象	说　　明
release	析构函数	当 kobject 引用计数减至 0 时,调用这个析构函数。作用是释放所有 kobject 使用的内存和做相关清理工作
sysfs_ops	sysfs_ops 结构体	sysfs_ops 结构体包含两个函数:对属性进行操作的读写函数 show()和 store()
default_attrs	attribute 结构体数组	这些结构定义了 kobject 相关的默认属性。属性描述了给定对象的特征;属性对应/sys 树状结构中的叶子节点,就是文件

3. 结构体 kset

kset 是 kobject 对象的集合体,可以看作一个容器,把所有相关的 kobject 聚集起来。比如,全部的块设备就是一个 kset。ktype 描述相关类型 kobject 所共有的特性,ksets 把 kobject 集中到一个集合中,两者的区别在于:具有相同 ktype 的 kobject 可以被分组到不同的 ksets。

kobject 的 kset 指针指向相应的 kset 集合。kset 集合由 kset 结构体表示,定义在头文件 < linux/kobject. h >中。

```
struct kset{
    struct list_head list;
    spinlock_t list_lock;
    struct kobject kobj;
    struct kset_uevent_ops * uevent_ops;
}
```

表 9-4 对 kset 结构体中各个成员做了说明。

表 9-4　kset 结构体成员说明

成　　员	说　　明
list	在该 kset 下的所有 kobject 对象
list_lock	在 kobject 上进行迭代时用到的锁
kobj	该指针指向的 kobject 对象代表了该集合的基类
uevent_ops	指向一个用于处理集合中 kobject 对象的热插拔结构操作的结构体

9.3.5　platform 总线

platform 总线是 Linux 内核中的一个虚拟总线，使设备的管理更加简单化。目前，大部分的驱动都是用 platform 总线来写的。platform 总线模型的各个部分都是继承 Device 模型，在系统内实现虚拟的总线，即 platform_bus。如果设备需要 platform 总线管理，那么就需要向系统中注册 platform 设备及其驱动程序。platform 总线分为 platform_bus，platform_device，platform_driver 几个部分，它们的接口定义在＜linux/platform.c＞文件中。

1. platform_bus

```
struct device platform_bus = {
    . init_name   = "platform",
};

struct bus_type platform_bus_type = {
. name          = "platform",
. dev_attrs     = platform_dev_attrs,
. match         = platform_match,
. uevent        = platform_uevent,
. pm            = PLATFORM_PM_OPS_PTR;
};

int __ init platform_bus_init(void)
{
    int error;
    early_platform_cleanup();
    error = device_register(&platform_bus);
    if (error)
        return error;
    error =  bus_register(&platform_bus_type);
    if (error)
        device_unregister(&platform_bus);
    return error;
}
```

platform_bus 数据结构描述了 platform_bus 设备，platform_bus_type 描述了 platform_bus 总线，它提供了 platform 总线设备和驱动的匹配函数。platform 总线是由函数 platform_bus_init(void)初始化的。对于 Linux 一般的设备驱动程序来说，不需要关心 platform 总线本身，只要调用设备和驱动接口就可以了。

2. platform_device

如果让 platform 总线来管理设备，那么，需要先向 platform 系统注册设备，这个过程需要通过以下函数接口实现。

```
int platform_device_add(struct platform_device * pdev);
int platform_device_register(struct platform_device * pdev);
```

调用 platform_device_register 函数向系统添加 platform 设备。两个函数唯一的区别在于 platform_device_register 在添加设备前会初始化 platform_device 的 dev 数据成员，后者是

一个 struct device 类型数据。当一个 platform_device 添加到 platform 总线之后，platform 就会为它找到匹配的设备驱动程序。在这之前，需要向系统注册 platform_driver。

3. platform_driver

platform 总线设备驱动的结构如下。

```
struct platform_driver {
    int ( * probe)(struct platform_device * );
    int ( * remove)(struct platform_device * );
    void ( * shutdown)(struct platform_device * );
    int ( * suspend)(struct platform_device * , pm_message_t state);
    int ( * suspend_late)(struct platform_device * , pm_message_t state);
    int ( * resume_early)(struct platform_device * );
    int ( * resume)(struct platform_device * );
    struct device_driver driver;
    struct platform_device_id * id_table;
};
```

可以看到，它类似于 struct device_driver，需要实现 probe 函数，以及指定 platform_driver 能驱动的设备的名字。

9.4　同　步　机　制

在操作系统中，多个内核执行流会在同一时间执行，所以和多进程多线程编程一样，内核也需要一些同步机制来同步各执行单元对共享数据的访问。特别地，在多处理器系统上，更需要一些同步机制来同步不同处理器上的执行单元对共享数据的访问。

在 Linux 内核中，包含几乎所有主流操作系统具有的同步机制，由于本文采用的是 Linux 2.6 内核，它包括：同步锁、信号量、原子操作和完成事件。

9.4.1　同步锁

1. 自旋锁

自旋锁（Spinlock）被别的执行单元保持，调用者就一直循环，看是否该自旋锁的保持者已经释放了锁。自旋锁和互斥锁的区别是，自旋锁不会引起调用者睡眠，自旋锁使用者一般保持锁事件非常短，所以选择自旋而不是睡眠，效率会高于互斥锁。

信号量和读写信号量适用于保持时间较长的情况，会导致调用者睡眠，所以只能在进程上下文适用（_trylock 的变种能够在中断上下文使用），而自旋锁适合于保持时间很短的情况，所以可以在任何上下文使用。

自旋锁保持期间是抢占失效的，而信号量和读写信号量保持期间是可以被抢占的。自旋锁只有在内核可抢占或者 SMP 的情况下才需要，在单 CPU 且不可抢占的内核下，自旋锁的所有操作都是空操作。

一个单元想要访问被自旋锁保护的共享资源，就必须先得到锁，在访问结束后，必须释放锁。如果在获取自旋锁时，没有任何执行单元保持该锁，此时立即得到锁；如果在获取自旋锁时锁已经有保持者，那么获取锁这个操作将自旋，直到该自旋锁的保持者释放了锁。

自旋锁相关的主要 API 如下。

自旋锁的包含文件是< linux/spinlock. h >。自旋锁的类型是 spinlock_t。和其他数据结构一样,自旋锁必须初始化,在编译时完成,如下。

```
spinlock_t my_spinlock = SPIN_LOCK_UNLOCKED;
```

或者在运行时使用:

```
void spin_lock_init(spinlock_t * lock);
```

在进入临界区之前,代码必须获得需要的锁,用

```
void spin_lock(spinlock_t * lock);
```

在前面说过,所有的自旋锁是不可中断的。也就是说,一旦调用 spin_lock,将自旋到锁变为可用。

如果释放一个已获得的锁,则

```
void spin_unlock(spinlock_t * lock);
```

有很多其他的自旋锁函数,除了加锁和释放,没有什么其他操作可对一个锁可做的。

实际上有 4 个函数可以加锁一个自旋锁。

```
void spin_lock(spinlock_t * lock);
void spin_lock_irqsave(spinlock_t * lock, unsigned long flags);
void spin_lock_irq(spinlock_t * lock);
void spin_lock_bh(spinlock_t * lock);
```

spin_lock_irqsave 禁止中断(只在本地处理器)在获得自旋锁之前,之前的中断状态保存在 flags 里。如果确定处理器上没有禁止中断,可以使用 spin_lock_irq 代替,并且不必保持跟踪 flags。spin_lock_bh 在获取锁之前禁止软件中断,但是硬件中断留作打开。

如果有可能被在硬件或软件中断上下文运行的代码获得自旋锁,则必须使用一种 spin_lock 形式来禁止中断。其他做法可能导致系统死锁。如果不在硬件中断处理里存取锁,但是通过软件中断,则可以使用 spin_lock_bh 来安全地避免死锁。

也有 4 个方法来释放自旋锁,但要分别对应上面的 4 个加锁函数。

```
void spin_unlock(spinlock_t * lock);
void spin_unlock_irqrestore(spinlock_t * lock, unsigned long flags);
void spin_unlock_irq(spinlock_t * lock);
void spin_unlock_bh(spinlock_t * lock);
```

每个释放锁的函数都对应着一个获取锁的函数。传递给 spin_unlock_irqrestore 的 flags 参数必须是传递给 spin_lock_irqsave 的同一个变量;同时,这两个函数的调用也必须在同一个函数里,否则会发生错误。

还有一套非阻塞的自旋锁操作:

```
int spin_trylock(spinlock_t * lock);
int spin_trylock_bh(spinlock_t * lock);
```

函数成功时返回非零（获得了锁），否则是零。

2. 读写锁

rmlock 是内核提供的一个自旋锁的读者/写者形式。读者/写者形式的锁允许任意数目的读者同时进入临界区，但是写者必须是排他的。读写锁类型是 rwlock_t，在 < linux/spinlock.h >中定义。

读写锁相关的主要 API 如下。

有两种方式被声明和被初始化：

```
rwlock_t my_rwlock = RW_LOCK_UNLOCKED;          /* 静态 */
rwlock_t my_rwlock;
rwlock_init(&my_rwlock);                          /* 动态 */
```

读者锁的获取和释放：

```
void read_lock(rwlock_t * lock);
void read_lock_irqsave(rwlock_t * lock, unsigned long flags);
void read_lock_irq(rwlock_t * lock);
void read_lock_bh(rwlock_t * lock);

void read_unlock(rwlock_t * lock);
void read_unlock_irqrestore(rwlock_t * lock, unsigned long flags);
void read_unlock_irq(rwlock_t * lock);
void read_unlock_bh(rwlock_t * lock);
```

没有 read_trylock。

写者锁的获取和释放：

```
void write_lock(rwlock_t * lock);
void write_lock_irqsave(rwlock_t * lock, unsigned long flags);
void write_lock_irq(rwlock_t * lock);
void write_lock_bh(rwlock_t * lock);
int write_trylock(rwlock_t * lock);

void write_unlock(rwlock_t * lock);
void write_unlock_irqrestore(rwlock_t * lock, unsigned long flags);
void write_unlock_irq(rwlock_t * lock);
void write_unlock_bh(rwlock_t * lock);
```

读写锁会对读者造成饥饿。

3. RCU 锁

RCU(Read-Copy Update)锁机制是 Linux 2.6 内核中新的锁机制。上面提到的自旋锁（spinlock）、读写锁（rwlock）都是为了保护共享数据使用的同步机制。但是获得这种锁的开销相对于 CPU 的速度随着计算机硬件的快速发展而成倍地增加，这是由于 CPU 的速度与访问内存速度之间的差距越来越大，而这种锁使用原子操作指令，需要原子地访问内存，使得获得锁的开销和访问内存速度挂钩。在这种背景下，高性能的锁机制 RCU 的推出克服了以上锁的缺点。

RCU，即读-复制修改，是基于其原理命名的。被 RCU 保护的共享数据结构，读者不需要任何锁就可以访问，但是写者在访问的时候，首先要复制一个副本，然后对副本进行操作，最后使用回调（Callback）机制在适当时机将指向原来数据的指针重新指向新的被修改的数据。这里说的时机是所有引用该数据的 CPU 都退出对共享数据的操作。

RCU 是改进的读写锁。读者基本上没有同步开销，不需要锁，不使用原子指令，死锁问题也不用考虑；写者同步开销相对较大，因为它需要延迟数据结构的释放，复制被修改的数据结构，也必须用某种锁机制同步并行的其他写者的修改操作。读者需要提供信号给写者，便于写者确定数据可以被安全地释放或修改的时机。有一个专门的垃圾收集器，当被所有读者告知不再使用某个被 RCU 保护的数据结构，它就调用回调函数完成最后的数据释放或修改操作。

RCU 和 rwlock 的不同之处在于：它既允许多个读者一起访问被保护数据，同时允许多个读者和多个写者在同一时刻访问被保护数据，读者没有任何同步开销，写者的开销取决于使用的写者间同步机制。但是，RCU 并不能代替 rwlock，因为 RCU 只是对读者性能提高，当写比较多时，提升不明显。

RCU 锁相关的主要 API 如下。

加锁：

```
rcu_read_lock()
```

读者在读取 RCU 保护的共享数据时，使用此函数进入读端临界区。

释放锁：

```
rcu_read_unlock()
```

该函数和 rcu_read_unlock 配对使用，标记读者退出读端临界区。在这两个函数之间的代码区称为"读端临界区"

```
synchronize_rcu()
```

在 2.6.11 及以前的 2.6 内核版本中为 synchronize_kernel，只有在 2.6.12 才改名为 synchronize_rcu。

此函数由 RCU 写端调用，会阻塞写者，直到所有读者完成读端临界区，写者才能进行后续操作。如果多个 RCU 写端调用此函数，它们将在一个 grace period（所有读者已经完成读端临界区）之后全部唤醒。

4. Seqlock

Seqlock 是 2.6 内核包含的一对新机制，能够快速地、无锁地存取一个共享资源。当这种资源满足小、简单、常常被存取并且很少写存取但是必须要快等几个条件时，使用 Seqlock。Seqlock 通常不能用在保护包含指针的数据结构。Seqlock 定义在< linux/seqlock.h >。通常有以下两个方法来初始化一个 Seqlock(有 seqlock_t 类型)。

```
seqlock_t lock1 = SEQLOCK_UNLOCKED;

seqlock_t lock2;
seqlock_init(&lock2);
```

Seqlock 的实现原理是依赖一个序列计数器，当写者写入数据的时候，会得到一把锁，并且把序列值增加 1。当读者读取数据之前和之后，这个序列号都会被读取，如果两次读取的序列号相同，则说明写没有发生。相反，如果表明发生过写事件，则放弃已经进行的操作，重新循环一次，一直到成功。读者代码如下所示。

```
unsigned int seq;

do {
    seq = read_seqbegin(&the_lock);
    /* Do what you need to do */
} while read_seqretry(&the_lock, seq);
```

写者必须获取一个排他锁来进入由 Seqlock 保护的临界区。调用：

```
void write_seqlock(seqlock_t * lock);
```

这个写锁是由自旋锁实现，所以所有通常的限制都适用。调用。

```
void write_sequnlock(seqlock_t * lock);
```

释放锁。因为采用自旋锁控制写存取，所有变体都可用。

```
void write_seqlock_irqsave(seqlock_t * lock, unsigned long flags);
void write_seqlock_irq(seqlock_t * lock);
void write_seqlock_bh(seqlock_t * lock);

void write_sequnlock_irqrestore(seqlock_t * lock, unsigned long flags);
void write_sequnlock_irq(seqlock_t * lock);
void write_sequnlock_bh(seqlock_t * lock);
```

还有，write_tryseqlock 在能够获得锁时返回非零值。

9.4.2　信号量

Linux 内核的信号量在概念和原理上与用户态的 IPC 机制信号量是一样的，但是不能用在内核之外，它是一种睡眠锁。当一个任务试图获得已被占用的信号量时，会进入一个等待队列，然后睡眠。当持有该信号量的进程释放信号量后，位于等待队列的一个任务就会被唤醒，这个任务获得信号量。

信号量和自旋锁的区别在于：竞争信号量的进程在等待的时候会睡眠，所以信号量适用于锁会被长期持有的情况；相反，短时间持有锁的时候，就不适宜用信号量，因为睡眠、维护等待队列以及唤醒所花费的开销可能比锁占用的全部时间还要长；由于线程在锁被占用时会睡眠，所以只能在进程上下文中才能获得信号量锁，因为在中断上下文中是不能进行调试的；占有信号量的进程可以选择睡眠或者不睡眠，其他争用此信号量的进程并不会因此死锁；因为自旋锁不可以睡眠而信号量锁可以睡眠，所以不能同时占有信号量和自旋锁。信号量不会禁止内核抢占，持有信号量的代码可以被抢占。

信号量还有一个特点，它允许有多个持有者，而相对地，自旋锁任何时候只能有一个持有者。当信号量为二值信号量或者互斥信号量时，只有一个持有者。多个持有者的信号量叫做计数信号量,这种信号量在初始化的时候要声明最多允许有多少个持有者(Count 值),这个初始值表示同时可以有几个任务访问该信号量保护的共享资源,该值若为 1,就变成互斥锁(Mutex)。

当任务访问完被信号量保护的共享资源之后,必须通过把信号量的值加 1 实现信号量的释放。如果信号量的值为非正数,表明有任务等待当前信号量,将会唤醒所有等待该信号量的任务。

信号量相关的主要 API 如下。

```
DECLARE_MUTEX(name)
```

宏声明一个信号量 name,初始化它的值为 0,即声明一个互斥锁。

另外一种声明方式,在锁的创建时就处在已锁状态。

```
DECLARE_MUTEX_LOCKED(name)
```

声明一个互斥锁,初值为 0。对于这种锁,一般是先释放后获得。

```
void sema_init(struct semaphore * sem, int val);
```

这个函数用来初始化信号量的值,值为 val。

```
void init_MUTEX(struct semaphore * sem);
```

这个函数用来初始化一个互斥锁,设置信号量 sem 的值为 1。

```
void init_MUTEX_LOCKED(struct semaphore * sem);
```

这个函数同样用来初始化一个互斥锁,但是把信号量 sem 的值设为 0,即从开始就处在已锁状态。

```
void down(struct semaphore * sem);
```

这个函数用来获得信号量 sem,会导致睡眠,所以在中断上下文(包括 IRQ 上下文和 softirq 上下文)不能使用这个函数。这个函数的机制是这样的:把 sem 的值减 1,如果信号量 sem 的值非负,就直接返回,否则调用者将进入睡眠,直到该信号量非释放为止。

```
int down_interruptible(struct semaphore * sem);
```

和 down 类似,但是,down 不会被信号打断,但 down_interruptible 能被信号打断。可以通过函数的返回值来区分:返回 0,表示获得信号量正常返回;如果没信号打断,返回 -EINTR。

```
int down_trylock(struct semaphore * sem);
```

这个函数试图获得信号量 sem,如果成功,则获得信号量并返回 0;如果失败,则不能获得信号量,返回非 0 值。这个函数不会导致调用者睡眠,所以可以在中断上下文中使用。

```
void up(struct semaphore * sem);
```

这个函数释放信号量,把 sem 的值加 1,如果 sem 的值为非正数,表明有任务正在等待此信号量,唤醒这些等待者。

9.4.3　读写信号量

在应用读写信号量的场景中,访问者被细分为两类,一种是读者,另一种是写者。读者在拥有读写信号量期间,对该读写信号量保护的共享资源只能进行读访问;如果某个任务同时需要读和写,则被归类为写者,它在对共享资源访问之前须先获得写者身份,写者在不需要写访问的情况下将被降级为读者。同一时间,可以有任意多个读者同时拥有一个读写信号量。

某一时刻,没有写者拥有读写信号量也没有写者等待读者释放信号量,则任何读者都能获得该读写信号量;否则,读者须被挂起,直到写者释放该信号量。再如果没有读者或写者拥有读写信号量并且也没有写者等待该信号量,则一个写者可以获得该读写信号量,否则写者将被挂起,直到没有任何访问者。所以说,写者具有排他性和独占性。

读写信号量按和架构有关与否分为两类:通用的,也就是不依赖于硬件架构的,优点是增加新的架构不需要重新实现它,缺点是性能低,获得和释放读写信号量的开销大。和架构相关的性能高,获取和释放信号量读写信号量的开销小,但缺点是增加新的架构需要重新实现。在配置内核时,可以进行选择。

读写信号量相关的主要 API 如下。

```
DELARE_RWSEM(sem)
```

宏声明一个读写信号量 name,并对其进行初始化。

```
void init_rwsem(struct rm_semaphore * sem);
```

这个函数对读写信号量 sem 进行初始化。

```
void down_read(struct rw_semaphore * sem);
```

这个函数是读者用来获取读写信号量 sem,会导致调用者睡眠,所以只能在进程上下文使用。

```
int down_read_trylock(struct rw_semaphore * sem);
```

这个函数和 down_read 类似,区别是不会导致调用者睡眠。它尝试获得读写信号量,如果成功返回 1,否则表示不能获得,返回 0。所以,可以在中断上下文使用。

```
void down_write(struct rw_semaphore * sem);
```

这个函数是写者用来获得读写信号量 sem,会导致调用者睡眠,只能在进程上下文使用。

```
int down_write_trylock(struct rw_semaphore * sem);
```

这个函数和 down_write 类似，区别是不会导致调用者睡眠。它尝试获得读写信号量，如果成功返回 1，否则表示不能获得，返回 0。可以在中断上下文使用。

```
void up_write(struct rw_semaphore * sem);
```

这个函数由写者调用释放信号量 sem。它和 down_write 或 down_write_trylock 配对使用。

```
void downgrade_write(struct rw_semaphore * sem);
```

这个函数将写者降级为读者。因为写者是排他性的，所以在写者拥有读写信号量的时候，任何读者或者是写者都无法访问该读写信号量保护的共享资源。对于不需要写访问的写者，降级为读者使得等待访问的读者能够立刻访问，提高了效率。

读写信号量适合于读多写少的情况。

9.4.4　原子操作

原子操作是指该操作在执行完毕前绝不会被任何其他任务或时间打断，换句话说，它是最小的执行单位，不会有比它更小的执行单位。原子的概念使用的是物理学里的物质微粒的概念。

原子操作和架构有关，需要硬件的支持，它的 API 和原子类型的定义都在内核源码树 include/asm/atomic.h 文件中，使用汇编语言实现。

原子操作主要用在资源计数，很多应用计数（refcnt）就是通过原子操作实现的。

```
typedef struct {volatile int counter;}atomic_t;
```

定义了原子类型。volatile 字段告诉 gcc 不要对该类型的数据进行优化处理，对它的访问都是内存的访问，不是对寄存器的访问。

原子操作相关的主要 API 如下。

```
atomic_read(atomic_t * v);
```

这个函数对原子类型的变量进行原子读操作，返回原子类型的变量 v 的值。

```
atomic_set(atomic_t * v, int i);
```

这个函数设置原子类型的变量 v 的值为 i。

```
void atomic_add( intI, atomic_t * v);
```

这个函数给原子类型的变量 v 增加值 i。

```
void atomic_sub(intI, atomic_t * v);
```

这个函数从原子类型的变量 v 中减去 i。

```
int atomic_sub_and_test( int i, atomic_t * v);
```

这个函数从原子类型的变量 v 中减去 i,并判断结果是否为 0,为 0 返回真,否则返回假。

```
void atomic_inc(atomic_t * v);
```

这个函数对原子类型的变量 v 原子地增加 1。

```
void atomic_dec(atomic_t * v);
```

这个函数对原子类型的变量 v 原子地减 1。

```
int atomic_dec_and_test(atomic_t * v);
```

这个函数对原子类型的变量 v 原子地减 1,并判断结果是否为 0,如果为 0,返回真,否则返回假。

```
int atomic_inc_and_test(atomic_t * v);
```

这个函数对原子类型的变量 v 原子地增加 1,并判断结果是否为 0,如果为 0,返回真,否则返回假。

```
int atomic_add_negative(int i, atomic_t * v);
```

这个函数对原子类型的变量 v 原子地增加 i,并判断结果是否为负数,如果是,返回真,否则返回假。

```
int atomic_add_return(int i, atomic_t * v);
```

这个函数对原子类型的变量 v 原子地增加 i,返回指向 v 的指针。

```
int atomic_sub_return(int i, atomic_t * v);
```

这个函数从原子类型的变量 v 中减去 i,并且返回指向 v 的指针。

```
int atomic_inc_return(atomic_t * v);
```

这个函数对原子类型的变量 v 原子地增加 1 并且返回指向 v 的指针。

```
int atomic_dec_return(atomic_t * v);
```

这个函数对原子类型的变量 v 原子地减 1 并且返回指向 v 的指针。

9.4.5　完成事件

完成事件是一种简单的同步机制,表示"things may proceed",它适用于需要睡眠和唤醒的情景。如果要在任务中实现简单睡眠直到其他进程完成某些处理过程为止，可以采用完成事件，它不会引起资源竞争。如果要使用 completion，需要包含< linux/completion. h >，同时创建类型为 struct completion 的变量。

```
struct completion {
    unsigned int done;
    wait_queue_head_t wait;
};
```

完成事件的结构体描述。

```
DECLARE_COMPLETION(my_completion);
```

静态地声明和初始化。

```
struct completion my_completion;
init_completion(&my_compleiton);
```

动态初始化。

如果驱动程序要在等待某个过程完成之后再执行后续操作，则可以调用 wait_for_completion，参数是完成的事件。

```
void wait_for_completion(struct completion * comp);
```

如果确定事件已经完成，可以调用以下两个函数之一来唤醒等待该事件的进程。

```
void complete(struct completion * comp);
void complete_all(struct completion * comp);   /* Linux 2.5.x 以上版本 */
```

前者只唤醒一个等待进程，而后者将唤醒所有等待该事件的进程。由于 completion 的实现方式，即使 complete 在 wait_for_completion 之前调用，也可以正常工作。

9.4.6　时间

1. 测量时间流失

Linux 内核通过定时器中断跟踪时间的流动，定时器中断由系统定时硬件以规律的间隔产生，这个间隔在启动时由内核根据 HZ 值来编程。每次发生一个时钟中断，内核计数器的值就递增。计数器在系统启动初始化为 0，所以它表示的是从最后一次启动以来的时钟滴答的数目。这个计数器是一个 64 位变量（在 32 位体系上也是 64 位），称为 jiffies_64。但是，一般使用的是 unsigned long 型的 jiffies 变量，jiffies 等于 jiffies_64 或为 jiffies_64 的高（低）32 位，具体是高 32 位还是低 32 位，取决于是 big endian 还是 little endian。

jiffies 计数器和读取它的函数位于< linux/jiffies. h >中，jiffies 和 jiffies_64 是只读的。除系统定时器外，还有一个和时间有关的时钟，实时时钟（RTC），这是一个硬件时钟，用来持久存放系统时间，通过主板上的微型电池在系统关闭后保持计时。

2. 获知当前时间

内核代码通过查看 jiffies 的值来获取当前时间。这个值只是表示从最后一次启动以来的时间，驱动可以使用 jiffies 的当前值来计算事件之间的时间间隔。

使用 jiffies 很简单，比如：

```
t1 = jiffies;                              //t1 为运行此语句时的 jiffies 值
t2 = jiffies + HZ;                         //t2 为 1 秒之后的 jiffies 值
diff = (long)t2 - (long)t1;                //计算时间差
s = diff/HZ;                               //时间差转换成秒
ms = diff * 1000/HZ;                       //时间差转换成毫秒
```

内核也提供了相应的宏来比较时间，实现原理是转换成 long 型后相减。

```
# include <linux/jiffies.h>
int time_after(unsigned long a, unsigned long b);        //a 比 b 靠后，返回真
int time_before(unsigned long a, unsigned long b);       //a 比 b 靠前，返回真
int time_after_eq(unsigned long a, unsigned long b);     //a 比 b 靠后或相等，返回真
int time_before_eq(unsigned long a, unsigned long b);    //a 比 b 靠前或相等，返回真
```

一个使用 jiffies 的实例，probe_irq_on 函数，位于 arch/arm/kernel 中的 irq.c 中。

```
unsigned long probe_irq_on(void)
{
…
        for (delay = jiffies + HZ/10; time_before(jiffies, delay); ) //在 delay 前一直循环
              / * min 100ms delay * / ;
…
}
```

3. 延后执行

延后执行是指设备驱动常常延后一段时间执行一个特定片段的代码，可以分为长延时和短延时。

1）长延时

一个驱动需要延迟执行相对长的时间，多于一个时钟。一个简单的方法是一个监视 jiffy 计数器的循环，这种忙等待的实现可以参看下面的代码，这里 j1 是 jiffies 的延时超时的值。

```
while (time_before(jiffies, j1))
    cpu_relax();
```

2）短延时

当设备驱动需要处理它的硬件的反应时间，涉及的延时最多几个毫秒。在这种情况下，依靠时钟滴答是不对的。

内核函数 ndelay，udelay 以及 mdelay 可以用在短延时中，分别延后执行指定的纳秒数，微秒数或者毫秒数。函数原型定义如下。

```
# include <linux/delay.h>
void ndelay(unsigned long nsecs);          //延迟 nsecs 纳秒
void udelay(unsigned long usecs);          //延迟 usecs 微秒
void mdelay(unsigned long msecs);          //延迟 msecs 毫秒
```

函数的实现和具体硬件有关，具体在＜asm/delay.h＞中实现。其中，udelay函数在所有平台上都会实现，其他函数就不一定了。使用这些函数实现的延迟，至少会达到请求的时间值，但可能会更长，实际上，现在没有平台达到纳秒的精度。这三个延时函数是忙等待，其他任务在时间流失时不能运行。

有另一个方法获得毫秒（和更长）延时而不用涉及忙等待。在＜linux/delay.h＞中声明了以下这些函数。

```
void msleep(unsigned int millisecs);
unsigned long msleep_interruptible(unsigned int millisecs);
void ssleep(unsigned int seconds);
```

前两个函数是给定毫秒数调用进程进入睡眠。对msleep的调用是不可中断的，能确保进程至少在给定的毫秒数内睡眠。如果驱动位于一个等待队列，并且想唤醒它来打断睡眠，使用msleep_interruptible。从msleep_interruptible的返回值正常的是0，但是如果这个进程被提早唤醒，返回值是初始请求睡眠周期中剩余的毫秒数。对ssleep的调用使进程在给定秒数内进入一个不可中断的睡眠。

4. 内核定时器

内核定时器的使用场景是这样的：在将来某个时间点调度执行某个动作，同时在该时间点之前不会阻塞当前进程。内核定时器是一个数据结构，告诉内核在用户定义的时间点使用用户定义的参数来执行用户定义的函数。定时器函数必须是原子的。

内核定时器的数据结构定义在＜linux/timer.h＞中。

```
struct timer_list {
    struct list_head entry;
    unsigned long expires;              //到此jiffies值时,定时器执行定义的函数

    void ( * function)(unsigned long);  //要执行的函数
    unsigned long data;                 //传递给function函数的参数

    struct tvec_base * base;
# ifdef CONFIG_TIMER_STATS
    void * start_site;
    char start_comm[16];
    int start_pid;
# endif
# ifdef CONFIG_LOCKDEP
    struct lockdep_map lockdep_map;
# endif
};
```

使用内核定时器时，只要初始化一个timer_list结构体，其中主要初始化expires、*function、data这三个就可以了。

9.5 内存映射和管理

这里所说的内存映射和管理，重点是对于写设备驱动有用的技术，因为很多驱动编程需要了解虚拟内存子系统是如何工作的。

9.5.1　物理地址映射到虚拟地址

几乎对每一种外设的访问都是通过读写设备上的寄存器来进行的,包括控制寄存器、状态寄存器和数据寄存器三大类。CPU 对 I/O 端口的编址方式有两种:一是 I/O 映射方式(I/O-mapped),为外设专门实现一个单独的地址空间,称作"I/O 地址空间"或者"I/O 端口空间",CPU 有专门的 I/O 指令访问空间中的地址单元;另一个是内存映射方式(Memory-mapped),RISC 指令系统的 CPU(如 ARM、PowerPC 等)通常只实现一个物理地址空间,外设 I/O 端口就成为内存的一部分。CPU 就像访问内存单元一样访问外设 I/O 端口。

在系统运行时,外设的 I/O 内存资源的物理地址是已知的,但 CPU 并没有给这些已知的 I/O 内存资源预定义虚拟地址范围,所以驱动程序不能直接使用物理地址访问 I/O 内存资源,而必须先将其通过页表映射到核心虚拟地址空间,通过映射所得到的核心地址范围访问这些 I/O 内存资源。Linux 中在 io.h 头文件中声明了函数 ioremap(),用来将 I/O 内存资源的物理地址映射到核心地址空间,即 3~4GB 中,在 mm/ioremap.c 中,原型如下。

```
void * ioremap(unsigned long phys_addr, unsigned long size, unsigned long flags);
```

这个将物理地址映射到核心虚拟地址。iounmap 函数是用来取消 ioremap()所做的映射,原型如下。

```
void iounmap(void * addr);
```

这样,完成了将 I/O 内存资源从物理地址到虚拟地址的映射,读写 I/O 资源就像读写 RAM 一样直接了。为了保证驱动程序的跨平台可移植性,应该用特定的函数访问 I/O 资源,而不是通过指向核心虚拟地址的指针访问。比如在 ARM 平台,读写 I/O 的函数如下。

```
#define __raw_writeb(v,a)  (__chk_io_ptr(a), *(volatile unsigned char __force *)(a) = (v))
#define __raw_writew(v,a)  (__chk_io_ptr(a), *(volatile unsigned short __force *)(a) = (v))
#define __raw_writel(v,a)  (__chk_io_ptr(a), *(volatile unsigned int __force *)(a) = (v))

#define __raw_readb(a)  (__chk_io_ptr(a), *(volatile unsigned char __force *)(a))
#define __raw_readw(a)  (__chk_io_ptr(a), *(volatile unsigned short __force *)(a))
#define __raw_readl(a)  (__chk_io_ptr(a), *(volatile unsigned int __force *)(a))
```

9.5.2　内核空间映射到用户空间

内存映射是现代 UNIX 最有趣的特性之一。对于驱动来说,内存映射可用来提供用户程序对设备内存的直接存取。

可以通过以下命令:

```
cat /proc/<directory>/maps
```

查看设备内存是如何映射的。

一个例子是：

```
cat /proc/iomem

00000000 - 00001fff : System RAM
00002000 - 00005fff : reserved
00006000 - 0009ebff : System RAM
0009ec00 - 0009ffff : reserved
000a0000 - 000bffff : Video RAM area
000c0000 - 000c7fff : Video ROM
000c8000 - 000cbfff : pnp 00:00
000cc000 - 000cffff : pnp 00:00
000d0000 - 000d0fff : Adapter ROM
000d1000 - 000d1fff : Adapter ROM
000d2000 - 000d2fff : Adapter ROM
...
```

如果想在用户空间访问内核地址，可以采用 mmap 方法。用户空间的应用程序通过映射可以直接访问设备的 I/O 存储区或 DMA 缓冲。映射一个设备是指关联一些用户空间地址到设备内存。这样，无论何时程序在给定范围内读写，实际上是在存取设备。

但是也有例外，不是每个设备都会被 mmap 所映射，因为对于串口或其他面向流的设备，这样做没有意义。mmap 的一个限制是映射粒度为 PAGE_SIZE。内核只是在页表一级管理虚拟地址，所以，被映射区必须是 PAGE_SIZE 的整数倍并且必须是位于 PAGE_SIZE 整数倍开始的物理地址。如果区域的大小不是页大小的整数倍，内核就会生成一个稍微大一些的区域来容纳它。

在 X 图形服务器中，需要传送大量数据，动态映射图形设备内存到用户空间提高了吞吐量。另外一个例子是控制 PCI 设备的程序：大部分 PCI 外设映射它们的控制寄存器到一个内存地址，为达到高性能，程序可能首选对寄存器的直接存取来代替反复调用 ioctl。

mmap 方法是 file_operation 结构的一部分，在执行 mmap 系统调用时就会用到该方法。系统调用声明如下。

```
mmap (caddr_t addr, size_t len, int prot, int flags, int fd, off_t offset)
```

addr 是内存块的建议位置，不能确保 mmap() 函数就一定使用这块内存区域，所以经常设置成 NULL。len 是映射到调用进程地址空间的字节数，从映射文件开头 offset 个字节开始算。prot 指定共享内存的访问权限，有以下取值：PROT_READ（可读），PROT_WRITE（可写），PROT_EXEC（可执行），PROT_NONE（不可访问）。Flags 有以下几个常值：MAP_SHARED，MAP_PRIVATE，MAP_FIXED。fd 是设备的文件描述符。Offset 一般设为 0，表示从文件头开始映射。

文件操作声明如下。

```
int ( * mmap) (struct file * filp, struct vm_area_struct * vma);
```

vma 参数包含用于访问设备的虚拟地址区间的信息。其中，大部分的工作内核已经完成了，要实现 mmap，驱动程序只要为这一地址范围构造合适的页表即可，如果需要，就用一个新的操作集来替换 vma-> vm_pos。

有两个建立页表的方法：一是使用 remap_pfn_range 函数一次建立所有页表；二是使用 nopage VMA 方法每次只建立一个页表。

1. 建立页表方法一：remap_pfn_range

该函数用于完成映射一段物理地址的新页表的工作，其实还需要用到 io_remap_pfn_range 函数。原型如下。

```
int remap_pfn_range(struct vm_area_struct * vma, unsigned long virt_addr, unsigned long pfn,
unsigned long size, pgprot_t prot);
int io_remap_page_range(struct vm_area_struct * vma, unsigned long virt_addr, unsigned long
phys_addr, unsigned long size, pgprot_t prot);
```

返回值通常是 0，或者是一个负的错误码。参数 vma 是页范围被映射到的虚拟内存区，参数 virt_add 表示重映射起始处的用户虚拟地址，函数为虚拟地址 virt_add 和 virt_add＋size 之间的区间构造页表。参数 pfn 是页帧号，对应虚拟地址应当被映射的物理地址，由物理地址右移 PAGE_SHIFT 位得到，包含在 VMA 结构中的 vm_paoff 成员中。size 表示被重映射的区域的大小，是以字节为单位的。port 是新 VMA 的保护，驱动程序应该使用 vma-> vm_page_prot 中的值。该函数的参数在 mmap 被调用时，大部分已经在 VMA 中提供了。

这两个函数，第一个（remap_pfn_range）用在 pfn 指向实际的系统 RAM 的情况下，而后者（io_remap_page_range）用在 phys_addr 指向 I/O 内存时。

2. 建立页表方法二：nopage

remap_page_range 在多数情况下工作良好，但不是适合所有情况。为了使驱动程序的 mmap 具有更好的灵活性，需要使用 VMA 的 nopage 方法实现内存映射。其原型如下。

```
struct page * ( * nopage)(struct vm_area_struct * vma, unsigned long address, int * type);
```

调用关联 nopage 函数是发生在一个用户进程试图访问当前不在内存中的 VMA 页面时。参数 address 是导致失效的虚拟地址，这个地址会向下圆整到所在页的起始地址。函数 nopage 会定位并返回指向用户期望的页的 struct page 指针。该函数还会调用宏 get_page，增加它返回的页面的使用计数。

```
get_page(struct page * pageptr);
```

这个步骤是为了保证被映射页面上的正确引用计数，是必要的。因为当这个计数为 0 时，内核直到该页应该放入空闲链表。当一个 VMA 被取消映射时，内核会减少该区域中每一页的使用计数。

nopage 的错误类型储存在 type 参数指向的位置，如果那个参数不为 NULL 的话。在设备驱动中，正确值总是 VM_FAULT_MINOR。

mmap 必须做到的事情是用自己的操作替换默认的 vm_ops 指针。Nopage 方法接着进行一次重新映射一页并返回新页的 struct page 结构的地址。

```
//简单的 mmap
static int my_nopage_mmap(struct file * filp, struct vm_area_struct * vma)
{
unsigned long offset = vma -> vm_pgoff << PAGE_SHIFT;
```

```
if (offset >= __pa(high_memory) || (filp->f_flags & O_SYNC))
vma->vm_flags |= VM_IO;
vma->vm_flags |= VM_RESERVED;

vma->vm_ops = &my_nopage_vm_ops;        //用自己操作替换默认的 vm_ops 指针
simple_vma_open(vma);
return 0;
}

//简单的 nopage
struct page * my_vma_nopage(struct vm_area_struct * vma, unsigned long address, int * type)
{
struct page * pageptr;
unsigned long offset = vma->vm_pgoff << PAGE_SHIFT;
unsigned long physaddr = address - vma->vm_start + offset;
unsigned long pageframe = physaddr >> PAGE_SHIFT;

if (!pfn_valid(pageframe))
return NOPAGE_SIGBUS;
pageptr = pfn_to_page(pageframe);        //重新映射一页
get_page(pageptr);
if (type)
* type = VM_FAULT_MINOR;
return pageptr;
}
```

这里只是简单地映射主内存,nopage 函数只需要找到 struct page 结构给出错地址并递增它的引用计数。所以顺序是这样的,计算需要的物理地址,通过右移 PAGE_SHIFT 位转换为页帧号。为了确保有一个有效的页帧,使用 pfn_valid 函数,如果地址超过范围,返回 NOPAGE_SIGBUS,它产生一个总线信号递交给调用进程。如果有效,pfn_to_page 获得必要的 struct page 指针,递增它的引用计数(使用宏 get_page)并返回它。

9.6 工作队列

工作队列是 Linux 内核将工作推后执行的机制。这种机制和 tasklets 不同的是工作队列把推后的工作交给内核线程去执行。所以,工作队列的优势就是允许重新调度甚至睡眠。2.6 内核开始引入工作队列。

工作队列的数据结构如下。

```
struct work_struct {
        atomic_long_t data;
        struct list_head entry;
        work_func_t func;
};
```

以上是 2.6.20 以后的版本的 work_struct。

可以看看 2.6.0~2.6.19 版本的 work_struct 更好地理解工作队列。

```
struct work_struct {
        unsigned long pending;              // 用来记录工作是否已经在队列里
        struct list_head entry;             // 循环链表结构
        void ( * func)(void * );            //函数指针,由用户来实现
        void * data;                        // 用来储存用户的私人数据,这个数据就是 func 的参数
        void * wq_data;                     // 用来指向工作者进程
        struct timer_list timer;            // 推后执行的定时器
};
```

工作队列相关的主要 API 如下。

```
INIT_WORK(_work, _func, _data)
```

作用是初始化指定的工作,把用户指定的函数_func 及_func 需要的参数_data 付给 work
_struct 的 func 和 data 变量。

```
int schedule_work(struct work_struct * work);
```

对工作进行调度,把给定工作的处理函数提交给默认的工作队列和工作者线程。工作者
线程实际上是一个普通的内核线程,每个 CPU 均有一个类型为 events 的工作者线程,当调用
本函数时,这个工作者线程就会被唤醒,然后执行工作链表上的所有工作。

```
int schedule_delayed_work(struct work_struct * work, unsigned long delay);
```

延迟执行工作,和上面的 schedule_work 类似。

```
void flush_scheduled_work(void);
```

刷新工作队列。这个函数会一直等待,直到队列中所有工作都被执行。

```
int cancel_delayed_work(struct work_struct * work);
```

flush_scheduled_work 并不会取消任何延迟执行的工作。所以,如果想取消延迟工作,要
调用 cancel_delayed_work。

在这里要注意的是,这些 API 都是使用默认工作者线程来实现工作队列,简单易用,但是
如果默认队列负载太重,执行效率会很低。解决的办法就是创建自己的工作者线程和工作
队列。

```
struct workqueue_struct * create_workqueue(const char * name);
```

创建新的工作队列和相应的工作者线程,命名为 name。

```
int queue_work(struct workqueue_struct * wq, struct work_struct * work);
```

类似 schedule_work,不同之处在于 queue_work 把工作提交给创建的工作队列 wq 而不
是默认队列。

```
int queue_delayed_work(struct workqueue_struct * wq, struct work_struct * work, unsigned long
delay);
```

延迟执行工作。

```
void flush_workqueue(struct workqueue_struct * wq);
```

刷新指定工作队列。

```
void destroy_workqueue(struct workqueue_struct * wq);
```

释放创建的工作队列。

以上都是 2.6.20 之前的工作队列的数据结构。

2.6.20 的 work_struct 中，entry 和以前的版本完全相同。data 的类型变成了 atomic_long_t，是一个原子类型。这里的 data 是之前版本 pending 和 wq_data 的复合体，起到了之前 pending 和 wq_data 的作用。func 的参数是一个 work_struct 指针，指向的是定义 func 的 work_struct。

新版本的 work_struct 需要解决两个问题，第一个是如何把用户的数据作为参数传给 func，第二个是如何实现延迟工作，因为新版本中 work_struct 没有定义 timer。

对于第一个问题，2.6.20 版本之后使用工作队列需要把 work_struct 定义在用户的数据结构，然后通过 container_of 来得到用户数据。而第二个问题，新的工作队列把 timer 拿掉使 work_struct 更加结构清晰，其实，只有在需要延迟执行工作时才用到 timer，普通情况下 timer 是无用的，所以 timer 的增加一定程度上是资源的浪费。timer 拿掉后，又定义了一个新的结构 delayed_work 用于处理延迟执行。

```
struct delayed_work {
    struct work_struct work;
    struct timer_list timer;
};
```

下面罗列一下新版本的 API。

```
INIT_WORK(struct work_struct * work, work_func_t func)
INIT_DELAYED_WORK(struct delayed_work * work, work_func_t func)
int schedule_work(struct work_struct * work)
int schedule_delayed_work(struct delayed_work * work, unsigned long delay)
struct workqueue_struct * create_workqueue(const char * name)
int queue_work(struct workqueue_struct * wq, struct work_struct * work)
int queue_delayed_work(struct workqueue_struct * wq, struct delayed_work * work, unsigned long
delay)
void flush_scheduled_work(void)
void flush_workqueue(struct workqueue_struct * wq)
int cancel_delayed_work(struct delayed_work * work)
void destroy_workqueue(struct workqueue_struct * wq)
```

9.7 异步 I/O

Linux 的异步 I/O(AIO)在 Linux 2.5 版本内核中首次出现。首先来看一下 Linux 的 I/O 机制经历的几个阶段。

(1) 同步阻塞 I/O：用户进程进行 I/O 操作，一直阻塞到 I/O 操作完成为止。

(2) 同步非阻塞 I/O：用户程序可以通过设置文件描述符的属性 O_NONBLOCK，I/O 操作可以立即返回，但是并不保证 I/O 操作成功。

(3) 异步事件阻塞 I/O：用户进程可以对 I/O 事件进行阻塞，但是 I/O 操作并不阻塞。通过 select/poll/epoll 等函数调用来达到此目的。

(4) 异步事件非阻塞 I/O：也叫做异步 I/O(AIO)，用户程序可以通过向内核发出 I/O 请求命令，不用等 I/O 事件真正发生，可以继续做另外的事情，等 I/O 操作完成，内核会通过函数回调或者信号机制通知用户进程。这样很大程度提高了系统吞吐量。

块设备和网络设备驱动的操作全是异步的，但是对于字符型设备，需要在驱动程序中实现对应的异步函数，才能实现异步操作。

要使用 AIO 功能，需要包含头文件 aio.h。内核中关于 AIO 的结构如下。

```
struct kiocb {
    struct list_head        ki_run_list;
    unsigned long           ki_flags;
    int                     ki_users;
    unsigned                ki_key;
    struct file             * ki_filp;
    struct kioctx           * ki_ctx;
    int                     ( * ki_cancel)(struct kiocb * , struct io_event * );
    ssize_t                 ( * ki_retry)(struct kiocb * );
    void                    ( * ki_dtor)(struct kiocb * );
    union {
        void __ user        * user;
        struct task_struct * tsk;
    } ki_obj;
    __u64                   ki_user_data;           //用户数据
    wait_queue_t            ki_wait;
    loff_t                  ki_pos;
    void                    * private;
    unsigned short          ki_opcode;
    size_t                  ki_nbytes;
    char                    __ user * ki_buf;
    size_t                  ki_left;
    struct iovec            ki_inline_vec;
    struct iovec            * ki_iovec;
    unsigned long           ki_nr_segs;
    unsigned long           ki_cur_seg;
    struct list_head        ki_list;                //用于取消 AIO 的核心结构
    struct file             * ki_eventfd;
};
```

同步特性在某些时候是必需的。同步 iocb 允许 AIO 子系统在必要的时候被同步地使用，用下列函数判断请求是否需要做同步处理。当 AIO 为同步,返回真。

```
//是否该操作必须使用同步操作完成
♯define is_sync_kiocb(iocb) ((iocb)->ki_key == KIOCB_SYNC_KEY)
//等待一个同步 iocb 完成
ssize_t wait_on_sync_kiocb(struct kiocb * iocb)
```

当 AIO 操作完成,使用以下函数通知 AIO 子系统。

```
int aio_complete(struct kiocb * iocb, long res, long res2)
```

如果想取消 AIO 操作,需要自定义一个 ki_cancer 函数,覆盖原来的函数。

```
int simple_aio_cancel(struct kiocb * iocb, struct io_event * event);
iocb->ki_cancel = simple_aio_cancel;
```

在应用层,传输操作通过 AIOCB 结构完成。

```
int aio_read(struct aiocb * aiocbp);
```

异步读操作,向内核发出读的命令,传入参数是 aiocb 结构。

```
int aio_write(struct aiocb * aiocbp);
```

异步写操作,向内核发出写的命令,传入的参数仍然是一个 aiocb 的结构,当文件描述符的 O_APPEND 标志位设置后,异步写操作总是将数据添加到文件末尾。如果没有设置,则添加到 aio_offset 指定的地方。

```
int aio_error(const struct aiocb * aiocbp);
```

如果该函数返回 0,表示 aiocbp 指定的异步 I/O 操作请求完成;如果该函数返回 EINPROGRESS,表示 aiocbp 指定的异步 I/O 操作请求正在处理中;如果该函数返回 ECANCELED,表示 aiocbp 指定的异步 I/O 操作请求已经取消;如果该函数返回-1,表示发生错误,检查 errno。

```
ssize_t aio_return(struct aiocb * aiocbp);
```

这个函数的返回值相当于同步 I/O 中 read/write 的返回值。只有在 aio_error 调用后才能被调用。

```
int aio_cancel(int fd, struct aiocb * aiocbp);
```

取消在文件描述符 fd 上的 aiocbp 所指定的异步 I/O 请求。如果该函数返回 AIO_CANCELED,表示操作成功。如果该函数返回 AIO_NOTCANCELED,表示取消操作不成功,使用 aio_error 检查一下状态。如果返回-1,表示发生错误,检查 errno。

```
int lio_listio( int mode, struct aiocb * restrict const list[restrict], int nent, struct sigevent
* restrict sig);
```

使用该函数,在很大程度上可以提高系统的性能,因为在一次 I/O 过程中,OS 需要进行用户态和内核态的切换,如果将更多的 I/O 操作都放在一次用户态和内核态的切换中,减少切换次数,在内核尽量做更多的事情,可以提高系统的性能。

9.8　DMA

DMA(Direct Memory Access,直接内存存取)是解决快速数据访问的有效方法。DMA 控制器可以不需要处理器的干预,在设备和系统内存高速传输数据。这种机制可以大大提高与设备通信的吞吐量,免除大量计算开销。DMA 控制器由以下几个部分组成:主存地址寄存器,数据数量计数器,DMA 的控制/状态逻辑,DMA 请求触发器,数据缓冲寄存器和终端结构。

9.8.1　DMA 数据传输

DMA 的传送数据由以下三个阶段组成。

(1) 传送前的预处理:向 DMA 控制器发送设备识别信号,启动设备,测试设备运行状态,送入内存地址初值,传送数据个数、DMA 的功能控制信号。以上都由 CPU 完成。

(2) 数据传送:在 DMA 卡控制下自动完成。

(3) 传送结束处理。

有两种方式会引发数据传输:第一种是软件对数据的请求,另一种是硬件异步地将数据传给系统。

第一种情况,以 read 函数为例,步骤如下。

(1) 在进程调用 read 时,驱动程序分配一个 DMA 缓冲区,并让硬件传输数据到这个缓冲区,此时进程处于睡眠状态。

(2) 当硬件传输数据到缓冲区完毕时,产生一个中断。

(3) 中断处理程序获得输入的数据,应答中断,并唤醒进程,该进程可读取数据。

第二种情况是异步使用 DMA。当一个数据区块,即使没有进程读取它的数据,也不断有数据写入。这时,驱动程序需要维护一个缓冲区,方便以后的 read 调用将所积累的数据返还。具体步骤如下。

(1) 硬件发生中断,说明有新的数据到来。

(2) 中断处理程序分配一个缓冲区,告诉硬件向哪里传输数据。

(3) 外围设备将数据写入缓冲区,完成后会产生另外一个中断。

(4) 处理程序分发新数据,唤醒相关进程,最后执行清理工作。

9.8.2　DMA 定义

不同的处理器对于 DMA 有不同的定义,对于 arm 平台来说,其定义是这样的:

```
struct dma_struct {
    void     * addr;                    //单个 DMA 地址
    unsigned long   count;              //单个 DMA 大小
    struct scatterlist buf;             //单个 DMA
    int      sgcount;                   //DMA SG 的数量
    struct scatterlist * sg;            //分散搜集列表,解决多页的 DMA 传输问题

    unsigned int   active:1;            //传输激活状态
    unsigned int   invalid:1;

    unsigned int   dma_mode;            //DMA 模式
    int      speed;                     //DMA 速度

    unsigned int   lock;                //设备已分配
    const char   * device_id;           //设备名称

    const struct dma_ops * d_ops;
};
```

DMA 通道设置由以下函数完成。

```
//请求获得 DMA 通道
int request_dma(unsigned int chan, const char * device_id)
//释放 DMA 通道
void free_dma(unsigned int chan)
//设置传输字节数
static __ inlice __ void set_dma_count(unsigned int dmanr, unsigned int count)
//设置 DMA 传输总线地址
static __ inline __ void set_dma_addr(unsigned int dmanr, unsigned int a)
//设置传输速度
void set_dma_speed(unsigned int chan, int cycle_ns)
//设置分散收集列表
void set_dma_sg(unsigned int chan, struct scatterlist * sg, int nr_sg)
//启动 DMA 通道
void enable_dma(unsigned int chan)
//禁用 DMA 通道
void diable_dma(unsigned int chan)
```

9.8.3　DMA 映射

内核提供给 DMA 的映射函数是用来分配 DMA 缓冲区的,同时为这个缓冲区生成能被设备访问的地址的组合。

Linux 的 DMA 映射函数分为连续映射(Coherent Dma Mappings)和流式映射(Steaming Dma Mappings)。

连续映射保证对处理器和 DMA 器件是一致的,不会包含高速缓冲带来的问题,常用于持续的双向 I/O 缓冲。而流式映射可能会包含高速缓冲带来的问题,常用在单一的传输过程。

建立连续 DMA 和流式 DMA 映射的函数如下。

```
//连续 DMA 映射
void * dma_alloc_coherent(struct device * dev, size_t size, dma_addr_t * handle, gfp_t gfp)
//流式 DMA 映射
void * dma_alloc_noncoherent(struct device * dev, size_t size, dma_addr_t * handle, gfp_t gfp)
```

小　　结

　　Linux 设备驱动程序是嵌入式 Linux 中一个非常复杂且重要的部分，在 Linux 内核源代码中占有很大的比例，从 2.0、2.2、2.4、2.6、3.x 到 4.x 版的内核，源代码的长度日益增加，很大一部分是因为设备驱动程序的增加。

　　在传统的嵌入式开发环境中，开始写驱动的第一步通常是读硬件的功能手册。但是在开放源代码的嵌入式 Linux 中，第一步却是寻找所有可获得的驱动程序，找到相同或者相似的驱动程序后，进行修改或移植。这是嵌入式 Linux 中设计设备驱动程序的一大特点。

　　本章着重于设备驱动程序设计基础和内核机制，为后面介绍字符设备、块设备和网络设备驱动程序打下基础。

进一步探索

　　本实验平台提供了驱动的源代码，虽然字符设备、块设备的讲解属于后面的内容，但是读者可以简单浏览一下这些源代码，然后编译、下载到开发板上。

## 第 10 章

字符设备和驱动程序设计

字符设备是个能够像字节流一样被访问的设备,字符终端和串口就是两个字符设备。字符设备可以通过文件系统的设备文件来访问,比如/dev/tty1 和/dev/console 等。这些设备文件和普通文件的区别是,对于普通文件的访问可以通过前后移动访问位置来实现随机存取,而大多数的字符设备只能够顺序访问。它不具备缓冲区,因此对这种设备的读写是实时的。字符设备驱动程序通常至少要实现 open、close、read 和 write 等操作接口,对应文件的打开、关闭、读取和写入等操作。

本章将主要介绍字符设备驱动的框架,以及编写简单的字符设备驱动需要注意的地方。在此基础上,介绍比较常用的字符设备驱动:GPIO 驱动和串行总线驱动,并对 I²C 总线驱动进行详细讲解。

通过本章的学习,可以学到以下要点。

(1) 字符设备驱动的原理和框架;

(2) 简单的字符设备驱动编写;

(3) GPIO 驱动;

(4) 典型串行总线;

(5) I²C 总线驱动原理。

10.1 字符设备驱动框架

在实际动手编写字符设备驱动程序之前,首先需要了解字符设备驱动的整体框架。字符设备驱动的框架如图 10-1 所示。

这里大致介绍下整个字符驱动程序的流程,而具体的内容将会在接下来的几节中一一展开。

Linux 的一个重要特点就是将所有的设备都当作文件来处理,其中就包括设备文件,它们可以使用和操作文件相同的、标准的系统调用接口来完成打开、关闭、读写和 I/O 控制操作,而驱动程序的主要任务也就是要实现这些系统调用函数。设备驱动程序为应用程序屏蔽了硬件的细节。

字符设备驱动程序是嵌入式 Linux 最基本、也是最常用的驱动程序。它的功能非常强大,几乎可以描述不涉及挂载文件系统的所有硬件设备。字符设备驱动程序的实现方式分为两种:一种是直接编译进内核,另一种是以模块方式加载,然后在需要使用驱动时加载。通常情况下,后者更为普遍,因为开发人员不必在调试驱动的过程中频繁启动机器就能完成设备驱动的开发工作。

字符设备在 Linux 内核中使用 struct cdev 结构来表示,这个结构体在整个字符驱动程序设计中起着关键的作用。在 struct cdev 结构中包含着字符设备需要的全部信息,其中最主要的是设备号(dev_t)和文件操作(file_operations)。设备号将驱动程序同设备文件关联在一起,而文件操作函数则是实现上层系统调用的接口。除了打开、关闭、读取和写入等最基本的设备操作之外,还有一些其他的设备操作,只不过并不一定要求全部实现。

当驱动程序以模块的形式加载到内核中时,模块加载函数会初始化 cdev 结构,并且将其与文件操作函数绑定在一起,然后向内核中添加这个结构。而模块卸载函数则负责从内核中删除 cdev 结构。

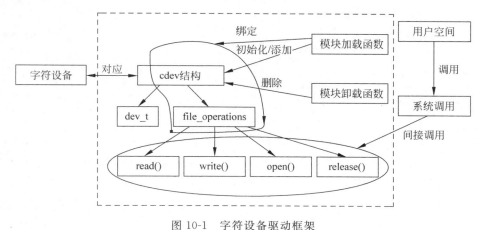

图 10-1　字符设备驱动框架

10.2　字符设备驱动开发

10.2.1　设备号

对字符设备的访问是通过文件系统内的设备文件进行的,或者称为设备节点。它们通常位于/dev 目录。表示字符设备的设备文件可以通过“ls -l”命令输出的第一列中的“c”来识别,而块设备则用“b”标识。本章主要关注字符设备,通过执行“ls -l”命令,则可在设备文件的修改日期前看到以逗号相隔的两个数字,在一般情况下,同样的位置显示的是文件长度。可见对于设备文件来说,这两个数字有着特殊的含义。它们表示的是设备文件的主设备号和次设备号。下面给出系统上的一些典型字符设备文件。

```
crw-rw-rw-     1     root root      1,  3   2010-04-16 16:18   null
crw-------     1     root root      4,  1   2010-04-16 08:18   tty1
crw-rw----     1     root dialout   4, 64   2010-04-16 16:1    ttyS0
crw-rw-rw-     1     root root      1,  5   2010-04-16 16:18   zero
```

这些字符设备文件的主设备号是 1、4,而次设备号是 1、3、5、64。主设备号用来标识该设备的种类,也标识了该设备所使用的驱动程序;次设备号由内核使用,标识使用同一设备驱动程序的不同硬件设备。设备文件的主设备号必须与设备驱动程序在登录该设备时申请的主设备号一致,否则用户进程将无法访问到设备驱动程序。所有已经注册(即已经加载了驱动程序)的硬件设备的主设备号可以从/proc/devices 文件中得到,如下所示。

```
Character devices:
  1 mem
  4 tty
  4 ttyS
  5 /dev/tty
  5 /dev/console
...
252 hidraw
253 usbmon
254 rtc

Block devices:
  1 ramdisk
  7 loop
...
252 device - mapper
253 pktcdvd
254 mdp
```

使用 mknod 命令可以创建指定类型的设备文件，同时为其分配相应的主设备号和次设备号。注意：生成设备文件要以 root 权限的用户访问。例如，下面的命令：

```
# mknod  /dev/lp0  c  6  0
```

上面的/dev/lp0 是设备名，c 表示是字符设备，如果是 b 则表示块设备。6 是主设备号，0 是次设备号。

当应用程序对某个设备文件进行系统调用时，Linux 内核会根据该设备文件的设备类型和主设备号调用相应的驱动程序，并从用户态进入到内核态，再由驱动程序判断该设备的次设备号，最终完成对相应硬件的操作。关于 Linux 系统中对于设备号的分配原则，可以参看内核源代码包中的 Documentation/devices. txt 文件。

1. 设备号类型

在 Linux 内核中，使用 dev_t 类型来表示设备号，这个类型在< linux/types. h >头文件中定义。

```
typedef  __u32     __kernel_dev_t;
typedef  __kernel_dev_t  dev_t;
```

dev_t 是一个 32 位的无符号数，其高 12 位用来表示主设备号，低 20 位用来表示次设备号。因此，在 2.6 内核中，可以容纳大量的设备，而不像先前的内核版本最多只能使用 255 个主设备号和 255 个次设备号。

需要注意的是，在编写驱动程序的时候应该使用内核提供的操作 dev_t 的函数，因为随着内核版本的更新，dev_t 的内部结构或许有所变化，为了保持更好的兼容性，这样做是值得的。在< linux/kdev_t. h >头文件中给出了这些函数的定义，其实本质上它们是一些简单的宏定义：

```
#define MINORBITS  20
#define MINORMASK  ((1U << MINORBITS) - 1)
#define MAJOR(dev)  ((unsigned int) ((dev) >> MINORBITS))
#define MINOR(dev)  ((unsigned int) ((dev) & MINORMASK))
#define MKDEV(ma,mi)  (((ma) << MINORBITS) | (mi))
```

可见,次设备号确实是使用 20 位来表示。内核主要提供了三个操作 dev_t 类型的函数,它们分别是:MAJOR(dev)、MINOR(dev)和 MKDEV(ma, mi)。其中,MAJOR(dev)用于获取主设备号,MINOR(dev)则用于获取次设备号。而相反的过程是通过 MKDEV(ma, mi)来完成的,它根据主设备号 ma 和次设备号 mi 构造 dev_t 设备号。

在编写设备驱动程序过程中,不要依赖 dev_t 这个数据类型,而应该尽量使用内核提供的操作设备号的函数。

2. 注册和注销设备号

在建立一个字符设备之前,驱动程序首先要做的一件事是向内核请求分配一个或多个设备号。内核专门提供了字符设备号管理的函数接口,作为一个良好的内核开发习惯,字符设备驱动程序应该通过这些函数接口向内核申请分配和释放设备号。

完成分配和释放字符设备号的函数主要有三个,它们都是在< linux/fs. h >头文件中声明,如下所示。

```
int register_chrdev_region(dev_t first, unsigned int count, const char * name);
int alloc_chrdev_region(dev_t * dev, unsigned int firstminor, unsigned int count, const char *
name);
void unregister_chrdev_region(dev_t first, unsigned int count);
```

其中,register_chrdev_region()函数和 alloc_chrdev_region()函数用于分配设备号,这两个函数最终都会调用__register_chrdev_region()函数来注册一组设备编号范围,它们的区别是后者是以动态的方式分配的。unregister_chrdev_region()函数则用于释放设备号。

register_chrdev_region()函数用于向内核申请分配已知可用的设备号(次设备号通常为0)范围。由于一些历史原因,一些常用设备的设备号是固定的,这些设备号可以在内核源代码中的 Documentation/devices. txt 文件中找到。调用 register_chrdev_region()函数需要提供三个参数,其中 first 是指申请分配的设备编号的起始值,通常情况下 first 的次设备号设置成0。count 是申请分配的连续设备号的个数。而 name 是指和该设备号关联的设备名称,在字符设备建立后,它将作为设备名称出现在/proc/devices 和 sysfs 中。当 register_chrdev_region()函数分配成功时,它的返回值为 0,否则它将返回一个负的错误码,并且不能使用所申请的设备号区域。

alloc_chrdev_region()函数用于动态申请设备号范围,通过指针参数返回实际分配的起始设备号。由于实际开发过程中,往往不知道设备将要使用哪些设备号,在这种情况下 register_chrdev_region()函数就不能正常工作。在这种情况下,向内核申请动态分配设备号可以很好地完成任务。作为一个良好的内核开发习惯,推荐使用动态分配的方式来生成设备号。alloc_chrdev_region()函数的参数同 register_chrdev_region()函数的差不多,需要注意的有两个,dev 参数用于输出实际分配的起始设备号,而 firstminor 通常为 0,指的是分配使用的第一个次设备号。

无论使用哪种方式分配设备号，都应该在使用完成后释放这些设备号。而这个工作由 unregister_chrdev_region() 函数完成，通常这个函数在驱动程序卸载时被调用。

　　分配好设备号后，内核需要进一步知道这些设备号将要用来做什么工作。在用户空间的应用程序可以访问上述设备号之前，驱动程序需要负责将设备号和内部函数关联起来，这些内部函数用来实现设备的操作。在这之前，有必要了解一些关键的数据结构。

10.2.2　关键数据结构

　　大多数情况下，基本的驱动程序操作都会涉及内核提供的三个关键数据结构，分别是 file_operations、file 和 inode，它们都在 <linux/fs.h> 头文件中定义。在实际编写驱动程序之前，需要对这些数据结构有一定的了解。因此，在这一节中将会简单介绍下上述数据结构。

1. file_operations

　　file_operations 结构体描述了一个文件操作所需要的所有函数。这组函数是以函数指针的形式给出的，它们是字符设备驱动程序设计的主要内容。每个打开的文件，在内核里都用 file 结构体表示，这个结构体中有一个成员为 f_op，它是指向一个 file_operations 结构体的指针。通过这种形式将一个文件同它自身的操作函数关联起来，这些函数实际上是系统调用的底层实现。在用户空间的应用程序调用内核提供的 open、close、read、write 等系统调用时，实际上最终会调用这些函数。

　　当用户程序使用系统调用对设备文件进行读写操作时，这些系统调用通过设备的设备号来确定相应的驱动程序，然后获取 file_operations 中相应的函数指针，并把控制权交给函数，从而完成了设备驱动程序的工作。

　　编写驱动程序的主要工作就是实现这些函数中的一部分，具体实现哪些函数因实际需要而定。对于一个字符设备来说，一般只要实现 open、release、read、write、mmap、ioctl 这几个函数。随着内核版本的不断改进，file_operations 结构体的规模也越来越大，它的定义如下所示，鉴于篇幅限制，只罗列了一些常用的函数操作。

```
// <linux/fs.h>   Linux Kernel Version : 2.6.30

struct file_operations {
    //指向拥有该结构的模块的指针，一般初始化为 THIS_MODULE
    struct module * owner;
    //用来改变文件中的当前读/写位置
    loff_t ( * llseek) (struct file *, loff_t, int);
    //用来从设备中读取数据
    ssize_t ( * read) (struct file *, char __ user *, size_t, loff_t *);
    //用来向设备写入数据
    ssize_t ( * write) (struct file *, const char __ user *, size_t, loff_t *);
    //初始化一个异步读取操作
    ssize_t ( * aio_read) (struct kiocb *, const struct iovec *, unsigned long, loff_t);
    //初始化一个异步写入操作
    ssize_t ( * aio_write) (struct kiocb *, const struct iovec *, unsigned long, loff_t);
    //用来读取目录，对于设备文件，该成员应当为 NULL
    int ( * readdir) (struct file *, void *, filldir_t);
    //轮询函数，查询对一个或多个文件描述符的读或写是否会阻塞
    unsigned int ( * poll) (struct file *, struct poll_table_struct *);
```

```
        //用来执行设备 I/O 操作命令
        int (*ioctl) (struct inode *, struct file *, unsigned int, unsigned long);
        //不使用 BKL 文件系统,将使用此函数代替 ioctl
        long (*unlocked_ioctl) (struct file *, unsigned int, unsigned long);
        //在 64 位系统上,使用 32 位的 ioctl 调用将使用此函数代替
        long (*compat_ioctl) (struct file *, unsigned int, unsigned long);
        //用来将设备内存映射到进程的地址空间
        int (*mmap) (struct file *, struct vm_area_struct *);
        //用来打开设备
        int (*open) (struct inode *, struct file *);
        //执行并等待设备的任何未完成的操作
        int (*flush) (struct file *, fl_owner_t id);
        //用来关闭设备
        int (*release) (struct inode *, struct file *);
        //用来刷新待处理的数据
        int (*fsync) (struct file *, struct dentry *, int datasync);
        //fsync 的异步版本
        int (*aio_fsync) (struct kiocb *, int datasync);
        //通知设备 FASYNC 标志的改变
        int (*fasync) (int, struct file *, int);
        //用来实现文件加锁,通常设备文件不需要实现此函数
        int (*lock) (struct file *, int, struct file_lock *);
        …
}
```

下面详细介绍下 file_operations 结构体中的几个主要的函数。

llseek()函数用于改变文件中的读写位置,并将新位置返回。如果出错,则返回一个负值。若此函数指针为 NULL,将导致 lseek 系统调用会以无法预知的方式改变 file 结构中的位置计数器。

open()函数负责打开设备和初始化 I/O。例如,检查设备特定的错误,首次打开设备则对其初始化,更新 f_op 指针等。总之,open()函数必须对将要进行的 I/O 操作做好必要的准备工作。

release()函数负责释放设备占用的内存并关闭设备。

read()函数用来从设备中读取数据,调用成功则返回实际读取的字节数。若此函数指针为 NULL,将导致 read 系统调用失败并返回-EINVAL。

write()函数用来向设备上写入数据,调用成功则返回实际写入的字节数。同样地,若未实现此函数,将导致 write 系统调用失败并返回-EINVAL。

ioctl()函数实现对设备的控制。除了读写操作外,应用程序有时还需要对设备进行控制,这可以通过设备驱动程序中的 ioctl()函数来完成。ioctl()函数的用法与具体设备密切关联,因此需要根据设备的实际情况进行具体分析。

mmap()函数将设备内存映射到进程的地址空间。若此函数未实现,则 mmap 系统调用失败并返回-ENODEV。

此外,aio_read()和 aio_write()函数分别实现对设备进程异步的读写操作。

2. file

Linux 中的所有设备都是文件,在内核中使用 file 结构体来表示一个打开的文件。尽管在实际开发驱动的过程中,并不会直接使用这个结构体中的大部分成员,但其中的一些数据成

员还是非常重要的,在这里有必要做一些介绍。

file 结构体代表一个打开的文件,系统每个打开的文件在内核空间都有一个关联的 file 结构体。此结构体在内核打开文件时创建,并传递给在文件上操作的所有函数。在文件的所有实例都关闭后,内核才会释放这个数据结构。值得注意的是,内核中的 file 结构体同标准 C 库中的 FILE 指针没有任何关系。

file 结构体在< linux/fs. h>中定义,想深入了解的读者可以自行去内核中查找此结构体的定义。在这里,只介绍一些 file 结构体中的重要成员。

1) fmode_t f_mode

对文件的读写模式,对应系统调用 open 的 mod_t mode 参数。如果驱动程序需要这个值,可以直接读取这个字段。文件模式将根据 FMODE_READ 和 FMODE_WRITE 位来判断文件是否可读或可写。在 read 和 write 系统调用中,没有必要对此权限进行检查,因为内核已经在用户调用之前做了检查。如果文件没有相应的读或写权限,那么如果尝试读写都将被拒绝,驱动程序甚至不知道这个情况。

2) loff_t f_pos

表示文件当前的读写位置。loff_t 的定义如下。

```
typedef long long __ kernel_loff_t;
typedef __ kernel_loff_t loff_t;
```

可见,loff_t 实际上是一个 64 位的整型变量。驱动程序如果想知道文件的当前位置,那么可以通过读取此变量得知,但是一般情况下不应直接对此进行更改。而应该使用 lseek() 系统调用来改变文件位置。

3) unsigned int f_flags

表示文件标志,对应系统调用 open 的 int flags 参数。所有可用的标志在< linux/fcntl. h>头文件中定义,例如 O_RDONLY, O_NONBLOCK 和 O_SYNC。值得注意的是,检查文件的读写权限应该是通过检查 f_mode 得到,而不是 f_flags。

4) const struct file_operations * f_op

指向和文件关联的操作。当打开一个文件时,内核就创建一个与该文件相关联的 file 结构体,其中的 f_op 就指向具体对该文件进行操作的函数。内核安排这个指针作为它的 open 实现的一部分,然后在需要分派任何操作时读取它。f_op 指向的值不会被内核保存起来以供以后使用,所以可以改变对相关文件的操作,在对文件使用新的操作方法时,内核就会转移到相应调用上。

5) void * private_data

open 系统调用重置这个指针为 NULL,在调用驱动程序的 open 函数之前,可以自由使用这个成员或者忽略它;可以使用这个成员来指向已分配的数据,但是一定要在内核销毁 file 结构体之前,在 release 函数中释放那段内存。private_data 成员可以用于保存系统调用之间的信息。

除此之外,还有一些其他的结构成员,但是对于设备驱动的开发并无多大用处,因此在这里就不叙述了。

3. inode

在 file_opreations 结构体中的 open 和 release 函数,它们的第一个参数都是 inode 结构体。这是一个内核文件系统索引节点对象,它包含内核在操作文件或目录时所需要的全部信息。在内核中 inode 结构体用来表示文件,它与表示打开文件的 file 结构体的区别是,同个文件可能会有多个打开文件,因此一个 inode 结构体可能会对应着多个 file 结构体。

对于字符设备驱动来说,需要关心的是如何从 inode 结构体中获取设备号。与此相关的两个成员分别如下。

（1）dev_t i_rdev:对于设备文件而言,此成员包含实际的设备号。

（2）struct cdev * i_cdev:字符设备在内核中是用 cdev 结构来表示的。此成员是指向 cdev 结构的指针。

内核开发者提供了两个函数来从 inode 对象中获取设备号,它们的定义如下。

```
static inline unsigned iminor(const struct inode * inode)
{
    return MINOR(inode->i_rdev);
}
static inline unsigned imajor(const struct inode * inode)
{
    return MAJOR(inode->i_rdev);

}
```

尽管可以从 i_rdev 直接获取设备号,但是尽量不要这么做,而是使用内核提供的函数来获取设备号。这种方式开发的驱动程序更加健壮,可移植性也越好。

10.2.3　字符设备注册和注销

在 Linux 2.6 内核中使用 cdev 结构体来描述字符设备。在内核调用设备的操作之前,必须注册一个或者多个上述结构体。在< linux/cdev. h >头文件中定义了 cdev,以及操作 cdev 结构体的相关函数。它的定义如下。

```
struct cdev {
    struct kobject kobj;                    / * 内嵌的 kobject 对象 * /
    struct module * owner;                  / * 所属模块 * /
    const struct file_operations * ops;     / * 文件操作函数 * /
    struct list_head list;
    dev_t dev;                              / * 设备号 * /
    unsigned int count;
};
```

这个结构的定义很简单,它记录了字符设备需要的全部信息,例如设备号、操作函数等。其中,dev_t 成员定义了字符设备的设备号,而另外一个重要成员 file_operations 定义了字符设备驱动提供给的文件操作函数。

除此之外,内核还提供了操作 cdev 结构体的一组函数,只能通过这些函数来操作字符设备,例如初始化、注册、添加以及移除字符设备。这些函数也定义在< linux/cdev. h >头文件中,它们的定义如下。

```
void cdev_init(struct cdev * , const struct file_operations * );
struct cdev * cdev_alloc(void);
void cdev_add(struct cdev * , dev_t, unsigned);
void cdev_del(struct cdev * );
```

同设备号的分配一样,字符设备的分配与初始化也有两种不同的方式。cdev_alloc()函数用于动态分配一个新的字符设备 cdev 结构体,并对其进行初始化。一般情况下,如果打算在运行时获取一个独立的 cdev 结构体,可以使用这种方式,随后显式地初始化 cdev 结构体的 owner 和 ops 成员。可以参考以下的代码实现。

```
struct cdev * my_cdev = cdev_alloc();
my_cdev -> owner = THIS_MODULE;
my_cdev -> ops = &fops;
```

假如要把 cdev 结构体嵌入到自己的设备特定结构中,在这种情况下,可以采用静态分配方式。cdev_init()函数用于初始化一个静态分配的 cdev 结构体,并建立 cdev 和 file_operations 之间的连接。因此,只需要初始化 owner 成员即可。cdev_init()函数和 cdev_alloc()函数的功能基本相同,唯一的区别是 cdev_init 用于初始化已经存在的 cdev 结构体。下面是一段参考代码。

```
struct cdev my_cdev;
cdev_init(&my_cdev, &fops);
my_cdev.owner = THIS_MODULE;
```

在分配和初始化好 cdev 结构体后,就可以使用 cdev_add()函数向内核系统添加一个cdev,或者使用 cdev_del()函数从内核系统中移除一个 cdev,从而完成字符设备的注册和注销。通常把 cdev_add()函数放在字符设备驱动的模块加载函数中,而 cdev_del()函数则放在字符设备驱动的模块卸载函数中。

10.3　GPIO 驱动概述

I/O 接口是微控制器必须具备的最基本外设功能。通常在 ARM 里,所有 I/O 都是通用的,称为 GPIO(General Purpose Input/Output,通用输入输出)。每个 GPIO 端口一般包含 8个引脚,例如 PA 端口为 PA0～PA7。GPIO 模块支持多个可编程输入/输出管脚(具体取决于与 GPIO 复用的外设的使用情况)。GPIO 接口利用工业标准 I^2C、SMBus 或 SPI 接口简化了I/O 接口的扩展。当微控制器或芯片组没有足够的 I/O 端口,或当系统需要使用远程串行通信或控制时,GPIO 接口能够提供额外的控制和监视功能。

在嵌入式系统中,常常会有数量众多但结构却比较简单的外围设备或电路,对这些设备或电路有的需要 CPU 为其提供控制信号,有的则被 CPU 用作输入输出信号。而且许多这样的设备或电路通常只需要一位,即表示开/关两状态就够了,例如 LED 灯的亮和灭。在这种情况下,使用传统的串口或者并口来控制这些设备或电路都显得不合适。因此,在微控制器芯片上一般都会提供一个"通用的可编程接口",即 GPIO,所谓的可编程就是可以控制 I/O 接口作为输入或者输出。

GPIO 接口一般至少会有两个寄存器,即控制寄存器和数据寄存器。数据寄存器的各位都直接引到芯片外部,而针对该寄存器的每一位的功能,则可以通过控制寄存器中相应的位来设置。在实际的微控制器,由于设计方式不同,GPIO 的形式也是多种多样的。例如,有些数据寄存器是按位寻址的,而另外一些却不是按位寻址。除了以上两种寄存器外,通常 GPIO 还会提供上拉寄存器,这个寄存器的作用是设置 IO 的输入输出模式是否使用上拉电阻,上拉电阻可以避免信号干扰产生不正确的值。

值得注意的是,对于不同的体系结构,设备有可能使用内存映射或者端口映射。如果使用的是内存映射,则可以像普通内存地址那样非常方便地进行读写数据。例如,要往寄存器 A 写入数据 0xff,已知寄存器 A 的地址为 0x36000000,那么可以使用下面的代码进行写入操作。

```
#define A ( * (volatile unsigned long * )0x36000000)
A = 0xff;
```

可见,内存映射的方式下 I/O 操作是非常方便的。其中,volatile 这个 ANSI C 关键字在一些经典 C 教程中很少提及,高级编程人员也可能永远都不会用到,但是对嵌入式开发人员来说,这个关键字的使用频率很高。volatile 的字面意思为"不稳定的,易变的"。一般用它定义一些 IO 端口的变量。volatile 就是告诉编译器,这个声明的变量是一个不稳定的变量,在遇到此变量时不要进行优化工作。但是如果该体系结构支持独立的 IO 地址空间,并且使用端口映射,就必须通过汇编语言完成实际对设备的控制。这是因为在 C 语言中并没有提供真正的"端口"概念。

GPIO 接口的优点是低功耗、小封装、低成本、较好的灵活性。它的使用非常广泛,用户可以通过 GPIO 接口来和硬件进行数据交互(如 UART),控制硬件工作(如 LED),读取硬件的工作状态信号(如中断信号)等。

10.4　串行总线概述

尽管现实世界中的信号多数是模拟信号,但是现在越来越多的模块集成电路(Integrated Circuit, IC)采用数字接口进行通信。目前流行的通信一般采用串行或并行模式,而串行模式应用更广泛。目前,大多数微控制器都提供 SPI 和 I^2C 接口,用于发送、接收数据。微处理器通过几条总线控制周边的设备。串行相比于并行的主要优点是要求的线数较少,通常只需要使用两条、三条或 4 条数据/时钟总线连续传输数据。

下面介绍几种常用的串行总线。

10.4.1　SPI 总线

同步外设接口(Serial Peripheral Interface, SPI)是由摩托罗拉公司推出的一种高速的、全双工、同步的串行总线。它主要应用在 EEPROM、Flash、实时时钟、AD 转换器以及数字信号处理器和数字信号解码器之间。

SPI 接口在 CPU 和外围低速器件之间进行同步的串行数据传输,在主器件的移位脉冲下,数据按位传输,并且高位在前、低位在后,是一种全双工通信。数据传输速度总体上来说比 I^2C 总线要快,速度可以达到几 Mb/s。

SPI 的工作模式有两种:主模式和从模式,无论哪种模式,都支持 3Mb/s 的速率,并且还具有传输完成标志和写冲突保护标志。在主从方式下,通常拥有一个主器件和一个或者多个从器件。该接口一般使用 4 条线:串行时钟线 SCK、主器件输入/从器件输出数据线 MISO、主器件输出/从器件输入数据线 MOSI 和从器件选择线 SS。主器件为时钟提供者,可发起读写从器件的操作。当总线上存在着多个从器件时,主器件要发起一次传输,需要把从器件选择线拉低,然后分别通过 MOSI 和 MISO 线开始数据发送或者接收。

SPI 的时钟速度很快,范围可从几 Mb/s 到几十 Mb/s,而且在此过程中没有系统开销。但是,SPI 的一个缺点是缺乏流控机制,无论主器件还是从器件都不会对消息进行确认,因此主器件无法得知从器件是否繁忙。为此,系统必须使用软件机制来处理确认问题。另外 SPI 也不支持多主器件协议,如果要实现多主器件的架构,必须采用非常复杂的软件机制和外部逻辑。

10.4.2　I²C 总线

内部集成电路(Internal Integrated Circuit),通常也被称为 I²C 或者 IIC,这种总线主要用于连接微控制器和外围设备。它是由 Philips 公司开发的二线式串行总线标准,最初被应用于音频和视频领域的设备开发,现今已在各种电子设备中得到了广泛的使用。

I²C 总线是由串行数据信号线 SDA 和串行时钟信号线 SCL 构成的串行总线,可发送和接收数据。它是一个多主器件总线,当有两个或以上的主器件同时进行初始化数据传输时,它可以通过数据仲裁检测防止数据被破坏。每个连接到该总线的设备都有自己唯一分配的设备地址,并且可以通过该地址被访问。采用该总线连接的设备工作在主/从模式下,主器件既可以作为发送器,也可以作为接收器,能够发送和接收数据。

I²C 总线在传送数据过程中共有三种不同类型的信号,它们分别是开始信号、结束信号和应答信号。

(1) 开始信号:当 SCL 为高电平且 SDA 由高电平向低电平跳变,此时开始传送数据。

(2) 结束信号:当 SCL 为低电平且 SDA 由低电平向高电平跳变,此时结束传送数据。

(3) 应答信号:接收数据的器件在接收到 8 位数据后,会向发送数据的器件发出特定的低电平脉冲,表明已经接收到数据。主器件向从器件发出信号后会等待从器件返回应答信号,只有当主器件确定收到应答信号后,才会根据实际情况决定是否继续传送数据;否则,主器件认为从器件发生故障。

I²C 总线最主要的特点是它的简单性和高效性。由于接口直接在组件之上,因此 I²C 总线占用非常小的空间,减少了整个电路板的规模和芯片引脚的数量,从而降低了互连的成本。I²C 总线是一个串行的 8 位双向数据传送总线。在标准模式下,位速率可以达到 100kb/s,在快速模式下则是 400kb/s,在高速模式下可以达到 3.4Mb/s。

I²C 同 SPI 总线相比,两者都可以用于低速器件的通信,而 SPI 总线的数据传输速率相对比 I²C 的高。

10.4.3　SMBus 总线

系统管理总线(System Management Bus,SMBus)最初由 Intel 提出,应用于移动 PC 和桌面 PC 系统中的低速通信。SMBus 总线同 I²C 总线一样也是一种二线式串行总线,它使用一条数据线(SMBDATA)和一条时钟线(SMBCLK)进行通信。SMBus 总线大部分基于 I²C 总线规范,许多 I²C 设备也能够在 SMBus 上正常工作。SMBus 的目标是通过一条廉价但功能强大的总线,来控制主板上的设备和收集设备的信息。

SMBus 为类似电源管理这样的任务提供了一条控制总线,设备之间都可以通过 SMBus 总线传递消息,而不需要专门设计单独的控制总线,这样可以大大减少设备的引脚数。通过 SMBus 总线,设备可以提供自身的生产商信息,告诉系统它的型号,当出现挂起事件时保存状态,报告各种不同类型的错误,接收控制参数和返回自身的状态。

虽然 SMBus 的数据传输率较慢,只有大约 100kb/s,却以其结构简单、造价低的特点,受到业界的普遍欢迎。例如,Windows 系统中显示的各种设备的制造商名称和型号等信息,都是通过 SMBus 总线收集的。另外,主板监控系统中传送各种传感器的测量结果,以及 BIOS 向监控芯片发送命令,也是利用 SMBus 实现的。

SMBus 与 I²C 总线之间在时序特性上存在一些差别。第一,SMBus 往往需要一定的数据保持时间,而 I²C 总线却不同,它是从内部延长数据保持时间。第二,SMBus 具有超时功能,当 SCL 太低而超过 35ms 时,从器件则会复位当前正在进行的通信,而 I²C 采用的是硬件复位。第三,SMBus 拥有一种警报响应地址(Alert Response Address,ARA),当从器件产生一个中断时,它不会马上消除中断,而是会一直保持到其收到一个由主器件发送过来的含有其地址的 ARA 为止。一般情况下,SMBus 只工作在 10~100kHz 范围之间。其中,最低工作频率是由 SMBus 的超时功能决定的。

10.5　I²C 总线驱动开发

10.5.1　I²C 驱动架构

Linux 下的 I²C 驱动架构有相当的复杂度,主要由 I²C 核心、I²C 总线驱动以及 I²C 设备驱动三个部分组成。其中,I²C 核心在整个架构中起着关键的作用,它是 I²C 总线驱动和 I²C 设备驱动的中间枢纽,它以通用的、平台无关的接口实现了 I²C 架构中设备与适配器之间的通信。

下面简单介绍下它们各自所负责的主要内容。

1. I²C 核心

I²C 核心主要提供了以下几个功能:I²C 总线驱动和设备驱动的注册及注销函数,I²C algorithm 的上层代码实现,探测设备、检测设备地址的上层代码实现。

2. I²C 总线驱动

I²C 总线驱动是对 I²C 硬件架构中适配器的具体实现,适配器可以通过 CPU 直接控制,甚至可以直接集成到 CPU 内部中。I²C 总线驱动负责实现 I²C 适配器数据结构(i2c_adapter)、I²C 适配器的 algorithm 数据结构(i2c_algorithm)以及控制适配器产生通信信号的函数。

3. I²C 设备驱动

I²C 设备驱动是对 I²C 硬件架构中设备的具体实现,一般来说,设备是挂在由 CPU 控制的适配器之上,并通过适配器与 CPU 交换数据。I²C 设备驱动负责实现 i2c_driver 和 i2c_client 两个数据结构。

在很长的一段时间里,I²C 的驱动实现代码并不包含在内核中,在 2.4 版本的 Linux 内核中才加入了少许对 I²C 的支持,主要是对视频驱动的支持。到了 2.6 版本的 Linux 内核,内核源代码中已经加入了大量的 I²C 实现代码,形成一个通用的 I²C 驱动。因此,在一些相对简单的场合,可以直接使用内核提供的通用版本,而不必自己去写驱动。而如果要熟练编写 I²C 驱动,就需要对相关的内核代码有所研究。

通用 I²C 驱动位于 Linux 内核源代码树下的 drivers/i2c/目录,在 i2c 目录下包含 Linux

系统里的 I^2C 实现的主要代码，主要的文件和目录如下所示。

```
drivers/i2c
|-- algos
|-- busses
|-- chips
|-- i2c - boardinfo.c
|-- i2c - core.c
|-- i2c - core.h
`-- i2c - dev.c
```

其中，各个目录包含的内容如下。

（1）algos：包含一些 I^2C 总线适配器的 algorithm 实现。

（2）busses：包含一些 I^2C 总线的驱动，例如 AT91 的 i2c-at91.c。

（3）chips：包含一些 I^2C 设备的驱动，例如 Dallas 公司的 DS1682 实时钟芯片。

（4）i2c-boardinfo.c：包含一些板级信息。

（5）i2c-core.c/i2c.core.h：实现了 I^2C 核心的功能以及/proc/bus/i2c＊接口。

（6）i2c-dev.c：这是一个通用的驱动，基本上大多数 I^2C 驱动都可以通过调用它操作。

I^2C algorithm 被 I^2C 总线驱动用于和 I^2C 总线对话。绝大多数的 I^2C 总线驱动定义和使用它们自己的 I^2C algorithm，因为它们联系紧密，实现了总线驱动如何和特定类型的硬件对话。对于一些 I^2C 总线驱动来说，已经有许多写好的 I^2C algorithm。想要查看更多的信息，可以查看内核源代码树中 drivers/i2c/i2c-algo-＊.c 等文件。

i2c-dev 文件实现了 I^2C 适配器设备文件的功能，每一个 I^2C 适配器都会被分配一个设备。通过适配器来访问设备时的主设备号都为 89。此文件并没有针对特点的设备而设计，而只是提供了通用的 read()、write() 和 ioctl() 等接口，应用程序可以凭借这些接口访问挂在适配器上的 I^2C 设备的数据。

除此之外，编写实际的 I^2C 驱动时还会包含内核中的一些头文件，其中，<linux/i2c.h>头文件中定义了 i2c_driver、i2c_client、i2c_adapter 和 i2c_algorithm 这 4 个数据结构。

10.5.2　关键数据结构

在 10.5.1 节中，已经多次提到 i2c_adapter、i2c_algorithm、i2c_driver 以及 i2c_cflient 这 4 个数据结构。从上面的介绍中可以看出，这几个数据结构在整个 I^2C 驱动架构中有着非常关键的作用。因此，有必要详细分析下这 4 个结构体，以加深对整个 I^2C 驱动的理解。

其中，i2c_adapter 是对硬件上的适配器的抽象，相当于整个 I^2C 驱动的控制器，它的作用是产生总线时序，例如开始位、停止位、读写周期等，用以读写 I^2C 从设备。i2c_adapter 结构体定义如下。

```
struct i2c_adapter {
    struct module * owner;                      /* 所属模块 */
    unsigned int id;
    unsigned int class;                         /* 用来允许探测的类 */
    const struct i2c_algorithm * algo;          /* I2C algorithm 结构体指针 */
    void * algo_data;                           /* algorithm 所需数据 */
    /* client 注册和注销时调用 */
```

```
        int ( * client_register)(struct i2c_client * ) __ deprecated;
        int ( * client_unregister)(struct i2c_client * ) __ deprecated;
        int timeout;                    /* 超时限制 */
        int retries;                    /* 重试次数 */
        struct device dev;              /* 适配器设备 */
        int nr;
        struct list_head clients;       /* client 链表头 */
        char name[48];                  /* 适配器名称 */
        struct completion dev_released;
    };
```

一个适配器显然可以挂载多个从设备,因此在 i2c_adapter 结构体中需要维护一个从设备链表。而 i2c_adapter 需要依赖 i2c_algorithm 才能产生总线时序,i2c_alogorithm 正是提供了控制适配器产生总线时序的函数。

其中,i2c_algorithm 结构体定义如下。

```
struct i2c_algorithm {
    //I2C 传输函数指针
    int ( * master_xfer)(struct i2c_adapter * adap, struct i2c_msg * msgs, int num);
    //SMBus 传输函数指针
    int ( * smbus_xfer) (struct i2c_adapter * adap, u16 addr, unsigned short flags, char read_
write,
                    u8 command, int size, union i2c_smbus_data * data);
    //确定适配器所支持的功能
    u32 ( * functionality) (struct i2c_adapter * );
};
```

结构体中定义的 master_xfer() 和 smbus_xfer() 分别是 I^2C 和 SMBus 的传输函数。master_xfer()函数的返回值是所传递的消息的数量,如果返回负值则代表一个错误,消息传递的基本单位是 i2c_msg。i2c_msg 的定义如下所示。

```
struct i2c_msg {
    __u16 addr;                     /* 从设备地址 */
    __u16 flags;                    /* 标志位 */
    __u16 len;                      /* 消息长度 */
    __u8 * buf;                     /* 消息内容 */
};
```

其中,addr 代表从设备的地址,它用 7 位或 10 位来表示。如果要用 10 位来表示从设备的地址,则必须在 flags 中设置 I2C_M_TEN 位,并且适配器要支持 I2C_FUNC_10BIT_ADDRD。flags 代表 I^2C 消息中的标志位,在 i2c.h 头文件中已经定义了几个可用的标志位。buf 是指数据缓冲区,从设备读入数据,或者写数据到设备中,而 len 指的是缓冲区数据的字节数。

与适配器对应的是从设备,表示它的数据结构为 i2c_client。每个 I^2C 设备都需要一个 i2c_client 来描述。该结构体的定义如下。

```
struct i2c_client {
    unsigned short flags;                    /*标志*/
    unsigned short addr;                     /*芯片地址,注意:7位地址存储在低 7 位*/
    char name[I2C_NAME_SIZE];                /*设备名字*/
    struct i2c_adapter * adapter;            /*依附的 i2c_adapter 指针*/
    struct i2c_driver * driver;              /*依附的 i2c_driver 指针*/
    struct device dev;                       /*设备结构体*/
    int irq;
    struct list_head list;                   /*链表头*/
    struct list_head detected;
    struct completion released;              /*用于同步*/
};
```

与该结构体相关的有 i2c_adapter 和 i2c_driver,其中,i2c_adapter 的定义已经在上面给出。i2c_adapter 和 i2c_client 之间的关系,实际上就同 I²C 硬件架构中适配器和设备之间的关系一致。这从上面的定义也可以看出,i2c_client 依附于 i2c_adapter。另外一方面,一个 i2c_adapter 也可以拥有多个 i2c_client,因此在 i2c_adapter 的定义中明确地包含所有依附它的 i2c_client 的列表。

i2c_driver 的角色让人有点迷惑,其实它并不是任何真实物理设备的对应,它只是一套驱动函数。在 I²C 驱动架构中的设备驱动部分,i2c_driver 是辅助类型的数据结构。它的定义如下所示。

```
struct i2c_driver {
    int id;                                                        /*唯一的驱动 id*/
    unsigned int class;
    int ( * attach_adapter)(struct i2c_adapter * );                /*适配器添加函数(旧式)*/
    int ( * detach_adapter)(struct i2c_adapter * );                /*适配器删除函数(旧式)*/
    int ( * detach_client)(struct i2c_client * ) __ deprecated;    /*设备删除函数(旧式)*/
    int ( * probe)(struct i2c_client * , const struct i2c_device_id * );
                                                                   /*设备添加函数(新式)*/
    int ( * remove)(struct i2c_client * );                         /*设备删除函数(新式)*/
    void ( * shutdown)(struct i2c_client * );                      /*设备关闭函数*/
    int ( * suspend)(struct i2c_client * , pm_message_t mesg);     /*设备挂起函数*/
    int ( * resume)(struct i2c_client * );                         /*设备恢复函数*/
    int ( * command)(struct i2c_client * client, unsigned int cmd, void * arg);
                                                                   /*类似 ioctl*/
    struct device_driver driver;                                   /*设备驱动结构体*/
    const struct i2c_device_id * id_table;                         /*此驱动支持的 I2C 设备列表*/
    int ( * detect)(struct i2c_client * , int kind, struct i2c_board_info * );  /*检测函数*/
    const struct i2c_client_address_data * address_data;
    struct list_head clients;                                      /*链表头*/
};
```

attach_adapter()函数会在新总线出现时通知驱动程序。此函数用于驱动测试总线是否符合条件并且寻找它支持的芯片。如果找到了,就将总线上的从设备注册到 I²C 管理核心。此操作通过 i2c_attach_client 完成。

detach_client()函数告诉驱动一个从设备将被删除,并给它机会释放私有信息。

以上的函数都是用于旧式的驱动,新式的驱动会使用标准的驱动模型接口。在新驱动模型下,设备枚举不再由驱动完成,而是由低层结构完成。

当 i2c_driver 中的 attach_adapter()函数被调用时,它会开始检测物理设备。当确定一个 client,即从设备存在时,会把该从设备对应的 i2c_client 结构体的 adapter 指针指向对应的 i2c_adapter,而 driver 指针则指向该 i2c_driver,同时还会调用 i2c_adapter 的 client_register()函数。

可见,在 I²C 驱动架构中,这 4 个关键的数据结构之间有着非常复杂的关系,在这里也只是理清了其中的部分联系,想要更加深入地了解其中的联系,读者可以去研究相关的内核代码片断。

10.5.3　I²C 核心

I²C Core 用于维护 Linux 的 I²C 核心部分,它主要提供了一套接口函数,允许一个 I²C adapter、I²C driver 和 I²C client 在初始化时在 I²C Core 中进行注册,以及在退出时进行注销。这些接口函数都是与具体硬件平台无关的函数,它们在 drivers/i2c-core.c 文件中定义,在 linux/ic.h 文件中声明。一般来说,这个文件不需要被开发人员修改,但是理解其中的函数是非常有必要的。

i2c-core.c 文件中分别提供了相应的注册和注销函数对 i2c_adapter、i2c_driver 和 i2c_client 的注册和注销(为了统一起见,在这都将类似添加的动作称为注册,类似删除的动作称为注销)。其中相应的接口函数如下。

1. i2c_adapter 的注册和注销

```
int i2c_add_adapter(struct i2c_adapter * adapter);
int i2c_del_adapter(struct i2c_adapter * adapter)
```

i2c_add_adapter()函数用于在总线号无关紧要的情况下声明 I²C 适配器,如 USB 连接或者 PCI 卡动态添加的 I²C 适配器。参数中的 adapter 代表要添加的适配器。如果返回值为 0,则表示已经成功获取一个新的总线号,并将其存入 adapter-> nr 成员中。该函数最终会调用 i2c_register_adapter()函数注册一个新的 i2c_adapte。

相反地,i2c_del_adapter()函数则用于注销一个先前通过 i2c_add_adapter()函数或者 i2c_add_numbered_adapter()函数注册的 ic_adapter。

2. i2c_driver 的注册和注销

```
int i2c_register_driver(struct module * owner, struct i2c_driver * driver);
void i2c_del_driver(struct i2c_driver * driver);
static inline int i2c_add_driver(struct i2c_driver * driver)
{
    return i2c_register_driver(THIS_MODULE, driver);
}
```

i2c_add_driver()函数其实是一个内联函数,该函数的主要工作由 i2c_register_driver()函数来完成。将驱动绑定到设备的模型有两种:一种是新式的驱动,它们遵循标准的 Linux 驱动模型,并且会在 probe()函数调用发出时做出回应;另外一种是旧式的驱动,它们自己来创建设备节点。i2c_del_driver()函数完成相反的工作,将 i2c_driver 注销。

3. i2c_client 的注册和注销

```
int    i2c_attach_client(struct i2c_client * );
int    i2c_detach_client(struct i2c_client * );
```

当一个 client 被检测到并且被关联的时候，相应的设备和 sysfs 文件也会被注册，而在被取消关联的时候，相应的设备和 sysfs 文件也会被注销。

除此之外，I²C Core 还提供了 I²C 总线读写访问的一般接口，具体在与 I²C 适配器相关的 I²C adapter 部分实现，主要应用在 I²C 设备驱动中。

I²C 中用于传输、发送和接收的函数都在 i2c-core.c 文件中实现，它们的定义如下所示。

```
int i2c_transfer(struct i2c_adapter * adap, struct i2c_msg * msgs, int num);
int i2c_master_send(struct i2c_client * client, const char * buf, int count);
int i2c_master_recv(struct i2c_client * client, char * buf, int count);
```

i2c_master_send() 函数以主设备发送模式发送一个简单的 I²C 消息，其中，client 参数表示传送的目的从设备，buf 参数表示要写入从设备的数据，count 参数表示传送的字节数。如果发送成功则返回发送的数据的字节数，失败则返回相应的错误号。i2c_master_recv() 函数则完成接收功能，与 i2c_master_send() 函数类似，在这就不赘述了。

这两个函数的相同点是一次只能传送一个 I²C 消息，一个更加复杂的版本是 i2c_transfer() 函数，它能够传送任意数目的消息，并且中间不会被打断。i2c_transfer() 函数用于 I²C 适配器和 I²C 设备之间的消息传送，事实上，i2c_master_send() 和 i2c_master_recv() 函数在内部都会调用 i2c_transfer() 函数分别来完成一条消息的发送和接收。它们都首先构造一个消息，然后使用 i2c_transfer() 函数进行消息的传送。而 i2c_transfer() 函数最终会调用 i2c_adapter 对应的 i2c_algorithm 所提供的 master_xfer() 函数完成真正的消息传送工作。

此外，I²C 核心还包含一些其他函数，有兴趣的读者可以自行去 drivers/i2c 目录下阅读相关部分的代码。I²C 核心是整个 I²C 驱动的关键部分，是 I²C 设备驱动和 I²C 总线驱动之间的纽带，因此了解它的功能至关重要。

10.5.4　I²C 总线驱动

I²C 总线驱动的任务，是为系统中各个 I²C 总线增加相应的读写方法。但是总线驱动本身并不会进行任何通信，它只是等待设备驱动调用其函数。在系统开机时，首先装载的是 I²C 总线驱动。一个总线驱动用于支持一条特定的 I²C 总线的读写。一个总线驱动通常需要两个模块，分别用一个 i2c_adapter 结构体和 i2c_algorithm 结构体来描述。

I²C 总线驱动模块的加载函数负责初始化 I²C 适配器所要使用的硬件资源，例如，申请 I/O 地址、中断号等，然后通过 i2c_add_adapter() 函数注册 i2c_adapter 结构体，此结构体的成员函数指针已经被相应的具体实现函数初始化。相反地，当 I²C 总线驱动模块被卸载时，卸载函数需要释放 I²C 适配器所占用的硬件资源，然后通过 i2c_del_adapter() 函数注销 i2c_adapter 结构体。

针对特定的 I²C 适配器，还需要实现适合其硬件特性的通信方法，即实现 i2c_algorithm 结构体。这一过程主要是实现 i2c_algorithm 中的 master_xfer() 函数和 functionality() 函数。functionality() 函数用于返回 algorithm 所支持的通信协议，例如 I2C_FUNC_I2C、I2C_FUNC

_SMBUS_EMUL 等。master_xfer()函数完成真正硬件层次的消息传送工作。master_xfer()函数首先会判断消息的类型,若为读消息,则调用相应的读操作的函数从从设备中读取一段数据;若为写消息,则调用相应的写操作的函数往从设备中写入一串数据。

master_xfer()函数的实现方式有很多种,在 Linux 内核提供的一些 I^2C 总线驱动中的 master_xfer()函数也是差别非常大的,但是总的来说,整个消息处理的流程本质上还是一样的,它们只是受到 I^2C 总线硬件上的限制。

10.5.5　I^2C 设备驱动

与 I^2C 总线驱动对应的是 I^2C 设备驱动,I^2C 只有总线驱动是不够的,必须有设备才能正常工作,这就是 I^2C 设备驱动的必要性。同总线驱动一样,I^2C 设备驱动也分成两个模块,它们分别是 i2c_driver 和 i2c_client 结构体。I^2C 设备驱动要使用这两个结构体,并且负责填充其中的成员函数。在 drivers/i2c/chips 目录下已经包含部分设备的设备驱动代码,负责相应从设备的注册。同时,Linux 内核中还提供了一个通用的方法来实现 I2C 设备驱动,这个通用的 I^2C 设备驱动由 i2c-dev.c 文件实现。

i2c-dev.c 文件中提供了一个通用的 I^2C 设备驱动程序,实现了字符设备的文件操作接口,对设备的具体访问是通过 I^2C 适配器来实现的。构造一个针对 I^2C 核心层接口的数据结构,即 i2c_driver 结构体,通过接口函数向 I^2C 核心注册一个 I^2C 设备驱动。同时构造一个对用户层接口的数据结构,并通过接口函数向内核注册一个主设备号为 89 的字符设备。对于一般的 I^2C 设备来说,使用 i2c-dev.c 提供的操作已经足够工作了。

该文件提供了用户层对 I^2C 设备的访问,包括 open、release、read、write、ioctl 等常规文件操作,应用程序可以通过 open 函数打开 I^2C 的设备文件,通过 ioctl 函数设定要访问从设备的地址,然后就可以通过 read 和 write 函数完成对 I^2C 设备的读写操作。

通过该文件提供的通用方法可以访问任何一个 I^2C 的设备,但是其中实现的 read、write 及 ioctl 等功能完全是基于一般设备的实现,所有的操作数据都是基于字节流,而没有明确的格式和意义。为了更加方便和有效地使用 I^2C 设备,可以针对一个具体的 I^2C 设备开发特定的 I^2C 设备驱动程序,在该驱动中解释特定的数据格式以及实现一些特殊的功能。i2c-dev.c 中提供的 i2cdev_read()和 i2cdev_write()函数分别实现了用户空间的 read 和 write 操作,这两个函数又分别会调用 I^2C 核心的 i2c_master_recv()和 i2c_master_send()函数来构造一条 I^2C 消息,并且最终调用 i2c_algorithm 提供的函数接口来完成消息的传输。但是,这两个函数所完成的消息传输功能是非常简单的,它们每次只负责传送一条消息,而大多数的 I^2C 设备往往在其读写期间内需要传送两条甚至更多的消息。在这种情况下,用户空间的应用程序如果调用 read 和 write 操作则会出现意想不到的错误。

小　　结

本章主要介绍了嵌入式系统中字符设备驱动的开发,首先介绍了字符设备驱动的基本框架和原理。接下来介绍了字符设备驱动程序的编写,这里详细介绍了字符设备驱动程序的编写流程、关键的数据结构和设备驱动程序的主要组成部分。随后介绍了两种比较常用的字符设备驱动:GPIO 驱动和串行总线驱动,并对 I^2C 总线驱动的原理进行详细介绍。

进一步探索

（1）阐述嵌入式系统中字符设备驱动的地位和主要作用。

（2）驱动的加载使用主要有哪些方法？它们的差别是什么？

## 第 11 章

块设备和驱动程序设计

块设备是 Linux 系统中的一大类设备,包括 IDE 硬盘、SCSI 硬盘、CD-ROM 等设备。块设备和字符设备类似,也是通过/dev 下的文件系统节点访问。块设备数据存取的单位是块,块的大小通常为 512B～32KB 不等。块设备每次能传输一个或多个块,支持随机访问,并且采用了缓存技术。块设备驱动主要针对磁盘等慢速设备,由于其支持随机访问,所以文件系统一般采用块设备作为载体。块设备和字符设备的驱动主要区别在于管理数据的方式,但是这些对上层应用程序来说是透明的。

本章将讲述块设备的特点,块设备驱动编写涉及的数据结构和相关函数及块设备驱动的开发流程。最后将以 MMC 卡驱动开发为例分析块设备的开发流程。

通过本章的学习,读者可以学习到以下知识点。

(1) 块设备驱动的原理和结构;

(2) 块设备驱动的请求队列;

(3) MMC 卡驱动的分析。

11.1　块设备驱动程序设计概要

由于块设备支持随机存取,因此文件系统通常都以块设备为载体,相对字符设备驱动来说块设备驱动的性能好坏对整个系统的性能影响较大,如何合理组织数据的传送和保证驱动程序的高效率运行是块设备驱动编写的重点,同时块设备由于本身的复杂性,使得块设备的驱动程序也相对复杂一些。从图 11-1 中可以看出块设备驱动在 VFS 子系统中的位置,块设备驱动涉及大量的内核组件。

11.1.1　块设备的数据交换方式

块设备的数据交换方式与字符设备有很大区别,字符设备以字节为单位进行读写,而块设备则以块为单位。块设备的 I/O 请求都有对应的缓冲区并使用了请求队列对请求进行管理。块设备还支持随机访问,而字符设备只能顺序访问。

11.1.2　块设备读写请求

对块设备的读写是通过请求实现的。对于机械硬盘这类设备来说,根据其机械特性,合理地组织请求的顺序(如电梯算法),尽量顺序地进行访问,可得到更好的性能。所以在 Linux 中每一个块设备都有一个 I/O 请求队列,每个请求队列都有调度器的插口,调度器可以实现对请求队列里请求的合理组织,如合并临近请求,调整请求完成顺序等。在 Linux 2.6 内核中有

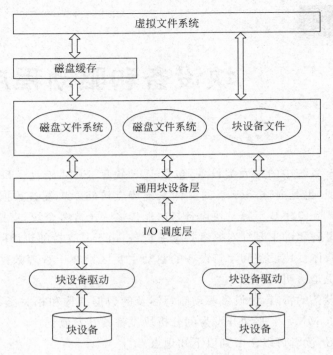

图 11-1　虚拟文件系统

4 个 I/O 调度器，这 4 个调度器分别如下。

1. No-op I/O scheduler

这个调度器实现了一个简单 FIFO 队列。它假定 I/O 请求由驱动程序或者设备做了优化或者重排了顺序（就像一个智能控制器完成的工作那样）。在有些 SAN 环境下，这个选择可能是最好选择。

2. Anticipatory I/O scheduler

该调度器是当前内核中默认的 I/O 调度器。它拥有非常好的性能，在 2.5 中它就相当引人注意。与 2.4 内核进行对比测试发现，在 2.4 中多项以分钟为单位完成的任务，它则是以秒为单位来完成的。正因为如此，它成为目前 2.6 测试版中默认的 I/O 调度器。但它也存在着弱点，它本身是比较庞大与复杂的，在一些特殊的情况下，特别是在数据吞吐量非常大的数据库系统中它会变得比较缓慢。

3. Deadline I/O scheduler

就是针对 Anticipatory I/O scheduler 的缺点进行改善而来的，还处于测试阶段，但已经很稳定了。目前表现出的性能几乎与 as 一样好。但比 as 更加小巧。

4. CFQ I/O schedule

它为系统内的所有任务分配相同的带宽，提供一个公平的工作环境，它比较适合桌面环境。事实上在测试中它也有不错的表现，mplayer、xmms 等多媒体播放器与它配合得相当好，回放平滑几乎没有因访问磁盘而出现的跳帧现象。

11.2　Linux 块设备驱动相关数据结构与函数

11.2.1　gendisk 结构

在内核中 gendisk 结构体表示是一个独立磁盘设备或者一个分区,其定义如下。

```
struct gendisk {
    /* 只有 major, first_minor 和 minors 是输入变量,不能直接使用,应当使用
     * disk_devt() 和 disk_max_parts().
     */
    int major;                              /* 主设备号 */
    int first_minor;
    int minors;                             /* 次设备号的最大值,若为 1 则该盘不能被分区 */
    char disk_name[DISK_NAME_LEN];          /* 主驱动名称 */
    char * ( * nodename)(struct gendisk * gd);
    /* 磁盘分区的指针数组,使用 partno 进行索引. */
    struct disk_part_tbl * part_tbl;        /* 分区表 */
    struct hd_struct part0;
    struct block_device_operations * fops;
    struct request_queue * queue;           /* 请求队列 */
    void * private_data;
    int flags;
    struct device * driverfs_dev;
    struct kobject * slave_dir;
    struct timer_rand_state * random;
    atomic_t sync_io;                       /* RAID */
    struct work_struct async_notify;
    int node_id;
};
```

其中的主要信息有:major、first_minor、minors 分别表示磁盘的主设备号、次设备号,同属于同一块磁盘的分区共享主设备号,一个驱动器至少使用一个次设备号,如果驱动器可以被分区,则必须为每个可能的分区都分配一个次设备号。

part_tbl 是磁盘的分区列表,part0 中保存了整个磁盘的起始扇区和扇区总数等信息。fops 指向块设备操作结构体。flags 用于描述驱动器状态。queue 是一个请求队列指针,用于管理 IO 请求队列。private_date 指向磁盘的私有信息。

Linux 提供了一组函数接口来操作 gendisk 结构体,分析如下。

1. 分配 gendisk

gendisk 是一个动态分配的结构,它需要内核的一些特殊处理,所以它不能直接由驱动程序自己分配,而是应该调用 alloc_gendisk 来分配。

```
struct gendisk * alloc_disk(int minors);
```

minors 是磁盘分区数量,若 minors 为 1 则磁盘不能被分区,minors 在分别 gendisk 时确定,以后不能修改。当不再需要一个磁盘时调用下面的函数删除磁盘。

```
void del_gendisk(struct gendisk * gd);
```

2. 增加 gendisk

```
void add_disk(struct gendisk * disk);
```

分配 gendisk 后，系统还不能使用这个 gendisk，需要用 add_disk 来初始化，一旦调用了 add_disk，磁盘将被激活，它所提供的方法随时可能会被调用，所以一定要在驱动程序完全初始化完成之后再执行这个调用。

3. 释放 gendisk

```
void del_gendisk(struct gendisk * gp);
```

当不再需要一个磁盘时，调用 del_gendisk 卸载该磁盘，需要注意的是没有机制能保证调用一定成功。调用 del_gendisk 后，gendisk 结构可能继续存在。

4. 引用计数

gendisk 是一个引用计数结构，它包含一个 kobject 对象。get_disk 和 put_disk 函数负责减少和增加引用计数，但驱动程序不能直接使用这两个函数，而是由系统来使用。

5. 设置和查看磁盘容量

```
void set_capacity(struct gendisk * disk, sector_t size);
sector_t get_capacity(struct gendisk * disk);
```

磁盘容量的设置通过设置 part0 对象的 nr_sects 参数来实现，nr_sects 是指扇区总数。

块设备中最小的可寻址单位是扇区，扇区是所有块设备的基本单元。扇区的大小是 2 的 n 次方个字节，通常为 512B。扇区的大小是设备的物理属性，但是无论物理设备的扇区大小是多少，内核和块设备驱动之间的交换数据都以 512B 为单位。

11.2.2　request 结构

```
struct request {
    struct list_head queuelist;
    struct call_single_data csd;
    int cpu;
    struct request_queue * q;
    unsigned int cmd_flags;
    enum rq_cmd_type_bits cmd_type;
    unsigned long atomic_flags;
    sector_t sector;                        /* 下一个传输的扇区 */
    sector_t hard_sector;                   /* 下一个完成的扇区 */
    ~unsigned long nr_sectors;              /* 未提交的扇区数 */
    unsigned long hard_nr_sectors;          /* 未完成的扇区数 */
    /* 当前段中未提交的扇区数 */
    unsigned int current_nr_sectors;
    /* 当期段中未完成的扇区数 */
    unsigned int hard_cur_sectors;
    struct bio * bio;
    struct bio * biotail;
    struct hlist_node hash;                 /* 混合 hash */
```

```
        void * elevator_private;
        void * elevator_private2;
        struct gendisk * rq_disk;
        unsigned long start_time;
        unsigned short nr_phys_segments;
        unsigned short ioprio;
        void * special;
        char * buffer;
        int tag;
        int errors;
        int ref_count;
        ...
    };
```

该结构体中包含很多成员，但一般只需要使用其中的一小部分，主要用到的有如下这些。

```
    struct list_head queuelist;
```

该成员用于将请求连接到请求队列中，一般不能直接访问。blkdev_dequeue_request 可将请求从请求队列中移除。

```
    sector_t sector;
```

该成员表示还未传输的第一个扇区。

```
    unsigned long nr_sectors;
```

该成员表示还剩多少个扇区还未提交。

```
    unsigned int current_nr_sectors;
```

该成员表示当前 IO 操作还剩多少扇区未提交。

```
    struct bio * bio;
    struct bio * biotail;
```

这两个成员是该请求中包含的 bio 结构体链表，不能被直接访问，而是要用 rq_for_each_bio 函数。

```
    unsigned short nr_phys_segments;
```

该成员表示相邻的页被合并后，在物理内存中被这个请求所占用的段数。

```
    char * buffer;
```

该成员是指向缓冲区的指针，数据应当被传送至这个缓存区或者取自此处。它指向的是一个内核的虚拟地址，因此可以被驱动程序直接引用。

```
request_queue * q;
```

该成员表示一个请求队列。

11.2.3 request_queue 队列

每一个块设备都有一个请求队列,请求队列组织和跟踪该设备的所有 I/O 请求,并提供插入接口给 I/O 调度器使用。同时请求队列保存了该设备所支持的请求的类型信息,包括请求队列的最大尺寸、硬件扇区大小、同一请求中所能包含的独立段的数目、对齐要求等。其定义在< inlucude/linux/blkdev. h >中,代码清单如下。

```
struct request_queue
{
    struct list_head   queue_head;
    struct request     * last_merge;
    struct elevator_queue  * elevator;
    ...

    unsigned long          queue_flags;
    /* 自旋锁,不能直接应用,因使用 ->queue_lock 访问 */
    spinlock_t    __ queue_lock;
    spinlock_t    * queue_lock;
    struct kobject kobj;
    /*
     * 队列设置
     */
    unsigned long          nr_requests;          /* 最大请求数 */
    unsigned int           nr_congestion_on;
    unsigned int           nr_congestion_off;
    unsigned int           nr_batching;
    unsigned int           max_sectors;
    unsigned int           max_hw_sectors;
    unsigned short         max_phys_segments;
    unsigned short         max_hw_segments;
    unsigned short         hardsect_size;
    unsigned int           max_segment_size;
    unsigned long          seg_boundary_mask;
    void       * dma_drain_buffer;
    unsigned int           dma_drain_size;
    unsigned int           dma_pad_mask;
    unsigned int           dma_alignment;
    struct blk_queue_tag  * queue_tags;
    struct list_head   tag_busy_list;
    unsigned int           nr_sorted;
    unsigned int           in_flight;
    unsigned int           rq_timeout;
    struct timer_list   timeout;
    struct list_head   timeout_list;
    struct mutex          sysfs_lock;
    ...
};
```

1. 请求队列的初始化和清除

```
request_queue * blk_init_queue_node(request_fn_proc * rfn, spinlock_t * lock, int node_id);
```

该函数的第一个参数是请求处理函数的指针,第二个参数是控制访问队列的自旋锁。因为该函数会分配内存,所以可能会失败,在使用该函数时一定要检查返回值。

```
void blk_cleanup_queue(struct request_queue * q);
```

调用该函数后,驱动程序将不再得到这个请求队列的请求,通常在块设备驱动模块卸载函数中调用。

2. 提取和删除请求

```
struct request * elv_next_request(struct request_queue * q);
```

该函数返回队列中下一个要处理的请求,如果没有请求则返回 NULL。

```
void blkdev_dequeue_request(struct request * req);
```

elv_next_request 不会删除请求,依然将其保留在队列中并标记为活动,而要将请求实际删除则需调用 blkdev_dequeue_request,它再调用更底层的 elv_dequeue_request。如果出于需要将已经删除的请求重新加入请求队列则使用下面的函数。

```
void elv_requeue_request(struct request_queue * q, struct request * rq);
```

3. 队列的参数设置

块设备层导出了一组函数来控制请求队列的操作。这些函数如下。

```
void blk_stop_queue(struct request_queue * q);
void blk_start_queue(struct request_queue * q);
```

如果驱动程序不能再接受请求,应当调用 blk_stop_queue 来通知设备层。调用它后 request 函数将不再被调用,除非调用 blk_start_queue 再次回到可接受请求的状态。

```
void blk_queue_max_sectors(struct request_queue * q, unsigned int max_sectors);
void blk_queue_max_phys_segments(struct request_queue * q, unsigned short  max_segments);
void blk_queue_max_hw_segments(struct request_queue * q, unsigned short max_segments);
void blk_queue_max_segment_size(struct request_queue * q, unsigned int max_size);
```

这 4 个函数用于设置描述请求的参数,blk_queue_max_sectors 用于设置所请求扇区数的最大值,默认值是 255。blk_queue_max_phys_segments 和 blk_queue_max_hw_segments 设置一个请求可包含物理段的最大值。blk_queue_max_segment_size 告知内核一个请求单独段的大小,以字节为单位,默认值为 65 536。

4. 内核通告

```
void blk_queue_segment_boundary(struct request_queue * q, unsigned long mask);
```

由于一些设备无法处理那些跨越特定大小内存边界的请求，这时应使用该函数告知内核这个边界。比如设备不能处理跨越 4MB 的边界请求，则应当传递一个 0x3fffff 的掩码给内核。默认的掩码是 0xffffffff(4GB)。

```
void blk_queue_dma_alignment(struct request_queue * q, int mask);
```

该函数告知内核 DMA 传送的内存对齐限制。默认掩码是 0x1ff(512B)。

```
void blk_queue_hardsect_size(struct request_queue * q, unsigned short size);
```

该函数通告内核硬件扇区的大小，所有内核产生的请求都应该是该大小的整数倍，并且做到边界对齐。内核认为每个磁盘都是由 512B 大小的扇区组成，但硬件设备的扇区大小不一定是 512B，为了让一个硬件扇区大小不是 512B 的设备能够正常运行，就需使用该函数通知内核，内核就会使用设定的硬件扇区大小。

11.2.4　bio 结构

request 实质上是一个 bio 结构的链表实现，当然需要一些管理信息来组织，这样才能在执行时知道进行到哪个位置。bio 是底层对部分块设备的 I/O 请求描述，其包含驱动程序执行请求所需的全部信息。通常一个 I/O 请求对应一个 bio。I/O 调度器可将联系的 bio 合并成一个请求。其具体定义如下。

```
struct bio {
  sector_t        bi_sector;
  struct bio      * bi_next;              /* 请求队列指针 */
  struct block_device  * bi_bdev;
  unsigned long        bi_flags;          /* 状态,命令等 */
  unsigned long        bi_rw;             /* 最后一位为读写标志位,
                                          * 前面的为优先级 */
  unsigned short       bi_vcnt;           /* bio_vec 数 */
  unsigned short       bi_idx;            /* 当前 bio_vec 中的索引 */
  /* 该 bio 的分段信息(设置了物理地址聚合有效) */
  unsigned int         bi_phys_segments;
  unsigned int         bi_size;
  unsigned int         bi_seg_front_size;
  unsigned int         bi_seg_back_size;
  unsigned int         bi_max_vecs;       /* 最大 bvl_vecs 数 */
  unsigned int         bi_comp_cpu;
  atomic_t     bi_cnt;                    /* 针脚数 */
  struct bio_vec       * bi_io_vec;       /* 真正的 vec 列表 */
  ...
};
```

其中重要成员分析如下。

```
sector_t     bi_sector;
```

该 bio 所有传送的第一个扇区。

```
unsigned int   bi_size;
```

需要传送的数据大小，以字节为单位。通常使用 bio_sectors（bio）宏来获取每个扇区大小。

```
unsigned long   bi_flags;
```

bio 的标志位，最后一位是读写请求位，通常使用 bio_data_dir（bio）来访问，而不能直接查看。

```
unsigned int     bi_phys_segments;
```

表示该 bio 要处理的不连续的物理内存段的数目。

```
atomic_t      bi_cnt;
```

bio 的引用计数。

```
struct bio_vec   * bi_io_vec;
```

bi_io_vec 数组是 bio 结构的核心，它由 bio_vec 结构组成，其定义如下。

```
struct bio_vec {
        struct page      * bv_page;
        unsigned int      bv_len;
        unsigned int      bv_offset;
};
```

随着内核版本的更新，bio 结构可能会有所改变，因此作为一个良好的内核编程习惯，在写驱动时最好不要直接使用 bi_io_vec 数组，而是使用内核提供的一组函数和宏来操作 bio。

```
struct page * bio_page(struct bio * bio);
```

该函数返回下个传送页的 page 结构指针。

```
int bio_data_dir(struct bio * bio);
```

该函数获取数据的传输方向，判断是读还是写。

```
int bio_offset(struct bio * bio);
```

该函数返回当前页中被传输数据的偏移量。

```
int bio_cur_sectors(struct bio * bio);
```

该函数返回当前页中传输的扇区数。

```
char * bio_data(struct bio * bio);
```

该函数返回数据缓冲区的内核虚拟地址，该地址只有在当前处理的页不在高端内存时，才有效。

```
char * bio_kmap_irq(struct bio * bio, unsigned long * flag);
void bio_kunmap_irq(char * buffer, unsigned long * flag);
```

bio_kmap_irq 返回任何缓冲区的内核地址，不论是在高端内存还是低端内存。它使用了一个原子 kmap，所在函数返回前驱动不能睡眠。bio_kunmap_irq 撤销缓冲区映射。

```
void bio_get(struct bio * bio);
void bio_put(struct bio * bio);
```

这两个函数用于增加和减少 bio 的引用计数。

11.3　块设备的注册与注销

和字符设备类似，块设备驱动程序第一步通常也是向内核注册自己，实现这个任务的函数是 register_blkdev()，其定义如下。

```
int register_blkdev(unsigned int major, const char * name);
```

major 是块设备的主设备号，name 为设备名称。若 major 为 0，则内核将为其分派一个新的主设备号给设备，并返回此设备号给调用者。该函数不一定成功，出错则返回负值。

与 register_blkdev 对应的是注销函数 unregister_blkdev，其定义如下。

```
void unregister_blkdev(unsigned int major, const char * name);
```

在 2.6 内核中，对 register_blkdev 的调用是可选的。它所执行的功能越来越少。目前它主要完成两个工作：一是在需要的时候分配主设备号，二是在/proc/devices 中创建一个入口项。在未来的内核中可能取消这个函数，但目前大多数驱动程序都调用了该函数。

11.4　块设备初始化与卸载

块设备驱动程序编写的第一步是编写初始化函数，在初始化过程中要完成如下几项工作。
（1）注册块设备及块设备驱动程序。
（2）分配、初始化、绑定请求队列（如果使用请求队列的话）。
（3）分配、初始化 gendisk，为相应的成员赋值并添加 gendisk。
（4）其他初始化工作，如申请缓存区，设置硬件尺寸（不同设备，有不同处理）。
其中（1）、（2）、（3）也可以在设备侦测或者打开时完成。
块设备的注销动作刚好与注册相反，工作如下。
（1）删除请求队列。

（2）撤销对 gendisk 的引用并删除 gendisk。

（3）释放缓冲区，撤销对块设备的应用，注销块设备驱动。

11.5　块设备操作

与字符设备类似，块设备也有一个 operations 结构体用于实现设备操作接口，它的定义如下。

```
struct block_device_operations {
    int ( * open) (struct block_device * , fmode_t);
    int ( * release) (struct gendisk * , fmode_t);
    int ( * locked_ioctl) (struct block_device * , fmode_t, unsigned, unsigned long);
    int ( * ioctl) (struct block_device * , fmode_t, unsigned, unsigned long);
    int ( * compat_ioctl) (struct block_device * , fmode_t, unsigned, unsigned long);
    int ( * direct_access) (struct block_device * , sector_t,void ** , unsigned long * );
    int ( * media_changed) (struct gendisk * );
        unsigned long long ( * set_capacity) (struct gendisk * ,unsigned long long);
    int ( * revalidate_disk) (struct gendisk * );
    int ( * getgeo)(struct block_device * , struct hd_geometry * );
    struct module * owner;
};
```

其中几个重要成员分析如下。

1. 打开和释放

```
int ( * open) (struct block_device * blkdev, fmode_t);
int ( * release) (struct gendisk * disk, fmode_t);
```

这两个函数实现打开或者释放设备的功能，当设备打开或者关闭时调用它们。块设备的 open 和 release 函数并不是必需的，对于一些简单的驱动，可以没有这两个函数。块设备的打开和释放与字符设备对应的函数功能类似，用于在打开或者关闭设备时设置驱动程序的状态，设置硬件状态，停止或加锁某个设备，增加和减少引用计数等。例如，可调用 open 来锁住某些移动设备的舱门，用 release 来解锁。另外，块设备的一些初始化工作也可以在设备打开时进行，如 gendisk，请求队列的分配与初始化也可以在此处理。

2. IO 操作

```
int ( * ioctl) (struct block_device * blkdev, fmode_t, unsigned cmd, unsigned long arg);
int ( * locked_ioctl) (struct block_device * blkdev, fmode_t, unsigned, unsigned long);
int ( * compat_ioctl) (struct block_device * blkdev, fmode_t, unsigned, unsigned long);
```

这三个函数是 ioctl() 系统调用的具体实现，块设备涉及大量的 io 控制请求，在阻塞和非阻塞 io 编程中经常会使用到。第三、四个参数分别是 io 控制命令和参数。如果需要使用全局锁 BKL，则用 locked_ioctl 替代 ioctl。compat_ioctl 类似于 locked_ioctl。高层块设备层在驱动程序执行 ioctl 前，已经截取处理了大量 io 控制命令，在一个现代驱动程序中，很多 io 控制命令已经不需要驱动程序实现了。

3．介质改变

```
int ( * media_changed) (struct gendisk * disk);
```

该函数通常被内核调用,检查驱动器的介质是否改变,该函数仅适用于支持可移动介质的驱动器。

4．使介质有效

```
int ( * revalidate_disk) (struct gendisk * disk);
```

该函数被调用来响应介质的改变,做一些必要的工作,为新介质的使用做准备。

5．获得驱动器信息

```
int ( * getgeo)(struct block_device * blkdev, struct hd_geometry * hdgeo);
```

该函数根据 block_device 提供的信息填充 hd_geometry 结构体,其中包括磁头、扇区、柱面等信息。

6．模块指针

```
struct module * owner;
```

指向该结构体拥有者的模块指针,通常初始化为 THIS_MODULE。

11.6　请　求　处　理

从上面可以看出,块设备不像字符设备操作,它并没有保护 read 和 write。对块设备的读写是通过请求函数完成的,因此请求函数是块设备驱动的核心。请求的处理分为两种情况,分别如下。

1．使用请求队列

1）请求函数

块设备驱动程序的很大一块内容就在于编写对 I/O 请求的处理,块设备的请求函数原型如下。

```
void request(request_queue_t * queue);
```

该函数由内核调用,当内核需要对设备进行读写或者其他操作时会调用该函数。请求函数返回时,不一定要完成请求的所有操作,甚至什么都没做就返回,而是将该请求添加到请求队列。

在创建请求队列时,通过 blk_init_queue 函数将指定的请求处理函数与请求队列绑定。其定义如下。

```
struct request_queue * blk_init_queue(request_fn_proc * rfn, spinlock_t * lock);
```

rfn 是块设备的请求函数,lock 是一个自旋锁,该锁由内核控制。当请求函数拥有自旋锁时,将阻止内核为该设备安排其他请求。而在一些情况下,在请求函数执行过程中需要解锁,如果要这么做,必须保证由该锁保护的数据不被访问。

请求函数主要完成的工作是,根据 request、bio 等结构提供的信息,完成具体的 I/O 传输工作并通知设备层。

2) 通告内核

当设备完成一个 I/O 请求的部分或者全部扇区已传送完成时,应当通知块设备层,通过调用下面的函数实现。

```
int end_that_request_data(struct request * rq, int error, unsigned int nr_bytes, unsigned int bidi_bytes);
```

该函数告知设备层块驱动已经完成的扇区数。若该函数的返回值为 0,则表示该请求的所有扇区都已经传输。这时驱动程序必须调用 blk_dequeue_request 来删除请求,并把这个请求传递给下面的函数。

```
void end_that_request_last(struct request * req, int error);
```

由该函数通知任何等待这个请求完成的对象,并回收该请求。

在实际的驱动编程中可以不使用上述函数,内核提供了 end_request 来完成上述工作,它的定义如下。

```
void end_request(struct request * req, int uptodate);
```

3) 屏障请求和不可重试请求

在收到每个请求前,块设备层的 I/O 调度器可能会重新组合这些 IO 请求以提高性能,而且驱动程序也可能重新组合这些请求。这就带来一个问题,在某些情况下一些请求又必须按顺序执行,例如在许多数据库应用中对读写顺序有着严格要求,此时就需要用到内存屏障来解决这个问题。如果一个请求被设置了 REQ_HARDBARRER 标志位,则在它后面的请求被初始化前,它必须被写入物理存储器而非缓冲区。

blk_queue_ordered 函数用来设置屏障,blk_barrier_rq 宏用来检测屏障。

当请求失败时,通常驱动程序需要重试请求,这使得系统更可靠,重试失败的请求调用下面这个函数。

```
int blk_noretry_request(struct request * rq);
```

如果返回非零,则忽略这个请求,因为有时候有些请求是不可重试的,在失败后应立即放弃。

2. 不使用请求队列

使用请求队列对于提高机械磁盘的读写性能具有重要意义,I/O 调度程序按照一定算法(如电梯算法)通过优化组织请求顺序,帮助系统获得较好的性能。但是对于一些本身就支持随机寻址的设备,如 SD 卡、RAM 盘、软件 RAID 组件、虚拟磁盘等设备,请求队列对其没有意义。针对这些设备的特点,块设备层提供了"无队列"的操作模式。为了使用这个模式,驱动程序必须提供一个"制造请求"函数,而非请求处理函数。该函数的原型如下。

```
typedef int (make_request_fn) (struct request_queue * q, struct bio * bio);
```

该函数的第一个参数是一个请求队列,但这个请求队列实际上不包含任何请求。第二个参数 bio 表示一个或者多个需要传送的缓冲区。"制造请求"函数除了能直接进行传输之外,还能把请求重定向到其他设备。在该函数执行返回后应当调用 bio_endio 通知块设备层,bio_endio 定义如下。

```
void bio_endio(struct bio * bio, int error);
```

11.7 MMC 卡驱动

MMC/SD 卡是嵌入式系统中常用的存储设备,同时它也是个典型的块设备。本节将详细解析 MMC/SD 卡驱动开发的流程,读者可以通过学习本节内容加深对前面章节的所有知识点的理解。

11.7.1 MMC/SD 芯片介绍

1. MMC/SD 简介

MMC 卡(Multimedia Card)是一种快闪记忆卡标准。在 1997 年由西门子及 SanDisk 共同开发,该技术基于东芝的 NAND 快闪记忆技术。它相对于早期基于 Intel NOR Flash 技术的记忆卡(例如 CF 卡),体积小得多。MMC 卡大小与一张邮票差不多,约 24mm×32mm×1.5mm。目前这种存储卡已广泛应用于手机、PDA、MP3 等手持移动设备中。

MMC 存储卡有 MMC 和 SPI 两种工作模式,MMC 模式是标准的默认模式,具有 MMC 的全部特性。而 SPI 模式则是 MMC 存储卡可选的第二种模式,这个模式是 MMC 协议的一个子集,主要用于只需要小数量的卡(通常是一个)和低数据传输率(和 MMC 协议相比)的系统,这个模式可以把设计花费减到最小,但性能就不如 MMC。

SD 卡(Secure Digital Memory Card)也是一种快闪记忆卡,同样被广泛地在便携式设备上使用,例如数字相机、个人数码助理(PDA)和多媒体播放器等。SD 卡的数据传送协议和物理规范是在 MMC 卡的基础上发展而来。SD 卡比 MMC 卡略厚,但 SD 卡有较高的数据传送速度,而且不断地更新标准。大部分 SD 卡的侧面设有写保护控制,以避免一些数据被意外地写入,而少部分的 SD 卡甚至支持数字版权管理(DRM)的技术。一般 SD 卡的大小约为 32mm×24mm×2.1mm,但可以薄至 1.4mm,与 MMC 卡相同。SD 卡提供不同的速度,它是按 CD-ROM 的 150KB/s 为 1 倍速(记作"1x")的速率计算方法来计算的。基本上,它们能够比标准 CD-ROM 的传输速度快 6 倍(900KB/s),而高速的 SD 卡更能传输 66x(9900KB/s＝9.66MB/s,标记为 10MB/s)以及 133x 或更高的速度。一些数字相机需要高速 SD 卡来更流畅地拍摄影片,以及使得相片连拍更为迅速。SD 卡接口向上兼容 MMC 卡。设有 SD 卡插槽的设备能够使用较薄身的 MMC 卡,但是标准的 SD 卡却不能插入到 MMC 卡插槽。SD 卡也有两种传输模式,一种是 SD 模式,一种是 SPI 模式。

2. 电气特性

电气特性如表 11-1 所示。

表 11-1　电气特性

属性/卡类型	MMC 卡	SD 卡
工作时钟	0～20MHz	0～25MHz
工作电压	2.0～3.6V	2.0～3.6V
工作模式	MMC/SPI	SD/SPI
访问速度	最高：2.5M/s	最高：12M/s
工作温度	−25～85℃	−25～85℃
工作湿度	25°,95％	25°,95％

MMC/SD 总线拓扑图如图 11-2 所示。

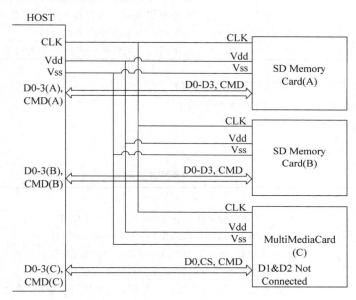

图 11-2　MMC/SD 总线拓扑图

3. 引脚信息

SD 卡引脚信息如表 11-2 所示。

表 11-2　SD 卡引脚

名　　称	功　　能	类　　型	描　　述
MCCDA	命令/回应	I/O/PP/OD	连接 SD、MMC 或者 SDIO 的 CMD
MCCK	时钟	I/O	连接 SD、MMC 或者 SDIO 的 CLK
MCDA0～MCDA7	数据线	I/O/PP	连接 MMC 的 DAT[0..7] 连接 SD/SDIO 的 DAT[0..3]

4. HSMCI 寄存器

驱动程序驱动 HSMCI 接口来访问 MMC/SD 存储卡，HSMCI 接口提供了一组寄存器来接收用户的操作命令和反馈信息。驱动操作的具体实现其实就是对这些寄存器进行读取，所以又称这些寄存器为用户接口（User Interface）。

关于 HSMCI 寄存器的信息可以在 Atmel AT91SAM9G45 的数据手册上查到，下面介绍几个编程中常用的寄存器。

1）HSMCI 控制寄存器（HSMCI_CR）

地址：0xFFF80000（0），0xFFFD0000（1）

读写权限：只写

HSMCI_CR 如表 11-3 所示。

表 11-3　HSMCI_CR

功 能 名 称	位	描　　述
MCIEN	[0]	使能 Multi-Media Interface；0＝无作用，1＝使能
MCIDIS	[1]	使 Multi-Media Interface 无效；1＝使无效，0＝无作用
PWSEN	[2]	开启节能模式；0＝无作用，1＝开启节能模式。注意在开启该模式前，必须设置模式寄存器 PWSDIV 位
PWSDIS	[3]	关闭节能模式；0＝无作用，1＝关闭节能模式
SWRST	[7]	软件重置接口；0＝无作用，1＝重置接口程序将被调用来重置 HSMCI 接口

2）HSMCI 工作模式寄存器（HSMCI_MR）

地址：0xFFF80004（0），0xFFFD0004（1）

读写权限：可读可写

HSMCI_MR 如表 11-4 所示。

表 11-4　HSMCI_MR

功 能 名 称	位	描　　述
CLKDIV	[0:7]	HSMCI 的时钟频率＝主控时钟/（2×（CLKDIV+1））
PWSDIV	[8:10]	当节能模式开启时，HSMCI 的时钟频率＝主控时钟/（2＾CLKDIV+1））
RDPROOF	[11]	使能读校验；0＝无作用，1＝使能；当使能读校验后，将允许在内部 FIFO 满的情况下停止接口时钟以保护数据的完整性
WRPROOF	[12]	使能写校验；0＝无作用，1＝使能；当使能写校验后，将允许在内部 FIFO 满的情况下停止接口时钟以保护数据的完整性
FBYTE	[13]	强制字节传输；1＝使能；当使能强制字节传输后，就能支持大小为 4 的模数的块传输
PADV	[14]	填充值。0＝用 0x00 来填充，1＝用 0xFF 用来传输
BLKLEN	[16:31]	数据块长度；在 FBYTE 失效的情况下 16 和 17 位必须置 0

3）HSMCI 定时器寄存器（HSMCI_DTOR）

地址：0xFFF80008（0），0xFFFD0008（1）

读写权限：只读

HSMCI_DTOR 如表 11-5 所示。

表 11-5　HSMCI_DTOR

功 能 名 称	位	描　　述
DTOCYC	[0:3]	计时器周期数
DTOMUL	[4:6]	两个传输块直接允许的最大主控时钟数

4）HSMCI 命令寄存器（HSMCI_CMDR）

地址：0xFFF80014（0），0xFFFD0014（1）

读写权限：只写

HSMCI_CMDR 如表 11-6 所示。

表 11-6　HSMCI_CMDR

功 能 名 称	位	描　　　述
CMDNB	[0:5]	命令序号
RSPTYP	[6:7]	响应类型；00=无响应，01=48 位的响应，10=136 位的响应，11=R1b 的响应类型
SPCMD	[8:10]	特殊命令；000=无特殊命令，001=初始化命令，74 个周期，010=同步命令，在传输挂起命令前等待当前传输块的传输结束，011=屏蔽 CE-ATA 完成信号，100=中断命令，响应的中断模式为 CMD40，101=中断响应命令，110=boot 操作请求，启动 boot 操作模式，host 处理可以直接从 MMC 设备直接读取 boot 数据，111=中止 boot 操作，使得 host 可以中止 boot 操作模式
OPDCMD	[11]	漏极开路命令；0=推挽，1=漏极开路
MAXLAT	[12]	命令响应的最大延迟；0=5 周期，1=64 周期
TRCMD	[16:17]	传输命令；00=无数据传输，01=开始数据传输，10=停止数据传输，11=保留位
TRDIR	[18]	传输方向；0=写，1=读
TRTYP	[19:21]	传输类型；000=MMC/SD 单块传输，001=MMC/SD 多块传输，010=MMC 流，011=保留，100=SDIO 字节，101=SDIO 块，110=保留，111=保留
IOSPCMD	[24:25]	SDIO 特殊命令；00=无 SDIO 特殊命令，01=SDIO 挂起命令，10=SDIO 恢复命令，11=保留
ATACS	[26]	ATA 命令完成信号；0=正常操作模式，1=在一定时间（HSMCI_CSTOR）起的一个 ATA 命令完成信号
BOOT_ACK	[27]	BOOT 操作应答

5）HSMCI 命令参数寄存器（HSMCI_ARGR）

HSMCI_ARGR 如表 11-7 所示。

表 11-7　HSMCI_ARGR

功 能 名 称	位	描　　　述
ARG	[0:31]	命令参数

6）HSMCI 状态寄存器（HSMCI_SR）

地址：0xFFF80040（0），0xFFFD0040（1）

读写权限：只读

HSMCI_SR 如表 11-8 所示。

表 11-8　HSMCI_SR

功能名称	位	描　述
CMDRDY	[0]	命令状态；0＝命令正在执行，1＝最后一个命令已发出，当写 HSMCI_CMDR 时该字段将被清除
RXRDY	[1]	接收器状态；0＝自从上次读 HSMCI_RDR 后，还没接收到数据，1＝自从上次读 HSMCI_RDR 后，数据已收到
TXRDY	[2]	传输状态；0＝上次写入 HSMCI_RDR 的数据还没被传输，仍停留在移位寄存器，1＝上次写入 HSMCI_RDR 的数据已经被传输
BLKE	[3]	数据块终结，该标志只能用于写操作；0＝数据块尚未传输完成，当读到 HSMCI_SR 清除该位，1＝数据块（包括 CRC16 状态）传输已结束
DTIP	[4]	数据过程状态；0＝当前无数据传输处理，1＝当前数据传输正在进行，包括 CRC16 计算
NOTBUSY	[5]	非忙状态，该位只能用于写操作；0＝HSMCI 接口未准备好接收新数据的传输，1＝HSMCI 接口可以进行新数据块的传输
MCI_SDIOIRQA	[8]	SDIO Slot A 中断；0＝在 SDIO slot A 上未检测到中断，1＝一个 SDIO 中断在 slot A 上产生
SDIOWAIT	[12]	SDIO 读写操作状态；0＝常规总线操作，1＝数据总线进入了 IO 等待状态
CSRCV	[13]	CE-ATA 完成状态信号接收；0＝自从上次读状态操作，尚未接收到完成信号，1＝设备在命令线上发出了完成信号
RINDE	[16]	应答索引错误；0＝无错误，1＝一个失配被检测到，在命令索引和回应索引之间
RDIRE	[17]	应答方向错误；0＝无错误，1＝产生该错误
RCRCE	[18]	应答 CRC 错误；0＝无错误，1＝CRC7 错误被检测到
RENDE	[19]	应答终结位错误；0＝无错误，1＝应答的终结位没被检测到
RTOE	[20]	应答超时；0＝未超时，1＝超时
DCRCE	[21]	数据 CRC 校验出错；0＝无错误，1＝CRC16 校验出错
DTOE	[22]	数据超时错误；0＝无错误，1＝数据超时
CSTOE	[23]	完成信号超时；0＝无错误，1＝超时
BLKOVRE	[24]	DMA 数据块溢出错误；0＝无错误，1＝一个新的数据块被介绍，DMA 控制器还来不及传输该数据块，产生了该错误
DMADONE	[25]	DMA 传输完成；0＝DMA 缓冲区尚未传输完成，1＝DMA 缓冲区数据传输完成
FIFOEMPTY	[26]	FIFO 管道空；0＝管道中至少有一个字节，1＝管道空
XFRDONE	[27]	传输完成标识；0＝传输正在进行，1＝传输完成
ACKRCV	[28]	Boot 操作应答接收；0＝自从上次读取状态寄存器尚未接收到 Boo 操作应答，1＝接收到了应答信号
ACKRCVE	[29]	Boot 操作应答接收错误；0＝无错误，1＝产生了该错误
OVRE	[30]	越程错误；0＝无错误，1＝至少 8b 的数据丢失
UNRE	[31]	Underrun 错误；0＝无错误，1＝至少 8b 没有有效信息的数据被传输

7）HSMCI DMA 配置寄存器（HSMCI_DMA）

地址：0xFFF80050（0），0xFFFD0050（1）

读写权限：只读

HSMCI_DMA 如表 11-9 所示。

表 11-9 HSMCI_DMA

功能名称	位	描 述
OFFSET	[0:1]	该段指示出 DMA 在写第一个字时丢弃的字节数
CHKSIZE	[4:5]	该字段指示出在 DMA chunk 传输请求完成后指示有多少数据被传输了；00＝1,01＝4,10＝8,11＝16
DMAEN	[8]	DMA 硬件握手使能；0＝DMA 接口 disabled,1＝DMA 接口 enable
ROPT	[12]	填充优化读操作

11.7.2　MMC/SD 卡驱动结构

MMC/SD 驱动分为 4 层,如图 11-3 所示。

文件系统
块设备驱动(Driver/MMC/Card)
MMC/SD 核心(Driver/MMC/Core)
MMC/SD 接口(Driver/MMC/Host)

图 11-3　MMC/SD 驱动层次

（1）块设备驱动层：MMC 设备和 SD 设备都是块设备,该层实现块设备驱动,为上层提供块设备操作的功能。

（2）MMC/SD 核心：编写 MMC/SD 驱动必须要遵循 MMC/SD 规范和协议,所有的操作必须按照协议规定进行,该层主要完成不同协议和规范的实现。

（3）MMC/SD 接口：该层主要实现 host 接口的驱动,并为上层提供操作接口。

块设备驱动层和 MMC/SD 核心层是与具体的硬件平台无关的,而 MMC/SD 接口层根据不同的硬件和不同的控制器有不同的实现。后面两节主要介绍通用的块设备驱动层的开发和 MMC/SD 接口层的开发。通过学习通用的块设备层驱动的开发,读者可以将前几节的知点识串联起来加深记忆,而 MMC/SD 接口层的驱动因为是硬件相关的,读者可以从中体会到如何结合硬件信息编写驱动。由于涉及大量的通信协议,限于篇幅,本书不介绍 MMC/SD 核心层驱动的开发,要了解相关的知识,读者可以参阅 SD 卡的数据手册和内核源代码。

11.7.3　MMC 卡块设备驱动分析

因为 SD 卡是由 MMC 发展而来,SD 卡设备完全兼容 MMC 卡,两者的驱动非常类似,因此本书中主要介绍 MMC 卡驱动的开发。

1. 注册与注销

注册主要负责两个工作,一个是注册 MMC 块设备,另外一个是注册 MMC 驱动。代码如下。

```
static int __init mmc_blk_init(void)
{
    int res;
    res = register_blkdev(MMC_BLOCK_MAJOR, "mmc");
    if (res)
        goto out;
```

```
    res = mmc_register_driver(&mmc_driver);
    if (res)
        goto out2;
    return 0;
 out2:
    unregister_blkdev(MMC_BLOCK_MAJOR, "mmc");
 out:
    return res;
}
```

可能读者注意到 MMC 卡设备在注册驱动模块时并没有分配初始化请求队列以及 gendisk 等驱动操作所必需的数据接口，而只是注册了设备和设备驱动。这是因为 MMC 卡作为一个支持热插拔的设备，在加载驱动模块时真实的物理设备不一定已连接上，所以这些操作应放到设备的加载初始化过程中（mmc_blk_probe）完成。在这里先是注册了 MMC 块设备，然后注册了 MMC 介质驱动，其中，参数 mmc_driver 的结构如下。

```
static struct mmc_driver mmc_driver = {
    .drv       = {
        .name   = "mmcblk",
    },
    .probe     = mmc_blk_probe,
    .remove    = mmc_blk_remove,
    .suspend   = mmc_blk_suspend,
    .resume    = mmc_blk_resume,
};
```

MMC 设备驱动的注销工作刚好与注册相反。代码如下。

```
static void __exit mmc_blk_exit(void)
{
    mmc_unregister_driver(&mmc_driver);
    unregister_blkdev(MMC_BLOCK_MAJOR, "mmc");
}
```

2. 设备加载与卸载

1）设备加载

当 SD 卡插入到主机，热插拔系统检测到后，系统就会调用该 mmc_blk_probe 函数初始化设备。代码如下。

```
static int mmc_blk_probe(struct mmc_card * card)
{
    struct mmc_blk_data * md;
    int err;

    char cap_str[10];
    /* 检测卡设备是否支持驱动所需的命令类 */
    if (!(card->csd.cmdclass & CCC_BLOCK_READ))
        return -ENODEV;

    /* 分配和初始化 mmc 块设备私有数据 */
```

```
    md = mmc_blk_alloc(card);
    if (IS_ERR(md))
        return PTR_ERR(md);
    /*设置设备块大小*/
    err = mmc_blk_set_blksize(md, card);
    if (err)
        goto out;
    /*获取设备容量*/
    string_get_size((u64)get_capacity(md->disk) << 9, STRING_UNITS_2,
            cap_str, sizeof(cap_str));
    printk(KERN_INFO "%s: %s %s %s %s\n",
        md->disk->disk_name, mmc_card_id(card), mmc_card_name(card),
        cap_str, md->read_only ? "(ro)" : "");

    mmc_set_drvdata(card, md);

    /*增加 gendisk*/
    add_disk(md->disk);
    return 0;

 out:
    /*加载失败,则释放数据*/
    mmc_blk_put(md);

    return err;
}
```

该函数实现了对设备的初始化,包括设置设备块大小,分配和初始化设备的私有数据,添加 gendisk 等操作。其中最重要的是分配和初始化设备的私有数据,MMC 卡驱动的运行都围绕设备的私有数据。其定义如下。

```
struct mmc_blk_data {
    spinlock_t    lock;                       /*自旋锁*/
    struct gendisk   *disk;
    struct mmc_queue queue;                   /*MMC 卡请求队列*/

    unsigned int   usage;                     /*引用计数*/
    unsigned int   read_only;
};
```

对 MMC 卡私有数据的分配和初始化由 mmc_blk_alloc 函数完成,在该函数中完成了大多数前面章节所述的块设备初始化工作。代码如下。

```
static struct mmc_blk_data * mmc_blk_alloc(struct mmc_card * card)
{
    struct mmc_blk_data * md;
    int devidx, ret;
    /*设备索引*/
    devidx = find_first_zero_bit(dev_use, MMC_NUM_MINORS);
    if (devidx >= MMC_NUM_MINORS)
        return ERR_PTR(-ENOSPC);
```

```
    __ set_bit(devidx, dev_use);

    md = kzalloc(sizeof(struct mmc_blk_data), GFP_KERNEL);
    if (!md) {
        ret =- ENOMEM;
        goto out;
    }

    / * 设置只读标记 * /
    md - > read_only = mmc_blk_readonly(card);
    / * 申请 gendisk * /
    md - > disk = alloc_disk(1 << MMC_SHIFT);
    if (md - > disk == NULL) {
        ret =- ENOMEM;
        goto err_kfree;
    }
    / * 初始化自旋锁和引用计数 * /
    spin_lock_init(&md - > lock);
    md - > usage = 1;
    / * 初始化 mmc 请求队列,
    ret = mmc_init_queue(&md - > queue, card, &md - > lock);
    if (ret)
        goto err_putdisk;

    md - > queue. issue_fn = mmc_blk_issue_rq;
    md - > queue. data = md;
    / * 填写 gendisk 数据结构 * /
    md - > disk - > major   = MMC_BLOCK_MAJOR;
    md - > disk - > first_minor = devidx << MMC_SHIFT;
    md - > disk - > fops = &mmc_bdops;
    md - > disk - > private_data = md;
    md - > disk - > queue = md - > queue. queue;
    md - > disk - > driverfs_dev = &card - > dev;

    ...
    return md;
}
```

该函数又调用了 mmc_init_queue 函数来完成对请求队列的初始化,绑定请求函数。代码如下。

```
int mmc_init_queue(struct mmc_queue * mq, struct mmc_card * card, spinlock_t * lock)
{
    struct mmc_host * host = card - > host;
    int ret;

    ...

    mq - > card = card;
    / * 初始化请求队列 * /
    mq - > queue = blk_init_queue(mmc_request, lock);
    if (!mq - > queue)
```

```
        return - ENOMEM;

    mq - > queue - > queuedata = mq;
    mq - > req = NULL;
    /* 绑定预处理请求函数 */
    blk_queue_prep_rq(mq - > queue, mmc_prep_request);
    /* 设置队列屏障请求 */
    blk_queue_ordered(mq - > queue, QUEUE_ORDERED_DRAIN, NULL);
    queue_flag_set_unlocked(QUEUE_FLAG_NONROT, mq - > queue);
    /* 初始化线程信号量 */
    init_MUTEX(&mq - > thread_sem);
    /* 创建内核线程 */
    mq - > thread = kthread_run(mmc_queue_thread, mq, "mmcqd");
    if (IS_ERR(mq - > thread)) {
        ret = PTR_ERR(mq - > thread);
        goto free_bounce_sg;
    }

    ...

    return 0;
}
```

在这里驱动程序创建了一个内核线程,该内核线程用于执行具体的请求操作 mmc_blk_issue_rq。当请求队列空时,该线程休眠。

2)设备卸载

当用户主动卸载设备,如鼠标右键单击移除。当 MMC 卡被拔出时,系统会调用 mmc_blk_remove 函数删除相关数据结构和引用,并设置引用计数。代码如下。

```
static void mmc_blk_remove(struct mmc_card * card)
{
    struct mmc_blk_data * md = mmc_get_drvdata(card);

    if (md) {
        /* 删除 gendisk 防止新的请求进入请求队列 */
        del_gendisk(md - > disk);

        /* 清空请求队列 */
        mmc_cleanup_queue(&md - > queue);

        mmc_blk_put(md);
    }
    mmc_set_drvdata(card, NULL);
```

该函数调用了 mmc_cleanup_queue 清除请求队列,在清除请求队列的同时终止用于处理请求的内核线程。

3. 设备的打开与释放

与字符设备类似,在用户空间程序执行 fopen 函数时,实际调用的是 MMC 卡的 mmc_blk_open 函数,该函数主要的功能是申请设备私有数据并检查读写方式是否正确、是否更换了物理设备。代码如下。

```
static int mmc_blk_open(struct block_device * bdev, fmode_t mode)
{
    struct mmc_blk_data * md = mmc_blk_get(bdev->bd_disk);
    int ret =- ENXIO;

    if (md) {
        if (md->usage == 2)
            check_disk_change(bdev);
        ret = 0;

        if ((mode & FMODE_WRITE) && md->read_only) {
            mmc_blk_put(md);
            ret =- EROFS;
        }
    }

    return ret;
}
```

与 mmc_blk_open 对应的是 mmc_blk_release，在释放设备时调用，用于清除设备私有数据。代码如下。

```
static int mmc_blk_release(struct gendisk * disk, fmode_t mode)
{
    struct mmc_blk_data * md = disk->private_data;

    mmc_blk_put(md);
    return 0;
}
```

4. MMC 驱动的请求处理函数

MMC 驱动的请求处理函数主要包括三个函数，它们分别是 mmc_prep_request、mmc_blk_issue_rq 和 mmc_requset。其中，mmc_prep_request 用于请求被执行前检查请求类型是否正确。mmc_requset 在新的请求到来时用于唤醒执行具体请求处理任务的内核线程，当主机空闲时调用该函数查找一个等待的请求，并同时唤醒内核线程进行相应的处理。而 mmc_blk_issue_rq 是具体执行请求操作的函数。代码如下。

```
static int mmc_prep_request(struct request_queue * q, struct request * req)
{
    if (!blk_fs_request(req)) {
        blk_dump_rq_flags(req, "MMC bad request");
        return BLKPREP_KILL;
    }

    req->cmd_flags |= REQ_DONTPREP;

    return BLKPREP_OK;
}
static void mmc_request(struct request_queue * q)
```

```
{
    struct mmc_queue * mq = q->queuedata;
    struct request * req;
    int ret;
        if (!mq) {
        printk(KERN_ERR "MMC: killing requests for dead queue\n");
        while ((req = elv_next_request(q)) != NULL) {
            do {
                ret = __blk_end_request(req, -EIO,
                            blk_rq_cur_bytes(req));
            } while (ret);
        }
        return;
    }

    if (!mq->req)
        wake_up_process(mq->thread);
}
static int mmc_blk_issue_rq(struct mmc_queue * mq, struct request * req)
{
    struct mmc_blk_data * md = mq->data;
    struct mmc_card * card = md->queue.card;
    struct mmc_blk_request brq;
    int ret = 1, disable_multi = 0;

    /* 根据 req 信息,填写 mmc_blk_request */
    do {
        struct mmc_command cmd;
        u32 readcmd, writecmd, status = 0;

        memset(&brq, 0, sizeof(struct mmc_blk_request));
        brq.mrq.cmd = &brq.cmd;
        brq.mrq.data = &brq.data;

        brq.cmd.arg = req->sector;
        if (!mmc_card_blockaddr(card))
            brq.cmd.arg <<= 9;
        brq.cmd.flags = MMC_RSP_SPI_R1 | MMC_RSP_R1 | MMC_CMD_ADTC;
        brq.data.blksz = 512;
        brq.stop.opcode = MMC_STOP_TRANSMISSION;
        brq.stop.arg = 0;
        brq.stop.flags = MMC_RSP_SPI_R1B | MMC_RSP_R1B | MMC_CMD_AC;
        brq.data.blocks = req->nr_sectors;
        ...
        /* 获取操作类型,读还是写 */
        if (rq_data_dir(req) == READ) {
            brq.cmd.opcode = readcmd;
            brq.data.flags |= MMC_DATA_READ;
        } else {
            brq.cmd.opcode = writecmd;
            brq.data.flags |= MMC_DATA_WRITE;
        }
        /* 设定计时器 */
        mmc_set_data_timeout(&brq.data, card);
```

```
        mmc_queue_bounce_pre(mq);
        / * 向 host 发送请求命令,并等待完成 * /
        mmc_wait_for_req(card - > host, &brq.mrq);

        mmc_queue_bounce_post(mq);
        ...
 cmd_err:
    mmc_release_host(card - > host);

    spin_lock_irq(&md - > lock);
    while (ret)
    / * 通知内核请求已完成 * /
        ret = __ blk_end_request(req, - EIO, blk_rq_cur_bytes(req));
    spin_unlock_irq(&md - > lock);

    return 0;
}
```

11.7.4　HSMCI 接口驱动设计分析

MMC 卡设备必须要连接到主机的相应接口才能正常工作,设备的数据传送需要接口的帮助才能实现,所以要实现 MMC 设备驱动就必须实现主机接口的驱动。前面已经介绍了 AT91SAM9G45 芯片的 HSMCI 接口的一些信息,下面将详细分析 HSMCI 接口驱动是如何实现的。

1. 驱动初始化

HSMCI 作为一个独立的设备实体,它的驱动作为一个独立的模块来实现,所以也需要实现模块初始化和模块的卸载函数。代码如下。

```
static int __ init atmci_init(void)
{
    return platform_driver_probe(&atmci_driver, atmci_probe);
}

static void __ exit atmci_exit(void)
{
    platform_driver_unregister(&atmci_driver);
}
```

驱动模块初始化函数的实现比较简单,只包括设备驱动的注册。MMC 设备是支持热插拔的设备,但 HSMCI 接口本身不是热插拔的,HSMCI 是一种典型的平台设备,所以在注册驱动时应该使用 platform_driver_probe,而不是 driver_register 或者 platform_driver_register。

2. 设备侦测

```
static int __ init atmci_probe(struct platform_device * pdev)
{
    struct mci_platform_data   * pdata;
    struct atmel_mci      * host;
    struct resource        * regs;
```

```
unsigned int        nr_slots;
int          irq;
int          ret;

/* 获取设备资源,取得设备 IO 地址等信息 */
regs = platform_get_resource(pdev, IORESOURCE_MEM, 0);
if (!regs)
    return - ENXIO;
/* 设备私有数据 */
pdata = pdev -> dev.platform_data;
if (!pdata)
    return - ENXIO;
/* 获取中断号 */
irq = platform_get_irq(pdev, 0);
if (irq < 0)
    return irq;

host = kzalloc(sizeof(struct atmel_mci), GFP_KERNEL);

...

/* IO 重映射 */
host -> regs = ioremap(regs -> start, regs -> end - regs -> start + 1);
if (!host -> regs)
    goto err_ioremap;
/* 打开时钟 */
clk_enable(host -> mck);
/* 设备软复位 */
mci_writel(host, CR, MCI_CR_SWRST);

...

/* 绑定 tasklet 函数 */
tasklet_init(&host -> tasklet, atmci_tasklet_func, (unsigned long)host);
/* 注册中断 */
ret = request_irq(irq, atmci_interrupt, 0, dev_name(&pdev -> dev), host);
if (ret)
    goto err_request_irq;

/* 配置 DMA 控制器 */
atmci_configure_dma(host);

platform_set_drvdata(pdev, host);

/* 初始化每个插槽,至少要有一个插槽初始化成功 */
nr_slots = 0;
ret =- ENODEV;
if (pdata -> slot[0].bus_width) {
    ret = atmci_init_slot(host, &pdata -> slot[0],
            MCI_SDCSEL_SLOT_A, 0);
    if (!ret)
        nr_slots++;
}
if (pdata -> slot[1].bus_width) {
```

```
        ret = atmci_init_slot(host, &pdata->slot[1],
                MCI_SDCSEL_SLOT_B, 1);
        if (!ret)
            nr_slots++;
    }

    if (!nr_slots) {
        dev_err(&pdev->dev, "init failed: no slot defined\n");
        goto err_init_slot;
    }

    dev_info(&pdev->dev,
            "Atmel MCI controller at 0x%08lx irq %d, %u slots\n",
            host->mapbase, irq, nr_slots);

    return 0;

    ...
}
```

从上面的代码可以看出，在侦测阶段，驱动主要进行了一些重要资源的初始化。首先申请并注册了 IO 地址和中断资源，然后初始化时钟，绑定工作队列处理函数，配置 DMA 控制器，最后初始化每个插口。

3. operations 结构

和字符设备类似，HSMCI 驱动也有 operations 结构，其定义如下。

```
static const struct mmc_host_ops atmci_ops = {
    .request    = atmci_request,
    .set_ios    = atmci_set_ios,
    .get_ro     = atmci_get_ro,
    .get_cd     = atmci_get_cd,
};
```

该结构提供了 4 个操作接口，详细信息如下。

（1）SET_IOS：该操作用于配置设备的时钟频率、工作模式和总线位宽。定义如下。

```
static void atmci_set_ios(struct mmc_host *mmc, struct mmc_ios *ios)
{
    struct atmel_mci_slot   *slot = mmc_priv(mmc);
    struct atmel_mci    *host = slot->host;
    unsigned int        i;

    slot->sdc_reg &= ~MCI_SDCBUS_MASK;
    /* 设置总线位宽 */
    switch (ios->bus_width) {
    case MMC_BUS_WIDTH_1:
        slot->sdc_reg |= MCI_SDCBUS_1BIT;
        break;
    case MMC_BUS_WIDTH_4:
        slot->sdc_reg |= MCI_SDCBUS_4BIT;
```

```
        break;
    }
    /* 设置时钟 */
    if (ios->clock) {
        unsigned int clock_min = ~0U;
        u32 clkdiv;


        ...

        /* 计算分频器 */
        clkdiv = DIV_ROUND_UP(host->bus_hz, 2 * clock_min) - 1;
        if (clkdiv > 255) {
            dev_warn(&mmc->class_dev,
                "clock %u too slow; using %lu\n",
                clock_min, host->bus_hz / (2 * 256));
            clkdiv = 255;
        }

        /* 设置分频 */
        host->mode_reg = MCI_MR_CLKDIV(clkdiv);

        /* 设置读写过载保护 */
        if (mci_has_rwproof())
            host->mode_reg |= (MCI_MR_WRPROOF | MCI_MR_RDPROOF);
        /* 不能在请求正在处理时更新模式寄存器 */
        if (list_empty(&host->queue)) {
            mci_writel(host, MR, host->mode_reg);
            if (atmci_is_mci2())
                mci_writel(host, CFG, host->cfg_reg);
        } else {
            host->need_clock_update = true;
        }

        spin_unlock_bh(&host->lock);
    } else {
        /* 检查是否有活动的插口,如果没有则关闭 MCI 接口 */
        bool any_slot_active = false;

        spin_lock_bh(&host->lock);
        slot->clock = 0;
        for (i = 0; i < ATMEL_MCI_MAX_NR_SLOTS; i++) {
            if (host->slot[i] && host->slot[i]->clock) {
                any_slot_active = true;
                break;
            }
        }
        if (!any_slot_active) {
            mci_writel(host, CR, MCI_CR_MCIDIS);
            if (host->mode_reg) {
                mci_readl(host, MR);
                clk_disable(host->mck);
            }
            host->mode_reg = 0;
        }
```

```
            spin_unlock_bh(&host->lock);
        }
        /* 设置供电模式 */
        switch (ios->power_mode) {
        case MMC_POWER_UP:
            set_bit(ATMCI_CARD_NEED_INIT, &slot->flags);
            break;
            ...
        }
}
```

（2）GET_RO：该操作用于获取写保护针脚的信息。定义如下。

```
static int atmci_get_ro(struct mmc_host * mmc)
{
    int        read_only =- ENOSYS;
    struct atmel_mci_slot   * slot = mmc_priv(mmc);

    if (gpio_is_valid(slot->wp_pin)) {
        read_only = gpio_get_value(slot->wp_pin);
        dev_dbg(&mmc->class_dev, "card is % s\n",
                read_only ? "read-only" : "read-write");
    }

    return read_only;
}
```

（3）GET_CD：获取侦测针脚信息，以判断 SD 卡是否插入。定义如下。

```
sstatic int atmci_get_cd(struct mmc_host * mmc)
{
    int        present =- ENOSYS;
    struct atmel_mci_slot   * slot = mmc_priv(mmc);

    if (gpio_is_valid(slot->detect_pin)) {
        present = !gpio_get_value(slot->detect_pin);
        dev_dbg(&mmc->class_dev, "card is % spresent\n",
                present ? "" : "not ");
    }

    return present;
}
```

（4）REQUEST：该操作实现请求处理的功能，处理 mmc_request 中的命令。

```
static void atmci_request(struct mmc_host * mmc, struct mmc_request * mrq)
{
    struct atmel_mci_slot   * slot = mmc_priv(mmc);
    struct atmel_mci    * host = slot->host;
    struct mmc_data     * data;

    WARN_ON(slot->mrq);
```

```
          /*检测 SD 卡是否以拔出*/
      if (!test_bit(ATMCI_CARD_PRESENT, &slot->flags)) {
          mrq->cmd->error =- ENOMEDIUM;
          mmc_request_done(mmc, mrq);
          return;
      }

          /*检查块长度*/
      data = mrq->data;
      if (data && data->blocks > 1 && data->blksz & 3) {
          mrq->cmd->error =- EINVAL;
          mmc_request_done(mmc, mrq);
      }

      atmci_queue_request(host, slot, mrq);
}
static void atmci_queue_request(struct atmel_mci * host,
        struct atmel_mci_slot * slot, struct mmc_request * mrq)
{
      dev_vdbg(&slot->mmc->class_dev, "queue request: state = % d\n",
              host->state);

      spin_lock_bh(&host->lock);
      slot->mrq = mrq;
          /*空闲则直接处理*/
      if (host->state == STATE_IDLE) {
          host->state = STATE_SENDING_CMD;
          atmci_start_request(host, slot);
          /*忙则将请求加入到队列中*/
      } else {
          list_add_tail(&slot->queue_node, &host->queue);
      }
      spin_unlock_bh(&host->lock);
}
static void atmci_start_request(struct atmel_mci * host,
        struct atmel_mci_slot * slot)
{
      struct mmc_request   * mrq;
      struct mmc_command   * cmd;
      struct mmc_data      * data;
      u32        iflags;
      u32        cmdflags;

      mrq = slot->mrq;
      host->cur_slot = slot;
      host->mrq = mrq;

      host->pending_events = 0;
      host->completed_events = 0;
      host->data_status = 0;
          /*重置接口*/
      if (host->need_reset) {
          mci_writel(host, CR, MCI_CR_SWRST);
          mci_writel(host, CR, MCI_CR_MCIEN);
```

```
            mci_writel(host, MR, host->mode_reg);
            if (atmci_is_mci2())
                mci_writel(host, CFG, host->cfg_reg);
            host->need_reset = false;
        }
        mci_writel(host, SDCR, slot->sdc_reg);
        …
        data = mrq->data;
        if (data) {
                /*设置超时*/
            atmci_set_timeout(host, slot, data);

            /*设置需传输的块个数和块长度*/
            mci_writel(host, BLKR, MCI_BCNT(data->blocks)
                    | MCI_BLKLEN(data->blksz));
            dev_vdbg(&slot->mmc->class_dev, "BLKR = 0x%08x\n",
                MCI_BCNT(data->blocks) | MCI_BLKLEN(data->blksz));

            iflags |= atmci_prepare_data(host, data);
        }

        iflags |= MCI_CMDRDY;
        cmd = mrq->cmd;
        cmdflags = atmci_prepare_command(slot->mmc, cmd);
        atmci_start_command(host, cmd, cmdflags);
        /*将数据提交给 DMA*/
        if (data)
            atmci_submit_data(host);
         /*停止传输*/
        if (mrq->stop) {
            host->stop_cmdr = atmci_prepare_command(slot->mmc, mrq->stop);
            host->stop_cmdr |= MCI_CMDR_STOP_XFER;
            if (!(data->flags & MMC_DATA_WRITE))
                host->stop_cmdr |= MCI_CMDR_TRDIR_READ;
            if (data->flags & MMC_DATA_STREAM)
                host->stop_cmdr |= MCI_CMDR_STREAM;
            else
                host->stop_cmdr |= MCI_CMDR_MULTI_BLOCK;
        }
        mci_writel(host, IER, iflags);
}

static void atmci_request_end(struct atmel_mci * host, struct mmc_request * mrq)
    __releases(&host->lock)
    __acquires(&host->lock)
{
    struct atmel_mci_slot   * slot = NULL;
    struct mmc_host         * prev_mmc = host->cur_slot->mmc;

    WARN_ON(host->cmd || host->data);
     /*更新时钟*/
    if (host->need_clock_update) {
        mci_writel(host, MR, host->mode_reg);
    }
```

```
        host -> cur_slot -> mrq = NULL;
        host -> mrq = NULL;
        / * 如果当前请求队列不为空则从队列中取出一项继续执行 * /
        if (!list_empty(&host -> queue)) {
            slot = list_entry(host -> queue. next,
                    struct atmel_mci_slot, queue_node);
            list_del(&slot -> queue_node);
            dev_vdbg(&host -> pdev -> dev, "list not empty: % s is next\n",
                    mmc_hostname(slot -> mmc));
            host -> state = STATE_SENDING_CMD;
            atmci_start_request(host, slot);
        } else {
            dev_vdbg(&host -> pdev -> dev, "list empty\n");
            host -> state = STATE_IDLE;
        }

        spin_unlock(&host -> lock);
        mmc_request_done(prev_mmc, mrq);
        spin_lock(&host -> lock);
    }
```

从上面的代码可以看出请求处理的整个过程,首先 atmel_request 检测卡是否拔出和块长度。如果没问题则调用 atmel_queue_request,该函数检查当前有没有其他请求在处理。如果有则将该请求放入队列;如果没有则交给 atmel_start_request,在 atmel_start_request 实现真正的请求处理。当一个请求处理完时 tasklet 会调用 atmel_request_end,该函数检测队列中是否有请求,如果有则取出一项进行处理。

4. 中断处理

```
static irqreturn_t at91_mci_irq(int irq, void * devid)
{
    struct at91mci_host * host = devid;
    int completed = 0;
    unsigned int int_status, int_mask;
    / * 读取状态寄存器和中断控制寄存器 * /
    int_status = at91_mci_read(host, AT91_MCI_SR);
    int_mask = at91_mci_read(host, AT91_MCI_IMR);

    pr_debug("MCI irq: status = % 08X, % 08X, % 08X\n", int_status, int_mask,
        int_status & int_mask);

    int_status = int_status & int_mask;

    if (int_status & AT91_MCI_ERRORS) {
        completed = 1;
        ...
    } else {

        / * 发送缓冲区空 * /
        if (int_status & AT91_MCI_TXBUFE) {
            pr_debug("TX buffer empty\n");
            at91_mci_handle_transmitted(host);
```

```
    }
    /* 接收结束 */
    if (int_status & AT91_MCI_ENDRX) {
        at91_mci_post_dma_read(host);
    }
    /* 接收缓冲区满 */
    if (int_status & AT91_MCI_RXBUFF) {

        at91_mci_write(host, ATMEL_PDC_PTCR, ATMEL_PDC_RXTDIS | ATMEL_PDC_TXTDIS);
        at91_mci_write(host, AT91_MCI_IDR, AT91_MCI_RXBUFF | AT91_MCI_ENDRX);
        completed = 1;
    }
    /* 发送结束 */
    if (int_status & AT91_MCI_ENDTX)
        pr_debug("Transmit has ended\n");
    /* 接口空闲 */
    if (int_status & AT91_MCI_NOTBUSY) {
        pr_debug("Card is ready\n");
        at91_mci_update_bytes_xfered(host);
        completed = 1;
    }
    /* 传输进行中 */
    if (int_status & AT91_MCI_DTIP)
        pr_debug("Data transfer in progress\n");
    /* 块传输完成 */
    if (int_status & AT91_MCI_BLKE) {
        pr_debug("Block transfer has ended\n");
        if (host -> request -> data && host -> request -> data -> blocks > 1) {
            /* multi block write : complete multi write
             * command and send stop */
            completed = 1;
        } else {
            at91_mci_write(host, AT91_MCI_IER, AT91_MCI_NOTBUSY);
        }
    }
    /* Slot A 的中断 */
    if (int_status & AT91_MCI_SDIOIRQA)
        mmc_signal_sdio_irq(host -> mmc);
    /* Slot B 的中断 */
    if (int_status & AT91_MCI_SDIOIRQB)
        mmc_signal_sdio_irq(host -> mmc);
    /* 发送准备就绪 */
    if (int_status & AT91_MCI_TXRDY)
        pr_debug("Ready to transmit\n");
    /* 接收准备就绪 */
    if (int_status & AT91_MCI_RXRDY)
        pr_debug("Ready to receive\n");
    /* 命令准备就绪 */
    if (int_status & AT91_MCI_CMDRDY) {
        pr_debug("Command ready\n");
        completed = at91_mci_handle_cmdrdy(host);
    }
}
```

```
    if (completed) {
        pr_debug("Completed command\n");
        at91_mci_write(host, AT91_MCI_IDR, 0xffffffff & ~(AT91_MCI_SDIOIRQA | AT91_MCI_
SDIOIRQB));
        at91_mci_completed_command(host, int_status);
    } else
        at91_mci_write(host, AT91_MCI_IDR, int_status & ~(AT91_MCI_SDIOIRQA | AT91_MCI_
SDIOIRQB));

    return IRQ_HANDLED;
}
static irqreturn_t atmci_interrupt(int irq, void * dev_id)
{
    struct atmel_mci   * host = dev_id;
    u32        status, mask, pending;
    unsigned int    pass_count = 0;

    do {
/* 读取状态寄存器和中断控制寄存器 */
        status = mci_readl(host, SR);
        mask = mci_readl(host, IMR);
        pending = status & mask;
        if (!pending)
            break;
        /* 数据出错 */
        if (pending & ATMCI_DATA_ERROR_FLAGS) {
            mci_writel(host, IDR, ATMCI_DATA_ERROR_FLAGS
                    | MCI_RXRDY | MCI_TXRDY);
            pending &= mci_readl(host, IMR);

            host->data_status = status;
            smp_wmb();
            atmci_set_pending(host, EVENT_DATA_ERROR);
            tasklet_schedule(&host->tasklet);
        }
        …
            /* 接收准备就绪 */
        if (pending & MCI_RXRDY)
            atmci_read_data_pio(host);
                /* 发送准备就绪 */
        if (pending & MCI_TXRDY)
            atmci_write_data_pio(host);

        if (pending & MCI_CMDRDY)
            atmci_cmd_interrupt(host, status);
    } while (pass_count++ < 5);

    return pass_count ? IRQ_HANDLED : IRQ_NONE;
}
```

小　　结

本章详细讲述了另一类常见的 Linux 设备驱动,块设备驱动。并以 MMC 卡驱动为列分析了块设备开发的各个环节。

读完本章读者应该体会到块设备驱动的 I/O 方式和字符设备的不同之处。在块设备的 I/O 操作中,始终围绕着请求来进行。虽然在块设备中也有 operations 结构体提供操作接口,但它并不包含读写操作,读写操作都是通过请求队列完成的。因此理解请求队列的原理对于编写块设备驱动至关重要,读者应该理清几个关键数据结构 request_queue、request、bio 之间的关系并灵活使用。

进一步探索

（1）字符设备与块设备之间有什么主要区别?

（2）块设备中请求处理函数的作用?

## 第 12 章

网络设备驱动程序开发

网络对于越来越多的嵌入式系统来说是必不可少的。以太网具有高速、开放、支持广泛等特性,使得嵌入式系统通常首选以太网进行通信,在嵌入式系统的开发调试过程中也常用到以太网。由于网络设备的特殊工作方式,网络驱动程序的开发与前面两个章节所介绍的两类设备驱动的开发有很大的不同。

本章将首先介绍基础的以太网知识,然后讲述以太网的接口原理,详细解析网络设备驱动的数据结构和函数,最后详细介绍网络设备驱动设计案例。

通过本章的学习,读者将学习到以下知识点。

(1) 以太网基础知识;

(2) 网络设备驱动的基本模型和原理;

(3) AT91SAM9G45 芯片的 EMAC 控制器驱动分析。

12.1 以太网基础知识

以太网(Ethernet)是一种广泛使用的局域网互联技术,它最初是由 Xerox 公司研发,并在 1980 年由数据设备公司 DEC(Digial Equipment Corporation)、Intel 公司和 Xerox 公司共同努力使之规范成形。后来它作为 802.3 标准被电气与电子工程师协会(IEEE)所采纳。IEEE 制定的 IEEE 802.3 标准给出了以太网的技术标准。它规定了包括物理层的连线、电信号和介质访问层协议的内容。以太网是当前应用最广泛的局域网技术。它很大程度上取代了其他局域网标准,如令牌环网、FDDI 和 ARCNET。

下面介绍下以太网的分类和发展。

1. 早期的以太网

施乐以太网(Xerox Ethernet)是以太网的雏形。最初的带宽为 2.94Mb/s,仅在施乐公司内部使用。在 1982 年,Xerox 与 DEC 和 Intel 合作发布了 Ethernet Version 2 并投向了市场。

(1) 10BROAD-36:一个早期支持长距离以太网的标准。它运行在同轴电缆上,使用一种类似于线缆调制解调器系统的宽带调制技术。

(2) 1BASE-5:又被称为星状局域网。带宽是 1Mb/s,在它上面第一次使用双绞线。

(3) 10BASE-2:又称瘦缆或模拟网络。使用 50Ω 同轴电缆连接,通过使用 T 适配器来连接网卡,电缆两端需要加终结电阻。

(4) 10BASE-5:又称粗缆。最早实现 10Mb/s 的以太网。在早期的 IEEE 标准里,使用的是单根 RG-11 同轴电缆,线缆的两端需要接上 50Ω 的电阻,最大传输距离为 500 米,最多可以连接 100 台计算机同时访问。接收端通过插入式分接头插入电缆的内芯和屏蔽层,在电缆的终结处使用 N 型连接器。它最终被 10BASE-2 所替代。

2. 10Mb/s 以太网

（1）10BASE-T：使用 3 类或者 5 类双绞线互连，使用集线器或者交换机在中间连接所有节点。

（2）FOIRL：使用光纤缆进行连接，它是最早的光纤以太网标准。

（3）10BASE-FL：10M 以太网的通称，包括 10BASE-FL、10BASE-FB 及 10BASE-FP。这几个标准中只有 10BASE-FL 被广泛使用。

（4）10BASE-FL：FOIRL 标准的升级版。

（5）10BASE-FB：用于连接多个交换机或者集线器的骨干网技术，已经被废弃。

（6）10BASE-FP：无中继被动星状网，从未得到应用。

3. 快速以太网

快速以太网（Fast Ethernet）是 IEEE 在 1995 年发布的网络标准，能提供 100M 的带宽。

（1）100BASE-T：所有三种百兆双绞线标准的通称，包括 100BASE-TX、100BASE-T4 和 100BASE-T2。在 2009 年 100BASE-TX 完全占领了市场。

（2）100BASE-TX：使用 5 类双绞线，类似于 10BASE-T，使用星状结构。

（3）100BASE-T2：使用 3 类双绞线，使用两对线，全双工模式，支持旧电缆。并未得到应用。

（4）100BASE-FX 使用多模光纤。半双工模式，支持 400m 通信距离；全双工模式，支持 2000m 通信距离。

（5）100VG AnyLAN：只有惠普支持，需要 4 对三类电缆。

4. 千兆以太网

（1）1000BASE-T：带宽为 1Gb/s，使用超 5 类双绞线或 6 类双绞线。

（2）1000BASE-SX：带宽为 1Gb/s，使用多模光纤（小于 500m）。

（3）1000BASE-LX：带宽为 1Gb/s，使用多模光纤（小于 2km）。

（4）1000BASE-LX10：带宽为 1Gb/s，使用单模光纤（小于 10km）的长距离方案。

（5）1000BASE-LHX：带宽为 1Gb/s，使用单模光纤（10～40km）的长距离方案。

（6）1000BASE-ZX：带宽为 1Gb/s，使用单模光纤（40～70km）的长距离方案。

5. 万兆以太网

万兆以太网标准族包括使用 7 种不同媒体介质的标准。最初包含在 IEEE 802.3ae 标准中，后来引进到了 IEEE 802.3 标准。

（1）10GBASE-CX4：短距离铜缆方案，用于 InfiniBand 4x 连接器和 CX4 电缆，最大长度 15m。

（2）10GBASE-SR：用于短距离多模光纤，根据电缆类型能达到 26～82m，使用新型 2GHz 多模光纤可以达到 300m。

（3）10GBASE-LX4：使用波分复用支持多模光纤 240～300m，单模光纤超过 10km。

（4）10GBASE-LR 及 10GBASE-ER：通过单模光纤分别支持 10km 和 40km。

（5）10GBASE-SW、10GBASE-LW 及 10GBASE-EW：用于广域网 PHY、OC-192 /STM-64 同步光纤网/SDH 设备。物理层分别对应 10GBASE-SR，10GBASE-LR 和 10GBASE-ER，因此使用相同光纤支持距离也一致。（无广域网 PHY 标准。）

（6）10GBASE-T：用于支持铜制双绞线，在 2006 年发布。

2009 年，在载波网络上，万兆以太网占领主导地位，其中 10GBASE-LR 和 10GBASE-ER

占有了相当大的市场份额。

6. 4 万兆以太网和 10 万兆以太网

目前这两个标准还在起草中,尚未发布。

12. 1. 1 CSMA/CD 协议

以太网实现了局域网内多用户共用一条信道的功能。为实现该功能以太网采用了载波监听多点接入/冲突检测(CSMA/CD)的通信机制。它是一种抢占型的共享介质的访问控制协议,最早起源于夏威夷大学开发的 ALOHA 协议,并在 ALOHA 的基础上通过不断改进而成。比之 ALOHA 协议,它有更高的介质利用率。

CSMA/CD 为三个名字的组合,分别如下。

1)载波侦听(Carrier Sense)

指任何连接到介质的设备在欲发送帧前,必须对介质进行侦听,当确认其空闲时,才可以发送。

2)多点接入(Multiple Access)

指多个设备可以同时访问介质,一个设备发送的帧也可以被多个设备接收。

3)冲突检测(Collision Detect)

在发送时检测冲突,并采取适当措施进行补救。

CSMA/CD 协议的侦听发送策略有以下三种。

1)非坚持 CSMA(non-persistent CSMA)

当要发送帧的设备侦听到线路忙或发生冲突时,会随机等待一段时间再进行侦听;若发现不忙则立即发送。此策略可以减少冲突,但会导致信道利用率降低以及较长的延迟。

2)1-坚持 CSMA(1-persistent CSMA)

当要发送帧的设备侦听到线路忙或发生冲突时,会持续侦听;若发现不忙则立即发送。当传播延迟较长或多个设备同时发送帧的可能性较大时,此策略会导致较多的冲突以及性能降低。

3)p-坚持 CSMA(p-persistent CSMA)

当要发送帧的设备侦听到线路忙或发生冲突时,会持续侦听;若发现不忙,则根据一个事先指定的概率 p 来决定是发送帧还是继续侦听(以 p 的概率发送,$1-p$ 的概率继续侦听)。此种策略可以达到一定的平衡,但对于参数 p 的配置会有比较复杂的考量。

CSMA/CD 的控制规程的核心问题:解决在公共通道上以广播方式传送数据中可能出现的问题。它主要包含以下 4 个处理内容。

1)侦听

检测当前线路上有无其他节点在传送数据,如果线路忙则根据退避算法等待一段时间。若仍然忙,则继续延迟等待直到可以发送为止。每次延时的时间不一致,由退避算法确定延时值。

2)数据发送

当满足条件允许发送数据时,向共享信道发送数据。数据长度最少要 64B,这样便于检测冲突。

3)冲突检测

数据发送后也可能发生数据碰撞。因此,设备在发送帧的同时要对信道进行侦听,以确定是否发生冲突。

4）冲突处理

当检测到冲突后应当进行如下操作步骤。

（1）发送特殊阻塞信息并立即停止发送数据。特殊阻塞信息是连续几个字节的全 1 信号，这样做的目的在于强化冲突，以使得其他设备能尽快检测到冲突发生。

（2）在固定时间（一开始是 1 contention period times）内等待随机的时间点，再次发送。

（3）若依旧碰撞，则采用截断二进制指数避退算法进行发送。即 10 次之内停止前一次"固定时间"的两倍时间内随机再发送，10 次后则停止前一次"固定时间"内随机再发送。尝试 16 次之后仍然失败则放弃传送并通知上层应用程序。

12.1.2 以太网帧结构

以太网帧是数据链路层信息传送的基本单位，网络层的数据包被加上帧头和帧尾组成帧最后交给物理层发送。以太网帧的帧头和帧尾中有几个用于实现以太网功能的域，每个域也称为字段，有其特定的名称和目的。

帧头和帧尾的长度固定不变，但是被封装的数据的长度是变化的，变化的范围是 64～1518 个字节。以太网有多种帧格式，常见的帧格式如下。

（1）Ethernet V2：又称 ARPA，由 DEC、Intel 和 Xerox 在 1982 年公布其标准，主要更改了早期的 Ethernet V1 的电气特性和物理接口，在帧格式上并无变化。Ethernet V2 出现后迅速取代 Ethernet V1 成为以太网事实标准。Ethernet V2 帧头结构为：6B 的源地址＋6B 的目标地址＋2B 的协议类型字段＋数据。

前导帧 (8B)	目的 MAC 地址 (6B)	源 MAC 地址 (6B)	类型 (6B)	数据 (46～1500B)	FCS (4B)

（2）Ethernet 802.3 RAW：这是 1983 年 Novell 发布其划时代的 Netware/86 网络套件时采用的私有以太网帧格式。该格式以当时尚未正式发布的 802.3 标准为基础。但是当两年以后 IEEE 正式发布 802.3 标准时情况发生了变化，IEEE 在 802.3 帧头中又加入了 802.2 LLC(Logical Link Control)头，这使得 Novell 的 RAW 802.3 格式跟正式的 IEEE 802.3 标准互不兼容。

前导帧 (8B)	目的 MAC 地址 (6B)	源 MAC 地址 6B	总长度 2B	0xFFFF	(46～1500B)	FCS (4B)

（3）Ethernet 802.3/802.2 SNAP：这是 IEEE 为保证在 802.2 LLC 上支持更多的上层协议，同时更好地支持 IP 协议而发布的标准。与 802.3/802.2 LLC 一样，802.3/802.2 SNAP 也带有 LLC 头，但是扩展了 LLC 属性，新添加了一个 2B 的协议类型域，同时将 SAP 的值置为 AA，从而使其可以标识更多的上层协议类型。另外添加了一个 3B 的 OUI 字段用于代表不同的组织。RFC 1042 定义了 IP 报文在 802.2 网络中的封装方法和 ARP 在 802.2 SANP 中的实现。

前导帧	目的	源 MACF	总长度	DSAP	SSAP	控制	数据	FCS

12.1.3　嵌入式系统中常用的网络协议

1. ARP

ARP 即地址解析协议,实现通过 IP 地址获取其物理地址的功能。在 TCP/IP 网络环境下,每个主机都分配了一个 32 位的 IP 地址,这种互联网地址是网际范围标识主机的一种逻辑地址。为了让报文在物理网路上传送,必须知道对方目的主机的物理地址。这样就存在把 IP 地址变换成物理地址的地址转换问题。以以太网环境为例,为了正确地向目的主机传送报文,必须把目的主机的 32 位 IP 地址转换成为 48 位以太网的地址。这就需要在网络层有一组服务将 IP 地址转换为相应的物理地址,这组协议就是 ARP。

2. RARP

RARP 即反向地址转换协议,就是将局域网中某个主机的物理地址转换为 IP 地址,比如局域网中有一台主机只知道物理地址而不知道 IP 地址,那么可以通过 RARP 发出征求自身 IP 地址的广播请求,然后由 RARP 服务器负责回答。RARP 用于获取无盘工作站的 IP 地址。反向地址转换协议(RARP)允许局域网的物理机器从网关服务器的 ARP 表或者缓存上请求其 IP 地址。网络管理员在局域网网关路由器里创建一个表以映射物理地址(MAC)和与其对应的 IP 地址。当设置一台新的机器时,其 RARP 客户机程序需要向路由器上的 RARP 服务器请求相应的 IP 地址。假设在路由表中已经设置了一个记录,RARP 服务器将会返回 IP 地址给机器,此机器就会存储起来以便日后使用。RARP 可以使用于以太网、光纤分布式数据接口及令牌环 LAN。

3. IP

IP 网际协议,它处于网络层,是 TCP/IP 体系结构的核心。IP 协议定义了网络层的统一接口,使得使用不同类型的网络的主机可以按照 IP 协议进行通信,它的核心是 IP 地址。数据被封装成包后,包头中包含源地址、目的地址等信息。通过包头提供的信息,数据包能够准确地进行路由,高效地传送数据。

4. ICMP

ICMP 即互联网控制消息协议,它的作用是在网络中发送控制消息,提供可能发生在通信环境中的各种问题反馈。通过这些信息,管理者可以对所发生的问题做出诊断,然后采取适当的措施去解决它。ICMP 依靠 IP 协议来完成它的任务,它是 IP 协议的主要部分。

5. TCP

TCP 即传输控制协议,它是一种面向连接的、可靠的、字节流协议。在因特网协议族中,TCP 所在的运输层是位于 IP 层之上,应用层之下的中间层。不同主机的应用层之间经常需要可靠的、像管道一样的连接,但是 IP 层不提供这样的流机制,而是提供不可靠的包交换,这时就要用到 TCP。TCP 提供可靠的进程到进程之间的通信。

6. UDP

UDP 即用户数据报协议,它是一个简单的面向数据报的传输层协议。在 TCP/IP 模型中,UDP 为网络层以下和应用层以上提供了一个简单的接口。UDP 只提供数据的不可靠传递,它一旦把应用程序发给网络层的数据发送出去,就不保留数据备份。UDP 在 IP 数据报的头部仅加入了复用和数据校验。

7. FTP

FTP 即文件传输协议,它是网络上进行文件传输的一套标准协议,属于网络协议组的应用层。FTP 是一个 8 位的客户/服务器协议，能操作任何类型的文件而不需要进一步处理，就像 MIME 或 Unicode 一样。但是 FTP 有着极高的延时，这意味着从开始请求到第一次接收需求数据之间的时间会非常长。FTP 服务一般运行在 20 和 21 两个端口，端口 20 用于在客户端和服务器之间传输数据流，而端口 21 用于传输控制流。

8. TFTP

TFTP 即小型文件传输协议，它是一种非常简单的协议，通过少量寄存器就能实现。它是基于 UDP 实现的，使用的端口号是 69。TFTP 比较适合传送一些小文件，在嵌入式系统开发中常用它向目标板传送数据，比如经常使用它来下载引导程序到目标板上。

12.2 嵌入式网络设备驱动开发概述

1. 硬件描述

以太网对应于 ISO 网络分层中的数据链路层和物理层，其中数据链路层分为逻辑链路控制子层（Logic Link Control，LLC）和介质访问控制子层（Media Access Control，MAC）。以太网接口包括介质访问控制子层（MAC）和物理层（PHY）。在以太网控制器中 MAC 控制器的功能是连接和控制物理接口，并实现 MAC 协议。而 PHY 负责具体的数据收发。MAC 和 PHY 通过 MII（Media Independent Interface）和 MDIO（Management Data Input/Output）连接，MAC 通过读取和设置 PHY 的寄存器以获得 PHY 的状态信息或者改变 PHY 的工作参数。

使用嵌入式以太网接口有两种方式。在许多嵌入式处理器中都集成了 MAC 控制器，但是处理器通常是不集成物理层接收器（PHY）的，在这种情况下需要外接 PHY 芯片，如 RTL8201BL、VT6103 等。而某些处理器不带 MAC 控制器，这时就需要外接同时有 MAC 控制器和 PHY 接收器的网卡芯片，如 DM9000、CS8900、SIS900 等。

2. 驱动框架

网络设备驱动的基本框架和字符设备驱动、块设备驱动有些类似，但在很多地方都有些区别。首先它不像字符或者块设备在/dev 目录下有对应的设备文件存在，对网络设备的访问必须使用套接字（Socket）而非读写设备文件。在网络设备上没有实现"一切皆是文件"的 UNIX 思想。网络设备驱动程序除了数据的传输外，还需要负责大量的管理任务，这样使得网络设备驱动程序的开发相对复杂一些，但是网络设备驱动也有固定的框架可以遵循。Linux 网络设备驱动模型，如图 12-1 所示。从图中可以看出数据的流通方向。首先内核提供 dev_queue_xmit() 和 net_fx() 这两个系统接口给上层协议（网络层），用于发送和接收数据包，如 IP 或者 ICMP 要收发数据时就会调用 dev_queue_xmit 将数据交给驱动程序来发送。而外来的数据被接收后，驱动程序调用 net_fx 将接收的数据传递给上层协议。图中 net_device 结构描述了具体网络设备的属性和操作函数，当上层协议调用 dev_queue_xmit() 接口时需给出一个 net_device 指针，再根据 net_device 结构提供的方法进行数据发送。数据包的具体发送通过 hard_start_xmit() 接口来完成，而数据的接收则是通过中断处理程序或者轮询方式完成的。

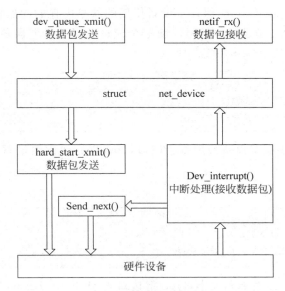

图 12-1　网络驱动模型

12.3　网络设备驱动基本数据结构

　　网络设备驱动中最重要的两个数据结构是 net_device 和 sk_buffer。net_device 包含具体网络设备的各种信息和操作接口。sk_buffer 是 Linux 网络子系统的核心,在 Linux 网络子系统各层协议中的数据传递实际上传递的是 sk_buffer 结构,它为各层之间的数据交换单元提供了统一的定义。通过移动其中的指针各层可以方便地添加或者删除属于该层的协议头。

12.3.1　net_device 数据结构

　　net_device 结构本身非常大,但对于编写驱动程序只需要了解其中一小部分,重要的成员如下。

1. 全局信息

```
charname[IFNAMSIZ];
```

　　网络设备的名称,名称中可以包含类似标准 C 中 printf 的％d 格式化字符串,调用 register_netdev 注册设备时,％d 将被替换成具体数值。

```
int( * init)(struct net_device * dev);
```

　　该函数指针为设备初始化函数指针,如果被赋值则在注册设备时调用该函数对 net_device 结构进行初始化。但现在基本上不这么做,通常赋值为 NULL。

2. 硬件信息

```
unsigned long        mem_end;
unsigned long        mem_start;
unsigned long        base_addr;
unsigned int         irq;
```

其中,mem_end 和 mem_start 保存了设备使用的共享内存的起始地址和终止地址,base_addr 是设备 I/O 基址,irq 是设备中断号。前三个成员在设备探测阶段被赋值,而 irq 则在装载阶段被赋值并且可以用 ifconfig 修改。

```
unsigned char            if_port;
unsigned char            dma;
struct net_device_stats  stats;
```

其中,if_port 指定多端口设备使用哪个端口,dma 保存分配给设备的 dma 通道,states 指设备状态。

3. 接口信息

```
unsigned              mtu;
unsigned short        type;
unsigned short        hard_header_len;
```

其中,mtu 保存最大传输单元大小,type 指接口类型,hard_header_len 为硬件头长度,如以太网为 14。

```
unsigned char         dev_addr[MAX_ADDR_LEN];
unsigned char         broadcast[MAX_ADDR_LEN];
```

其中,dev_addr 存放设备硬件地址(MAC 地址),broadcast 存放广播地址。对于以太网来说,这两个地址都是 6B,ether_setup 会对其赋值。

```
unsigned int          flags;
```

接口标志,该标志通过掩码表示。其中,一部分标志由内核管理,另外一部分则在接口初始化时设置。常用的标志如表 12-1 所示。

表 12-1　接口标志

标　志	属　性
IFF_UP	当设备被激活并且可以传送数据时,内核设置该标志
IFF_BROADCAST	设置该标志位,表示允许广播
IFF_DEBUG	表示调试模式
IFF_LOOPBACK	表示该接口为回环
IFF_NOART	表示在该接口上不启用 ARP
IFF_MULTICAST	设置该位,表示在该接口上可以进行组播放送
IFF_ALLMULTICAST	设置该位,表示该接口接收所有的组播数据包
IFF_POINTTOPOINT	设置该位,表示该接口连接的是点对点的链路
IFF_DYNAMIC	设置该位,表示该接口的地址可变

4. 设备操作函数

```
int  (*open)(struct net_device *dev);
```

该函数负责打开接口,注册所有的系统资源如 I/O 端口、中断、DMA 等,并进行相应的设置。

```
int    ( * stop)(struct net_device * dev);
```

与 open 相反关闭接口,以及注销资源。

```
int    ( * hard_start_xmit) (struct sk_buff * skb, struct net_device * dev);
```

该函数启动数据包的发送,skb 为上层给出的需要传送的数据包。

```
void   ( * set_multicast_list)(struct net_device * dev);
```

设置设备的组播列表。

```
int    ( * set_mac_address)(struct net_device * dev, void * addr);
```

设置设备的 MAC 地址。

```
int    ( * do_ioctl)(struct net_device * dev, struct ifreq * ifr, int cmd);
```

该函数执行接口特有的 io 控制命令。

```
int    ( * set_config)(struct net_device * dev,struct ifmap * map);
```

该函数改变接口的配置。可以使用该函数改变设备的 I/O 地址和中断号。

```
int    ( * change_mtu)(struct net_device * dev, int new_mtu);
```

在接口的 MTU 改变时,该函数采取相应的设置。

```
void   ( * tx_timeout) (struct net_device * dev);
```

如果数据包传送超时,则调用该函数解决问题并重新发送数据。

```
struct net_device_stats * ( * get_stats)(struct net_device * dev);
```

该函数用于返回设备状态信息,保存到 net_device_stats 结构体中。

```
void   ( * poll_controller)(struct net_device * dev);
```

该函数在禁止中断的情况下,要求驱动程序检测接口下的事件。它被用于特定的内核网络任务中。

5. 工具成员

```
unsigned long    last_rx;
```

记录数据最后一次接收到数据包的时间戳,单位为 jiffies。

```
unsigned long          trans_start;
```

记录数据开始发送时的时间戳，单位同上。

```
intwatchdog_timeo;
```

在网络层驱动传输已超时，并调用 tx_timout 之前的最小时间。

12.3.2　sk_buffer 数据结构

sk_buffer 也是一个非常大的结构，详细定义参见< linux/skbuff.h >。下面是该结构体的主要成员。

1. 网络协议头

```
sk_buff_data_t              transport_header;
sk_buff_data_t              network_header;
sk_buff_data_t              mac_header;
```

这三个成员分别保存传输层、网络层及链路层协议头。

2. 缓冲区指针

```
sk_buff_data_t              tail;
sk_buff_data_t              end;
unsigned char              * head, * data;
```

其中，tail 指向当前层有效数据的末尾，end 指向内存中分配的数据缓冲区末尾，它是 tail 能到的最大值。head 指向缓存区起始地址，data 指向当前层有效数据起始地址。

3. 操作函数

```
struct sk_buff * alloc_skb(unsigned int size,gfp_t priority);
struct sk_buff * dev_alloc_skb(unsigned int length);
```

这两个函数的功能都是分配一个缓冲区，但两者的区别在于 alloc_skb 分配一个缓存区并初始化 skb-> data 和 skb > tail 为 skb > head，而 dev_alloc_skb 则是以 GFP_ATOMIC 的优先级调用 alloc_skb，并在 skb-> head 和 skb-data 之间保留一些空间。

```
void kfree_skb(struct sk_buff * skb);
void dev_kfree_skb(struct sk_buff * skb);
void dev_kfree_skb_irq(struct sk_buff * skb);
void dev_kfree_skb_any(struct sk_buff * skb);
```

这 4 个函数用于释放缓冲区，其中，kfree_skb 由内核内部使用，在设备驱动中则使用其他三个。但是其他三个函数用于不同的情况下，其中，dev_kfree_skb 用于非中断上下文，dev_kfree_skb_irq 用于中断上下文，而 dev_kfree_skb_any 在两种上下文中都可以使用。

```
unsigned char * skb_put(struct sk_buff * skb, unsigned int len);
unsigned char * __skb_put(struct sk_buff * skb, unsigned int len);
```

这两个函数的功能是往缓冲区尾部添加数据并更新 skbuff 结构中的 tail 和 len。返回 tail 的先前的值。这两个函数的区别在于 skb_put 会检查放入缓存区的数据,而 __skb_put 则不会。

```
unsigned char * skb_push(struct sk_buff * skb, unsigned int len);
unsigned char * __skb_push(struct sk_buff * skb, unsigned int len);
```

与前两个类似,不过是在缓存区的头部添加数据。

```
int skb_tailroom(const struct sk_buff * skb);
int skb_headroom(const struct sk_buff * skb);
```

skb_tailroom 返回缓存区可用空间大小,skb_headroom 返回 data 之前可用空间大小。

```
void skb_reserve(struct sk_buff * skb, int len);
```

该函数增加 data 和 tail 的值,可用于在填充数据前预留空间用于保存协议头。

```
unsigned char * skb_pull(struct sk_buff * skb, unsigned int len);
```

从数据包中删除数据。

12.4　网络设备初始化

网络设备初始化主要是对 net_device 结构体进行初始化。网络设备的初始化并不像字符设备或者块设备那样在编译时对 file_operations 或 block_device_operations 进行赋值,而是在调用 register_netdev 注册前就必须初始化完成。网络设备初始化的工作由 net_device 的 init 函数指针指向的函数完成,当加载网络驱动模块时该函数就会被调用,初始化工作包括以下几个方面的任务。

（1）检测网络设备的硬件特征,检查物理设备是否存在。

（2）检测到设备存在,则进行资源配置。

（3）对 net_device 成员变量进行赋值。

12.5　打开和关闭接口

驱动程序可在加载或者内核引导阶段探测接口。在数据包放送前,必须打开接口并初始化接口。打开接口的工作由 net_device 的 open 函数指针指向的函数完成,该函数负责的工作包括请求系统资源,如申请 I/O 区域、DMA 通道及中断等资源。并告知接口开始工作,调用 netif_start_queue 激活设备发送队列。其函数原型如下。

```
void netif_start_queue(struct net_device * dev);
```

关闭接口的操作由 net_device 的 stop 函数指针指向的函数完成。该函数需要调用 netif_stop_queue 停止数据包传送。其函数原型如下。

```
void netif_stop_queue(struct net_device * dev);
```

12.6　数据接收与发送

1. 数据发送

数据在实际发送的时候会调用 net_device 结构的 hard_start_transmit 函数指针指向的函数，该函数会将要发送的数据放入外发队列，并启动数据包发送。在这个过程中该函数要完成以下几方面的工作。

（1）从上层协议传递过来的 sk_buff 结构中解析出数据包的长度和有效数据，并将数据放入外发队列。对于以太网来说如果有效数据长度不够，不能达到数据帧的最小长度 ETH_LEN(Ethernet V2 为 46B)，则需在末尾填充 0。

（2）设置接口寄存器，驱动数据发送。如果执行成功，函数返回 0。

（3）完成发送任务后释放 skb。如果出现错误，则传送失败，内核将会重试发送，这时驱动程序需要停止队列。

2. 并发控制

发送函数在指示硬件开始传送数据后就立即返回，但数据在硬件上的传送不一定完成。因为硬件接口的传送方式是异步的，而且还可能因为用于保存外发数据包的空间被耗尽而暂停。但发送函数又是可重入的，因此在这里需要进行并发控制。发送函数可利用 net_device 结构中的 xmit_lock 自旋锁来保护临界区资源。

3. 传输超时

驱动程序需要处理超时带来的问题，首先设置在 net_device 中的 watchdog_timeo 成员，以 jiffies 为单位，当传输时间超过这个 jiffies 值就会触发超时请求。这时内核会调用 net_device 的 tx_timeout。由该函数处理完成超时需做的工作。在该函数中需要调用内核提供的 netif_wake_queue 函数重启设备发送队列。

4. 数据接收

数据的接收相比数据的发送要复杂一些。在 Linux 中有两种方式实现数据的接收，一种是中断方式，一种是轮询方式。

第一种中断方式。当网络设备接收到数据后触发中断，中断处理程序判断中断类型。如果是接收中断，则接收数据，并申请 sk_buffer 结构和数据缓冲区，根据数据的信息填写 sk_buffer 结构。然后将接收到的数据复制到缓冲区，最后调用 netif_rx 函数将 skb 传递给上层协议。

中断方式有个缺点，每当接口接收到一个数据包，处理器就会被中断。如果有大量的传输任务，显然会产生大量的中断，中断响应和处理会占有大量的处理器资源，使得系统性能降低。

第二种轮询方式。轮询方式接收数据能减少中断次数，减轻处理器负担，很好地解决中断方式带来的弊端。轮询方式比较适合在一些会产生大量中断的设备上使用。轮询方式也需要使用中断，在轮询方式下，首个数据包到达产生中断后触发轮询过程，轮询中断处理程序首先关闭"接收中断"，在接收到一定数量的数据包并提交给上层协议后，再开中断等待下次轮询处理。需要注意的是，这时使用 netif_receive_skb 函数而不是 netif_rx 函数来向上层传递数据。

12.7　查看状态与参数设置

1. 链路状态

驱动程序需要掌握当前链路的状态，以太网接口电路能够检测当前链路是否有载波信号。驱动程序可以通过查看设备的寄存器来获得链路状态信息。当链路状态改变时，驱动程序需要通知内核。利用下面两个函数告知内核。

```
void netif_carrier_off(struct net_device * dev);
void netif_carrier_on(struct net_device * dev);
```

如果检测到链路上载波信号不存在了，则应该调用 netif_carrier_off 通知内核。而当载波信号再次出现后应该调用 netif_carrier_on。

还有另外一个函数返回链路上是否有载波信号：

```
int netif_carrier_ok(struct net_device * dev);
```

通常驱动程序需要设置一个定时器来周期性地检测链路状态，并通知内核。

2. 设备状态

驱动程序的 get_stats() 函数用于向用户返回设备的状态和统计信息。这些信息保存在一个 net_device_stats 结构体中。

```
struct net_device_stats
{
    unsigned long   rx_packets;          / * 收到的数据包数    * /
    unsigned long   tx_packets;          / * 发送的数据包数    * /
    unsigned long   rx_bytes;            / * 收到的字节数      * /
    unsigned long   tx_bytes;            / * 发送的字节数      * /
    unsigned long   rx_errors;           / * 收到的错误包数    * /
    unsigned long   tx_errors;           / * 发送的错误包数    * /
    unsigned long   rx_dropped;          / * 接收包丢包数      * /
    unsigned long   tx_dropped;          / * 发送包丢包数      * /
    unsigned long   multicast;           / * 收到的广播包数    * /
    unsigned long   collisions;
    / * 详细接收错误信息： * /
    unsigned long   rx_length_errors;    / * 接收长度错误      * /
    unsigned long   rx_over_errors;      / * 溢出错误          * /
    unsigned long   rx_crc_errors;       / * CRC 校验错误      * /
    unsigned long   rx_frame_errors;     / * 帧对齐错误        * /
    unsigned long   rx_fifo_errors;      / * 接收 fifo 错误    * /
    / * 详细发送错误信息 * /
    unsigned long   tx_aborted_errors;   / * 发送中止          * /
    unsigned long   tx_carrier_errors;   / * 载波错误          * /
    unsigned long   tx_fifo_errors;      / * 发送 fifo 错误    * /
    unsigned long   tx_window_errors;    / * 发送窗口错误      * /
}
```

该结构体信息的更新修改，由前面章节所提到的发送函数、接收中断处理以及超时处理函数来完成。每当有改变设备状态或统计信息的操作进行时，驱动程序应当及时更新保存状态的成员变量。

3. 设置 MAC 地址

当用户调用 ioctl 并且参数为 SIOCSIFHWADDR 时，就会调用 set_mac_address 函数指针指向的函数。该函数检测设备是否忙，不忙则设置新的 MAC 地址，忙则返回错误。

4. 接口参数设置

当用户调用 ioctl 并且参数为 SIOCSIFMAP 时，就会调用 set_config 函数指针指向的函数，内核会给该函数传递一个 ifmap 的结构体。该结构体中包含要设置的 I/O 地址、中断等信息。该函数则根据该结构体提供的信息进行相应的设置。

12.8　AT91SAM9G45 网卡驱动

12.8.1　EMAC 模块简介

AT91SAM9G45 芯片的 EMAC 模块，是一个完全兼容 IEEE 802.3 标准的 10/100M 的以太网控制器。它包含一个地址检查模块、统计和控制寄存器组、接收和发送模块以及一个 DMA 接口。

地址检查模块能够识别 48 位的特殊地址，并包含一个 64 位的 Hash 寄存器用于匹配组播和单播地址。它还能识别全 1 的广播地址，复制所有帧，也可工作在外部地址匹配信号上。

统计寄存器模块包括一组寄存器，它能统计各种在收发操作上产生的事件。这些寄存器和状态字一起保存在缓冲列表中。允许软件按照 802.3 标准产生网络管理统计信息。

12.8.2　模块图

EMAC 模块如图 12-2 所示。

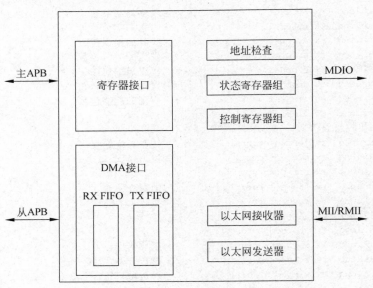

图 12-2　EMAC 模块

12.8.3　功能描述

1. 时钟

EMAC 模块包含以下几个时钟域。

（1）系统总线时钟（AHB、APB）：DMA 和寄存器模块。

（2）发送时钟：发送模块。

（3）接收时钟：接收模块和地址检查模块。

系统总线时钟频率必须大于或等于接收和发送的时钟频率（25MHz/100Mb/s，2.5MHz/10Mb/s）。

2. 内存接口

帧数据在内存和 EMAC 间的传输是通过 DMA 接口实现的。以 32 位为字宽，可以单个字传输，也可以每次传输多个字（2、3 或 4）。如果是每次传输多个字，则不能跨越 16 字节的边界。

DMA 模块通过 AHB 总线接口连接到外部内存。它包含用于缓冲数据接收 FIFO 和发送 FIFO。接收到的数据并不会立即发送到内存，必须先经过地址检查逻辑单元的检查。接收或发送的数据帧保存在一个或多个缓冲中。接收缓冲有固定的长度（128B）。发送缓冲的长度不固定，范围为 0～2047B。每帧最多允许有 128 个缓冲。DMA 模块管理发送和接收缓冲队列。

DMA 控制器在总线上实现 6 种类型的操作，按优先级排列，分别如下。

（1）接收缓冲管理器写。

（2）接收缓冲管理器读。

（3）发送数据 DMA 读。

（4）接收数据 DMA 写。

（5）发送缓冲管理器读。

（6）发送缓冲管理器写。

3. 接收模块

接收模块检查以太网帧的前导帧、FCS、对齐和长度。如果无误则将该帧同时交给地址检查模块和 DMA 接口。如果发现帧超长，则 rx_er 将被设置，然后一个坏帧标志将会发给 DMA 模块，然后 DMA 控制器就会停止向内存发送数据。在接收帧的最后阶段，接收模块会检查 DMA 指出该帧是否是好的。如果是坏帧，DMA 控制器会恢复当前的接收缓冲。接收模块更新控制寄存器组中的相应信息，如网络状态寄存器中的 CRC、FCS 等字段。

4. 发送模块

发送模块从 DMA 接口获取数据，填充前导帧、FCS 等字段。然后按照 CSMA/CD 协议发送数据。如果 CRS（载波监听）是活动的，则发送会被推迟。如果在传输中发生了 COL（冲突），那么发送一个拥塞序列，并等待一个随机时间重传。CRS 和 COL 在全双工模式下不起作用。

12.8.4　寄存器描述

1. 网络控制寄存器（NCR）

地址：0xFFFBC00

读写权限：可读可写

NCR 如表 12-2 所示。

表 12-2   NCR

功 能 名 称	位	描 述
LB	0	向 PHY 发送回环命令
LLB	1	本地回环
RE	2	使能接收电路
TE	3	使能接收电路
MPE	4	使能管理端口
CLRSTAT	5	清除统计寄存器
INCSTAT	6	增加统计计数
WESTAT	7	使能对统计寄存器的写
BP	8	背压。在半双工模式下，设置该位强制所有的帧冲突
TSTART	9	开始发送
THALT	10	停止放松，设置该位后，会在当前传输完成后停止

2. 网络配置寄存器（NCFG）

地址：0xFFFBC004

读写权限：可读可写

NCFG 如表 12-3 所示。

表 12-3   NCFG

功 能 名 称	位	描 述
SPD	0	速度；1＝100M，0＝10M
FD	1	全双工；1＝忽略冲突状态并且允许在发送时接收
CAF	3	复制所有帧；1＝接收所有有效帧
JFRAME	4	巨帧；1＝允许接收最大 10 240B 的帧
NBC	5	禁止广播
MTI	6	使能多播 hash；1＝接收多播帧
UNI	7	使能单播 hash
BIG	8	使能接收 1536B 的帧
CLK	[10-11]	MDC 时钟驱动分频器
RTY	12	重试测试；在普通操作时必须置 0
PAE	13	使能暂停
RBOF	[14-15]	接收缓冲偏移
RLCE	16	使能接收长度校验
DRFCS	17	关闭接收 FCS
EFRHD	18	允许在半双工模式下，在发送时同时接收
IRXFCS	19	忽略 FCS/CRC 错误

3. 网络状态寄存器（NSR）

地址：0xFFFBC008

读写权限：可读可写

NSR 如表 12-4 所示。

表 12-4 NSR

功 能 名 称	位	描 述
MDIO	1	返回 mdio_pin 的状态
IDLE	2	0＝PHY 逻辑单元正在允许。1＝PHY 管理单元空闲

4. 发送状态寄存器（TSR）

地址：0xFFBC014

读写权限：可读可写

TSR 如表 12-5 所示。

表 12-5 TSR

功 能 名 称	位	描 述
UBR	0	使用位读
COL	1	发生冲突
RLE	2	超过限定重试次数
TGO	3	开始发送
BEX	4	在发送一帧时,缓冲耗尽
COMP	5	发送完成
UND	6	传输过载

5. 接收缓冲队列指针寄存器（RBQP）

地址：0xFFFBC018

读写权限：可读可写

RBQP 如表 12-6 所示。

表 12-6 RBQP

功 能 名 称	位	描 述
ADDR	[2:31]	接收缓冲队列指针地址

6. 发送缓冲队列指针寄存器（TBQP）

地址：0xFFBC01C

读写权限：可读可写

TBQP 如表 12-7 所示。

表 12-7 TBQP

功 能 名 称	位	描 述
ADDR	[2:31]	发送缓冲队列指针地址

7. 接收状态寄存器（RSR）

地址：0xFFFBC020

读写权限：可读可写

RSR 如表 12-8 所示。

表 12-8　RSR

功 能 名 称	位	描　　述
BNA	0	缓冲不可用
REC	1	收到了帧
OVR	2	接收过载

8. 中断状态寄存器（ISR）

地址：0xFFFBC024

读写权限：可读可写

ISR 如表 12-9 所示。

表 12-9　ISR

功 能 名 称	位	描　　述
MFD	0	管理帧完成
RCOMP	1	接收完成
RXUBR	2	接收使用位读
TXUBR	3	发送使用位读
TUND	4	以太网发送缓冲过载
RLE	5	超过限定重试次数
TXERR	6	发送错误
TCOMP	7	发送完成
ROVR	10	接收过载
HRESP	11	Hresp 没有准备好
PFR	12	接收到了暂停帧
PTZ	13	暂停时间 0

12.8.5　AT91SAM9G45 芯片 EMAC 控制器驱动分析

1. 设备侦测

```
static int __init macb_probe(struct platform_device * pdev)
{
    struct eth_platform_data * pdata;
    struct resource * regs;
    struct net_device * dev;
    struct macb * bp;
    struct phy_device * phydev;
    unsigned long pclk_hz;
    u32 config;
    int err =- ENXIO;
    /* 申请设备 IO 资源 */
    regs = platform_get_resource(pdev, IORESOURCE_MEM, 0);
    if (!regs) {
        dev_err(&pdev -> dev, "no mmio resource defined\n");
        goto err_out;
    }
```

```
err =- ENOMEM;
/* 分配并初始化 net_device 结构 */
dev = alloc_etherdev(sizeof( * bp));
if (!dev) {
    dev_err(&pdev -> dev, "etherdev alloc failed, aborting.\n");
    goto err_out;
}
/* 设置逻辑网络设备的 sysfs 系统引用 */
SET_NETDEV_DEV(dev, &pdev -> dev);

dev -> features | = 0;

bp = netdev_priv(dev);
bp -> pdev = pdev;
bp -> dev = dev;

/* 初始化时钟 */
spin_lock_init(&bp -> lock);
bp -> pclk = clk_get(&pdev -> dev, "macb_clk");
if (IS_ERR(bp -> pclk)) {
    dev_err(&pdev -> dev, "failed to get macb_clk\n");
    goto err_out_free_dev;
}
clk_enable(bp -> pclk);
/* IO 映射 */
bp -> regs = ioremap(regs -> start, regs -> end - regs -> start + 1);
if (!bp -> regs) {
    dev_err(&pdev -> dev, "failed to map registers, aborting.\n");
    err =- ENOMEM;
    goto err_out_disable_clocks;
}
/* 申请中断 */
dev -> irq = platform_get_irq(pdev, 0);
/* 注册中断 */
err = request_irq(dev -> irq, macb_interrupt, IRQF_SAMPLE_RANDOM,
            dev -> name, dev);
...
dev -> netdev_ops = &macb_netdev_ops;
netif_napi_add(dev, &bp -> napi, macb_poll, 64);
dev -> ethtool_ops = &macb_ethtool_ops;

dev -> base_addr = regs -> start;

/* 设置 MII 接口时钟 */
pclk_hz = clk_get_rate(bp -> pclk);
/* 设置分频器 */
if (pclk_hz <= 20000000)
    config = MACB_BF(CLK, MACB_CLK_DIV8);
else if (pclk_hz <= 40000000)
    config = MACB_BF(CLK, MACB_CLK_DIV16);
else if (pclk_hz <= 80000000)
    config = MACB_BF(CLK, MACB_CLK_DIV32);
else
    config = MACB_BF(CLK, MACB_CLK_DIV64);
```

```
    macb_writel(bp, NCFGR, config);

    macb_get_hwaddr(bp);
    pdata = pdev->dev.platform_data;

    if (pdata && pdata->is_rmii)
        macb_writel(bp, USRIO, (MACB_BIT(RMII) | MACB_BIT(CLKEN)) );
    else
        macb_writel(bp, USRIO, MACB_BIT(CLKEN));

    bp->tx_pending = DEF_TX_RING_PENDING;
    /* 注册设备 */
    err = register_netdev(dev);
        ...
}
```

从上面的代码可以看出，设备的侦测主要完成了各种资源的初始化工作。

（1）获取了 IO 内存的地址并进行了 IO 重定向。

（2）获取设备中断号，注册中断处理程序。

（3）初始化 net_device 结构并注册该结构。

（4）初始化时钟并设置分频器。

2. 设备打开与关闭

```
static int macb_open(struct net_device * dev)
{
    struct macb * bp = netdev_priv(dev);
    int err;

    dev_dbg(&bp->pdev->dev, "open\n");

    /* 如果 PHY 驱动没有注册则稍候注册 */
    if (!bp->phy_dev)
        return -EAGAIN;

    if (!is_valid_ether_addr(dev->dev_addr))
        return -EADDRNOTAVAIL;
    /* 为 DMA 分配内存 */
    err = macb_alloc_consistent(bp);
    if (err) {
        printk(KERN_ERR
                " %s: Unable to allocate DMA memory (error %d)\n",
                dev->name, err);
        return err;
    }

    napi_enable(&bp->napi);
    /* 初始化缓冲区 */
    macb_init_rings(bp);
    /* 初始化设备 */
    macb_init_hw(bp);
```

```
    /* 打开 PHY */
    phy_start(bp->phy_dev);

    /* 通知上层,开始收发数据 */
    netif_start_queue(dev);

    return 0;
}
static int macb_close(struct net_device * dev)
{
    struct macb * bp = netdev_priv(dev);
    unsigned long flags;
    /* 通知上层,停止队列 */
    netif_stop_queue(dev);
    napi_disable(&bp->napi);
    /* 关闭 PHY */
    if (bp->phy_dev)
        phy_stop(bp->phy_dev);

    spin_lock_irqsave(&bp->lock, flags);
    /* 重置设备 */
    macb_reset_hw(bp);
    /* 断开网络连接 */
    netif_carrier_off(dev);
    spin_unlock_irqrestore(&bp->lock, flags);
    /* 释放设备私有数据 */
    macb_free_consistent(bp);

    return 0;
}
```

在设备打开时主要完成的任务如下。

(1) 分配 DMA 缓冲区,初始化缓冲区。

(2) 初始化硬件。

(3) 打开 PHY。

(4) 通知上层开启传输。

3. 数据的接收

```
static int macb_rx_frame(struct macb * bp, unsigned int first_frag,
                unsigned int last_frag)
{
    unsigned int len;
    unsigned int frag;
    unsigned int offset = 0;
    struct sk_buff * skb;

    len = MACB_BFEXT(RX_FRMLEN, bp->rx_ring[last_frag].ctrl);

    dev_dbg(&bp->pdev->dev, "macb_rx_frame frags %u - %u (len %u)\n",
        first_frag, last_frag, len);
```

```
    /* 分配 skb */
    skb = dev_alloc_skb(len + RX_OFFSET);
    if (!skb) {
    /* 分配失败,统计丢弃包 */
        bp->stats.rx_dropped++;
        for (frag = first_frag; ; frag = NEXT_RX(frag)) {
            bp->rx_ring[frag].addr &= ~MACB_BIT(RX_USED);
            if (frag == last_frag)
                break;
        }
        wmb();
        return 1;
    }
    skb_reserve(skb, RX_OFFSET);
    skb->ip_summed = CHECKSUM_NONE;
    skb_put(skb, len);

    for (frag = first_frag; ; frag = NEXT_RX(frag)) {
        unsigned int frag_len = RX_BUFFER_SIZE;

        if (offset + frag_len > len) {
            BUG_ON(frag != last_frag);
            frag_len = len - offset;
        }
    /* 将缓冲区数据复制到 skb 中 */
        skb_copy_to_linear_data_offset(skb, offset,
                            (bp->rx_buffers +
                            (RX_BUFFER_SIZE * frag)),
                            frag_len);
        offset += RX_BUFFER_SIZE;
        bp->rx_ring[frag].addr &= ~MACB_BIT(RX_USED);
        wmb();

        if (frag == last_frag)
            break;
    }
    /* 解析协议类型 */
    skb->protocol = eth_type_trans(skb, bp->dev);
    /* 更新统计信息 */
    bp->stats.rx_packets++;
    bp->stats.rx_bytes += len;
    dev_dbg(&bp->pdev->dev, "received skb of length %u, csum: %08x\n",
        skb->len, skb->csum);
    /* 通知上层接收到数据 */
    netif_receive_skb(skb);
    return 0;
}
```

4. 数据的发送

```
static void macb_tx(struct macb *bp)
{
    unsigned int tail;
```

```
unsigned int head;
u32 status;

status = macb_readl(bp, TSR);
macb_writel(bp, TSR, status);

/* 发生了,重试了限定重试次数错误|发送缓冲过载错误 */
if (status & (MACB_BIT(UND) | MACB_BIT(TSR_RLE))) {
    int i;
    printk(KERN_ERR "%s: TX %s, resetting buffers\n",
        bp->dev->name, status & MACB_BIT(UND) ?
        "underrun" : "retry limit exceeded");

    /* 如果正在传输,停止传输,避免错误 */
    if (status & MACB_BIT(TGO))
        macb_writel(bp, NCR, macb_readl(bp, NCR) & ~MACB_BIT(TE));

    head = bp->tx_head;

    /* 标记所有缓冲,避免丢失 */
    for (i = 0; i < TX_RING_SIZE; i++)
        bp->tx_ring[i].ctrl = MACB_BIT(TX_USED);

    /* 释放属于上层的缓冲 */
    for (tail = bp->tx_tail; tail != head; tail = NEXT_TX(tail)) {
        struct ring_info *rp = &bp->tx_skb[tail];
        struct sk_buff *skb = rp->skb;
        rmb();
        dma_unmap_single(&bp->pdev->dev, rp->mapping, skb->len,
                         DMA_TO_DEVICE);
        rp->skb = NULL;
        dev_kfree_skb_irq(skb);
    }

    bp->tx_head = bp->tx_tail = 0;

    /* 再次重启发送 */
    if (status & MACB_BIT(TGO))
        macb_writel(bp, NCR, macb_readl(bp, NCR) | MACB_BIT(TE));
}

...
/* 发送完成 */
head = bp->tx_head;
/* 找到一个未使用的缓冲,将接收到的数据复制到该缓冲 */
for (tail = bp->tx_tail; tail != head; tail = NEXT_TX(tail)) {
    struct ring_info *rp = &bp->tx_skb[tail];
    struct sk_buff *skb = rp->skb;
    u32 bufstat;
    rmb();
    bufstat = bp->tx_ring[tail].ctrl;

    if (!(bufstat & MACB_BIT(TX_USED)))
        break;
```

```
            dma_unmap_single(&bp->pdev->dev, rp->mapping, skb->len,
                    DMA_TO_DEVICE);
            /* 更新状态信息 */
            bp->stats.tx_packets++;
            bp->stats.tx_bytes += skb->len;
            rp->skb = NULL;
            dev_kfree_skb_irq(skb);
        }

    bp->tx_tail = tail;
    ...
}
```

5. 中断处理

```
static irqreturn_t macb_interrupt(int irq, void *dev_id)
{
    struct net_device *dev = dev_id;
    struct macb *bp = netdev_priv(dev);
    u32 status;

    status = macb_readl(bp, ISR);

    if (unlikely(!status))
        return IRQ_NONE;

    spin_lock(&bp->lock);

    while (status) {
        /* 关闭设备的所有中断,避免竞争 */
        if (unlikely(!netif_running(dev))) {
            macb_writel(bp, IDR, ~0UL);
            break;
        }

        /* 初始化接收 */
        if (status & MACB_RX_INT_FLAGS) {
            if (napi_schedule_prep(&bp->napi)) {
                /*
                 * There's no point taking any more interrupts
                 * until we have processed the buffers
                 */
                macb_writel(bp, IDR, MACB_RX_INT_FLAGS);
                dev_dbg(&bp->pdev->dev,
                    "scheduling RX softirq\n");
                __napi_schedule(&bp->napi);
            }
        }
        /* 传输完成 | 传输缓存过载 | 超过限定重试次数 */
        if (status & (MACB_BIT(TCOMP) | MACB_BIT(ISR_TUND) |3
                MACB_BIT(ISR_RLE)))
            macb_tx(bp);
```

```
        status = macb_readl(bp, ISR);
    }

    spin_unlock(&bp->lock);

    return IRQ_HANDLED;
}
```

小　结

　　本章首先简单介绍了以太网的基础知识,然后讲述了网络驱动的基本模型,之后讲述了网络驱动中的两个基本数据结构 net_device 和 sk_buffer,数据包的发送,数据包的接收等内容。最后以 AT91SAM9G45 网卡驱动为例,通过对驱动代码的分析加深对前面的理论知识的理解。网络设备驱动涉及中断处理,并发控制,高级 I/O 操作等驱动开发难点,通过本章的学习读者应该对这些知识点有深刻的体会。

进一步探索

　　(1) 网络设备驱动实现时经常会用到哪两个数据结构? 它们各自在驱动中的作用是什么?
　　(2) 网络设备驱动程序中数据的接收是如何实现的?

## 第 13 章

嵌入式 GUI 及应用程序设计

GUI 是当今计算机技术发展的重大成就之一。它的出现,极大地方便了非专业用户使用计算机,可以说,GUI 的出现是 PC 应用的一个分水岭。而搭建在嵌入式平台上的 GUI,针对特定的硬件设备或环境,设计不同的用户图形界面系统 GUI。

本章将首先从嵌入式 GUI 设计的基本知识入手,接着分析嵌入式 GUI 的典型体系结构设计,并介绍了主流的嵌入式 GUI 系统,最后是基于两种主流 GUI 的应用程序设计。

通过本章的学习,读者可以学到以下知识。

(1) 嵌入式 GUI 设计的基础知识;

(2) 嵌入式 GUI 典型体系结构设计;

(3) 主流嵌入式 GUI 分析;

(4) 基于 MiniGUI 的应用程序设计;

(5) 基于 Android 的应用程序设计。

13.1　嵌入式 GUI 设计概述

13.1.1　嵌入式 GUI 简介

GUI 是 Graphical User Interface 的简称,即图形用户界面。在 PC 上可以看到各种界面美观、操作方便并且功能全面的图形用户界面。在 GUI 的基础上,各种个性化的多媒体应用,例如游戏、视频等依赖于图形界面得以发展的产业,相继被开发出来。GUI 设计是结合计算机科学、美学、心理学、行为学及各商业领域需求分析的人机系统工程,强调人—机—环境三者作为一个系统进行的总体设计。

从苹果公司在 Macintosh 128K 上成功开发出第一个基于 PC 的商用 GUI 后,PC 产业开始展现出爆炸式增长的潜力,可以说 GUI 的出现是 PC 应用的一个分水岭。在嵌入式领域,随着嵌入式系统的广泛应用,人们对其界面的简洁、美观、方便、易用等一些人性化设计的要求也越来越高。因此,嵌入式 GUI 技术应运而生,为嵌入式系统提供了一个应用于特定场合的人机交互接口。从设计内容看,嵌入式 GUI 设计一般来说包括以下三个方面内容。

(1) 硬件设计,通过 LCD 控制器把 LCD 显示器和开发系统连接起来。

(2) 驱动程序设计,为输入输出设备如 LCD 设计驱动程序,使硬件能驱动起来,并移植嵌入式 GUI 系统,为上层应用程序设计提供图形函数库。

(3) 用户界面程序设计,使用嵌入式系统提供的函数库进行图形化应用程序设计。

与 PC 的 GUI 设计不同,嵌入式 GUI 设计要求简单、直观、可靠、占用资源少且反应快速,以适应系统硬件资源受限和实时性要求。

嵌入式 GUI 可以分为以下三大类。

第一类为与操作系统结合的 GUI。这些 GUI 一般由有操作系统开发实力的大公司开发。比较典型的有，微软公司的 Windows Phone(其前身是 Windows CE 和 Windows Mobile)，苹果公司的 iOS 等。

第二类为外挂 GUI。这些 GUI 通常基于操作系统运行，向应用层提供开发接口。比较典型的有 Android、Qt/E、MiniGUI、Microwindows 等。

第三类为简单 GUI，这些 GUI 通常与应用程序结合在一起，可重用性较差。

本章所讲的嵌入式 GUI 及应用设计，主要针对第二类嵌入式 GUI。

13.1.2　嵌入式 GUI 设计需求

从嵌入式 GUI 系统的总体需求上讲，所要建立的 GUI 系统是在嵌入式操作系统的基础之上，为嵌入式设备提供丰富的图形界面，并且能够为其快速地编制界面友好的应用程序。GUI 系统需完成的主要功能如下。

(1) 提供桌面和窗口管理功能。可同时运行多个应用程序，创建多个窗口。可对创建的窗口进行显示、隐藏、移动、改变大小等操作。

(2) 提供多种窗口组件界面。如光标、菜单、按钮、编辑框、列表框、静态控制框、滚动条、对话框和默认窗口等多种窗口界面对象。

(3) 提供图形操作。编写的应用程序能够绘制各种复杂图形，还可以填充任何闭合区域，如绘制直线，圆，曲线，矩形等图形。

(4) 支持基本的输入输出硬件设备。能够通过各种输入设备，如鼠标、键盘等对窗口进行控制或输入。

(5) 提供资源管理的功能。支持当今大多数流行的通用图像格式，如 BMP 等，支持多字符集和多字体，支持汉字输入法。

13.1.3　嵌入式 GUI 设计原则

嵌入式 GUI 系统，是实现图形化界面的核心，目的是提供给上层的应用程序绘制图形界面以及接收用户输入的能力。嵌入式 GUI 的通常表现形式既可以是一套库，也可以是与应用程序一起编译的源代码。

在设计原则方面，嵌入式的 GUI 系统应该具有以下几个原则。

1. 可移植性

嵌入式系统发展迅速，嵌入式硬件平台和操作系统的种类繁多、更新速度快、系统特点不一。为了支持在不同的嵌入式平台中运行，嵌入式 GUI 系统应具备良好的移植性。

2. 较高的稳定性和可靠性

嵌入式系统运行环境大都较差，而且一旦崩溃就可能导致无法挽回的严重后果。因此，嵌入式 GUI 系统要求有较高的稳定性和可靠性。

3. 系统开销少

嵌入式系统的硬件资源大都受限，处理器频率较低、RAM 和 Flash 容量较小等。而且在嵌入式系统中，通常还运行着比 GUI 系统更为重要的系统软件或应用软件。因此，嵌入式 GUI 系统不能占用过多的系统资源，运行开销要小。

4. 较高可配置性

嵌入式 GUI 系统的可配置性通常包括功能配置、界面特性配置、皮肤和主题配置等方面。不同的嵌入式应用对嵌入式 GUI 系统配置有不同的要求，因此嵌入式 GUI 系统应具有一定的可配置性，从而适应不同系统的需求和不同用户体验的选择。

13.1.4　主流嵌入式 GUI 简介

1. Qt/E

Qt/Embedded 是著名的 Qt 库开发商 TrollTech(http://www.trolltech.com/)发布的面向嵌入式系统的 Qt 版本。因为 Qt 是 KDE 等项目使用的 GUI 支持库，所以有许多基于 Qt 的 X Window 程序可以非常方便地移植到 Qt/Embedded 版本上。自从 Qt/Embedded 发布以来，就有大量的嵌入式 Linux 开发商转到了 Qt/Embedded 系统上。

Qt/Embedded 是一个 C++ 函数库，尽管 Qt/Embedded 声称可以裁剪到最少 630KB，但它还是对硬件提出了比较高的要求。Qt/Embedded 库目前主要针对手持式信息终端，是一个多平台的 C++ 图形用户界面应用程序框架，它注重于能给用户提供精美的图形用户界面所需要的所有元素。而且其开发过程是基于面向对象的思想，所以用户对其对象的扩展是相当容易的，并且它还支持真正的组件编程。

2. MiniGUI

MiniGUI(http://www.minigui.org)是由中国人主持，并由许多自由软件开发人员支持的一个自由软件项目，其目标是为基于 Linux 的实时嵌入式系统提供一个轻量级的图形用户界面支持系统，比较适合工控领域的应用。该项目自 1998 年年底开始到现在，已历经多年的开发过程。MiniGUI 具有以下一些特点：方便的编程接口、使用了图形抽象层和输入抽象层、多字体和多字符集支持（尤其是对中文的支持较好）、多线程机制等。

3. MicroWindows

MicroWindows(http://microwindows.censoft.com)是一个开放源码的项目，目前由美国 Century Software 公司主持开发。该项目的开发一度非常活跃，国内也有人参与了其中的开发，并编写了 GB2312 等字符集的支持。MicroWindows 是一个基于典型客户/服务器体系结构的 GUI 系统，基本分为三层。最底层是面向图形输出和键盘、鼠标或触摸屏的驱动程序；中间层提供底层硬件的抽象接口，并进行窗口管理；最高层分别提供兼容于 X Window 和 Windows CE(Win32 子集)的 API。

该项目的主要特色在于提供了类似 X Windows 的客户/服务器体系结构，并提供了相对完善的图形功能，包括一些高级的功能，比如 Alpha 混合、三维支持、TrueType 字体支持等；对显示速度、图形颜色和键盘等有很好的支持；还支持多线程，提供 MPEG 和 DVD 播放器等。

4. Tiny-X

Tiny-X 是 Kdriver Tiny X Server 的缩写，由 Keith Packard 设计。它是在 Xfree86 Server 的基础上改写的，因此 Tiny-X 是标准 X Window 系统的简化版，去掉了许多对设备的检测过程，无须设置显示卡驱动，很容易对各种不同硬件进行移植。它的设计目标是为了在小容量内存的环境下运行，非常适合用作嵌入式 Linux 的 GUI 系统。另外，Tiny-X 作为 Xfree86 的子集，性能和稳定性都不容怀疑。

5. Android

Google 公司于 2007 年 11 月 5 日成立了一个全球性的合作联盟——Open Handset Alliance(开放手机联盟),以共同开发开源移动操作系统 Android,来支撑其嵌入式平台 Android 操作系统及其相关应用的全面发展。联盟成员从移动运营商到半导体硬件制造商,从手机制造商到软件开发商,横跨上中下游产业链,串联相关附属产业领域,大大提高了其在移动领域的竞争力。

Android 的应用程序都是使用 Java 来编写的,所以很容易就可以移植到新的硬件平台上,而这也恰恰是嵌入式应用开发所需要的特性。在实际应用中,读者可以使用 Google 提供的 SDK 平台来设计与开发 Android 周边的应用。除了对 Java 的良好支持之外,Android 平台还包含 3D 图形加速引擎、SQLite 支持、Webkit 支持等丰富且有用的特性。

6. Windows CE

Windows CE 是 Microsoft 针对嵌入式产品的一套模块化设计的操作系统,它为用户提供了很好的 GUI。它的基本 GUI 模块包括:窗口管理模块、COM 组件、窗口控制组件。Windows CE 支持 Win32 API 和 MFC 的子集,OEM 厂商可以针对特定的需要选取合适的模块。由于很多开发者通常熟悉 Win32 API,因而应用程序的开发和移植会比较容易。

Windows Mobile 和 Windows Phone 7 同样沿用了 Windows CE 的核心。Windows Phone 8 才告别了 Windows CE 内核,采用 Windows 8 内核。

7. Palm

Palm OS 是早期由 U.S. Robotics(后被 3Com 收购,再独立改名为 Palm 公司)研制的专门用于其掌上电脑产品 Palm 的操作系统。该操作系统完全为 Palm 产品设计和研发,一度占据了 90% 的 PDA 市场的份额,获得了极大的成功,所以 Palm OS 也因此声名大噪。Palm OS 操作系统以简单易用为大前提,运作需求的内存与处理器资源较小,速度也很快;但不支持多线程,长远发展受到限制。

8. iOS

苹果 iOS 是由苹果公司开发的手持设备操作系统。苹果公司最早于 2007 年 1 月 9 日的 Macworld 大会上公布这个系统,最初是设计给 iPhone 使用的,后来陆续用到 iPod touch、iPad 以及 Apple TV 等产品上。iOS 与苹果的 MacOS X 操作系统一样,也是以 Darwin 为基础的,同样属于类 UNIX 的商业操作系统。这个系统的原名为 iPhone OS,直到 2010 年 6 月的 WWDC 大会上宣布改名为 iOS。

iOS 用户界面的创新设计是能使用多点触控直接操作,控制方法包括滑动,轻触开关及按键,交互方法包括滑动、轻按、挤压及旋转等。此外,通过其内置传感器,可旋转设备改变屏幕方向。iOS 的推出,颠覆了人们传统上对手机的认识和使用方法,获得了极大的成功。2011 年年底,iOS 在全球的智能手机操作系统份额一度占到了 30% 以上。

13.2 嵌入式 GUI 体系结构设计

13.2.1 嵌入式 GUI 体系结构

嵌入式 GUI 体系结构一般都采用分层设计,以便简化整个 GUI 系统的设计。分层设计的核心是对每一个模块进行抽象,并明确定义层与层之间的接口功能,每一层只需要关心与之相邻的上下两层之间的功能定义和接口，便于整个系统的设计和实现。分层设计的 GUI 系统具有清晰的层次结构，而且层之间的接口定义相对简单，可增强整个 GUI 系统的可靠性和稳定性。

典型的嵌入式 GUI 体系结构包含抽象层、图形设备接口、窗口管理、消息管理、内存管理和通信管理等模块，如图 13-1 所示。每一层调用下一层的接口实现对本层功能的封装，并向上层提供调用接口。

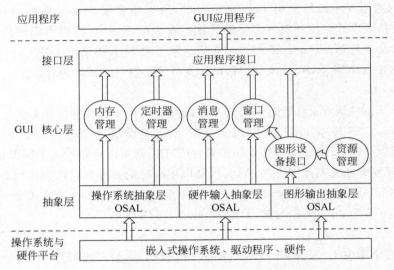

图 13-1　典型的嵌入式 GUI 体系结构

13.2.2　抽象层

在嵌入式 GUI 的平台抽象层包括操作系统抽象层、硬件输入抽象层、图形输出抽象层。

操作系统抽象层主要用来隔离具体的操作系统。当 GUI 系统用到操作系统相关的功能时，不需要关心是什么操作系统，只需要调用操作系统抽象层提供的统一接口。

硬件输入抽象层主要用来实现硬件输入功能。硬件输入抽象层为触摸屏、按键等设备的输入提供了一组统一的接口，收集输入设备的输入信息并进行分类管理然后通知上层。

图形输出抽象层主要实现图形输出功能。该层主要是和显示设备交互，把 GUI 系统需要呈现的内容发送给显示设备绘制出来。

13.2.3　核心层

1. 消息管理

消息管理模块的主要任务就是保证消息能够正常地发送、传递、捕获和处理。大部分 GUI 系统采用事件和消息驱动机制作为系统的基本通信机制。

2. 内存管理

在 GUI 初始化之初就申请一块连续的共享内存，用链表把此块内存管理起来，避免在应用程序中频繁动态地申请和释放内存时造成大量的内存碎片。

3. 窗口管理

窗口管理模块负责窗口的分类、窗口树和 Z 序的管理、窗口剪切域的管理，以及窗口绘制和跟 GDI 模块的交互等。

4. 资源管理

资源是指 GUI 中所使用到的图片、字体库等。GUI 把所有需要用到的图片数据进行预处理，调用时可大大提高效率。字体作为 GUI 系统支持的一部分，提供了统一的接口用来实现对汉字、英文、数字、符号的不同字体库进行输出。

5. 定时器管理

根据操作系统时钟，为 GUI 提供定时服务。

6. 图形设备接口

图形设备接口完成点、线、矩形、椭圆、多边形等绘制的基本操作。这些操作均在内存中完成，与图形硬件无关。

13.2.4　接口层

此层提供各种 GUI 对象（窗口、控件）的数据结构、应用编程接口以及绘制接口。数据结构包括各种图形设备接口对象的数据结构，如画笔、画刷、背景、位图、字体等，接口包括设备上下文的操作、图形设备接口对象的操作、坐标系统转换、图形绘制单元的操作等。所有的接口一般以封装的方式提供，不仅可以提高代码的可重用性，还便于开发人员对已有的窗口或控件对象进行扩展。

13.3　基于主流 GUI 的应用程序设计

13.3.1　MiniGUI 开发环境搭建

基于 MiniGUI 的开发可以在 Linux、Windows 等多种操作系统环境下进行，本书的重点在于嵌入式 Linux 系统设计，故在宿主机中采用 Linux 操作系统进行开发，本节主要介绍 MiniGUI 在 Linux 操作系统下的安装与配置过程，从而建立 MiniGUI 界面开发的运行环境。

1. 安装 GUI 相关程序

MiniGUI v1.6.10 是基于 MiniGUI 增值版（MinGUI-VAR v1.6.10）的简化版，它只支持 Linux/μCLinux/eCos 操作系统，并省略了许多非必需的功能，更加适合于初学者与一般用户来学习和研究，其源代码包可以在飞漫公司的官方网站进行下载。

MiniGUI v1.6.10 主要由源代码包、资源包、游戏等演示程序构成，具体文件如下。

（1）qvfb-1.1.tar.gz。由 Qt 提供的虚拟 FrameBuffer 的 X11 程序，经过编译安装直接可以使用。

（2）libpng_src.tgz。支持 PNG 展现的库的源代码包。

（3）jpegsrc.v6b.tar.gz。支持 JPEG 的源代码包。

（4）games-1.6.10.tar.gz。运行在 MiniGUI 上的几个小游戏的安装包。

（5）samples-1.6.10.tar.gz。基于 MiniGUI 的例程，用来展示 MiniGUI 中的一些函数。

（6）minigui-res-1.6.10.tar.gz。MiniGUI 的基本资源包，其中包含能在 MiniGUI 中使用的字体、光标、图标、位图等扩展图形应用。

（7）mg-samples-1.6.10.tar.gz。几个 MiniGUI v1.6.10 的示例程序。

（8）mde-1.6.10.tar.gz。针对 MiniGUI v1.6.10 的演示程序包。

（9）libminigui-1.6.10.tar.gz。MiniGUI v1.6.10 的核心源代码包。

其中，建立 MiniGUI 运行环境只需要最后 4 个文件。在 GNU/Linux 开发环境下，MiniGUI 的安装过程如下。

（1）解压源代码包。

```
# tar zxvf minigui – res – 1.6.10.tar.gz
# tar zxvf libminigui – 1.6.10.tar.gz
# tar zxvf mg – samples – 1.6.10.tar.gz
```

（2）运行配置命令。

```
# cd $ path/libminigui – 1.6.10
# ./configure
```

MiniGUI 源代码包中的 configure 脚本即可完成配置。读者可以运行下面的命令来获得完整的可配置选项清单。

```
# ./configure -- help
```

不带任何参数执行./configure 命令将会按照配置的编译配置选项生成 Makefile。

除了 MiniGUI 定义的配置选项之外，configure 脚本还带有一些重要的通用编译配置选项，例如，prefix 选项用于指定 MiniGUI 函数库的安装路径，默认安装在/usr/local 目录，交叉编译选项用于指定交叉编译过程中的平台设定。

（3）编译并安装 MiniGUI 库。

```
# make
# make install
```

默认的配置脚本会把 MiniGUI 配置文件安装到/usr/local/etc/目录，库文件安装到/usr/local/lib 目录，头文件安装到/usr/local/include/minigui 目录，当然具体的安装目录可以在配置的时候通过 prefix 选项修改。

（4）安装 MiniGUI 资源。

```
# cd minigui – res – 1.6.10
# make install
```

MiniGUI 资源的安装相对简单，只要运行 make install 命令即可完成安装过程，默认安装位置为/usr/local/lib/minigui 目录下。

经过如上步骤，完成了 MiniGUI 在 Linux 下的安装过程，接下来会介绍 MiniGUI 运行环境的配置等内容。

2. 配置 MiniGUI 环境

运行时配置选项影响 MiniGUI 的一些运行行为，比如要使用的图形或者输入引擎，要装载的设备字体、位图、光标资源等。本节主要介绍与图形引擎相关的运行时配置，在具体的实验中可能要按照不同的开发板环境对其他运行时配置选项进行相应的配置。

在 GNU/Linux 开发环境下，使用默认的配置安装 MiniGUI 之后，安装程序会将

MiniGUI 源代码目录中的 etc/MiniGUI-classic. cfg 文件安装到系统的/usr/locacl/etc/目录，并重命名为 MiniGUI. cfg。在 MiniGUI 应用程序启动时，MiniGUI 会优先加载当前目录下的 MiniGUI. cfg 文件，然后是/usr/local/etc/MiniGUI. cfg；最后才是/etc/MiniGUI. cfg 文件。

下面将针对两种不同的方式分别介绍相应的运行时环境配置。

1）QVFB 图形引擎

QVFB 是 qtopia 提供的在 X Window 下虚拟 FrameBuffer 的应用程序，其本质上是将程序通过 Linux 中的 FrameBuffer 驱动程序输出到图形设备上，类似于一个软件形式的中间件。读者可以从 7.3.1 节介绍的安装集合中找到独立的 QVFB 包（qvfb-1.1.tar.gz），并使用如下命令进行编译与安装过程。

```
# tar zxvf qvfb-1.1.tar.gz
# cd qvfb-1.1
# ./configure
# make
# make install
```

一般情况下，只需要按照默认脚本进行编译安装，完成之后，系统会将 QVFB 安装至/usr/local/bin，即直接可以在命令行中输入 qvfb 命令。而在 X Window 图形界面终端上，读者可以执行如下命令。

```
# qvfb &
```

此命令会调用启动 QVFB 的图形界面程序，用户在此窗口的交互设计可以用来完成对嵌入式终端显示屏的模拟过程。读者还可以使用其中的配置选项来设置自定义的模拟显示环境，从而达到较好的调试效果。

另外，QVFB 程序对 MiniGUI 的支持还需要做如下的配置。

（1）配置显示模式

```
# ./qvfb-width XXX-height XXX-depth 32
```

上述命令使 QVFB 能够以自定义的分辨率与颜色模式来启动，如果用户已经启动了 QVFB 程序，也可以通过菜单项 File→Configure 来实现显示模式的配置。

（2）修改 MiniGUI 配置文件

```
gal_engine = qvfb
ial_engine = qvfb
```

通过如上的修改与配置，QVFB 就可以运行 MiniGUI 的窗口和相关的应用程序。QVFB 提供了类似于 WinCE 模拟器环境的图形调试平台，完全可以代替嵌入式终端显示屏设备的实际下载运行调试，是一种较为简单与实用的 MiniGUI 运行环境。

2）FrameBuffer 图形引擎

FrameBuffer 是一种不同于 QVFB 的图形运行引擎，它是基于 Linux 内核的一个驱动程序接口，主要作用是通过对显示设备的抽象化处理，使得用户对内存地址的读写操作能够映射到对应的显示设备上。在一般情况下，读者可以使用兼容 VESA 标准的 FrameBuffer 来完成相关的配置工作：确认安装 VESA FrameBuffer 的 Linux 驱动程序；修改 GRUB 等引导程序达到激活其驱动程序并切换显示模式的目的。此处不再做详细的介绍，读者可以参考 FrameBuffer-HOWTO 文档继续深入了解相关的知识。

　　通过以上两种配置方法的介绍，读者可基本了解基于 MiniGUI 的运行环境搭建概况。一般来说，大部分基于 Linux 等操作系统的嵌入式设备都支持 FrameBuffer 的驱动程序，读者无须移植便可在宿主机与嵌入式系统上使用相同的程序源代码，大大简化了 MiniGUI 图形界面设计开发过程中的调试过程。但由于 FrameBuffer 的复杂性，建议初学者使用 QVFB 作为 MiniGUI 的运行环境，通过对 FrameBuffer 的软件虚拟，从而绕过其复杂的安装与配置过程。

3. MiniGUI 的使用

　　前面简单介绍了 MiniGUI 环境的安装与配置过程，想必读者通过相关内容的讲解，已经初步掌握了 MiniGUI 图形系统的入门方法。本节将结合 MiniGUI 自带的相关例程，介绍在编译 MiniGUi 程序并在 QVFB 上模拟运行实际的操作与使用方法。

　　1）编译应用程序

　　针对已经下载并解压了 MiniGUI 的示例程序（mg-samples-1.6.10.tar.gz，介绍 MiniGUI 相关的函数与控件），只需对其进行编译即可。

```
# cd mg - samples - 1.6.10
# ./configure
# make
```

　　make 命令完成之后，相关的可执行文件会被保存到 src/子目录下，读者进入相关目录输入运行命令即可运行其应用程序。

　　2）交叉编译

　　在之前的 MiniGUI 使用介绍的内容中，主要针对在宿主机 Linux 操作系统上直接运行 MiniGUI 图形支持系统。

　　（1）编译 MiniGUI 库

　　在交叉编译应用程序之前，首先要对 MiniGUI 核心函数库（ibminigui-1.6.10.tar.gz）进行交叉编译。在交叉编译前应首先使用 configure 脚本进行配置并生成 Makefile。

　　（2）交叉编译应用程序

　　交叉编译应用程序的步骤，一般需要指定相对应的编译器、依赖的库文件和头文件，下面以编译一个 hello world 程序为例示范如何编译 MiniGUI 应用程序。

```
# arm - none - linux - gnueabi - gcc - L /home/lib/ - I /home/test/include/  \
- O2 helloworld.c - o helloworld
```

13.3.2　基于 MiniGUI 的应用程序设计

　　MiniGUI 是一个典型的 GUI 图形界面支持系统，与传统的 GUI 开发相似，GUI 应用程序通过监控单击鼠标、按键等输入设备事件，再通过 GUI 内部处理，把相对应的响应反馈传递到图形的窗口上。通过局部或整体重绘，达到图形界面交互的效果。

1. 编程环境介绍

　　由于 MiniGUI 完全由 C 语言编写，使得其交叉编译过程变得比较简单，读者可以在任何一个安装有针对目标设备的交叉编译工具链的平台上开发然后进行编译。通常在 Linux 环境下,利用 GCC 实现相关的编译工作,再由 QVFB 完成在 Linux 平台上直接模拟 FrameBuffer 驱动环境对开发的应用程序进行运行与调试,避免了用户反复烧写到目标机上的过程,也使得用户可以在标准的编译器环境下直接对应用程序进行调试。

2. MiniGUI 框架介绍

MiniGUI 采用了基于线程的体系结构,并在此基础之上,架构起较为完备的消息传递与多窗口处理机制。MiniGUI 采用了传统的 Client/Sever 消息管理模式。桌面线程管理着 MiniGUI 中所有窗口的相关事件,例如创建、修改、显示、隐藏、焦点变化、回收等一系列的动作,是消息传递机制中的核心微服务器。事件线程获取来自于 IAL(Input Abstract Layer,输入抽象层)的事件,并传递给桌面线程。计时线程用来触发定时器事件,当其接收到 SIGALRM 信号之后,从休眠状态唤醒并向桌面线程发送相关的定时消息。从这可以看出,MiniGUI 系统控制是以消息/事件为驱动的,在消息传递实现上 MiniGUI 采用了消息队列的方式,解决了消息等待、封装、属性、优先级等实际问题。

MiniGUI 还利用了 Linux 虚拟文件系统的理念对图像与输入过程进行抽象与封装。它在代码实现上不依赖于硬件平台的支持,将图形处理与输入处理过程封装为抽象接口,提供给上层的应用程序、操作系统进行调用,而在底层硬件支撑上,利用一个可移植层实现与硬件的交互,并且封装成一个类似于操作系统的驱动程序的结构,从而实现了跨硬件平台运行的要求,大大提高了 MiniGUI 的可移植性,并且使得程序的开发和调试变得更加容易。

在 MiniGUI 系统中,控件的调用变得相当简单。每一个控件都属于某个子窗口类,是此子窗口类的实例,用户需要创建相对应的子窗口实例即可达到设计要求,另外,控件还包含继承于对应子窗口类的消息回调接口,从而保持同一类控件的界面风格与消息处理相一致。具体的控件介绍会在下文中继续展开。

libminigui 主要包括如下几个功能模块:预定义的数据类型、标准控制、消息机制、函数与接口、全局变量等。这些功能模块提供了一整套 API,为用户开发基于 MiniGUI 图形界面系统提供了有力的底层支持与实现保障。

1) 预定义的数据类型

在这个功能模块中,定义了版本信息、基础的数据类型、MiniGUI 句柄、系统必需的宏等常用的数据结构,一般在变量创建与变量引用时需要使用相关的 API。

2) 标准控制

用户在图形界面设计中所需要的各种基础组件,都可以在此模块中调用,主要包括按钮、组合框、编辑框、列表框、菜单按钮、工具栏、进度条、属性表、下拉框、静态框、文本编辑框、轨道框等组件控件,其中每个组件控件都包含风格控制、状态控制、消息控制以及通知代码。在基础编程中,将详细介绍相关的类与宏定义。

3) 消息机制

MiniGUI 针对不同的消息做了详细的分类控制:鼠标事件、键盘事件、传递鼠标/键盘事件、窗口创建、窗口绘制、桌面、窗口管理、对话框与控件、系统、菜单以及用户定义的消息类。另外,还有如下几个重要的消息处理函数。

(1) GetMessage():从窗口类中的消息队列中获取相关的消息。

(2) TranslateMessage():将获取的消息翻译成指定的消息类。

(3) DisPatchMessage():将已处理的消息发送到指定的窗口达到传递消息的目的。

（4）PostMessage()：将消息放到指定窗口的消息队列，一般用于非关键性的消息。

（5）SendMessage()：与 PostMessage 不同，该函数发送消息到指定窗口的消息队列后，并不是直接返回，而是等待消息处理后的反馈信息再返回。

（6）SendNotifyMessage()：与 PostMessage 相似的功能，区别在于不会由于缓冲区的限制而丢失。

（7）PostQuitMessage()：设置一个 QS_QUIT 的 Flag 标志，用于终止消息循环。

4）函数与接口

除了上文介绍的消息处理函数之外，MiniGUI 还提供其他基础功能的函数。

GDI(Graphics Device Interface)函数是 GUI 图形系统的重要组成部分，通过调用 GDI 函数，GUI 系统就可在特定的硬件平台上进行图形输出。MiniGUI 提供丰富的 GDI 函数 API 供用户使用，主要包含区域操作、图形操作、文本操作、设备上下文操作等。

窗口函数：用户在 GUI 图形设计中还需要用到窗口相关的操作，包括窗口操作、位图操作、菜单、消息、对话框等相关函数。

常用函数：主要是指常用的读写函数、堆操作、数字计算等在图形设计中可能使用到的基础函数。

MiniGUI 扩展接口：主要指动画控件、Cool 栏控件、网格控件、图标控件、列表控件、日历控件、数字设置框控件、树状结构控件等高级图形应用的代码实现接口。

5）全局变量

全局变量主要指系统颜色与像素值等系统全局变量。

本节中介绍了 MiniGUI 图形开发的基础框架与运行机制，以及相关的功能 API 介绍。从下节开始，开始讲解基于 MiniGUI 的编程方法，读者将在代码设计、功能实现层面来深入理解 MiniGUI 图形开发过程。

3. 基础编程

本节将重点介绍基于 MiniGUI 的编程方法，要求读者有 C 语言编程的基础与系统开发编程的经验。下面从编程界中最经典的"Hello World"开始进入 MiniGUI 开发领域，此程序（helloworld.c）的源代码如下。

```c
#include <stdio.h>

#include <minigui/common.h>
#include <minigui/minigui.h>
#include <minigui/gdi.h>
#include <minigui/window.h>

static int HelloWinProc(HWND hWnd, int message, WPARAM wParam, LPARAM lParam)
{
    HDC hdc;
    switch (message) {
        case MSG_PAINT:
            hdc = BeginPaint (hWnd);
            TextOut (hdc, 60, 60, "Hello world!");
            EndPaint (hWnd, hdc);
            return 0;

        case MSG_CLOSE:
```

```
              DestroyMainWindow (hWnd);
              PostQuitMessage (hWnd);
              return 0;
     }


    return DefaultMainWinProc(hWnd, message, wParam, lParam);
}


int MiniGUIMain (int argc, const char * argv[ ])
{
    MSG Msg;
    HWND hMainWnd;
    MAINWINCREATE CreateInfo;

# ifdef _MGRM_PROCESSES
    JoinLayer(NAME_DEF_LAYER , "helloworld" , 0 , 0);
# endif

    CreateInfo.dwStyle = WS_VISIBLE | WS_BORDER | WS_CAPTION;
    CreateInfo.dwExStyle = WS_EX_NONE;
    CreateInfo.spCaption = "HelloWorld";
    CreateInfo.hMenu = 0;
    CreateInfo.hCursor = GetSystemCursor(0);
    CreateInfo.hIcon = 0;
    CreateInfo.MainWindowProc = HelloWinProc;
    CreateInfo.lx = 0;            //left
    CreateInfo.ty = 0;            //top
    CreateInfo.rx = 240;          //right
    CreateInfo.by = 180;          //bottom
    CreateInfo.iBkColor = COLOR_lightwhite;
    CreateInfo.dwAddData = 0;
    CreateInfo.hHosting = HWND_DESKTOP;

    hMainWnd = CreateMainWindow (&CreateInfo);

    if (hMainWnd == HWND_INVALID)
        return - 1;

    ShowWindow(hMainWnd, SW_SHOWNORMAL);   //show window

    while (GetMessage(&Msg, hMainWnd)) {
        TranslateMessage(&Msg);
        DispatchMessage(&Msg);
    }

    MainWindowThreadCleanup (hMainWnd);

    return 0;
}

# ifndef _MGRM_PROCESSES
# include < minigui/dti.c >
# endif
```

以上源代码的作用是在屏幕上创建一个大小为 240×180 像素的应用程序窗口，并在像素点位置 $(60, 60)$ 处打印输出"Hello World!"的字符串。

通过分析其源代码，可以发现程序分为以下两个部分。

（1）HelloWinProc()函数：窗口过程函数，其中定义了事件反馈的打印与关闭动作。

（2）MiniGUIMain()函数：MiniGUI 程序 Main 函数入口。其中前半部分定义了窗口参数，后半部分创建该窗口并建立消息传递动作。

可见，MiniGUI 编程过程与传统的 GUI 编程方式十分相似，再参考 Win32 的消息传递机制的编程方式，可以非常容易地上手。

13.3.3　Android 开发环境搭建

1. Android 开发环境介绍

由于 Android 系统本身并不是一种编程语言，如之前所提及的那样，Android 应用使用 Java 来开发与实现，那么就需要一个类似于 Visual Studio 的集成开发环境（IDE）来进行有关 Android 的开发工作，这里就有很多的选择，如 JBuilder、Eclipse、NetBeans 等，本书所采用的是 Eclipse。Eclipse 是一个免费并功能强大的 Java IDE，而且对于基于 Android 的工程支持良好，用户可以编写、编译工程并在其上的 Android 模拟器上仿真运行。

2. 环境搭建步骤

在安装 Eclipse 集成开发环境之前，需要先安装运行 Java 所需的 JDK（Java Development Kit，能够直接创建开发 Java 应用程序）。

在完成 JDK 安装之后，接下来可以访问 http://www.eclipse.org/downloads/去下载 Eclipse，本书使用 Eclipse IDE for Java EE Developers Helios。在下载完程序包之后，可以使用默认设置运行安装程序，安装完 Eclipse，程序会运行初始化过程并运行 Workspace Launchers，用户可以设置自定义的文件路径作为 Eclipse 的工作空间（Workspaces），这样就完成了 Eclipse 相关的安装过程。

安装完成 JDK 与 Eclipse 程序之后，就已经可以开发基于 Java 的应用程序了。但是针对基于 Android 的应用开发，还需要安装 Android SDK 以及 Eclipse 插件 ADT 才能完成安装过程。Android SDK 为开发那些基于 Android 设备的应用软件提供相关 API 与工具集，与其他的 SDK 集合相似，Android SDK 也提供运行 Android 所需的 Java 库文件、帮助文档以及模拟器等开发工具。可以到 http://code.google.com/android/页面下载 Android SDK 并运行，其配置过程在下面会有介绍。

在安装 Android SDK 之后，需要安装 Eclipse 的 Android 插件 ADT（Android Development Tools），这个过程可以在 Eclipse 程序内部完成：运行 Eclipse 应用程序，单击 Eclipse 菜单 Help→Install New Software，在弹出窗口的 Work with 中填入"https://dl-ssl.google.com/android/eclipse/"并单击 OK 按钮，Eclipse 程序就会自动搜索该 URL 下有效的适用插件，在搜索结果页中选择 Developer Tools 即可开始 ADT 插件的安装过程。完成安装之后，还需要配置 Android Plugin 才能被 Eclipse 正确使用。

Android Plugin 的配置方法如下。

（1）打开 Eclipse 程序，单击 Window→Preference。

（2）选择 Android 菜单栏，并输入 SDK（也就是之前安装的 Android SDK）的文件路径，Eclipse 需要调用基于 Android 的开发调试工具，例如 Android 模拟器。

（3）勾选上 Automatically Sync Projects to Current SDK，并单击"完成"按钮。

（4）之前安装的 Android SDK 还不能直接调用的，需要设置系统的环境变量才能实现相关调用。

3. Android SDK 介绍

Android SDK 是 Google 为 Android 应用开发者提供的开发工具包，其中包括文档、API、工具以及相关的例程。读者可以登录 http://developer.android.com/sdk/下载各个版本的 SDK。

1）Android 文档

在 Android SDK 压缩包中包含相关文档，路径位于％your SDK file％/DOCS。读者可以在浏览器中打开 documentation.html 这个根文件，来浏览相关的资料，其中包含 Home、SDK、Dev Guide、Reference、Resource、Videos、Blog，其中在开发过程中经常用到的就是 Reference 的信息索引和 Resource 中的 FAQs 的错误调试。

2）Android 工具

如上文提及的那样，在 Android SDK 中为开发者提供许多功能强大的开发工具，路径位于％your SDK file％/tools。下面介绍一些能在本书开发例程中用到的工具。

（1）模拟器（emulator.exe）。模拟器是 Android SDK 中最重要的开发工具之一，它的作用是用来在 PC 平台上模拟 Android 环境来运行基于 Android 开发的应用程序。

（2）调试桥（adb.exe）。与其他的编程开发工具一样，Android SDK 为命令行编程也提供了功能强大的调试桥。它能够对 emulator.exe 传递命令，包括开启或停止服务器、安装或卸载应用、移动文件至模拟器或模拟器文件移出等。

（3）SD 卡工具（MKSDCARD.exe）。在许多手持设备上都有 SD 卡的接入，那么当应用程序需要对在设备上的 SD 存储卡进行文件操作时，用户就可以通过 MKSDCARD.exe 来模拟这个过程。

（4）编译器（DX.exe）。DX.exe 是 Android 的编译器，它把 Java 源代码编译成 Dalvik 虚拟机支持的 dex 格式的文件，使之能在 Android 的任意设备中运行。

（5）批处理脚本（activityCreator）。在使用命令行模式开发 Android 应用程序时，activityCreator 能够为应用程序建立基本的开发环境所需的 shell 命令；在 Eclipse 集成开发环境下，程序会自动调用 activityCreator 脚本来建立相关的批处理命令集。

3）APIs

API 集是 Android SDK 包中的核心功能组件，它提供了如函数、方法、属性、类库等一系列在用户开发应用过程中所必需的应用编程接口集合。Android API 包含针对 Android 系统运行与交互所需的详细信息，主要可以分为 Google API 和 Optical API 两个集合。

Google API 主要为用户提供了访问现有 Google 服务的接口。当用户在开发应用程序时，需要使用如 Google Map、Gmail 等 Google 应用服务时，就需要使用 Google API。其中包含图形、联系人、日历、地图等功能组件的接口，文件位置在 android.jar 包中。

Optical API 是指一些非 Android 标准化的可选功能的 API 集合。这些可选的功能在一部分 Android 手持设备中包含，而在另外一些设备中未被集成。

4）Android 例程

在 Android SDK 中还集成了几个用来测试 Android 相关功能的例程，文件路径位于％your SDK file％/samples。其中囊括 API Demo、GestureBuilder、Helloactivity、Home 等 11

个例程文件,用户可以在 Apache v2.0 协议框架下直接使用这些 Android 开源项目所提供的例程。这些例程为用户提供了快速开发以及开发流程上的思路与方法,并实现了一些 Android 的特定功能模块,读者可以在 Eclipse 直接运行这些例程。

13.3.4 基于 Android 的应用程序设计

1. 创建 Android 工程

用户需要打开 Eclipse,选择 File→New→Android Project,来为开发的应用创建一个 Android 工程,新建向导执行动作来创建工程相关的文件:绑定 Android SDK,调用其中的 android.jar,并为工程绑定 SDK 的模拟器工具(emulator.exe),使开发者可以调用 Android 开发包并能够在 Android 环境下调试应用程序;为工程建立编译应用程序所必需的 Shell 批处理文件。然后用户只需要按照新建向导的提示填写工程相关的信息:Project Name(工程名称)、Contents(工程新建方式与文件路径)、Build Target(选择开发平台,包括 1.5,1.6,2.0,2.1,2.2 等)、Properties(属性,包括包名称、活动名称与应用名称)。单击 Finish 按钮之后,向导会运行后台程序,来生成工程必需的文件以及支持 Android 应用的结构,这样读者的第一个 Android 工程就创建完成了。

1) Android 工程文件介绍

在创建 Android 工程的过程中,Eclipse 与 Android SDK 为用户自动生成了支持 Android 与工程所需的相关文件,其中部分在用户开发时需要修改或者重写,而另外一部分则不能被修改。如果用户对这些文件进行错误地修改,往往会造成工程的无法使用,在本节中将为读者简单介绍这些文件的用途以避免这种情况。

Eclipse 工程浏览器(Project Explorer)中包含工程的文件树,读者可以看到这些创建的工程文件夹下有 src、assets、res、gen 4 个文件夹,Referenced Libraries(引用库),Android Manifest.xml 等内容。

2) 引用库

在本例中,在这个路径下只包含一个引用的库,就是对 Android SDK 的引用——android.jar,它保证了开发者可以访问 Android SDK 中的工具与 API 等中间件。在开发过程中,读者可以添加自定义的库或者外部库,例如在安装了 Google APIs add-on 后建立 Google map 相关的工程,此时引用库中会有 map.jar 包。

3) AndroidManifest.xml

AndroidManifest.xml 是用来存储工程相关的全局设置的文件,其中包括应用许可、活动信息等相关的设置信息,例如 WiFi、GPS 应用许可、Content Provider 属性设置等,这些在实验部分都会详细介绍。

4) src 文件夹

与其他的集成开发环境下的工程文件相似,src 文件夹保存着该工程的所有源代码。如本例新创建的 Android 工程下,src 文件夹下的%your activity name%.java 文件。

%your activity name%.java 是由用户在新建向导中命名、由 Android 插件生成的源代码文件,该文件默认为应用程序的启动入口。当然用户可以对 AndroidManifest.xml 进行修改,指定程序入口。

5) res 文件夹

与其他的集成开发环境下的工程文件相似,res 文件夹下保存着工程的资源文件。在新创建的工程中,res 路径下保存着 drawable-hdpi、drawable-ldpi、drawable-mdpi、layout、values 等类的内容:drawable-xxx 用来存放图片文件,后缀分别代表了图片的大小。layout 类控制应用程序界面布局,Android 界面布局有 XML 文件定义,而 values 类控制着应用中使用的全局字符串对象。

6) gen 文件夹

gen 文件夹存放自动生成的文件,在本例中出现的是 R. java 文件。R. java 是由 Android 插件自动生成的文件,其中主要包含 drawable 类、layout 类、string 类等节点。在许多应用源代码文件中需要引用 R. java,需要注意的是,不要直接修改这个文件。

7) assets 文件夹

这个目录主要用来保存资源文件,例如流媒体、动画的音频文件等。

2. 基础 UI 设计

Android 系统拥有自带的视图系统与窗口管理系统,针对基于 Android 的相关应用,用户可以为其设计 UI 交互,降低人机交互成本,提升应用的用户体验。可以说,UI(User Interface)设计是 Android 应用开发中基础且不可缺少的一个环节。

与传统的 UI 编程相比,Android 引入了一些全新的 UI 编程机制。

(1) 视图(View)。视图是 UI 编程的基础虚拟类,所有的 Android UI 控件类由其衍生。

(2) 视图组(View Group)。视图组是对视图的扩展,它能够包含许多子视图类,从而实现 UI 控件的组合。

(3) 活动(Activities)。活动是指 Android 系统中的窗口,类似于传统操作系统中的视窗对象,当用户需要在 Android 运行环境中显示相关的 UI 控件时,只需要将其指定一个活动即可。

当然,Android 系统同样提供了一些常用的 UI 控制与布局管理的方法,在实际应用中,用户除了直接调用对应方法之外,还可以通过函数重载的方法改写与扩展对应的功能,达到理想的 UI 控制目的。

1) 视图机制

如前面介绍的,所有 Android 的 UI 控件都继承于视图类。另外,在传统的 GUI 设计中所用的组件与控制类也可以由视图类衍生。而视图组同样由视图类派生出来的,它的主要作用是用来构建一些可复用的 UI 组件,通常由视图组扩展出的控件类利用布局(Layout)管理。在了解了 Android 的视图机制之后,下面将介绍如何使用 Android SDK 创建 UI。

在空白的窗口创建 UI 控件时,需要调用 SetContentView( )函数来显示被传递的视图类实例;当其他类型的窗口创建 UI 控件时,调用 SetContentView( )函数的同时,还需要重载 SetContentView( )中的 onCreate 句柄。

SetContentView( )用来在布局管理中设置屏幕显示的内容,传入的参数可以是布局资源的 ID,也可以是一个单独的视图类实例。这保证了 Android 在 UI 设计中既能利用代码直接定义,也能利用外部的布局资源来定义。

2) 创建 UI 实例

首先需要删除 XML 中的 TextView 相关的代码,完成后运行编译后的应用程序应该是一个空白的命令行界面。在 Main. xml 中的 TextView 模块如下所示。

```
< TextView
    android: layout_width = "fill_parent"
    android: layout_height = "wrap_content"
    android: text = "Hello World, HelloWorldText"
/>
```

第二步，需要删除原有的 SetContentView 设置模块，从而实现通过代码来创建 UI 的过程。在 HelloWorldText. java 中的相关内容如下所示。

```
setContentView(R. layout. main);
```

这行代码的功能是将 Main. xml 中的设置内容绘制到屏幕上，在这里不再使用 Main. xml 来实现 UI 创建的功能，而需要利用代码创建 TextView 模块。

下一步需要从 Android. widget 中导入 TextView 包为 TextView 类实例的创建做准备。其代码实现如下。

```
import android. widget. TextView;
```

在完成准备工作之后，读者在 onCreate() 方法中创建 TextView 实例即可实现显示屏上打印出预置字符串的效果，同时不需要对 main. xml 进行修改。其代码实现如下。

```
package android_programmers_guide. HelloWorldText;
import android. app. Activity;
import android. os. Bundle;
import android. widget. TextView;
public class HelloWorldText extends Activity {
    / ** Called when the activity is first created. * /
    @Override
    public void onCreate(Bundle icicle) {
        super. onCreate(icicle);
        / ** Create TextView * /
        TextView HelloWorldTextView = new TextView(this);
        / ** Set text to Hello World * /
        HelloWorldTextView. setText("Hello World!");
        / ** Set ContentView to TextView * /
        setContentView(HelloWorldTextView);
    }
}
```

其中，TextView HelloWorldTextView = new TextView(this) 用来新建一个 TextView 对象并命名为 HelloWorldTextView，同时将 this 句柄指向的内容传递给该对象并实例化；HelloWorldTextView. setText("Hello World!") 将该对象的文本设置为 Hello World!；完成以上设置后，还需要调用 setContentView 函数设置屏幕显示的内容，此处就是传递对象到该函数即可完成操作。最后对已修改的工程编译并在 Android SDK 内置的模拟器上运用该应用程序，就可以在屏幕上打印出 Hello World 的字符串。

通过以上的步骤，一个完整的 Android 活动就被用户成功创建了，用户通过对活动的显示内容设置 ContentView 对象并在手机模拟器上显示出 Hello World 的信息。

3）布局

在上文视图机制中已经提到了布局的概念，布局是由视图组派生出用作控制各个视图组件屏显位置的类别。Android SDK 提供了一下比较简单的布局类，用户可以直接调用，也可以通过嵌套组合等手段构造出更为复杂的布局。

关于这些布局的详细内容在此处不再展开介绍，如果想要对布局属性特性以及相关代码有进一步的了解，请访问 Android 官方网页文档 http://code. google. com/android/devel/ ui/ layout. html。

4）布局用例

在 Android 开发中，通常使用 XML 文件来实现布局的设计。在布局的 XML 文件中必须包含一个根元素。而根节点能够包含嵌套的布局类与视图组件来构建相对复杂的屏幕显示布局方式。

以下的 XML 代码实现了在垂直的线性布局中对文本框与编辑框组件的布局配置。

```xml
<?xml version = "1.0" encoding = "utf - 8"?>
< LinearLayout xmlns:android = "http://schemas.android.com/apk/res/android"
    android:orientation = "vertical"
    android:layout_width = "fill_parent"
    android:layout_height = "fill_parent">
    < TextView
        android:layout_width = "fill_parent"
        android:layout_height = "wrap_content"
        android:text = "Enter Text Below"
    />
    < EditText
        android:layout_width = "fill_parent"
        android:layout_height = "wrap_content"
        android:text = "Text Goes Here!"
    />
</LinearLayout >
```

在布局类生效的过程中能够分离视图与活动中的展现层，同时创建能够动态载入的基于硬件环境的改动。其布局生效的代码实现如下。

```java
LinearLayout ll = new LinearLayout(this);
ll.setOrientation(LinearLayout.VERTICAL);

TextView myTextView = new TextView(this);
EditText myEditText = new EditText(this);

myTextView.setText("Enter Text Below");
myEditText.setText("Text Goes Here!");

int lHeight = LinearLayout.LayoutParams.FILL_PARENT;
int lWidth = LinearLayout.LayoutParams.WRAP_CONTENT;

ll.addView(myTextView, new LinearLayout.LayoutParams(lHeight, lWidth));
ll.addView(myEditText, new LinearLayout.LayoutParams(lHeight, lWidth));
setContentView(ll);
```

在将 TextView 等视图组件加入布局的过程中，需要使用 setLayoutPrarams 方法对

LayoutParameters 设置，或者使用 addView 方法将组件传入布局。

3. 扩展性设计

在 Android 系统架构中包含 GPS、通信等相关的功能模块，开发者可以根据实际应用情况进行扩展性的开发与设计。

1) Google API

Google 为旗下的许多产品都开放了 API 接口，方便开发者对其进行二次应用部署，其中包含 AdSense API、AdWords API、Google Maps API、GTalk XMPP 等。通过对这些 API 的灵活使用，Android 平台上同样可以实现对应的功能。

2) 数据存储

在许多应用中都需要使用数据读取、数据存储等相关的技术，其中可能涉及文件存储、数据库操作等，甚至在 UI 进行切换时活动也需要存储其状态，以便于在进程崩溃或重启时，其UI 状态可以被恢复。

针对一些较为简单的文件与数据，Android 提供了一个定制的方法来访问其本地文件系统，当然，同样兼容 Java. IO 类提供的方法。针对另一些复杂固定的文件与数据，Android 提供了 SQLite 数据库支持。而内容提供器则为用户针对任意的数据源提供通用的接口，同时提供了一种可管理的数据共享的方法。

如上文提到的那样，Android 支持对文件的访问操作，通过使用 openFileInput 与openFileOutput 方法就可以完成对文件流 openFileInput 与 FileOutputStream 的读写操作。

Android 使用 SQLite 库实现了对传统的关系数据的支持。通过 SQLite，用户可以为应用建立独立的数据库来管理更为复杂庞大的数据信息。在 Android 的 SQLite 使用过程中，用户可以使用 SQLiteOpenHelper 类来简化数据库的打开、创建、升级操作。在编程开发中，SQLiteOpenHelper 可以使用 getReadableDatabase 或 getWriteableDatabase 来获取一个只读/只写的数据，还能通过对其 onCreate、onUpgrade 等方法重载实现扩展功能。

小　　结

针对特定的嵌入式硬件设备或环境，嵌入式 GUI 设计不同的用户图形界面系统应用，使嵌入式软件与硬件完美结合。本章首先从嵌入式 GUI 的设计内容、设计需求、设计原则等角度介绍了嵌入式 GUI 设计的基础知识，然后详细分析了典型的嵌入式 GUI 体系结构和组成部分，接着详细介绍了 Qt/E、MiniGUI 和 Android 等主流嵌入式 GUI 的设计方案，第 4 部分则介绍了 MiniGUI 开发环境搭建和基于 MiniGUI 的 GUI 应用程序设计，以及 Android 开发环境搭建和基于 Android 的 GUI 应用程序设计。MiniGUI 和 Android 在业界非常热门，并得到了广泛使用。同时，掌握它们对理解和学习其他 GUI 系统也有较大帮助。

进一步探索

（1）针对无操作系统的嵌入式开发平台，寻找一些图形库，编写 GUI 应用程序，并比较与基于 MiniGUI 平台的 GUI 应用开发的区别。

（2）搭建 iOS 手机应用开发平台，并尝试编写一些简单应用，比较与在 Android 平台上编写方式的区别。

下 篇

实 验 部 分

## 第1章

实验基础

一、实验采用的开发平台

本书实验部分的开发平台采用 Atmel AT91SAM9G45-EKES 全功能评估板,而英蓓特公司生产的基于 Atmel AT91SAM9G45 处理器的 EM-SAM9G45 开发板具有基本相同的硬件配置,同样适用于本书的实验部分。本节将对两块实验板分别进行介绍。在之后的硬件介绍中将以 Atmel AT91SAM9G45-EKES 为例。

1. AT91SAM9G45-EKES 评估板

AtmelAT91SAM9G45-EKES 是基于 Atmel AT91SAM9G45 处理器(ARM926EJ-S 内核)的全功能评估板。AT91SAM9G45 开发板主频高达 400MHz,可支持 WinCE 和 Linux 操作系统的开发板调试,带有 256MB Nand Flash,2MB Nor Flash,512KB EEPROM,4MB DataFlash,以及两个 64MB 的 DDR2 SDRAM,并带有丰富的功能扩展:高速 USB 2.0 (480MHz),音频输入,音频输出,10/100Mb/s 网络,JTAG 调试接口,DBGU 串口,Micro SD 卡接口,SD/MMC 卡接口。评估板如图 1-1 所示,板载主要部件如图 1-2 所示。

图 1-1　AT91SAM9G45 评估板

1) 接口

AT91SAM9G45-EKES 评估板采用 AT91SAM9G45-CU 芯片(324 球 TFBGA 封装),同时具有以下外设或接口。

(1) DDR2/LPDDR 内存接口连接到 128MB 的 DDR2 - SDRAM 内存。

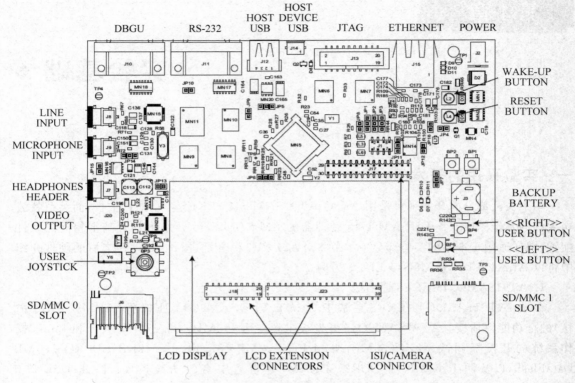

图 1-2　AT91SAM9G45-EKES 主要部件

（2）外部总线接口（EBI）连接到三种内存设备（DDR2-SDRAM，Nand FLash 和 NOR FLash）。

（3）一个 TWI 串行存储器。

（4）一个 USB Host/Device 复用端口接口。

（5）一个 USB Host 端口接口。

（6）一个 RS-232 串行通信端口。

（7）一个 DBGU 串行通信端口。

（8）一个 JTAG/ICE 调试接口。

（9）一个带状态 LED 的 100BASE-TX（5 类双绞线）以太网口。

（10）一个 AC97 音频解码器，具有耳机输出，输入以及单声道/立体声微输入。

（11）一个 TV 接口（包括视频输出）。

（12）一个 4.3 英寸 TFT LCD 模块，具有触摸屏和背光灯。

（13）一个 ISI 连接器（摄像头接口）。

（14）一个电源红 LED 和两个通用绿 LED 指示灯。

（15）两个用户输入按键。

（16）一个四向控制操纵杆。

（17）一个唤醒输入按键。

（18）一个重置输入按键。

（19）一个 DataFlash/SD/SDIO/MMC plus 卡插槽（4/8 位接口）。

(20) 一个 SD/SDIO/MMC 卡插槽(4 位接口)。

(21) 一个 12mm 锂钮扣电池单元(用于内存备份)。

2) 板接口连接

(1) 以太网使用 RJ-45 连接器(J15)。

(2) USB Host,支持 USB Host 使用 A 类连接器(J12)。

(3) UART1(Rx,Tx,Rts,Cts)连接到 9 路公 D 型 RS-232 连接器(J11)。

(4) DBGU(只有 Rx 和 Tx)连接到 9 路公 D 型 S232 连接器(J10)。

(5) JTAG,20 针 IDC 连接器(J13)。

(6) SD/MMC plus 连接器(J5)。

(7) SD/MMC 连接器(J6)。

(8) 耳机(J7),输入(J8)和麦克风耳机(J9)。

(9) 扬声器输出(JP15)。

(10) 图像传感器连接器(J17)。

(11) TFT LCD 显示器(J16),触摸屏(J19)以及背光灯(J21)。

(12) 测试点;板上有许多测试点。

(13) 主电源(J2)。

3) 按键开关

(1) 重启,板重置(BP1)。

(2) 低耗模式唤醒键(BP2)。

(3) 右键和左键(BP4 和 BP5)。

(4) 操纵杆(BP3)。

4) LCD 和 LED 显示器

(1) 显示器,480×RGB×272 像素 LCD 模块显示器连接到 PIO E 端口(LCD1)。

(2) 一个表面黏着式红色 LED,用户接口(D8)。

(3) 两个表面黏着式绿色 LED,用户接口(D6 和 D7)。

(4) 三个表面黏着式 LED 只是以太网状态(D9,D10,D11)。

2. EM-SAM9G45 开发板

EM-SAM9G45 实验板是英蓓特公司新推出的一款基于 Atmel 公司 AT91SAM9G45 处理器(ARM926EJ-S 内核)的全功能评估板。硬件配置与 Atmel AT91SAM9G45-EKES 基本相同。详细硬件资源如表 1-1 所示,实验板示意图如图 1-3 所示。

表 1-1　EM-SAM9G45 板硬件资源

硬 件 资 源	说　明
AT91SAM9G45(32 位 ARM 处理器)400MHz 运行频率	带后备电池的 RTC
硬件尺寸:120×90mm	一个 IIS 音频输入接口
液晶屏:4.3 英寸(16∶9)触摸屏(480×272)	一个 IIS 音频输出接口
64KB 片内 SRAM	外接 5V 供电
64KB 片内 ROM	DBGU 调试串口
外扩的 256MB Nand Flash	一个 USB Host 接口
外扩的 2MB Nor Flash	一个 USB Device 接口
外扩的 4MB DataFlash	两个用户可用 LED 灯
外扩的两个 64MB 的 DDR2 SDRAM	一个 10/100M 网口

续表

硬 件 资 源	说　　　明
两个功能按钮	一个 Micro SD 卡接口
一个唤醒按钮	一个 SD/MMC 卡接口
一个复位按钮	10-pin 的 JTAG 调试接口
60 个 I/O Pin 用户扩展接口	

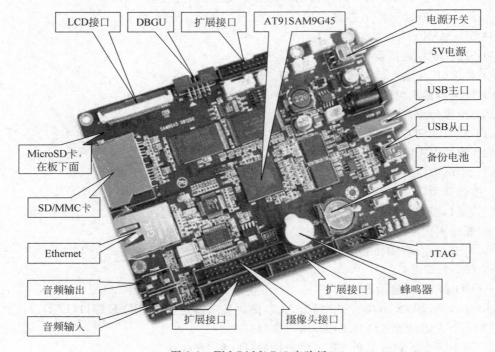

图 1-3　EM-SAM9G45 实验板

二、AT91SAM9G45 芯片

AT91SAM9G45 芯片使用 ARM926EJ-S 处理器，它带有 MMU 功能，有一个 64KB 的内部 SRAM 和一个 64KB 的内部 ROM，并带有两个外部总线接口，总共可支持 4 块 DDR2/LPDDR，SDRAM/LPSDR，静态存储器，CF 闪存或带 ECC 校验的 SLC Nand Flash。

AT91SAM9G45 芯片把用户接口的功能性和高速数据连接相结合，包含丰富的外设。

（1）LCD 控制器，支持 STN 显示屏和 TFT 显示屏，最高分辨率达 1280×860。

（2）支持电阻触摸屏，相机接口。

（3）AC'97 音频控制器。

（4）10/100M 以太网。

（5）高速 USB 和 SDIO。

（6）两个主/从串行外设接口。

（7）两个三通道 32 位计时器/计数器。

（8）两个异步串行控制器。

（9）两个 I2C 接口。

（10）四通道 16 位 PWM 控制器。

随着处理器运行在 400MHz 和多个速率超过 100Mb/s 的外设，AT91SAM9G45 在访问网络和本地媒体的性能和带宽上都能带来良好的用户体验。

AT91SAM9G45 支持最新的 DDR2 和 NAND 闪存接口来存储程序和数据。一个与 37 个 DMA 通道相关的 133M 的内部多层总线接口，以及一个双外部总线接口和一个能够用来配置紧密耦合内存（TCM）的 64KB 的分布式内存，它们用来维持处理器和高速外设通信时所需的带宽。芯片支持系统从 Nand Flash、SD 卡、DataFlash 或串行 DataFlash 上启动，并带有片上上电复位的控制器。此外，芯片还有一个系统专用锁相环和一个高速 USB 专用锁相环，两个可编程外部时钟信号，高级中断控制器和调试单元以及各种定时器：周期间隔定时器，看门狗定时器，实时定时器和实时时钟。

芯片输入输出支持 1.8V 或者 3.3V 操作，这是独立的存储器接口和外围 I/O 的配置。此特性完全消除了对任何外部电平转换器的需要。

AT91SAM9G45 的电源管理控制器具有高效的时钟门控和电池备份部分，在上电和待机模式时将功耗降低至最少。

三、ARM926EJ-S 内核

ARM926EJ-S 内核是 ARM9 系列的一员，它采用 ARM5TEJ 架构版本，具有完全内存管理、高性能、低芯片尺寸、低功耗等特性，面向多任务应用。其内部框架如图 1-4 所示。

ARM926EJ-S 内核支持 32 位的 ARM 指令集和 16 位的 Thumb 指令集，使用用户能够在高性能和高代码密度之间做出权衡。它还支持 Java 加速技术 Jazelle，使其能够支持 8 位的 Java 指令集，可以有效地执行 Java 字节码，为下一代基于 Java 开发的无线和嵌入式设备提供近似于 JIT（Just-In-time）技术的性能。同时 ARM926EJ-S 处理器还包括一个为改进 DSP 性能的增强乘法器设计。

ARM926EJ-S 内核支持 ARM 调试架构，包括硬件调试和软件调试的逻辑支持。它提供了一个完整的高性能处理器子系统，包括：

（1）一个 ARM9EJ-S 整数核心；

（2）一个内存管理单元（MMU）；

（3）独立的指令和数据 AMBA AHB 总线接口；

（4）独立的指令和数据 TCM 接口。

除了上述特点外，ARM926EJ-S 内核具有如下嵌入式特性：采用 5 级流水线结构，分别是取指（F）、译码（D）、执行（E）、存储器访问（M）和回写（W）。处理器具有 32KB 的数据缓存和 32KB 的指令缓存，缓存采用 4 路组相连。采用标准的 ARM v4 和 v5 版的内存管理单元（MMU），可设置段访问权限，大页表和小页表的访问权限可设置到四分之一页大小。总线接口单元（BIU）仲裁和调度 AHB 请求，为 32 位指令接口和 32 位数据接口提供单独的地址总线和数据总线，在地址和数据总线上，数据可以为 8 位（字节），16 位（半字）或 32 位（字）。

四、AT91SAM9G45-EKES 硬件资源

1. 外部存储器接口

Flash 存储器是一种可在系统进行电擦写，掉电后信息不丢失的存储器。它具有低功耗、大容量、擦写速度快、可整片或分扇区在系统编程（烧写）、擦除等特点，并且可由内部嵌入的算

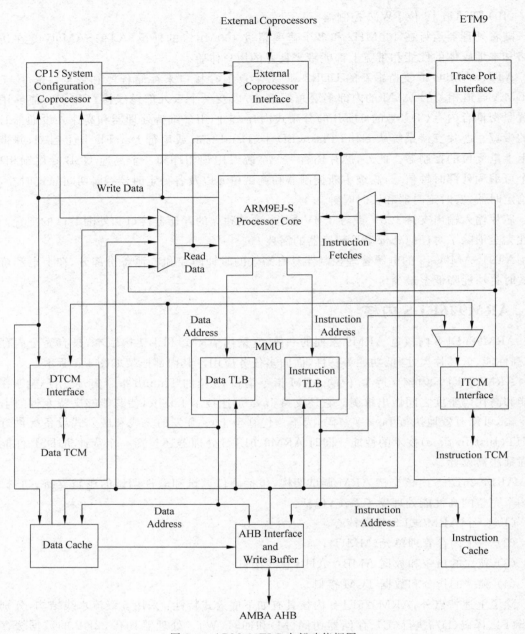

图 1-4　ARM926EJ-S 内部功能框图

法完成对芯片的操作,因而在各种嵌入式系统中得到了广泛的应用。作为一种非易失性存储器,Flash 在系统中通常用于存放操作系统映像、程序代码、常量表以及一些在系统掉电后需要保存的用户数据等。

与 Flash 存储器相比较,SRAM/SDRAM 不具有掉电保持数据的特性,但其存取速度大大高于 Flash 存储器,且具有读/写的属性。因此,SRAM/SDRAM 在系统中主要用作程序的运行空间,数据及堆栈区。当系统启动时,CPU 首先从复位地址 0x0 处读取启动代码,在完成系统的初始化后,程序代码一般应调入 RAM 中运行,以提高系统的运行速度,同时,系统及用户堆栈、运行数据也都放在 RAM 中。

　　AT91SAM9G45 芯片除了本身带有的 64KB 内部 ROM 和 64KB 内部 SRAM 外,还带有两个外部总线接口(External BUS Interface),总共可支持 4 块 DDR2/LPDDR,SDRAM/LPSDR,静态存储器,CF 闪存或带 ECC 校验的 SLC Nand Flash。

　　DDR2 控制器专门用来支持 4 端口 DDR2/LPDDR,数据传输通过片选上的一条 16 位数据线进行。DDR2 工作电压为 1.8V,如图 1-5 所示。

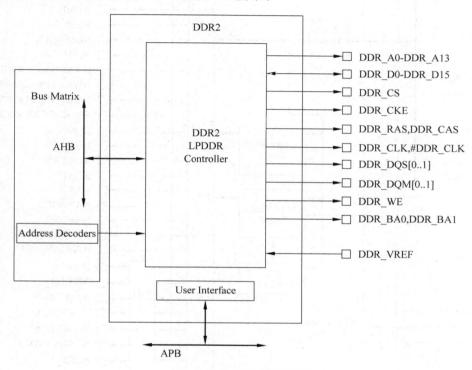

图 1-5　DDR2 控制器框图

　　外部总线接口 EBI 是为了保证外部设备和嵌入式存储器控制器之间正确的数据传输而设计的,静态存储器、DDR、SDRAM 和 ECC 控制器在 EBI 上都被表征为存储器控制器,这些外部存储器控制器能够处理许多类型的外部存储器和外设,像 SRAM、PROM、EPROm、EEPROM、Flash、DDR2 以及 SDRAM。EBI 工作在 1.8V 或是 3.3V 的电压下,它还支持 CF 卡和 Nand Flash,通过集成电路设计,可以大大减小外部组件的需求。此外,EBI 可以处理多达 6 个外设的数据传输,每一个外设都处于嵌入式存储器控制器定义的地址空间中。数据总线为 16 位或 32 位总线,地址总线最大为 26 位,加上 6 位片选线(NCS[5:0])以及许多控制引脚,EBI 可以在不同的外部存储器控制器之间进行多路复选,如图 1-6 所示。

　　SAM9G45-EKES 配备的 DDR2/LPDDR 设备具有 128MB 的 DDR2-SDRAM 内存(Micron MT47H64M8B6-3 16Meg * 8 * 4)。EBI 连接到三种内存设备上,分别是:①一块并行 Flash,型号为 AT49SV322DT(默认情况下并不配备);②两块 DDR2-SDRAM,型号为 MT47H64M8B6-3;③一块 Nand Flash,型号为 MT29F2G16ABD 或 MT29F2G08ABD。

2. LCD 控制器

　　嵌入式系统的人机交互方面一般有以下两种方式:一是通过串口或者网口提供一个控制台接口,供连接字符式终端使用;另外一种是采用图形人机界面即采用显示器,一般嵌入式系统采用液晶显示屏。按照 LCD 的工作原理和特点一般可以分成 TFT 和 STN。TFT,即薄膜

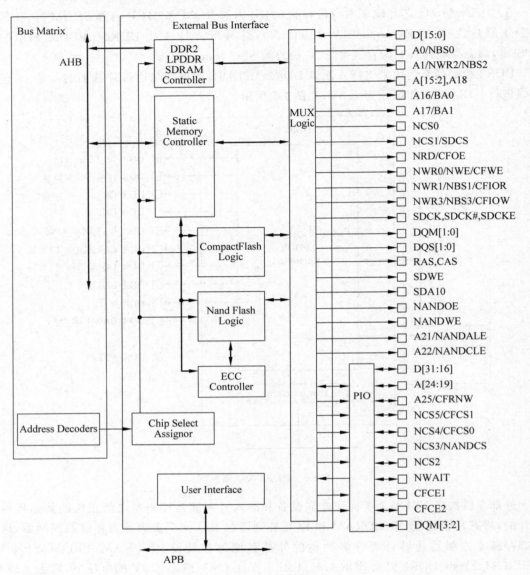

图 1-6 EBI 框图

晶体管驱动液晶显示器,它的结构特点是在每个像素点上都有一组有源器件;而 STN,即超扭曲向列型液晶显示屏,它的结构特点是液晶分子呈 180°排列。

AT91SAM9G45 芯片内置的 LCD 控制器支持单扫描或双扫描彩色或单色的被动 STN LCD 显示屏,也支持单扫描主动 TFT LCD 显示屏。对于 STN 显示,控制器支持 4 位单扫描, 8 位的单扫描或双扫描以及 16 位的双扫描。单色 STN 显示支持最高 16 级灰度,彩色 STN 显示最高可有 4096 种颜色。24 位的单扫描 TFT 接口也被支持。分辨率最高可达 2048× 2048。LCD 控制器框图如图 1-7 所示。

AT91SAM9G45-EKES 开发板搭载了一块 4.3 英寸 480×272 的带触屏控制的 TFT LCD 屏,型号为 LG/PHILIPS LB043WQ1。点阵面板支持 24 位或 16 位数据信号,显色高达 1600 百万色,这允许用户制定各种终端应用的图形用户界面。

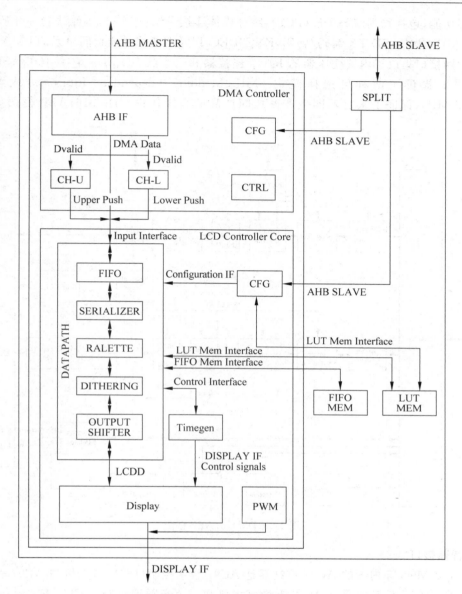

图 1-7　LCD 控制器框图

3. 以太网接口

以太网卡是以太网络中各节点的通信基础,在嵌入式系统应用中使用非常广泛,它是用来实现网络节点之间的报文发送和接收工作,处于 TCP/IP 协议栈的数据链路层,是信息传送、控制和管理的重要环节。AT91SAM9G45 芯片的 EMAC(Ethernet MAC)模块使用地址检测器,静态控制寄存器,接收和传输块以及一个 DMA 接口,完全与 IEEE 802.3 兼容。它支持 10/100Mb/s 的数据吞吐,支持全双工或半双工操作。EMAC 模块中的地址检测器用来识别 4 组特定的 48 位地址,同时它还包含一个 64 位的 Hash 寄存器,用来匹配多播或单播地址。静态寄存器块包含一组寄存器,用来处理各种类型与传输和接收操作有关的事件。

AT91SAM9G45-EKES 开发板采用 DM9161AEP 物理层收发器,它是单芯片低功耗的 100BASE-TX 和 10BASE-T 操作的收发器,它包含 IEEE 802.3u 定义的 100BASE-TX 全部

的物理层功能，包括物理编码子层（PCS），物理媒体连接子层（PMA），双绞线物理介质相关子层（TP-PMD），10BASE-TX 编码/解码（ENC/DEC）以及双绞线介质访问单元（TPMAU）。

以太网接口集成了内置变压器的 RJ-45 连接器和三个状态 LED。它为 100BASE-Tx 或 10BASE-Tx 提供了两种可选择模式：MII（Medium Independent Interface）或者 RMII（Reduced MII），保证了来自不同生产商之间产品的高操作性。DM9161AEP 框图如图 1-8 所示。

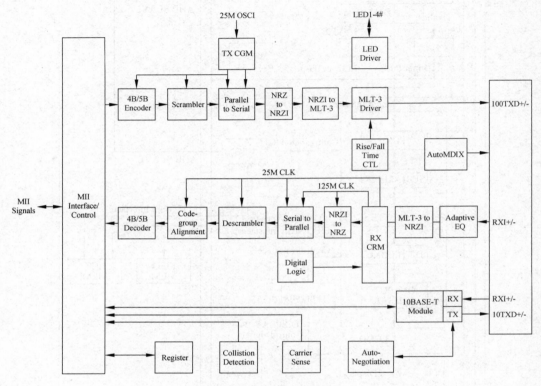

图 1-8　DM9161AEP 框图

4. 音频接口

AT91SAM9G45 内置的 AC97 控制器是 AC97 数字控制（DC'97）规格与 AC97 2.2 标准的硬件实现，AC97 控制器通过 AC-link 数字串口和一个音频编码器（AC97）或一个调制解调器编解码器（MC'97）通信。AC97 控制器具有一个外围音频流传输的 DMA 控制器（PDC），它还支持可变采样率和 10、16、18 及 20 位的 4 脉冲编码调制采样解析。

AT91SAM9G45-EKES 开发板使用集成了低功耗立体声音频编码芯片的 WM8731 芯片，编码器包括麦克风到板上 ADC 的输入和线路以及从板上 DAC 到耳机的输出和线路，该芯片提供给用户独一无二的在同一时钟周期内独立编码 ADC 和 DAC 采样的能力。开发板采用 TWI 对 WM8731 进行传输控制，并使用 SSC 来发送和接收 WM8731 的数据。WM8731 芯片框图如图 1-9 所示。

5. 调试接口

1）JTAG/ICE

AT91SAM9G45-EKES 板提供 JTAG/ICE 接口，软件调试可以连接板上标准 20 针接口进行访问。这样允许标准的 USB-JTAG 内电路仿真器连接。

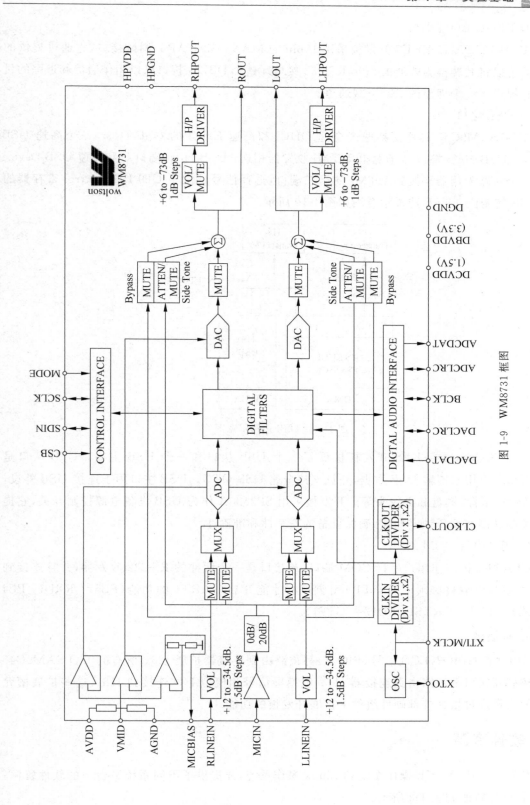

图 1-9　WM8731 框图

2) DBGU COM 端口

AT91SAM9G45-EKES 开发板采用 10pin 的 MAX3232 UART 调试接口，它通过提供的转换器可以将其转换为普通的 9pin RS-232 接口。这个 DBUG 接口可以用作通信和追踪的目的。它提供了一个理想的 ISP 下载通道。

3) USB 接口

AT91SAM9G45 芯片支持两个全速 OHCI 和高速 EHCI 的 USB Host，一个高速 USB Device。USB Host 端口 A 直接和 UTMI 收发器相连；USB Host 端口 B 和高速 USB Device 通过一个多路复用器连接到 UTMI 的第二端口，选择信号是位于 UDPHS_control 寄存器的 UDPHS 使能位。USB 选择示意图如图 1-10 所示。

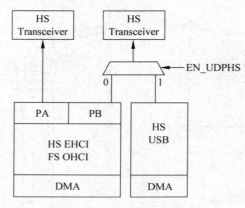

图 1-10   USB 选择示意图

AT91SAM9G45-EKES 开发板扩展了一个 USB 从口和一个 USB 主口。USB 从口是 mini USB 口，用来传输 USB 数据，并且支持全速 USB-OTG。USB 主口用于连接 USB 外设，例如 U 盘、鼠标、键盘和摄像头等。开发板采用 SP2526A 作为 USB 设备电源控制开关，它提供热关断功能和低压锁定功能，确保设备的安全性和准确性。

4) 用户串行 COM 端口

USATR1 被用作用户串行 COM 端口，该接口是一个缓冲的 RS-232 收发器，并且连接到 DB-9 公插座。软件必须正确给 PIO 引脚复制才能开启 UART1 的功能（PB5 ＝ RXD1，PB4 ＝ TXD1，PD16 ＝ RTS1，PD17 ＝ CTS1）。

6. 扩展槽

GPIO 和 GPIO2，LCD 信号（PIO E）都被路由到连接器扩展 J23；所有的 I/O SAM9G45 图像传感器接口都被路由到连接器 J17；触摸屏信号和模拟 I/O 连接到 J18。这些扩展槽允许开发人员通过增加外部硬件组件来扩展开发板的功能。

五、软件资源

开发板支持 WinCE 操作系统和 Linux 操作系统，并提供了不同系统平台下的软件资源，WinCE 软件资源如表 1-2 所示。

表 1-2　WinCE6.0 软件资源

类　　别	功能特性	描　　述
Bootloader	FirstBoot	用来引导 Eboot,提供源码及最终生成映像 FIRSTBOOT. nb0
	Eboot	提供源码及最终生成映像 Eboot. nb0 Eboot 功能强大,主要包括: (1) 网络下载:可设置 Mac 地址、静态 IP、DHCP 获取动态 IP, 　　可通过网络下载 WinCE 内核 (2) 格式化 Nand Flash (3) 设置启动延迟时间 (4) 设置内核在 Nand Flash 中的地址,内核复制到 RAM,以及 　　内核的大小
底层驱动程序	Display	LCD 显示驱动
	EEPROM	EEPROM 存储器驱动
	EMACB	网口驱动
	I2C	I2C 总线驱动
	KeyPad	按键驱动程序,支持外置矩阵按钮
	Nand Flash	FMD 模式 Nand Flash 驱动
	SDHC	Micro SD 卡驱动
	Serial	串口驱动
	Touchscreen	触摸屏驱动
	USB Host	USB Host 驱动,支持 EHCI 和 OHCI 两种模式
	WAVEDEV	音频驱动,支持 WM8731,I2C 传输命令,TWI 传输数据
上层应用程序	WinCE 自带程序	WinCE 里包含的功能: (1) 触摸屏校准 (2) IE 网络浏览器 (3) Windows Media Player 播放器,支持播放 mp3,WMV 文件 (4) 图片浏览器,支持 bmp,gif,jpg,png 等格式的图片 (5) 内置键盘
PC 端同步软件	Microsoft Activesync	PC 和 WinCE 的同步软件,同步建立后,可通过 USB Device 口与 PC 间进行数据交换,应用程序单步调试等
PC 端烧写工具	超级终端	串口调试终端,USB 下载映像工具
	SAM-BA1.13+USB	SAM-BA 通过 USB 将 Eboot 和内核烧写到开发板的 Nand Flash

　　在本书实验部分的系统环境是 Linux 2.6.30,在 Linux 下开发板提供的软件资源如表 1-3 所示。

表 1-3　Linux 2.6.30 软件资源

类　　别	功能特性	描　　述
Bootloader	AT91Bootstrap	用来引导 Uboot
	Uboot	版本:UBoot 1.3.4
		主要功能: (1) 支持 Nand Flash 擦除读写 (2) 支持网络下载映像 (3) 支持设置、保存环境变量 (4) 支持内存内容显示、对比、修改 (5) 支持 bootm、bootargs 设置

续表

类　　别	功能特性	描　　述
内核及设备驱动程序	内核	内核版本：Linux-2.6.30
	系统时钟	系统主频：400MHz
	显示驱动	支持多种不同尺寸液晶屏，分辨率可调
	Touchscreen	触摸屏驱动
	DM9000	DM9000 网口驱动
	HSMMC	SD/MMC/SDIO 驱动
	IIC	I2C 驱动
	SPI	SPI 驱动
	Nand Flash	支持 512B 小 Page、2KB 大 Page，驱动兼容 128Mb～8Gb 容量
	SERIAL	串口驱动，4 个 USART，1 个 UART
	WAVEDEV	音频驱动，支持 AC97 和 IIS，默认驱动为 IIS(WM8731)
	USB Host	支持 USB 键盘、鼠标、U 盘等
	DMA	DMA 驱动
	GPIO	LED 和按键驱动
文件系统	JFFS2 文件系统	支持 JFFS2 文件系统
交叉编译器	arm-none-linux-gnueabi	交叉工具链
图形界面	Angstrom	图形界面支持多种功能： (1) 图片浏览器 (2) MPlayer，支持播放 mp3，wmv (3) 日历、时钟、计算器 (4) 文件管理器 (5) 终端 (6) 多款游戏 (7) 触摸屏校准程序
PC 端烧写工具	超级终端	串口调试终端，USB 下载映像工具
	SAM-BA1.13＋USB	SAM-BA 通过 USB 将 Bootloader 和内核烧写到开发板的 Nand Flash

　　AT91SAM9G45-EKES 开发板提供的开发光盘目录系统及其内容如表 1-4 所示。

表 1-4　开发光盘目录及内容

目　　录	内　　容
01-Documents	用户手册，数据手册以及硬件电路图
02-Images	各种映像文件以及配置文件
03-Software	包含各种例程，如音频输出测试例程，Nand Flash 读写测试例程等
04-Tools	实验所需的工具软件，如 SAM-BA 烧写工具，MDK，Microsoft Activesync 等
05-LinuxSource	Linux 源代码，包括内核源码，Bootstrap 源码，U-Boot 源码，交叉编译工具链源码等
06-WinCE_BSP	WinCE BSP 包，以及可以用来创建 WinCE 映像的 SAM9G45 ARM9 开发板 DEMO

## 第 2 章

开发环境建立

一、实验目的

（1）搭建宿主机和目标板的实验环境。

（2）学会交叉编译和 Boot Loader 烧写。

（3）了解 minicom 和 TFTP 服务。

（4）学习 U-Boot 的使用。

二、实验环境

安装 Ubuntu 操作系统的 PC，AT91SAM9G45-EKES 开发板。

三、实验任务

（1）宿主机上搭建的嵌入式开发环境，主要是安装交叉编译环境，minicom 超级终端，TFTP 服务器，sam-ba 烧写工具。

（2）编译 Bootstrap，U-Boot，并将其烧写到实验板。

（3）了解 U-Boot 命令，并通过 minicom 对目标板进行设置。

四、实验原理

1. U-Boot 命令

U-Boot 的一些知识在上篇的第 5 章中已经有了详细的介绍，这里主要介绍 U-Boot 常用的命令，尤其是和后面实验相关的。在进入 U-Boot 界面后，可以通过 help 命令显示 U-Boot 的所有命令。如果要查看某个具体命令的用法，则可以输入"help '命令'"来实现。在实验板的 U-Boot 配置中，支持如表 2-1 所示命令。

表 2-1　U-Boot 命令

命　令	含　义
?	作用和"help"相同
Base	打印或设置地址偏移
Boot	启动默认参数，如"bootcmd"
Bootd	启动默认参数，如"bootcmd"
Bootm	从内存启动程序映像
Bootp	通过 Bootp/TFTP 从网络启动映像
Cmp	内存比较
Coninfo	打印出终端设备和信息

命　令	含　义
Cp	复制内存
crc32	校验和计算
Dhcp	调用 dhcp 客户程序来获得 IP 以及启动参数
Echo	将参数回显到终端
Erase	擦除 Flash
Flinfo	打印出 Flash 信息
Go	从"addr"地址处启动程序
Help	打印出所有命令和含义
Itest	整数比较，并返回 true/false
Loadb	从串口载入二进制文件(kermit 模式)
Loady	从串口载入二进制文件(ymodem 模式)
Loop	在地址范围内无限循环
Md	显示内存
Mm	内存修改(自增)
Mtest	简单的 RAM 测试
Mw	写内存
Nand	Nand 子系统
Nboot	从 Nand 启动
Nfs	通过 NFS 协议从网络启动映像
Nm	内存修改
Ping	向网络主机发送 ICMP ECHO_REQUEST
Printenv	打印出环境变量
Protect	启用或禁用 Flash 写保护
Rarpboot	通过 RARP/TFTP 从网络启动镜像
Reset	执行 CPU 的 RESET 命令
Run	运行命令
Saveenv	保存环境变量
Setenv	设置环境变量
Sleep	延迟执行
Tftpboot	通过 TFTP 从网络启动映像
Usb	USB 子系统
Usbboot	从 USB 设备启动
version	打印监视器版本

下面解释一下几个比较重要的命令。

Setenv：修改 U-Boot 环境变量，格式如下。

```
Setenv name value        //设置变量 name 的值为"value"
Setenv name              //删除变量名为 name 的变量
```

常用的变量有 ipaddr(实验板 IP 地址)，serverip(宿主机 IP 地址)，ethaddr(实验板 mac 地址)，baudrate(波特率)等。

Printenv：打印出现有的环境变量值，格式如下。

```
printenv                          //打印出所有环境变量和值
printenv name …                   //打印出指定变量的值
```

Saveenv：保存环境变量，因为用 setenv 所改变的都是在 RAM 中的，当重启后修改会全部消失，若想要设置不丢失，需要用 saveenv 命令将其保存到 Flash 中。而具体保存在哪种介质中，则是在编译 U-Boot 时决定的。

erase：擦除 Flash 一个或多个扇区的内容，最常用的格式就是指定要擦除范围的起始地址和结束地址，如下。

```
erase start end
```

当然有时候需要擦除整块 Flash，可以用如下命令。

```
erase all
```

run：在 U-Boot 中某些变量可以保存为脚本的形式，而使用 run 命令可以执行这些脚本，如执行以下命令后：

```
setenv test echo This is a test
run test
```

会打印出以下结果。

```
This is a test
```

bootd：执行默认的启动命令，相当于执行：run bootcmd tftpboot，表示通过 TFTP 从宿主机上下载启动映像，命令格式如下。

```
tftpboot [loadAddress] [[hostIPaddr:]bootfilename]
```

loadAddress 指定下载内核存放的内存起始地址，hostIPaddr 指定宿主机 IP 地址，当然如果在环境变量里已经设置过了那么这里可以省略，bootfilename 是映像名称。通过该命令下载的内核放在内存中，可以直接启动，但如果要将其烧写到 Flash 中，则需要其他命令：若烧写到 NandFlash 中，可以用 nand write 命令。

2. TFTP 简介

TFTP 全称是 Trivial File Transfer Protocol，是下载远程文件的最简单网络协议，它基于 UDP 实现。嵌入式 Linux 的 TFTP 开发环境包括两个方面：一是 Linux 主机的 TFTP 服务器的支持，二是嵌入式目标系统需要有 TFTP 客户端。因为 U-Boot 本身内置支持 TFTP 客户端功能，所以本次实验只需在宿主机上搭建 TFTP 服务器，而嵌入式目标系统端不需要配置。配置好 TFTP 服务器之后就可以通过 U-Boot 的 TFTP 客户端功能，从宿主机上下载所需要的文件，从而将它们烧写到 Flash 中。但由于 TFTP 不需要认证客户端的权限，这样就存在着比较大的安全隐患，现在黑客和网络病毒也经常用 TFTP 服务来传输文件。所以 TFTP

在安装时一定要设立一个单独的目录作为 TFTP 服务的根目录，例如：/tftpboot，作为下载启动映像文件的目录，TFTP 服务只能访问这个目录。另外还可以设置 TFTP 服务为只能下载不能上传等，以减少安全隐患。

3. sam-ba 软件

SAM Boot Assistant(sam-ba)软件允许通过 RS-232，USB 或者 JTAG SAM-ICE 链接对 Flash 介质进行编程，它在 Windows 和 Linux 下都有发行版本。在以后的实验中主要通过 USB 线连接宿主机和实验板，来进行对 Flash 介质的擦除、烧写等工作。

4. minicom 简介

Linux 下的 minicom 和 Windows 下的超级终端功能相似，可以通过串口控制外部的硬件设备，主要用于 Linux 环境下通过超级终端对嵌入式设备的管理以及对操作系统的升级。在实验中可以通过 minicom 和实验板进行通信，执行相应的命令和操作。当然首先需要对 minicom 进行设置，可以通过命令：minicom -s 来进行，也可以直接修改 minicom 的配置文件 /etc/minicom/minirc.dfl 配置文件。

5. 实验板启动

实验板 Linux 内核的启动涉及许多方面，它的启动顺序可以描述如下。

（1）处理器加电后跳转到 ROM 启动代码；

（2）ROM 检测 Flash 启动介质中是否存在 AT91 Bootstrap，如果有就将其加载到内部的 SRAM 中并启动它；

（3）AT91Bootstrap 程序负责一些硬件初始化，比如 SDRAM、时钟等。它从 Flash 中将 U-Boot 二进制文件加载到 SDRAM 中，然后启动 Boot Loader；

（4）U-Boot 负责从 Flash、网络或者 USB 等设备下载内核映像到 SDRAM，然后启动内核；

（5）内核启动，如图 2-1 所示。

AT91SAM9G45-EKES 实验板 Nand Flash 的内存映射如图 2-2 所示，从 0x0 开始，分别是 bootstrap，U-Boot，U-Boot 的环境变量，内核映像和文件系统。

五、实验步骤和过程记录

1. 实验工具安装

（1）在 HOME 目录下建立工作目录，取名 workspace，该目录作为以后实验的主目录。

```
# mkdir ~/ workspace
# cd workspace
```

（2）解压交叉编译链工具。将光盘提供的交叉编译工具复制到 workspace 目录中，并将其解压到 /usr/local/ 目录下。

```
# tar xvf  ARM - 2007Q1 - 10 - ARM - NONE - LIN.TAR  - C /usr/local
```

为了以后在交叉编译时输入命令方便，把编译链工具的 bin 目录添加到用户环境量中，这样在输入命令时不需要输入工具链的全路径，具体方法就是修改用户主目录下的 .bashrc 配置文件，在最后一行添加如下语句。

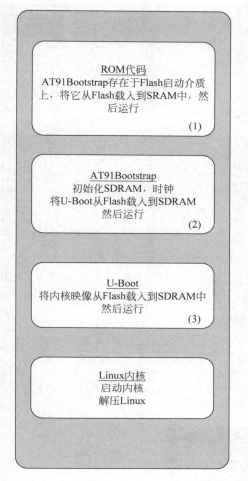
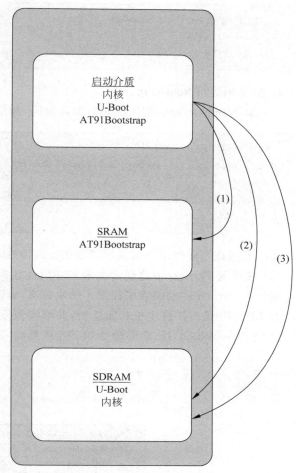

图 2-1 实验板 Linux 内核启动流程

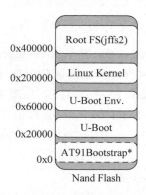

图 2-2 Nand Flash 内存映射

```
export PATH = /usr/local/arm - 2007q1/bin: $ PATH
```

（3）安装 sam-ba 工具。解压工具，若 usbserial 模块已经运行，则应该先将其卸载，然后重
新载入。

```
# unzip sam - ba_2.9_cdc_linux.zip
# rmmod usbserial
# modprobe usbserial vendor = 0x03eb product = 0x6124
```

2. 编译和烧写 Bootstrap

（1）编译 Bootstrap。解压源码后编译源码，命令如下。

```
# unzip AT91BOOTSTRAP.ZIP
# cd Bootstrap - v1.14/board/at91sam9g45ekes/nandflash/
# make clean
# make CROSS_COMPILE = arm - none - linux - gnueabi -
# ls
```

此时可以在当前目录下看到编译好的 nandflash_at91sam9g45ekes. bin 文件。

（2）在烧写 Bootstrap 之前需要替换 ROM 代码，这是因为出厂设置下实验板存在 USB 的连接问题，Atmel 在勘误表中提出了解决方案，方法如下。

① 用 USB 线连接宿主机和实验板，并给实验板加电

② 运行 sam-ba 工具，启动命令如下连接界面，如图 2-3 所示。

```
# cd sam - ba_cdc_2.9.linux_cdc_linux
# ./sam - ba
```

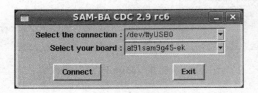

图 2-3　sam-ba 连接界面

③ 选择实验板型号为 at91sam9g45-ek，并单击 Connect 按钮。

④ 初始化 DataFlash：首先选中 DataFlash AT45DB/DCB，然后在 Script 下拉菜单中选中 Enable Dataflash on CS0，最后单击 Execute 按钮，如图 2-4 所示。

⑤ 在 Script 下拉菜单中选择 Send Boot File，单击 Execute 按钮，在弹出窗口中选择 Rom-code 替换的 bin 文件，并单击 Open 按钮，此时代码会被写入，如图 2-5 所示。

⑥ 关闭 sam-ba。

（3）用 sam-ba 烧写 Bootstrap，步骤如下。

① 连接宿主机和实验板，运行 sam-ba 工具，方法如上所述。

② 选中 NandFlash，然后在 Script 下拉菜单中选中 Enable NandFlash，最后单击 Execute 按钮，如图 2-6 所示。

③ 在 Script 下拉菜单中选择 Send Boot File，单击 Execute 按钮，在弹出窗口中选择刚才编译好的 Bootstrap bin 文件，并单击 Open 按钮，此时代码会被写入，如图 2-7 所示。

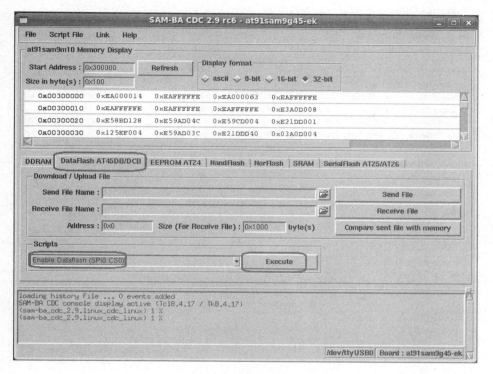

图 2-4　初始化 DataFlash

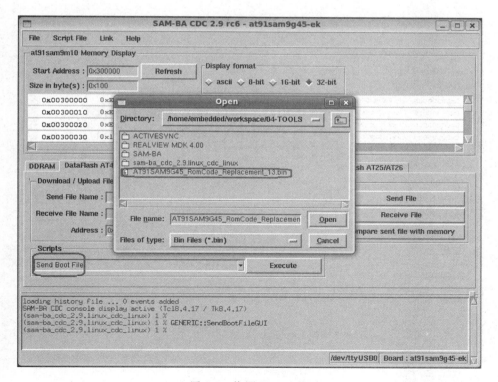

图 2-5　烧写 Rom code

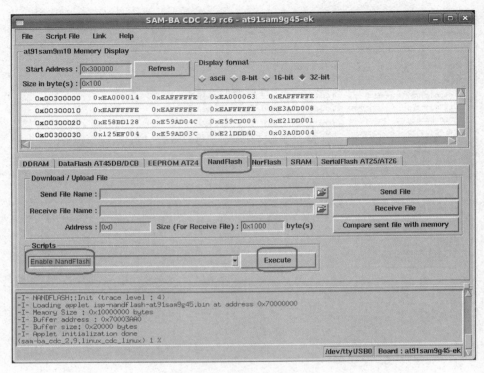

图 2-6　选中 NandFlash

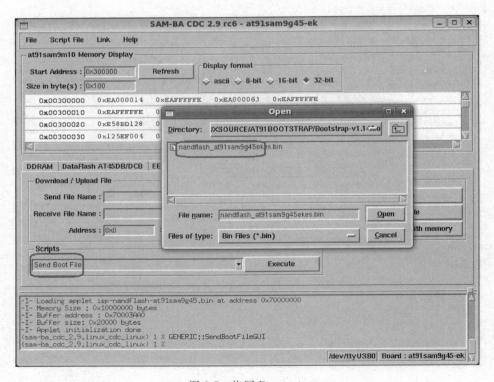

图 2-7　烧写 Bootstrap

3. 编译和烧写 U-Boot

（1）安装源码。

```
# unzipU-Boot-1.3.4.zip
# cdU-Boot-1.3.4
# cat ../U-Boot-1.3.4-exp.3.diff | patch -p1
```

patch U-Boot 修改的文件如图 2-8 所示。

```
embedded@xl: ~/workspace/05-LINUXSOURCE/U-BOOT/u-boot-1.3.4
文件(F)  编辑(E)  查看(V)  终端(T)  帮助(H)
embedded@xl:~/workspace/05-LINUXSOURCE/U-BOOT/u-boot-1.3.4$ cat ../u-boot-1.3.4-
exp.3.diff | patch -p1
patching file cpu/arm926ejs/at91sam9/usb.c
patching file doc/README.at91
patching file Makefile
patching file include/asm-arm/arch-at91sam9/hardware.h
patching file include/asm-arm/arch-at91sam9/at91sam9g45_matrix.h
patching file include/asm-arm/arch-at91sam9/at91sam9g45.h
patching file include/asm-arm/mach-types.h
patching file include/configs/at91sam9g10ek.h
patching file include/configs/at91sam9m10g45ek.h
patching file include/configs/at91sam9rlek.h
patching file include/configs/at91sam9g20ek.h
patching file include/configs/at91sam9263ek.h
patching file include/configs/at91sam9260ek.h
patching file include/configs/at91sam9261ek.h
patching file net/eth.c
patching file board/atmel/at91sam9260ek/at91sam9260ek.c
patching file board/atmel/at91sam9g10ek/at91sam9g10ek.c
patching file board/atmel/at91sam9g10ek/nand.c
patching file board/atmel/at91sam9g10ek/led.c
patching file board/atmel/at91sam9g10ek/partition.c
patching file board/atmel/at91sam9g10ek/config.mk
patching file board/atmel/at91sam9g10ek/Makefile
patching file board/atmel/at91sam9g20ek/nand.c
patching file board/atmel/at91sam9g20ek/at91sam9g20ek.c
patching file board/atmel/at91sam9g20ek/led.c
patching file board/atmel/at91sam9g20ek/partition.c
patching file board/atmel/at91sam9g20ek/config.mk
patching file board/atmel/at91sam9g20ek/Makefile
patching file board/atmel/at91sam9263ek/at91sam9263ek.c
patching file board/atmel/at91sam9m10g45ek/nand.c
patching file board/atmel/at91sam9m10g45ek/led.c
patching file board/atmel/at91sam9m10g45ek/at91sam9m10g45ek.c
patching file board/atmel/at91sam9m10g45ek/partition.c
patching file board/atmel/at91sam9m10g45ek/config.mk
patching file board/atmel/at91sam9m10g45ek/Makefile
patching file drivers/net/macb.c
```

图 2-8　patch U-Boot 修改的文件

（2）选择 U-Boot 环境变量存储介质。若选择将环境变量存放在 DataFlash 中（默认情况）：

```
    # make at91sam9g45ekes_dataflash_config
or
    # make at91sam9g45ekes_dataflash_cs0_config
```

本实验中选择将环境变量存放在 Nand Flash 中：

```
# make at91sam9g45ekes_nandflash_config
```

（3）交叉编译 U-Boot,命令如下。

```
# make distclean
# make at91sam9263ek_config
# make CROSS_COMPILE = arm – none – linux – gnueabi –
# ls
```

编译完成后查看,可以发现编译生成了 u-boot.bin 文件。

（4）烧写 U-Boot,步骤如下。

① 若已经关闭 sam-ba 软件,则参考烧写 Bootstrap 的步骤(1)和(2)。

② 根据图 2-2 内存映射示意图,修改 Address 为 0x20000,单击 Send File Name 的文件浏览按钮,选择编译好的 U-Boot bin 文件,单击 Send File 按钮,完成烧写,如图 2-9 所示。

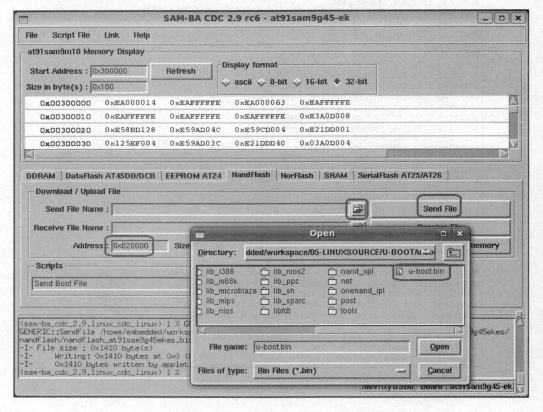

图 2-9　U-Boot 烧写

4. 配置 minicom

minicom 在 Ubuntu 中并没有被默认安装,所以首先安装 minicom。

```
# sudo apt – get install minicom
```

为了能和实验板正常通信,需要对 minicom 进行设置。

```
# minicom – s
```

在设置窗口中选择 Serial Port Setup，串口设备选择具体的端口，其他参数设置如表 2-2 所示。

表 2-2　minicom 参数设置

参　　数	值
Baud rate（比特率）	115 200
Data（数据位）	8b
Parity（校验位）	None
Stop（停止位）	1
Flow control（数据流控制）	None

minicom 串口参数设置如图 2-10 所示。

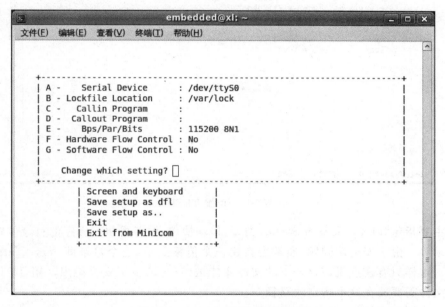

图 2-10　minicom 串口参数设置

按 A 键进行串口设备的选择。本实验串口接在实验板的 DBGU 上，所以输入/dev/ttyS0。按回车键结束设置。

按 E 键进行波特率的设置，需要设置 Speed 为 115 200，Parity bit 为 No，Data bit 为 8，Stop bits 为 1。按回车键结束设置。

按 F 键设置硬件流量控制。设置 Hardware Flow Control 为 No。

设置结束后选择 Save setup as dfl（保存设置为默认方式），最后选择 Esc，这样就会退出设置窗口，回到 minicom 主画面。之后就可以和开发板通信了。下面将结合 U-Boot 和 TFTP，通过 minicom 控制目标板来下载编译好的内核，并将其烧写到 Nand Flash 中。

5. 配置宿主机 TFTP 服务器

U-Boot 中已经包含 TFTP 客户端，所以开发板不需要进行设置。宿主机上需要安装 TFTP 服务器，而要使用 TFTP，首先需要 xinetd。

```
# sudo apt - get install xinetd
# sudo apt - get install tftpd   //TFTP 服务器
```

在 Linux 下，默认情况 TFTP 服务是禁用的，所以需要修改文件来开启服务。新建/etc/xinetd. d/tftp 文件，以对 TFTP 进行设置，对于本实验，修改如图 2-11 所示。

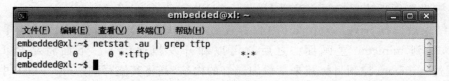

```
service tftp
{
        socket_type     = dgram
        protocol        = udp
        wait            = yes
        user            = root
        server          = /usr/sbin/in.tftpd
        server_args     = -s /tftpboot
        disable         = no
        per_source      = 11
        cps             = 100 2
        flags           = IPv4
}
~
~
~
~
~
~
~
~
~
"/etc/xinetd.d/tftp" 13L, 200C                              1,1          全部
```

图 2-11　配置 TFTP

这里主要指定 TFTP 服务的 Socket 类型，传输协议，服务可执行程序的目录位置，文件传输所在目录等。由于安全性问题，通常会新建一个传输目录，这个目录即 server_args 指定的那个目录。这样只有宿主机该路径下的文件才能被传送，减少了安全隐患。用 TFTP 下载到目标板的文件需要放在这个指定的路径下。

重启 xinetd 服务，并查看 TFTP 服务是否已经被正确启动。

```
# sudo /etc/init.d/xinetd restart
# netstat - au | grep tftp
```

如果 TFTP 服务启动，则在 netstat 命令后出现 TFTP 项，如图 2-12 所示。

```
embedded@xl:~$ netstat -au | grep tftp
udp        0        0 *:tftp                    *:*
embedded@xl:~$
```

图 2-12　确认 TFTP 服务启动

6. 在目标板上用 TFTP 下载内核镜像

到目前为止宿主机上已经搭建好 TFTP 服务器，在目标板上用 TFTP 客户端可以高速下载内核镜像文件。步骤如下。

（1）用串口线连接宿主机和目标板，在宿主机上打开 minicom 终端，给实验板加电，在启动 U-Boot 时会提示按任意键中断自动启动，此后按任意键进入 U-Boot 界面，如图 2-13 所示。

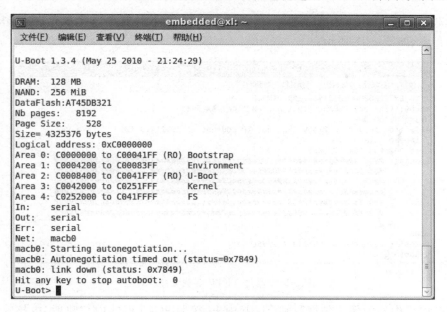

图 2-13　进入 U-Boot 界面

（2）设置目标板和宿主机的 IP 地址。

```
U-Boot > setenv ethaddr 3a:1f:34:08:54:54      //设置目标板 MAC 地址
U-Boot > setenv ipaddr 10.214.9.123            //设置目标板 IP 地址
U-Boot > setenv serverip 10.214.9.103          //设置宿主机 IP 地址
```

注意：目标板和宿主机的 IP 地址必须设为同一网段，否则目标板将无法连接到宿主机。

通过 printenv 命令可以查看目前的 U-Boot 环境变量设置，如图 2-14 所示。

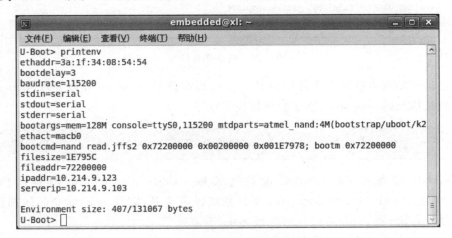

图 2-14　查看 U-Boot 环境变量

（3）通过 TFTP 从宿主机服务器目录下载内核镜像 UIMAGE。

```
U-Boot > tftp 0x72200000 10.214.9.103:UIMAGE
```

0x72200000 是目标板的内存地址，表示通过 TFTP 下载的映像将放置在以 0x72200000 开始的内存中，如图 2-15 所示。

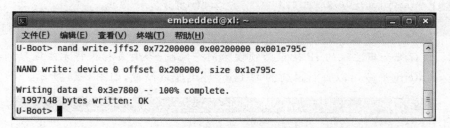

```
embedded@xl: ~
文件(F)  编辑(E)  查看(V)  终端(T)  帮助(H)
tftp 0x72200000 10.214.9.103:UIMAGE
macb0: link up, 100Mbps full-duplex (lpa: 0xc5e1)
Using macb0 device
TFTP from server 10.214.9.103; our IP address is 10.214.9.123
Filename 'UIMAGE'.
Load address: 0x72200000
Loading: #################################################################
         #################################################################
         #################################################################
         #################################################################
         #################################################################
         #
done
Bytes transferred = 1997148 (1e795c hex)
U-Boot>
```

图 2-15　通过 TFTP 下载 UIMAGE

需要把内存中的镜像文件烧写到 Flash 中去，按照 9G45 板的内存映射，内核映像应写到 0x00200000 中去，如图 2-16 所示。

```
U-Boot > nand write.jffs2 0x72200000 0x00200000 0x001e795c
```

```
embedded@xl: ~
文件(F)  编辑(E)  查看(V)  终端(T)  帮助(H)
U-Boot> nand write.jffs2 0x72200000 0x00200000 0x001e795c

NAND write: device 0 offset 0x200000, size 0x1e795c

Writing data at 0x3e7800 -- 100% complete.
 1997148 bytes written: OK
U-Boot>
```

图 2-16　内核映像烧写

此时已经成功将内核映像文件写到 Flash 中，现在设置 bootcmd 环境变量，bootcmd 是自动启动时默认执行的一些命令，本实验可以设置如下。

```
U-Boot > set bootcmd nand read.jffs2 0x72200000 0x00200000 0x001e795c; bootm 0x72200000
```

表示从 NAND 设备的 0x00200000 位置处读取 0x001e795c 大小的内容到内存地址 0x72200000 处。read.jffs2 命令和 jffs2 文件系统没有关系，它和 read 命令的区别就是 read 命令不能处理坏块，而 read.jffs2 能够处理坏块。

重启实验板验证内核烧写是否成功。

```
U-Boot > bootm
```

从图 2-17 中可以看到内核已经加载,但出现 Kernel panic 错误,这是由于根文件系统还没有创建,关于文件系统的制作和烧写将在第 4 章中会有详细讲解。

```
#0: Atmel AC97 controller
TCP cubic registered
NET: Registered protocol family 17
RPC: Registered udp transport module.
RPC: Registered tcp transport module.
rtc-at91sam9 at91_rtt.0: hctosys: unable to read the hardware clock
atmel_mci atmel_mci.0: Using dma0chan0 for DMA transfers
atmel_mci atmel_mci.0: Atmel MCI controller at 0xfff80000 irq 11, 1 slots
atmel_mci atmel_mci.1: Using dma0chan1 for DMA transfers
atmel_mci atmel_mci.1: Atmel MCI controller at 0xfffd0000 irq 29, 1 slots
List of all partitions:
1f00            4096 mtdblock0 (driver?)
1f01            4096 mtdblock1 (driver?)
1f02           65536 mtdblock2 (driver?)
1f03          188416 mtdblock3 (driver?)
No filesystem could mount root, tried:  jffs2
Kernel panic - not syncing: VFS: Unable to mount root fs on unknown-block(0,0)
[<c00308a4>] (unwind_backtrace+0x0/0xdc) from [<c00419c4>] (panic+0x58/0x11c)
[<c00419c4>] (panic+0x58/0x11c) from [<c0008e68>] (mount_block_root+0x24c/0x29c)
[<c0008e68>] (mount_block_root+0x24c/0x29c) from [<c0009084>] (prepare_namespac)
[<c0009084>] (prepare_namespace+0x160/0x1b8) from [<c000870c>] (kernel_init+0xb)
[<c000870c>] (kernel_init+0xb0/0xdc) from [<c00446d4>] (do_exit+0x0/0x648)
[<c00446d4>] (do_exit+0x0/0x648) from [<00000003>] (0x3)
```

图 2-17　启动内核

六、实验结果分析

本次实验是后面全部实验的基础,在本次实验中成功搭建了宿主机和实验板的开发环境,宿主机环境包括交叉编译链工具的配置,TFTP 服务安装,minicom 安装,sam-ba 工具安装等,实验板开发环境包括 ROM code 的修正,Bootstrap 编译和烧写,U-Boot 编译和烧写,并通过 TFTP 成功下载了已经编译好的内核映像。通过本次实验读者对于嵌入式系统的启动流程会有更加深入的了解,对于交叉编译、串口通信、TFTP 等有初步的了解,为深入学习后面的实验打下基础。

七、实验讨论和思考

(1) 尝试将 Bootstrap 和 Boot Loader 烧写到 DataFlash 中,实验板内存映射情况如图 2-18 所示。

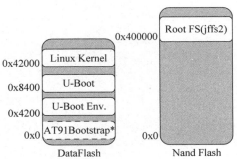

图 2-18　DataFlash 内存映射

（2）BOOTP 服务的全称是 Bootstrap Protocol，是一种比较早出现的远程启动协议，DHCP 服务就是从 BOOTP 服务扩展而来的。BOOTP 协议使用 TCP/IP 网络协议中的 UDP 67/68 两个通信端口。BOOTP 主要是用于无磁盘的客户机从服务器得到自己的 IP 地址、服务器的 IP 地址、启动映像文件名、网关 IP 等。在上面的实验中没有使用 BOOTP 服务，而是直接指定了实验板和宿主机的 IP 地址，读者可以尝试在宿主机上搭建 BOOTP 服务器，这样不需要设置 IP 地址就可以通过 TFTP 下载文件。

## 第 3 章

内核和模块构建

一、实验目的

（1）学会通过交叉编译工具编译可以在 Atmel AT91SAM9G45-EKES 平台上使用的内核，然后通过 sam-ba 工具将内核烧到已经有 Bootstrap 和 U-Boot 的开发板上。

（2）编写适用于 ARM 平台的内核模块。

二、实验环境

AT91SAM9G45-EKES 开发板。

三、实验任务

编译适用于目标板 AT91SAM9G45-EKES 的内核，并编写简单的模块。

四、实验原理

在嵌入式 Linux 系统中，有各种体系结构的处理器和硬件平台，用户根据自己的需要定制的硬件平台，只要是硬件平台有一点点儿变化，就需要做一些移植工作，Linux 内核移植是嵌入式 Linux 系统中最常见的一项工作。Linux 内核具备可移植性的特点，并且已经支持了很多种目标板，通过修改配置文件也能对某特定开发板提供很好的支持。编译并移植内核用到了交叉编译工具。

五、实验步骤和过程记录

1. 安装 Linux 内核代码

（1）安装：在 http://www.at91.com/linux4sam/bin/view/Linux4SAM/LinuxKernel 下载 2.6.30-at91.patch.gz 和 2.6.30-at91-exp.3.tar.gz，放到内核平级目录。

```
# cd Embest_SAM9G45/05 - LINUXSOURCE/LINUX_KERNEL_2.6.3
# tar xvjf LINUX - 2.6.3.tar.bz2 - C./
# cd LINUX - 2.6.3/
# patch - p1 < ../2.6.30 - at91.patch.gz
# tar xvzf ../2.6.30 - at91 - exp.3.tar.gz - C./
# for p in 2.6.30 - at91 - exp.3/*; do patch - p1 < $p; done
# patch - p1 < ../embest.diff
# cp ../Linux_Source/linux_kernel_2.6.30/at91sam9g45ekes_defconfig.config
```

（2）编译。

```
# make menuconfig
# make uImage ARCH = arm CROSS_COMPILE = /usr/local/arm - 2007q1/bin/arm - none - linux -
gnueabi -
```

注意：如果不能使用 make uImage，则使用下面的命令来安装。

```
apt - get install apt - get install uboot - mkimage
```

（3）可以在/arm/boot/目录下看到 uImage。

2. 下载 Linux 映像到 AT91SAM9G45-EKES 开发板

（1）通过 sam-ba 连接 ATMEL AT91SAM9G45-EKES 开发板。

```
# cd ~/Embest_SAM9G45/04 - TOOLS/sam - ba_cdc_2.9.linux_cdc_linux
# ./sam - ba
```

sam-ba 登录界面，如图 3-1 所示。

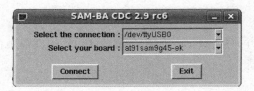

图 3-1　sam-ba 登录界面

单击 Connect 按钮进入之后，如图 3-2 所示。

图 3-2　sam-ba 运行界面

这里先烧写一个有 Atmel 提供的一个 demo。

这个 demo 包括以下文件。

```
linux4sam/
|── Angstrom－x11－at91sam9－image－glibc－ipk－2009.X－stable－at91sam9g45ekes.rootfs.
jffs2 //jffs2 文件系统
|── at91sam9g45ekes_demo_linux_nandflash.bat              //Windows 下 sam－ba 脚本文件
|── at91sam9g45ekes_demo_linux_nandflash.tcl              //Linux 下 sam－ba 脚本文件
|── nandflash_at91sam9g45ekes.bin                         //bootstrap
|── u－boot－1.3.4－exp.4－at91sam9g45ekes－nandflash.bin //boot
|── uImage－2.6.30－r1－at91sam9g45ekes.bin              //内核文件
`── ubootEnvtFileNandFlash.bin                            //环境
```

各文件将要烧写的位置如下。

```
set bootstrapFile"nandflash_at91sam9g45ekes.bin"
set ubootFile        "u－boot－1.3.4－exp.4－at91sam9g45ekes－nandflash.bin"
set kernelFile       "uImage－2.6.30－r1－at91sam9g45ekes.bin"
set rootfsFile
    "Angstrom－x11－at91sam9－image－glibc－ipk－2009.X－stable－at91sam9g45ekes.rootfs.
jffs2"
set ubootEnvFile"ubootEnvtFileNandFlash.bin"

# # NandFlash Mapping
set bootStrapAddr      0x00000000
set ubootAddr          0x00020000
set ubootEnvAddr       0x00060000
set kernelAddr         0x00200000
set rootfsAddr         0x00400000
```

（2）烧写 Bootstrap。

单击 Nand Flash 标签，脚本选择 Enable NandFlash，然后单击 Execute 按钮，输出如图 3-3 所示。

脚本选择 Erase All，然后单击 Execute 按钮，如图 3-4 所示。

烧写 Bootstrap，脚本选择 Send Boot File，单击 Execute 按钮，弹出选项框，选择 nandflash_at91sam9g45ekes.bin，如图 3-5 所示。

按照默认地址 0x00 烧到开发板上，结果如图 3-6 所示。

（3）烧写 U-Boot。

单击 Send File Name 边上的标签，如图 3-7 所示。

在弹出的对话框中选择 u-boot-1.3.4-exp.4-at91sam9g45ekes-nandflash.bin。

在 Address 中填入 0x00020000，如图 3-8 所示。再单击 Send File 按钮。

结果如图 3-9 所示。

（4）烧写 U-Boot 环境变量。

单击 Send File Name 边上的图标，在弹出的对话框中选择 ubootEnvFileNandFlash.bin，如图 3-10 所示。

在 Address 中填入 0x00060000，单击 Send File 按钮，如图 3-11 所示。

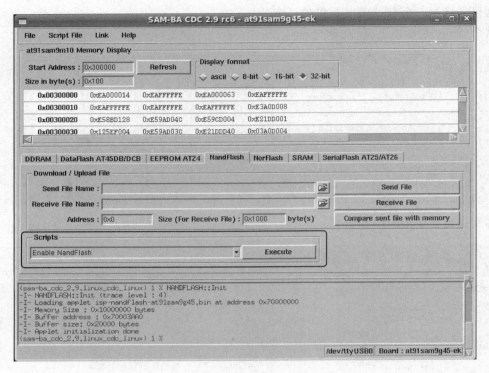

图 3-3　执行 Enable NandFlash

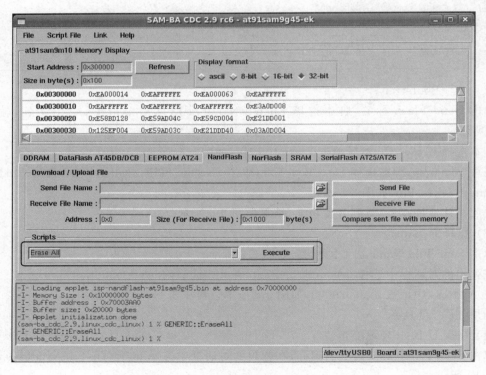

图 3-4　执行 Erase All

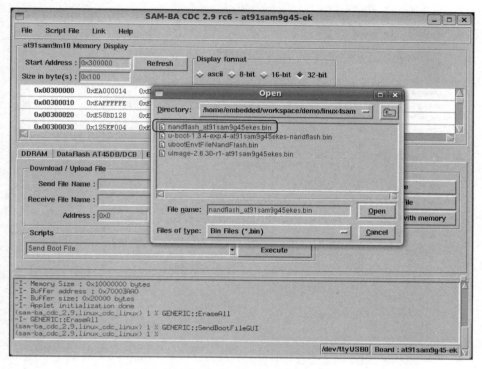

图 3-5 烧写 Bootstrap——选择文件

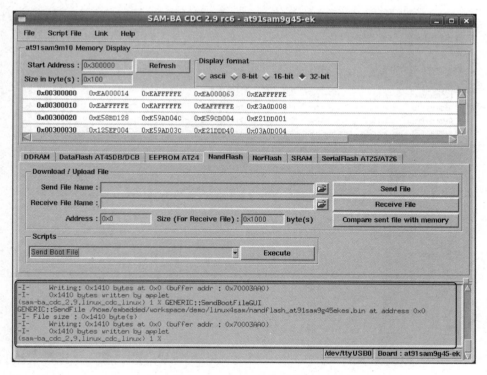

图 3-6 Bootstrap 烧写结果

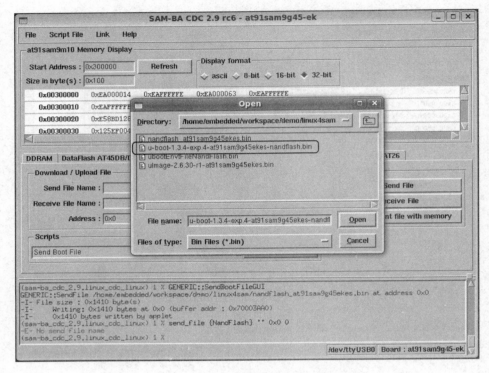

图 3-7　烧写 U-Boot——选择文件

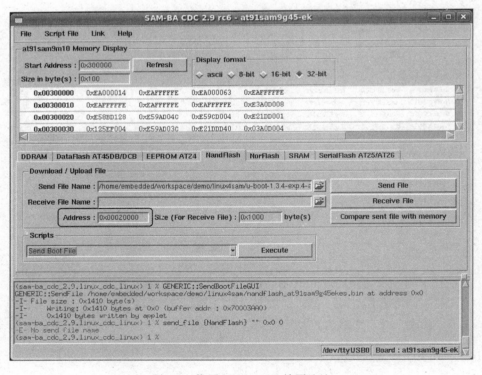

图 3-8　烧写 U-Boot——填写地址

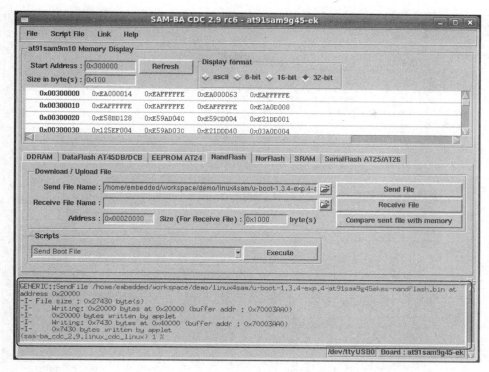

图 3-9 烧写 U-Boot——烧写结果

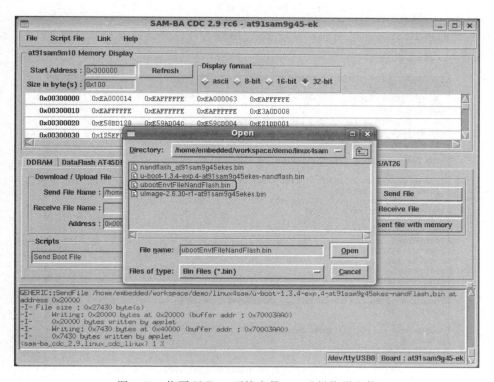

图 3-10 烧写 U-Boot 环境变量——选择烧写文件

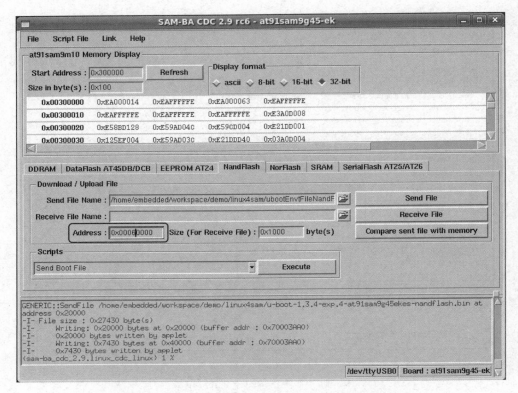

图 3-11　烧写 U-Boot 环境变量——填入烧写地址

至此，我们将 Bootstrap、U-Boot 和 U-Boot 用到的环境变量烧到了开发板上。
连接串口，通过 miniocom，在输入 printenv 后，可以看到如图 3-12 所示。

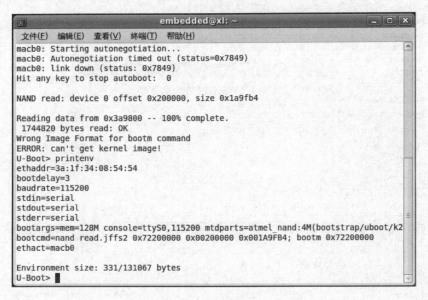

图 3-12　输入 printenv 后的输出

注意 bootcmd 参数，表示从地址 0x0020000 读入 0x001A9FB4 大小的内核到

0x72200000，然后从 0x72200000 启动。当然，这个内核大小是 demo 中提供的内核的大小，当用本实验制作内核时，需要对这个大小进行更改，不然会出现校验错误。

（5）烧写内核。

用同样方法选择制作好的 uImage，Address 是 0x00200000，单击 Send File 按钮。在输出窗口中，可以看到内核的大小是 0x1E7978，如图 3-13 所示。

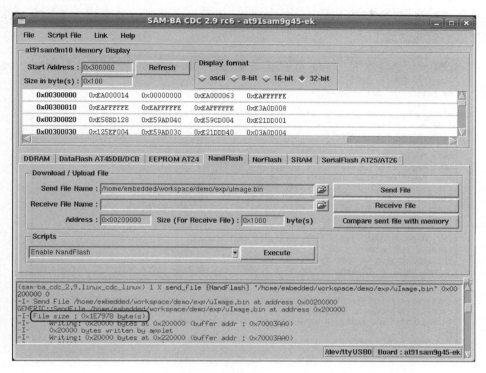

图 3-13 内核大小

进入 minicom，如图 3-14 所示。

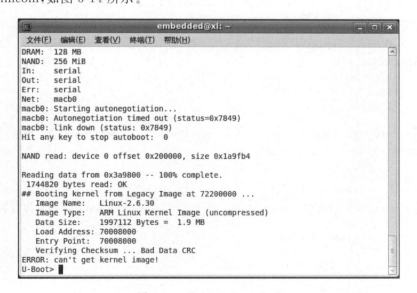

图 3-14 进入 minicom 之后

正如意料中的一样,出现校验错误"Verifying checksum … Bad Data CRC"。

```
U-Boot > set bootcmd 'nand read.jffs2 0x72200000 0x0020000 0x001E7978; bootm 0x72200000'
U-Boot > save
U-Boot > boot
```

内核能够加载,但是出现"kernel panic"错误,如图 3-15 所示。这是因为还没有文件系统,这样内核的实验就完成了。

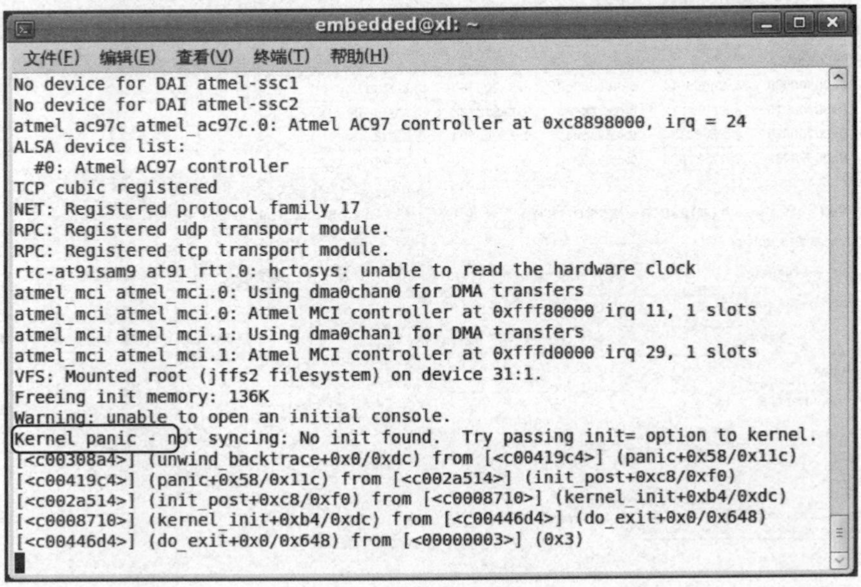

图 3-15 "kernel panic"错误

3. 编译内核模块

编译内核模块包括三个部分:C 源文件,Makefile 以及最后的交叉编译。

1) C 源文件

```
# include < linux/init.h >
# include < linux/module.h >
MODULE_LICENSE("Dual BSD/GPL");
static int hello_init(void)
{
        printk(KERN_ALERT "Hello, Linux world!\n");      //此处填入加载模块时输出的信息
        return 0;
}
static void hello_exit(void)
{
        printk(KERN_ALERT "Goodbye, Linux world!\n");    //此处填入卸载时输出的信息
}
module_init(hello_init);
module_exit(hello_exit);
```

将其保存为 hello.c 文件。

2）Makefile

然后，编写一个简单的 Makefile。

注意，在 Makefile 中，命令行的前面一定要加上一个 Tab 符，将上述内容保存为文件 Makefile，然后在确保交叉编译工具正确以后，运行 make 命令编译此内核模块，make 的参数如下所示。

```
ifneq ( $ (KERNELRELEASE),)
    obj－m : = hello.o
else
    KERNELDIR ? = < your kernel directory >
    PWD : =  $ (shell pwd)
default:
     $ (MAKE) － C $ (KERNELDIR) SUBDIRS = $ (PWD) modules
endif
```

Make ARCH = arm CROSS_COMPILE = /usr/local/arm-2007q1/bin/arm-none-linux-gnueabi-　KDIR=< your kernel directory >

其中，ARCH 表示的是目标的体系结构，对应于源代码下 ARCH/目录下的内容，CROSS_COMPILE 表示的是交叉编译工具的前缀，KERNELDIR 指向编译进目标板的 Linux 内核的顶层路径。make 完成以后生成一堆文件，其中，hello.ko 即是所需要的内核模块。

4. 下载到目标板

由于到目前为止，Bootstrap、U-Boot、U-Boot 环境变量以及内核已经烧写到开发板上，还没有文件系统，所以 Linux 还无法在开发板上运行，也不能加载内核文件。

根文件系统的制作属于下个实验，这里还是先借用 demo 中的 JFFS2 文件系统，还是通过 sam-ba 工具将文件系统烧写到指定位置，这里是 0x00600000。通过 TFTP 将 hello.ko 文件下载到开发板上，通过 insmod 和 rmmod 加载和卸载模块，如图 3-16 所示。

图 3-16　模块实验结果

模块实验成功。

六、实验结果分析

　　内核的移植实验和模块的实验是嵌入式实验中基础的实验。首先，向内核源代码通过打 patch，编译出适用于本实验平台的内核映像；然后，Demo 的烧写，对 Bootstrap、U-Boot、内核和文件系统有一个总体的把握，理解其不同的作用，例如，U-Boot 参数的设置，文件系统的重要性；最后，内核模块的实验编写了最简单的一个小模块，是以后编写驱动等的基础。

七、实验讨论和思考

　　(1) 在 3.5.1 节中打 patch 的目的是什么？
　　(2) 修改 demo 中 U-Boot 的环境变量，在 U-Boot 下通过 set 指令，尝试在不同地址烧写内核。
　　(3) 模块除了像实验中的通过可加载的方式实现之外，还可以在编译内核时直接作为内核的一部分进行编译，学有余力的读者可以尝试。

第4章

文件系统构建

一、实验目的

理解根文件系统在 Linux 系统中的作用,了解根文件系统的制作过程,进一步掌握烧写开发板的流程。

二、实验环境

AT91SAM9G45-EKES 开发板

三、实验任务

(1) 学会 mkfs.jffs2 的使用方法;

(2) 制作根文件系统 JFFS2,了解根文件系统基本目录的构成;

(3) 将根文件系统通过 sam—ba 工具烧写到 AT91SAM9G45-EKES 开发板。

四、实验原理

Linux 内核启动完成以后,内核将寻找一个根文件系统,在 AT91SAM9G45-EKES 开发板,选用的根文件系统是 JFFS2。通过 mkfs.jffs2 工具在 x86 平台下制作出可以在嵌入式平台上运行的文件系统,并通过 sam-ba 工具烧写到目标板上进行验证。

mkfs.jffs2 命令各参数含义如下,具体使用方法可以使用-h 参数查看。

-r 指定内含根文件系统的目录。

-o 指定文件系统映像的输出文件名称。

-p 表示在映像的结尾用 0x0 补全到 block。

-l 存储格式为小端格式。

-n 每个擦除的 block 中不添加 cleanmarker。

-e 擦除 block 的大小。

BusyBox 是标准 Linux 工具的一个单个可执行实现。BusyBox 包含一些简单的工具,例如 cat 和 echo,还包含一些更大、更复杂的工具,例如 grep、find、mount 以及 telnet。有些人将 BusyBox 称为 Linux 工具里的瑞士军刀。简单地说 BusyBox 就好像是一个大工具箱,它集成压缩了 Linux 的许多工具和命令。

五、实验步骤和过程记录

实验步骤主要有以下几步。

(1) 准备制作 JFFS2 根文件系统的工具 mkfs.jffs2;

（2）建立目录；

（3）编译 BusyBox；

（4）复制动态链接库到 lib 目录中；

（5）创建/etc/init. d/rcS、/etc/profile、/etc/fstab、/etc/inittab 文件，并且复制主机中的 /etc/passwd、/etc/shadow、/etc/group 文件到相应的目录中；

（6）移植 bash，将其复制到/bin 目录中；

（7）执行 mkfs. jffs2 -r ./rootfs -o rootfs. jffs2 -n -e 0x20000，生成 JFFS2 根文件系统 镜像；

（8）通过 sam-ba 工具将文件系统烧写到开发板上，进行验证。

下面将详细描述每一步的执行过程：

1. 准备制作 JFFS2 根文件系统的工具 mkfs. jffs2

使用命令：

```
# apt – get install mtd – utils
```

生成制作 JFFS2 根文件系统的工具 mkfs. jffs2 文件。

2. 创建根文件系统的目录

```
# pwd
/usr/local/src
# mkdir jffs2 jffs2/rootfs jffs2/rootfs_build
# cd jffs2/rootfs
# mkdir {bin, dev, etc, usr, lib, sbin, proc, sys, tmp}
# mkdir usr/{bin, sbin, lib}
```

3. 编译 BusyBox

从 http://www. busybox. net/downloads/busybox-1. 15. 2. tar. bz2 下载文件 busybox- 1. 15. 2. tar. bz2，放入/usr/local/src 目录，然后按照如下步骤操作。

```
# tar jxvf busybox – 1. 16. 1. tar. bz2
# vi Makefile
修改下面两行
CROSS_COMPILE ? = /usr/local/arm – 2007q1/bin/arm – none – linux – gnueabi – （视交叉编译工具所
在路径而定）
ARCH ? = arm
makemenuconfig
Busybox Settings --->
Build Options --->
      [ * ] BuildBusyBox as a static binary (no shared libs)
      [ ] Force NOMMU build
[ * ] Build with Large File Support (for accessing files > 2 GB)
() Cross Compiler prefix
() Additional CFLAGS
            Installation Options --->
                  [ * ] Don't use /usr
```

```
                        Applets links (as soft - links) --->
                        (. / _install) BusyBox installation prefix
make
make install
# cd _install/
# pwd
/usr/local/src/busybox - 1.16.1/_install
# cp - a * /usr/local/src/jffs2/rootfs/
```

4. 复制动态链接库到 lib 目录中

```
# pwd
/usr/local/src/jffs2/rootfs/lib
# cp /usr/local/arm - 2007q1/arm - none - linux - gnueabi/libc/lib/ * .
```

5. 创建目录结构

创建 etc/init. d/rcS、etc/profile、etc/fstab、etc/inittab、dev/console、dev/null 文件,并且复制主机中的/etc/passwd、/etc/shadow、/etc/group 文件到 etc 目录中,步骤如下。

```
# cdetc/init. d
# pwd
/usr/local/src/jffs2/rootfs/etc/init. d
# vircS
# ! /bin/sh
ifconfig eth0 192. 168. 1. 1
# setting host name
. /etc/sysconfig/network
hostname $ {HOSTN
# echo " ---- mount all"
/bin/mount - a
/bin/mkdir /dev/pts
# echo " ------ Startingmdev..."
/bin/mount - tdevpts devpts /dev/pts
/bin/echo /sbin/mdev >/proc/sys/kernel/hotplug
mdev - s
echo " ************************* "
echo "atmel sam9G45 rootfs"
echo " ************************* "
# cd ..
# viinittab
::sysinit:/etc/init. d/rcS
::restart:/sbin/init
::respawn: - /bin/bash
::ctrlaltdel:/sbin/reboot
::shutdown:/bin/umount - a - r
::shutdown:/sbin/swapoff - a
# vi profile
# /etc/profile: sys
# echo "Processing /etc/profile..."
# echo "Set search library path in /etc/profile"
```

```
export LD_LIBRARY_PATH = /lib:/usr/lib
# echo "Setusr path in /etc/profile"
PATH = /bin:/sbin:/usr/bin:/usr/sbin
export PATH
# echo "Set PS1 in /etc/profile"
export PS1 = "[\u@\h \W]\ $ "
# echo "Done"
# vifstab
proc /proc proc defalts 0 0
tmpfs /tmp tmpfs defaults 0 0
sysfs /sys sysfs defaults 0 0
tmpfs /dev tmpfs defaults 0 0
# mkdir sysconfig
# cdsysconfig/
# pwd
/usr/local/src/jffs2/rootfs/etc/sysconfig
# vi network
HOSTNAME = sam9g45           //设置主机名称
# cd ..
# pwd
/usr/local/src/jffs2/rootfs/etc
# cp /etc/passwd .
# cp /etc/shadow .
# cp /etc/group .
# cd ../dev
# mknod - m 600 console c 5 1
# mknod - m 666 null c 1 3
```

6. 移植 bash

首先从 http://down1.chinaunix.net/distfiles/bash-3.2.tar.gz 下载文件 bash-3.2.tar.
gz，然后按照如下步骤操作。

```
# tarzxvf bash - 3.2.tar.gz
# cd bash - 3.2
# ./configure -- host = arm - none - linux - gnueabi
# make
# arm - none - linux - gnueabi - strip bash
```

7. 生成 JFFS2 根文件系统镜像

```
# pwd
/usr/local/src/jffs2
# mkfs.jffs2 - r ./rootfs - o rootfs.jffs2 - n - e 0x20000
```

至此，已经 jffs2 格式的根文件系统制作完毕，可以下载到开发板上运行了。

8. 下载根文件系统

用 sam-ba 工具将 rootfs.jffs2 烧写到 0x00600000 地址。开启 minicom，可以看到制作的
JFFS2 文件系统已经可以顺利运行，如图 4-1 所示。

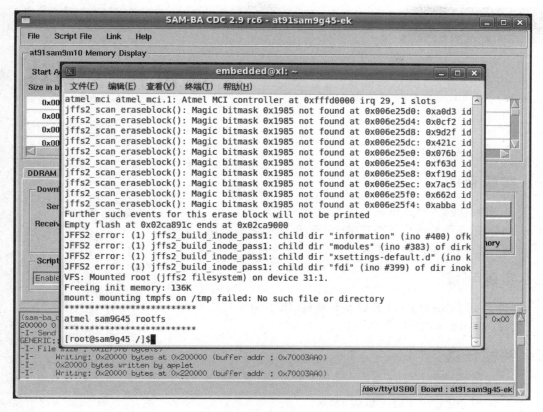

图 4-1　根文件系统实验结果

六、实验结果分析

在系统没有文件系统的时候,启动内核之后会出现"kernel panic"的错误。在第 3 章实验中,烧写的文件系统是 demo 中提供的,细心的读者会发现,启动提供的文件系统可以进入图形窗口,而烧写本次实验制作的文件系统只能进入文本窗口,可以知道很多图形方面的内容都放在了文件系统中。

七、实验讨论和思考

(1) 本次实验采用的内核是第 3 章实验中编译过的内核,支持 JFFS2 文件系统需要在内核配置中勾选 MTD 驱动以及 JFFS2 文件系统,请查看第 3 章实验,在打 patch 后,make menuconfig 以后关于 MTD 驱动以及 JFFS2 文件系统两个内核的默认选择。

(2) 在开发平台的官方网站上,有通过 angstrom 制作根文件系统,学有余力的读者可以尝试一下。

第 5 章

调试技术演练

一、实验目的

(1) 深入理解各种调试技术的概念。

(2) 掌握各种调试技术并且学会分析解决问题的方法。

(3) 熟悉使用各种调试工具。

二、实验环境

硬件：AT91SAM9G45-EKES 开发板、PC。

软件：Windows 2000/NT/XP、Ubuntu 9.10。

三、实验任务

(1) 使用 gdb 进行本地调试。

(2) 使用 gdbserver 进行远程调试。

(3) 使用 kgdb 调试 ARM Linux 内核。

四、实验原理

gdb 是一款功能非常强大的调试器，既支持多种硬件平台，也支持多种编程语言，同时它既可以在本地对程序进行调试，也可以胜任远程调试。当在内核中添加了 kgdb 补丁后，同样可以使用 gdb 来调试内核。因此，掌握 gdb 的调试手段非常有用，它不仅可以帮助开发人员调试程序错误，而且能让掌握此技术的人更加深入地了解各种调试技术的原理。

本章的实验内容分成三个部分，即使用 gdb 进行本地调试、使用 gdbserver 进行远程调试和使用 kgdb 调试 ARM Linux 内核。

1. gdb 本地调试原理

下面将以一个程序为例来演示如何使用 gdb 进行本地调试，从而帮助读者熟悉 gdb 调试的各种命令。这是一个实现简单的冒泡排序算法的程序，将下面的源程序保存为 bubble.c 文件，并自行编译成可执行文件。注意，在编译时一定要使用-g 选项，例如：gcc -g -o bubble bubble.c。

```
# include < stdio.h >
# define MAX_NUMBER 10
int num[MAX_NUMBER] = {10,77,42,61,99,18,39,51,65,36};
void swap( int * x , int * y )            // swap two numbers
{
    int temp;
    temp = * x;
```

```
        * x  =  * y;
        * y  =  temp;
}
int main()
{
        int i, j;

        for (i = 0; i < MAX_NUMBER; i++)
            for (j = MAX_NUMBER − 1; j > i; j−− )
                if (num[j] < num[j − 1])
                    swap(&num[j], &num[j − 1]);

        for (i = 0; i < MAX_NUMBER; i++)
            printf("num[ % d] = % d\n", i, num[i]);
        return 0;
}
```

首先启动 gdb，可以在启动的时候同时指定将要调试的程序，也可以在 gdb 启动后，使用 file 命令载入要调试的程序。例如：

```
# gdb bubble
```

当出现 gdb 提示符时，就可以使用相关的命令开始调试程序了。

1）查看源代码

可以用 list 命令列出源程序，但在 gdb 中最不方便的就是查看源程序，主要原因是 gdb 仅仅是一个文本界面的调试器，无法用鼠标和光标来阅读源程序，在这方面拥有图形界面的调试程序有着巨大的优势。

```
(gdb) list
9        temp = * x;
10       * x = * y;
11       * y = temp;
12   }
13
14   int main()
15   {
16       int i, j;
17
18       for (i = 0; i < MAX_NUMBER; i++)
```

如上所示，list 命令列出了部分源代码，并且每一行前面都包含行号。默认情况下，每次使用 list 命令都会列出 10 行源代码。可以继续输入 list 命令或者按回车键重复命令，查看剩余的源代码。除此之外，还可以使用 info source 命令查看当前源程序的信息，如下所示。

```
(gdb) info source
Current source file is bubble.c
Compilation directory is /home/ Embedded
Located in /home /Embedded/bubble.c
```

```
Contains 27 lines.
Source language is c.
Compiled with DWARF 2 debugging format.
Does not include preprocessor macro info.
```

通过该命令可以得到源程序所在的目录名、文件大小和语言等信息。

2）运行程序

使用 run 命令可以运行正在调试的程序，如果设置了断点，则会在断点位置停下来，否则将会运行到程序结束，如下所示。

```
(gdb) run
Starting program: /home/tuantuan/workspace/Embedded/bubble
num[0] = 10
num[1] = 18
num[2] = 36
num[3] = 39
num[4] = 42
num[5] = 51
num[6] = 61
num[7] = 65
num[8] = 77
num[9] = 99
Program exited normally.
```

3）设置及清除断点

gdb 可以使用 break N 来设置断点，N 在这里表示行号。例如，在 swap 函数中定义所在行添加一个断点，命令如下所示。

```
(gdb) br 6
Breakpoint 1 at 0x80483ea: file bubble.c, line 6.
```

从返回的信息中可以知道断点已经设置成功，其中断点号为 1，地址是 0x804833a，它在文件 bubble.c 的第 6 行。另外，也可以使用 info br 命令查看设置的断点信息，关于 info 命令在此就不多介绍了，读者可以 help info 查看更多的帮助信息。当然，除了通过在 break 命令后面指定行号来设置断点之外，也可以使用函数名、地址等。

条件断点，即在设置断点的时候同时加上断点生效的条件。下面的条件断点命令，在文件的第 20 行设置一个条件断点，此断点触发的条件是当 j 的值等于 5。

```
(gdb) br 20 if j == 5
Breakpoint 7 at 0x8048423: file bubble.c, line 20.
(gdb) info br
Num     Type          Disp  Enb  Address     What
7       breakpoint    keep  y    0x08048423  in main at bubble.c:20
stop only if j == 5
```

当设置断点成功后，使用 run 命令会在断点位置停止执行程序，等待用户输入调试命令。

如果想要清除断点,可以使用 clear 命令。

```
(gdb) clear 20
Deleted breakpoint 3
```

或者使用 disable 命令暂时禁止断点生效,而在需要启用断点的时候,使用 enable 命令来恢复。

4) 观察变量

设置断点的目的在于观察某些变量的值是否符合预期的设想,因此当程序运行到断点位置时,可以通过 gdb 提供的 print 命令打印出变量的当前值,以及 whatis 命令查看变量的类型。例如,在文件的第 20 行设置一个条件断点,当 j 的值为 5 的时候断点生效。

```
(gdb) run
Starting program: /home/tuantuan/workspace/Embedded/bubble

Breakpoint 1, main () at bubble.c:20
20              if (num[j] < num[j - 1])
(gdb) print j
$1 = 5
(gdb) whatis j
type = int
```

结果验证了 j 此时的值确实是 5,通过 whatis 命令可以查看 j 的类型为 int 型。

5) 单步执行

程序在断点处停止后,有两种方式进行单步调试,分别是 step 和 next 命令。step 和 next 命令的区别在于,step 会跟踪进入函数内部,而 next 则不会。这一点 gdb 同其他的调试工具类似,例如微软的 Visual Studio。

在这里,只是简单地介绍下 gdb 调试的部分命令,若想要更多地了解 gdb 相关的调试命令,可以参考 gdb 的使用手册。在本章的实验部分,将会让读者独立地使用这些调试命令进行程序的调试。

2. gdbserver 远程调试原理

在完成上面的基础实验之后,读者应该掌握了基本的 gdb 命令使用,接下来将利用 gdb 进行远程调试。gdb 远程调试并不像在本机上调试一个可执行程序那么简单,因为需要在两台机器的连接的基础上进行调试,然后通过宿主机端的 gdb 和目标板端的 gdbserver 来进行远程调试。

使用 gdbserver 调试方式时,在目标板端需要有一份被调试程序的拷贝,宿主机端则需要被调试程序以及其源代码文件。在目标板上的 gdbserver 控制被调试的应用程序的执行,并与宿主机端的 gdb 进行远程通信,从而完成远程调试的功能。这样一来,应用程序运行在目标板上,而 gdb 则运行在宿主机中。

首先用 arm-linux-gcc 编译 gdb,因为 AT91SAM9G45-EKES 开发板上使用的是 ARM 内核,因此交叉编译器要选择 arm-linux-gcc。关于交叉编译的相关内容,在理论部分的第 9 章已有详细介绍。使用交叉编译工具链分别编译 gdb 和 gdbserver,并通过 minicom 将 gdbserver 下载到目标板上,同时被调试程序交叉编译成 ARM 架构下的可执行文件,同样下载到目标板上。最后,设置好宿主机和目标板两端的网络,确保能够正常通信。接下来的调试过程就和本地调试差不多了。

3. kgdb 内核调试原理

在以前的内核版本，要使得内核支持 kgdb 调试功能，需要额外打上 kgdb 的补丁，但是从 2.6.25 开始，Linux 主干内核已经开始内置了代码级调试器 kgdb。通过使用 kgdb，内核开发人员就可以在内核代码中设置断点，单步调试和观察变量。为了使用 kgdb，需要有两个系统。一个作为开发系统，即宿主机，另外一个作为调试系统，即目标板。两台机器通过串口线连接。需要调试的内核运行在目标板上。串口线用于宿主机的 gdb 连接到远程目标。

目前，kgdb 已经可以支持通过以太网连接两台机器，不过在主干内核中并没有这部分代码。如果需要这个功能，可以到网上下载相应版本号的补丁。

kgdb 其实就是远程调试在 Linux 内核上的实现，它在内核中使用插桩的机制。内核在启动时等待远程调试器的连接，相当于实现了 gdbserver 的功能。然后，远程机器上的 gdb 负责读取内核符号表和源代码，并且尝试与之建立连接。一旦连接建立，就可以像调试普通程序那样调试内核了。

本实验的内核版本为 2.6.30，因此已经默认支持 kgdb 内核调试功能，但是要在编译内核时候启用 kgdb 调试选项（CONFIG_KGDB）。关于内核配置的选项，将会在下面的实验中详细介绍。编译好内核后，还需要修改内核的启动参数。在多种 I/O 驱动中选择其中的一种，作为宿主机和目标板之间的通信接口，而要使用这些驱动需要修改内核或者模块参数才能生效。为了使用 kgdb，必须给 kgdb 的 I/O 驱动传递必要的配置信息。如果不传递任何配置信息，它将不会做任何事。

如果要使用串口来调试内核，那么就在内核的启动参数后加上 kgdbwait，它将会在系统启动内核的时候停下来等待调试。如果要改变串口的参数，那么需要使用 kgdb8250 驱动，例如，内核启动参数为 kgdb8250＝0,115200，其中 0 代表使用串口 ttyS0，波特率为 115 200，如下所示。

```
kgdbwaitkgdb8250 = 0,115200
```

本实验板使用的 Bootloader 为 U-Boot，因此要在 U-Boot 的启动参数设置添加，即设置 bootargs 变量。当 U-Boot 开始引导内核启动时，会停下来等待远程的 gdb 调试。然后，在宿主机一端，使用 gdb 调试器加载内核映像，设置好远程调试的参数，然后就可以像调试普通应用程序一样调试内核了。

五、实验步骤

1. 实验 1   使用 gdb 进行本地调试

本实验的目的是让读者独立运用 gdb 进行本地调试，通过 gdb 调试手段找出程序中的 Bug，并且改正相应的 Bug，最后编译通过并能够正确执行。

编程的时候常常会因为对某些概念的理解不清，造成语义上的使用不当。尤其是 C 语言上的指针的使用，很多程序员甚至是一些经验丰富的程序员也会在这上面犯一些错误。在这个时候，就需要使用调试手段来找出其中的错误位置并纠正它们。

下面给出一个有错误的程序，本实验的任务就是通过 gdb 的各种调试命令来找出其中的错误，在这过程中希望读者能够灵活运用 gdb 的各种调试命令。

```
# include < stdio. h>
# include < string. h>
# include < stdlib. h>
void getString(char * ptr);

int main()
{
    int i;
    char * ptr = NULL;

    getString(ptr);

    for (i = 0; i <  strlen(p); i++)
        printf("ptr[ % d] = ' % c'\n", i, ptr[i]);

    return 0;
}

void getString(char * ptr)
{
    memcpy(ptr, "Embedded", strlen("Embedded") + 1);
    printf("ptr's address is % p, it points to the string: ' % s'.\n", ptr, ptr);
}
```

调试程序的步骤如下。

(1) 首先将源程序另存为 point. c 文件,并使用 gcc 编译成可执行文件。此文件存在
Bug,因此在运行的时候会出现错误。

(2) 运行 gdb 命令,并加载上一步编译出来的可执行文件,然后在 gdb 中运行程序。注意
程序执行后出现的错误信息,并用 where 命令查看程序出错的位置。

(3) 使用 list 命令查看出错位置附近的代码,推测可能导致错误的原因。

(4) 在导致错误的位置设置断点,查看断点信息。然后重新运行程序,在断点处停止。

(5) 进行单步跟踪调试,并且查看局部变量的信息。

(6) 找到错误原因后,停止调试,并退出 gdb,修改源程序,然后重新进行调试,确保程序无误。

2. 实验 2　使用 gdbserver 进行远程调试

本实验的任务是通过 gdbserver 进行远程调试,在此之前,必须使用交叉编译工具链交叉
编译 gdb 和 gdbserver,从而能够在 ARM 平台下正确地进行调试工作。当然有时候为了简单
起见,可以下载使用现成的交叉工具链。读者可以到 http://www. codesourcery. com/下载相
应的工具链。

本实验采用直接编译 gdb 源码包的方式,得到实验所需的 arm-linux-gdb 以及 gdbserver。
读者可以到 http://ftp. gnu. org/gnu/gdb/中下载合适的 gdb 源码包。笔者所下载的 gdb 为
gdb-7. 1. tar. gz。

1) 交叉编译 gdb

首先交叉编译 gdb 调试器和 gdbserver 程序。

解压 gdb-7. 1. tar. gz,并运行 configure 命令生成配置文件。

```
# ./configure -- target = arm - linux -- prefix = /usr/local/arm - gdb
```

其中，target 选择 arm-linux，指定了需要调试的目标板环境。prefix 是编译安装后的存放结果的目录。接下来编译安装 arm-linux-gdb。

```
# make && make install
```

如果编译没有任何错误，arm-linux-gdb 将生成在/usr/local/arm-gdb/bin 目录中。接下来编译目标板上运行的 gdbserver 程序。进入 gdbsrver 目录，并运行 configure 命令生成配置文件。

```
# cd gdb-7.1/gdb/gdbserver
# ./configure - target = arm - linux - host = arm - linux
```

其中，host 参数指定了 gdbserver 运行的平台，因为 gdbserver 是放在目标板上运行的。

编译 gdbserver，通过 CC 环境变量指定交叉编译器，本实验已经在环境变量中添加了交叉编译器 arm-none-linux-gnueabi-gcc 所在的目录。因此执行命令如下。

```
# make CC = arm - none - linux - gnueabi - gcc
```

如果按上面的编译出现错误信息：linux-arm-low. c:61:21: error: sys/reg. h: No such file or directory。请修改 gdb/gdbserver/config. h 文件，注释掉"define HAVE_SYS_REG_H 1"一句，并重新编译。如果没有编译错误，gdbserver 将生成在 gdb/gdbserver 目录下。这个文件是 gdb 客户端程序，在目标板上运行。

2）远程调试准备

完成上一步之后，将编译生成的可执行文件连同前面编译生成的 gdbserver 文件一起通过串口或者网络下载到目标板上。在此之前，首先要建立目标板和宿主机之间的 TCP/IP 连接。使用 ifconfig 命令分别设置宿主机端和目标板端的 IP 地址。目标板上执行如下命令。

```
root@at91sam:~ # ifconfig eth0 192.168.2.15 netmask 255.255.255.0 up
```

宿主机上同样设置 IP 与目标板为同一个网段，例如为 192.168.2.110。

```
# ifconfig eth0 192.168.2.110 netmask 255.255.255.0 up
```

通过 ping 命令测试两者连接是否正常。

然后，使用交叉编译器编译上节使用的例程 bubble. c。因为在本实验中，被调试的程序要运行在目标板上，等待宿主机上的 gdb 通过远程通信进行调试。注意，通过交叉编译生成的可执行文件，只能运行在对应的目标平台上。读者可以使用 file 命令查看交叉编译出的可执行文件的二进制格式。例如上面的 bubble 文件，使用 file 命令查看结果如下。

```
# file bubble
bubble: ELF 32 - bit LSB executable, ARM, version 1 (SYSV), dynamically linked (uses shared
libs), for GNU/Linux 2.6.30, not stripped
```

宿主机连接到目标板的方式有很多种，其中包括串口、网络以及 JTAG 接口。本实验采用 TFTP 的方式下载文件到目标板上，TFTP 的配置在前面开发环境的建立这一章已经介绍过，在这就不重复讲了。

　　保证主机上已经开启 TFTP 的服务，将 gdbserver 和 bubble 两个文件放到 TFTP 指定的下载目录。然后在目标板上使用以下命令下载。

```
tftp - g 192.168.100.100 - r ./gdbserver - l ./gdbserver
```

　　以同样的方式下载 bubble 文件，到此为止，gdbserver 远程调试的前期准备工作已经完成，接下来就是用 gdbserver 进行远程调试。

　　3）♯远程调试

　　启动 minicom，默认进入启动模式。在登录系统后，转到存放 gdbserver 以及被调试程序的目录。接下来，在目标板上运行 gdbserver 程序。

```
root@at91sam:~/tmp$ ./gdbserver 192.168.2.110:1234 bubble
```

此时，运行在目标板上的 gdbserver 监听在 1234 端口。然后，在宿主机上的存放 bubble 程序的目录下，执行 arm-linux-gdb 命令。

```
♯ ./arm - gdb/bin/arm - linux - gdb bubble
```

　　在 gdb 中使用 target remote 命令连接到目标板上，本实验是通过网口进行调试。

```
(gdb) target remote 192.168.2.15:1234
Remote debugging using 192.168.2.15:1234
0x400008a0 in ?? ()
```

　　其中，目标板的 IP 地址是 192.168.2.15，端口是 1234。连接成功后，会有如上的信息提示，并且在 minicom 窗口中也会监听到远程调试的请求，如下所示。

```
Remote debugging from host 192.168.2.110
```

　　连接成功后，就可以像调试本地程序一样进行远程调试了。具体的指令和技巧参见前文。

3. 实验 3　使用 kgdb 调试 ARM Linux 内核

　　本实验使用串口对目标板上的内核进行调试，如果读者有兴趣也可以尝试通过网络的方式调试内核，两者在原理上并没多大区别。本实验的难度相比前面的实验要大得多，涉及的知识点也比较多，内容上包括编译内核、下载内核映像以及远程调试，因此有些地方与前面的实验有所重复，读者可以翻阅前面的实验了解更多的解释。

　　1）编译内核

　　本实验的平台是 AT91SAM9G45-EKES，默认的 Linux 内核为 2.6.30，但是在此内核中并没有将对 kgdb 的支持编译进去，因此在进行内核调试之前，首先需要重新编译内核。主要是在默认配置的基础上修改与 kgdb 相关的内核配置选项。

　　首先下载实验需要的 Linux 内核源代码以及相关补丁，读者可以到下面的网址下载。

http://www.at91.com/linux4sam/bin/view/Linux4SAM/LinuxKernel♯Build

另外，AT91SAM9G45-EKES 的默认内核配置文件下载地址为：

ftp://www.at91.com/pub/linux/2.6.30-at91/at91sam9g45ekes_defconfig

首先解压下载好的内核源代码，并应用相应的补丁文件，同时将 AT91SAM9G45-EKES 的默认配置文件复制到内核目录。

```
# tar xvjf linux - 2.6.30.tar.bz2
# cd linux - 2.6.30/
# patch - p1 < ../2.6.30 - at91.patch.gz
# tar xvzf ../2.6.30 - at91 - exp.tar.gz - C./
# for p in 2.6.30 - at91 - exp/ * ; do patch - p1 < $ p ; done
# cp ../ at91sam9g45ekes_defconfig .config
```

接下来，需要进行内核的配置。内核的配置可以按照自己的习惯选择配置内核的任意一种方式。

```
# make ARCH = arm menuconfig
```

将下列与 kgdb 相关的选项编译进内核。

```
Kernel hacking --->
    [ * ] Kernel debugging
    [ * ] Compile the kernel with debug info
    [ * ] Compile the kernel with frame pointer
    [ * ] KGB: kernel debugging with remote gdb --->
        [ * ] KGDB: use kgdb over the serial console
```

另外还要修改一些与串口相关的配置选项：

```
Device Drivers --->
    Character devices --->
        Serial drivers --->
            < * > 8250/16550 and compatible serial support
            [ * ] Console on 8250/16550 and compatible serial port
```

配置成功后，开始编译内核，编译的同时在命令行中指定交叉编译工具链以及目标体系。

```
make uImage ARCH = arm CROSS_COMPILE = arm - none - linux - gnueabi -
```

2）下载映像

内核编译成功后，使用 TFTP 将映像下载到目标板上。在 U-Boot 启动的时候按下空格键进入 U-Boot 的下载模式，此时会出现 U-Boot 的提示符，然后配置好宿主机和目标板的 IP 地址并保存。

```
U-Boot > setenv ipaddr 192.168.2.15
U-Boot > setenv serverip 192.168.2.110
U-Boot > saveenv
```

```
Saving Environment to NAND...
Erasing redundant Nand...
Erasing at 0x80000 -- 100 % complete.
Writing to redundant Nand... done
```

其中,ipadd 指的是目标板的 IP 地址,serverip 是指宿主机的 IP 地址。同时,在宿主机上通过 ifconfig 命令设置 IP 地址为 192.168.2.110。

```
# ifconfig eth0 192.168.2.110 netmask 255.255.255.0 up
```

网络设置好后,可以用 ping 命令验证是否连接成功。然后,重启目标板,会提示网络初始化成功。接下来,使用 tftpboot 命令将编译好的内核映像文件下载到目标板上的相应地址。可以通过查看 U-Boot 的 bootcmd 环境变量查看内核映像的加载地址,AT91SAM9G45-EKES 板上默认的加载地址为 0x72200000。因此,使用 tftpboot 命令下载映像到此地址。

```
U-Boot > tftpboot 0x72200000 uImage - kgdb
```

为了方便起见,并不将内核映像写到 NandFlash 当中,而是直接在内存中启动。到此为止,内核映像已经下载成功。

在将编译出的内核下载到目标板之后,需要配置系统引导程序,加入内核的启动参数。在 U-Boot 下,可以通过设置 bootargs 变量设置内核启动参数,在 bootargs 后面添加需要的参数。

```
kgdb8205 = 0,115200 kgdbwait
```

保存好以上配置后启动目标板,内核将在短暂的运行后在创建 init 进程之前停下来,并等待宿主机的连接。

```
Waiting for connection from remote gdb...
```

3) ARM Linux 内核调试

在宿主机启动 gdb 调试器,并设置相应的调试参数,例如波特率、串口号。

```
# cd linux - 2.6.30
# gdb ./vmlinux
(gdb) set remotebaud 115200
(gdb) target remote /dev/ttyS0
```

其中,vmlinux 是编译出来的 Linux 内核映像,它是没有经过压缩的内核文件,gdb 调试器从该文件中得到各种符号地址信息。

这样,就与目标板上的 kgdb 调试接口建立了联系。一旦建立连接之后,对 Linux 内核的调试工作与对普通的应用程序的调试就没有什么区别了。任何时候都可以通过按 Ctrl+C 键打断目标板的执行,进行具体的调试工作。

比如需要打印出外部变量 jiffies 的值，那么运行：

```
(gdb)print jiffies
$ 1 = 0x23ab
```

又假如想知道当前的进程是什么（使用的是 task_struct 变量），地址存放在 eip 寄存器中。那么可以如下操作：

```
(gdb)info registers
…
eip: 0xc014b0e8    - 1072385816
…
(gdb)p (struct task_struct) * 0xc014b0e8
$ 2 = {state = 0xbfffaa8, flags = 0xc010bf64, sigpending = 0xbffffccf,
addr_limit = {seg = 0xbffffb70}, exec_domain = 0xbffffb60, need_resched = 0x0,
counter = 0xbffffccf, priority = 0xbfffaa8, avg_slice = 0xa, has_cpu = 0x2b,
…
```

如果想调试系统调用的情况，还可以在系统调用的入口设置断点。关于这一点，有兴趣的读者可以自己去试试。

六、实验讨论和思考

（1）如何通过串口进行 gdb 调试？

（2）远程调试主要由哪几部分组成？

（3）kgdb 的运行机制是什么？

第 6 章

字符设备和驱动程序设计

一、实验目的

(1) 理解字符设备驱动程序设计的相关概念。

(2) 掌握字符设备驱动程序的开发过程。

(3) 学会编写简单的 GPIO 驱动。

二、实验环境

硬件：AT91SAM9G45-EKES 开发板、PC。

软件：Windows 2000/NT/XP、Ubuntu 9.10。

三、实验任务

(1) 编写简单的字符设备驱动。

(2) 虚拟字符设备——virtualcdev 设计。

(3) 理解和掌握 GPIO 按键驱动的原理。

四、实验原理

1. 简单的字符设备驱动

一个最基本的字符设备驱动由以下两部分组成。

1) 字符设备驱动模块加载和卸载函数

在字符设备的模块加载函数中，需要完成设备号的分配和字符设备的注册；在字符设备的模块卸载函数中，需要完成设备号的释放和字符设备的注销。

设备号分配的最佳方案是，默认采用动态分配，但同时也保留在加载甚至编译时手动指定主设备号的余地。

通常情况下，实际驱动中会把设备定义为一个设备相关的结构体，其中包含与该设备相关的信息，例如相应的 cdev、私有数据等。

2) 字符设备驱动的文件操作函数

file_operations 结构体中的成员函数是字符设备驱动与内核之间的接口，用户空间对 Linux 进行系统调用最终会调用这些函数。大多数设备驱动都会实现 open、release、read、write、ioctl 等几个函数。

在实现 read 和 write 函数的时候，要注意的一点是，由于内核空间和用户空间的内存是不能直接互相访问的。因此需要借助内核提供的 copy_from_user() 和 copy_to_user() 两个函数，前者完成用户空间到内核空间的复制，后者则完成内核空间到用户空间的复制。这两个函数定义在头文件< asm/uaccess. h >中。

从以上的内容可以看出字符设备驱动程序的工作流程主要分为以下 4 个部分。

(1) 使用 Linux 提供的命令加载驱动模块，例如 modprobe、insmod。

(2) 驱动模块的初始化，初始化结束后即进入"潜伏"状态，直到有系统调用。

(3) 当操作设备时，即产生系统调用，则调用驱动模块提供的各个操作函数。

(4) 卸载驱动模块，释放占用资源。

Linux 下的驱动程序分为两种，一种是直接编译进内核，另一种是编译成模块，然后在需要该驱动时手动加载驱动模块。模块加载的命令有 modprobe 和 insmod 两个。其中 modprobe 命令可以解决驱动模块的依赖性，即假设当前加载的驱动模块引用了其他模块提供的内核符号或者其他资源时，modprobe 命令就会自动加载那些模块。然而，使用 modprobe 命令时，必须把要加载的驱动模块放在当前模块搜索路径中。而 insmod 命令则不会考虑驱动模块的依赖性，但是它却可以加载任意目录下的驱动模块。例如，本实验编写的简单字符设备驱动可以使用 insmode 命令加载。

下面介绍一些本实验中需要用到的符号和头文件。

(1) linux/module. h

必需的头文件，任何一个模块源代码都必须包含此文件。

```
MODULE_AUTHOR(_author);
MODULE_DESCRIPTION(_description);
MODULE_VERSION(_version);
MODULE_LICENCE(_licence);
```

以上几个宏在模块源代码中添加关于模块的文档信息。

(2) linux/init. h

```
module_init();
module_exit();
```

用于指定模块的初始化和清除函数的宏。

(3) linux/types. h

dev_t 类型是内核中用来表示设备号的数据类型。

```
int MAJOR(dev_t dev);
int MINOR(dev_t dev);
```

上面两个宏分别从设备号中获取主、次设备号。

```
dev_t MKDEV(unsigned int major, unsigned int minor);
```

这个宏通过主、次设备号构造一个 dev_t 类型。

(4) linux/fs. h

文件系统头文件，此文件是编写字符设备驱动必需的头文件。其中声明了许多重要的函数和数据结构。

```
int register_chrdev_region(dev_t first, unsigned int count, const char * name);
int alloc_chrdev_region(dev_t * dev, unsigned int firstminor, unsigned int count, const char *
name);
void unregister_chrdev_region(dev_t first, unsigned int count);
```

上面三个函数内核是提供给字符设备驱动程序注册和注销设备号的函数。

```
struct file_operations;
struct file;
struct inode;
```

以上三个为字符设备驱动程序的关键数据结构。

（5）linux/cdev.h

```
void cdev_init(struct cdev *, const struct file_operations *);
struct cdev * cdev_alloc(void);
void cdev_add(struct cdev *, dev_t, unsigned);
void cdev_del(struct cdev *);
```

用来管理 cdev 结构体的函数，内核中使用 cdev 来表示字符设备。

（6）asm/uacess.h

该头文件声明了在内核空间和用户空间之间的数据移动的函数。

```
unsigned long copy_from_user(void * to, const void * from, unsigned size);
unsigned long copy_to_user(void * to, const void * from, unsigned size);
```

2. 虚拟字符设备设计原理

通过上个实验的学习，想必读者已经初步了解了字符设备驱动的整个编写流程，并且学会如何编写简单字符设备驱动。接下来的实验任务是设计一个虚拟字符设备——virtualcdev。

虚拟字符设备是一个实际上并不存在的设备，在本实验中，它实际上是代表一块指定大小的内存空间。而针对它的操作，实际上是对相应内存区域的操作。其中，需要完成的操作有对该内存区域的读写（read/write）、控制（ioctl）和定位（llseek）函数，从而在用户空间的应用程序可以通过 Linux 系统提供的系统调用访问这块内存。

一般情况下，在字符设备驱动中都会定义一个设备特定结构，然后将 cdev 结构体嵌入到该结构中。这样做的好处是，可以将一些设备相关的数据和信息封装起来，例如本实验中虚拟字符设备占用的内存区域。在这种情况下，应该使用 cdev_init()函数初始化字符设备结构（cdev），而不能用 cdev_alloc()函数。

在本实验中，主要是针对内存区域的操作，因此，在操作的时候应该注意对越界行为的检查，以免在操作的时候访问内越界。另外需要注意的是，用户空间的程序操作设备结构体中的数据（对其进行读写），需要使用内核提供的特定函数来处理，即上文提到的 copy_from_user()和 copy_to_user()函数。

3. GPIO 按键驱动原理

输入设备，例如键盘、鼠标、触摸屏等，是一个典型的字符设备，它的工作原理一般是底层在检测到按键、单击等输入动作时产生一个中断，然后 CPU 通过 SPI、I2C 或者外部存储器总线读取按键值、坐标等数据并交由字符设备驱动管理，而驱动的读操作让用户可以读取这些数据。

　　而为了简化输入系统的设计和驱动的编写，Linux 系统专门提供了 input 子系统，它统一管理鼠标和键盘事件。而在 input 架构的基础上，内核目录下的 drivers/input/keyboard/gpio_keys.c 实现了通用的 GPIO 按键驱动。该驱动采用 platform_driver 架构，并将硬件相关的信息（如 GPIO 号、电平等）封装在 platform_device 结构的 platform_data 中，因此可以应用在各个处理器上，具有良好的跨平台性。

　　因此，本实验将以 gpio_keys.c 为例来分析 GPIO 按键驱动的原理。在此之前，首先简单介绍下内核 input 子系统。

　　在内核中对所有的输入事件，都用统一的数据结构来描述，即 input_event。它的定义如下。

```
struct input_event {
    struct timeval time;
    __u16 type;
    __u16 code;
    __s32 value;
}
```

其中，code 表示事件的代码，type 表示事件的类型，value 表示事件的取值。可用的事件类型在< linux/input. h >文件中定义如下。

```
# define EV_SYN          0x00
# define EV_KEY          0x01          //按键
# define EV_REL          0x02          //相对坐标
# define EV_ABS          0x03          //绝对坐标
# define EV_MSC          0x04
# define EV_SW           0x05
# define EV_LED          0x11          // LED
# define EV_SND          0x12          //声音
# define EV_REP          0x14
# define EV_FF           0x15
# define EV_PWR          0x16
# define EV_FF_STATUS    0x17
# define EV_MAX          0x1f
# define EV_CNT          (EV_MAX + 1)
```

　　例如，EV_KEY 对应按键事件，EV_SND 代表声音事件等。

　　如果事件的类型为 EV_KEY，则 code 对应按键的代码。其中，代码值 0～127 表示键盘按键，0x110～0x116 表示鼠标按键代码。例如，本实验板上提供了 7 个按键，它们分别表示鼠标左右键、方向键以及回车键，定义如下（arch/arm/mach-at91/board-sam9m10g45ek. c）。

```
/*
 * GPIO 按键
 */
# if defined(CONFIG_KEYBOARD_GPIO) || defined(CONFIG_KEYBOARD_GPIO_MODULE)
```

```
static struct gpio_keys_button ek_buttons[] = {
    {    /* BP1, "leftclic" */
        .code        = BTN_LEFT,
        .gpio        = AT91_PIN_PB6,
        .active_low   = 1,
        .desc        = "left_click",
        .wakeup      = 1,
    },
    {    /* BP2, "rightclic" */
        .code        = BTN_RIGHT,
        .gpio        = AT91_PIN_PB7,
        .active_low   = 1,
        .desc        = "right_click",
        .wakeup      = 1,
    },
    /* BP3, "joystick" */
    {
        .code        = KEY_LEFT,
        .gpio        = AT91_PIN_PB14,
        .active_low   = 1,
        .desc        = "Joystick Left",
    },
    {
        .code        = KEY_RIGHT,
        .gpio        = AT91_PIN_PB15,
        .active_low   = 1,
        .desc        = "Joystick Right",
    },
    {
        .code        = KEY_UP,
        .gpio        = AT91_PIN_PB16,
        .active_low   = 1,
        .desc        = "Joystick Up",
    },
    {
        .code        = KEY_DOWN,
        .gpio        = AT91_PIN_PB17,
        .active_low   = 1,
        .desc        = "Joystick Down",
    },
    {
        .code        = KEY_ENTER,
        .gpio        = AT91_PIN_PB18,
        .active_low   = 1,
        .desc        = "Joystick Press",
    },
};
```

在这里将 GPIO 按键的配置信息保存在了 gpio_keys_button 结构中,该定义在< linux/ gpio_keys. h >文件中定义,代码如下。

```
struct gpio_keys_button {
        int code;                    /* 输入事件代码(KEY_ *, SW_ *) * /
        int gpio;
        int active_low;
        char * desc;
        int type;                    /* 输入事件类型 (EV_KEY, EV_SW) * /
        int wakeup;                  /* 将按键配置成唤醒源 * /
        int debounce_interval;       /* 抖动间隔 * /
        bool can_disable;
};
```

该文件下还有另外一个重要的结构体——gpio_keys_platform_data，它的定义如下。

```
struct gpio_keys_platform_data {
    struct gpio_keys_button * buttons;
    int nbuttons;
    unsigned int rep:1;
};
```

因为 gpio_keys.c 是采用 platform_device 架构实现的，而定义一个 platform_device 之后往往需要初始化设备私有数据 dev.platform_data。这一过程会在后面将要介绍的 gpio_keys_probe() 函数中完成。

以上 7 个按键的代码定义在< linux/input.h >文件中，如下所示。

```
# define KEY_ENTER         28
# define KEY_UP            103
# define KEY_LEFT          105
# define KEY_RIGHT         106
# define KEY_DOWN          108
# define BTN_LEFT          0x110
# define BTN_RIGHT         0x111
```

其中，当按键按下时，value 值为 1，松开时为 0。

在了解了这些基本的概念之后，下面开始分析一下 gpio_keys.o 这个文件。首先从 gpio_keys_probe() 函数开始，该函数的代码清单定义如下（由于篇幅有限，下面的代码只是其中主要的部分，完整的代码请读者查看 drivers/input/keyboard/gpio_keys.c 文件）。

```
static int __devinit gpio_keys_probe(struct platform_device * pdev)
{
    struct gpio_keys_platform_data * pdata = pdev->dev.platform_data;
    struct gpio_keys_drvdata * ddata;
    struct input_dev * input;
    …

     /* 申请 gpio_keys_drvdata 的空间,注意感兴趣的按键个数 * /
    ddata = kzalloc(sizeof(struct gpio_keys_drvdata) +
```

```
        pdata->nbuttons * sizeof(struct gpio_button_data),
        GFP_KERNEL);

 /* 申请 input_dev 空间 */
input = input_allocate_device();
…

/* 将 ddata 作为 pdev 的数据空间 */
platform_set_drvdata(pdev, ddata);

/* 对 input 结构进行赋值 */
input->name = pdev->name;
input->phys = "gpio-keys/input0";
input->dev.parent = &pdev->dev;

input->id.bustype = BUS_HOST;
input->id.vendor = 0x0001;
input->id.product = 0x0001;
input->id.version = 0x0100;

/* 使能输入子系统的自动重复特性 */
if (pdata->rep)
        __set_bit(EV_REP, input->evbit);

ddata->input = input;

for (i = 0; i < pdata->nbuttons; i++) {
    struct gpio_keys_button * button = &pdata->buttons[i];
    struct gpio_button_data * bdata = &ddata->data[i];
    int irq;

    /* 设置 input 事件的类型为 EV_KEY */
    unsigned int type = button->type ?: EV_KEY;

    /* 设置定时器及处理函数 */
    bdata->input = input;
    bdata->button = button;
    setup_timer(&bdata->timer,
            gpio_check_button, (unsigned long)bdata);

    /* 判断 GPIO 是否可以作为 KEY 使用 */

    error = gpio_request(button->gpio, button->desc ?: "gpio_keys");
    …

    /* 将该 GPIO 配置为输入 */
    error = gpio_direction_input(button->gpio);
    …

    /* 获取中断号 */
    irq = gpio_to_irq(button->gpio);
    …

    /* 根据中断号申请中断和注册中断处理函数 */
```

```
            error = request_irq(irq, gpio_keys_isr,
                        IRQF_SAMPLE_RANDOM | IRQF_TRIGGER_RISING |
                        IRQF_TRIGGER_FALLING,
                        button->desc ? button->desc : "gpio_keys",
                        bdata);
            …

        if (button->wakeup)
            wakeup = 1;

        /* 设置系统对某个事件的某个代码感兴趣
           这里当然是对 EV_KEY 事件的某个代码感兴趣 */
        input_set_capability(input, type, button->code);
    }

    /* 注册设备到 input 核心 */
    error = input_register_device(input);
    …

    /* 设置是否设备唤醒 */
    device_init_wakeup(&pdev->dev, wakeup);

    return 0;

fail2:
    /* 如果注册中断失败或注册设备失败
       则需要将前面申请的 irq 都释放,并调用 input_free_device 释放输入设备 */
    while (--i >= 0) {
        free_irq(gpio_to_irq(pdata->buttons[i].gpio), &ddata->data[i]);
        if (pdata->buttons[i].debounce_interval)
            del_timer_sync(&ddata->data[i].timer);
        gpio_free(pdata->buttons[i].gpio);
    }
    /* platform 对应的数据空间设为空 */
    platform_set_drvdata(pdev, NULL);
fail1:
    /* 如果申请输入设备空间失败或执行了 fail2,则释放输入设备空间 */
    input_free_device(input);
    kfree(ddata);

    return error;
}
```

在 gpio_keys_probe() 函数中，一方面分配了一个 input_dev 结构，并初始化相应的属性，最后将其注册到系统内核中。另外一方面，在函数最初的部分通过传入参数获取 platform_data，而 platform_data 在上文已有介绍，它实际上是表示 GPIO 按键信息的数组。在接下来的 for 循环中，申请 GPIO 按键设备需要的中断号，并初始化定时器。具体可以参照代码注释。

在注册输入设备后，底层输入设备驱动的核心工作只是在按键等动作发生时报告事件。下面的函数正是完成 GPIO 按键中断发生时的事件报告功能，它的代码定义如下。

```
/*按键事件报告处理函数*/
static void gpio_keys_report_event(struct gpio_button_data * bdata)
{
    struct gpio_keys_button * button = bdata->button;
    struct input_dev * input = bdata->input;
    unsigned int type = button->type ?: EV_KEY;
    /*记录按键状态*/
    int state = (gpio_get_value(button->gpio) ? 1 : 0) ^ button->active_low;

    /*报告输入事件*/
    input_event(input, type, button->code, !!state);
    /*等待事件处理完成*/
    input_sync(input);
}
```

这里主要用到了 input 子系统提供的两个接口：input_event 和 input_sync。前者用于报告指定类型和代码的输入事件,后者报告同步事件。

通过以上代码的分析,相信读者已经对 gpio_keys 驱动的过程有所了解,下面通过实验让读者更加深入地理解它的原理。

五、实验步骤

1. 实验 1　编写一个简单的字符设备驱动

以一个最简单的字符设备驱动程序为例,虽然它没有做什么具体的设备操作,但是通过它可以了解 Linux 的设备驱动程序的工作原理。通过学习这个例子,读者可以迅速了解和掌握设计开发一个驱动所需要掌握的各种基础知识。

本实验要求读者在 AT91SAM9G45-EKES 开发板上编写一个简单的字符设备驱动程序。该字符设备具备 4 个基本操作：hello_open()、hello_write()、hello_read()、hello_release()。实现的基本功能为向这个新建的字符设备先写入一些数据,然后再从这个设备中读取这些数据。通过实现这些最简单的功能,让读者能够迅速理解和掌握设计一个设备驱动的各种相关知识。

下面从字符设备驱动程序的整体结构出发,分别来完成字符设备驱动程序的各个部分。

1) 头文件及全局变量

首先创建一个 hello.c 文件,其中包含一些必要的头文件、宏以及全局变量。具体涉及的头文件请参照实验原理部分。

```
# include < linux/module.h >
# include < linux/init.h >
# include < linux/cdev.h >
# include < linux/kernel.h >
# include < linux/fs.h >
# include < asm/uaccess.h >

# define DEFAULT_MSG "Hello World!\n"
# define MAXBUF 20
```

2）主要操作函数

一般来说，设备驱动程序只需要定义对自己有意义的接口函数。例如，一个纯输入设备可能只有一个 wirte( )函数，而一个纯输出设备可能也只有一个 read( )函数。读者可以根据自己的需要，决定使用哪些接口函数来操作设备，编写所需的函数代码，然后用定义好的函数创建一个 file_operations 结构体的实例。在本例中的 file_operations 结构定义如下。

```
static struct file_operations hello_fops = {
        .read = hello_read,
        .write = hello_write,
        .open = hello_open,
        .release = hello_release,
};
```

其中的 hello_read，hello_write，hello_open，hello_release 函数就是需要实现的设备接口函数。在这里需要注意的是，如果在定义函数之前使用，必须在使用前声明函数。

这种结构的声明方法是一种标记化格式声明，由于 file_operation 结构相当庞大，包含的设备驱动函数相当多，而实际编写驱动时又无须实现所有的驱动函数，所以使用这个方法来提高驱动程序的可移植性。并且因为 file_operaions 的原型包含较多的结构类型变量，如果按照 C 语言里对结构类型的变量赋值的话，对于那些没有实现的驱动接口函数要赋值成空指针，而 file_operations 在日后发布的内核版本中会不断升级，因此传统的为 file_operations 结构各域成员赋值必然会带来不便及对移植增加难度。

hello_open( )函数和 hello_release( )函数主要是对设备进行初始化和释放，实现了设备的打开和关闭功能。读者如果有兴趣，可以在这两个函数里面编写自己的代码完成相应的功能。

当设备文件执行 hello_read( )函数调用时，表面上看像是从设备中读取数据，实际上是从内核空间的数据队列中读取，通过 copy_to_use( )函数，把数据传送到用户空间，使得用户空间的其他代码（测试代码）可以访问这些数据。

hello_write( )函数的使用和 hello_read( )函数相似，只不过数据传送的方向发生了变化，即把参数中的 count 字节数从用户空间的缓冲区 buf 复制到硬件或者内核的缓冲区中。

读写设备也就意味着要在内核地址空间和用户地址空间之间传输数据。由于指针只能在当前地址空间操作，而驱动程序运行在内核空间，数据缓冲区则在用户空间，因此跨空间的复制就不能使用通常的方法，如利用指针或者通过 memcpy 来完成。在 Linux 中，跨空间的复制是通过定义在< asm/uaccess. h >里的特殊函数实现的，使用 copy_to_user( )和 copy_from_user( )两个函数可以实现在不同空间传输任意字节的数据。

下面给出简单的思路，具体函数的实现请读者独立完成。

```
static ssize_t hello_read(struct file * filp, char __ user * buf, size_t count, loff_t * pos)
{
    int size;
    …
    if (copy_to_user( … ))          // 从内核空间复制数据到用户空间
        return − ENOMEM;
    …
```

```
        return size;
    }

    static ssize_t hello_write(struct file * filp, const char __user * buf, size_t count, loff_t *
    pos)
    {
        int size;
        …
        if (copy_from_user( … ))            // 从用户空间复制数据到内核空间
            return － ENOMEM;
        …
        return size;
    }
```

3）驱动模块函数

在设计完主要数据结构和函数接口之后，就要开始把设备驱动加入到内核中。在设备驱动的开发中，主要有两种方式把驱动加入到内核：①通过模块机制动态加载；②直接修改内核源文件和 Makefile 文件，通过重新编译整个内核来把驱动直接加入到内核。如果将驱动模块编译进内核，会增加内核的大小，还可能需要改动内核源代码，而且不能动态卸载，不利于调试，所以一般情况下，设备驱动程序都使用模块加载的方式。

驱动模块初始化函数主要负责申请设备号和注册字符设备，而驱动模块退出函数则负责对应的释放设备号和注销字符设备。

本实验的字符设备驱动程序加载成功后会向系统添加一个新的字符设备 hello，在上篇的第 10 章中曾经介绍过，在内核中是使用 cdev 结构体来表示字符设备的。因此，在开始处定义一个 cdev 结构：

```
    static struct cdev * hello_cdev;
```

首先，在向内核系统添加设备之前，先向内核系统替此设备动态申请设备号，这个申请的设备号随后会显示在/proc/devices 列表里。

```
    err = alloc_chrdev_region(&dev, 0, 2, "hello");
    if (err) {
    printk("alloc_chardev_region() failed!\n");
        return err;
    }
```

申请到设备号后，就可以向系统注册字符设备，这里采用动态的方式分配字符设备结构hello_cdev。

```
    hello_cdev = cdev_alloc();
```

在编写驱动初始化函数的时候，需要注意的一点是当某个环节，例如分配或者注册失败后，在返回之前要进行回滚操作，即释放在此之前分配或注册的系统资源。关于这一点，请读者仔细思考下，然后加上相关的代码。

分配到字符设备后,用上面第一步完成的 file_operations 结构体来初始化此字符设备相应的属性,并指定 owner 属性为 THIS_MODULE。最后通过 cdev_add()函数向内核系统注册此字符设备。

```
hello_cdev->ops = &hello_fops;
hello_cdev->owner = THIS_MODULE;
err = cdev_add(hello_cdev, dev, 1)
```

最后,初始化设备相关的数据。在本实验中,即完成对全局变量 hello_buf 的初始化。

```
memset(hello_buf, 0, sizeof(hello_buf));
memcpy(hello_buf, DEFAULT_MSG, sizeof(DEFAULT_MSG));
```

至此,hello 驱动的初始化函数就完成了。驱动模块的退出函数完成驱动退出的清理工作,包括设备号释放、驱动注销等,因为比较简单,请读者自行完成。

4)驱动安装过程

在完成了上面这些工作以后,可以对前面编写完成的设备驱动程序代码进行编译,并且通过 insmod 的方式加载到内核。

同普通应用程序一样,也要使用交叉编译工具链对驱动进行编译,然后下载到目标板上,并加载到内核中。但是,与普通应用程序不一样的是,驱动依赖内核源代码。因此,简单地使用命令行来编译驱动是不适用的,而应该使用 Makefile 文件。关于 Makefile 的用法请参照上篇的第 9 章。下面提供一个通用的 Makefile 文件。

```
ifneq ( $(KERNELRELEASE),)
    obj-m := hello.o
else
    KERNELDIR ?= /your/kernel_src/path    // 内核编译目录
    PWD := $(shell pwd)

default:
    $(MAKE) -C $(KERNELDIR) M=$(PWD) modules

endif

.PHONY: clean dist-clean
dist-clean: clean
    -rm -f *.cmd *.mod.c
    -rm -rf modules.order Module.symvers .tmp_versions
clean:
    -rm -f *.ko *.o
```

其中,KERNELDIR 变量指的是内核源代码树路径。所谓的内核源代码树是指编译内核后生成的内核目录。本书的所有实验都是基于 Linux 内核的 2.6.30 版本,因此在做此实验之前,需要一个已经编译过的内核目录。有关内核编译的内容请参考实验的第 6 章。

然后在驱动源程序所在的目录执行下面的命令编译。

```
# make ARCH = arm CROSS_COMPILE = arm – none – linux – gnueabi –
```

编译完成后,将编译生成的 hello. ko 文件使用 TFTP 下载到目标板上,并在目标板上执行下面的命令加载驱动。

```
root@at91sam:~ # insmod hello.ko
```

这样就把驱动程序加入到内核了,如果已经成功安装,在/proc/devices 文件中就可以找到设备 hello,并且可以看到它的主设备号(内核自动分配的)。如果要卸载模块,运行:

```
root@at91sam:~ # rmmod hello.ko
```

下一步要创建一个设备文件:

```
root@at91sam:~ # mknod /dev/hello  c  major  minor
```

其中,c 是指字符设备,major 是主设备号,就是在/proc/devices 里看到的。用 shell 命令就可以获得主设备号,minor 是从设备号,设置成 0 就可以了。

```
root@at91sam:~ # cat /proc/devices | awk "\ $ 2 = = \"test\" {print \ $ 1}"
```

现在就可以通过设备文件来访问设备了。

5) 驱动测试程序

加载完成驱动程序后,编写一个简单的测试文件。将下面的文件另存为 test. c,交叉编译后下载到目标板上运行。

```c
# include < stdio. h>
# include < sys/types. h>
# include < fcntl. h>
# define MAXBUF 20
int main()
{
    int fd, length, rlen, i;

    char * buf = "hello, world!";
    char readbuf[MAXBUF] = {0};

    fd = open("/dev/hello", O_RDWR);        //打开设备文件
    if(fd < = 0) {
        printf("Error opening device for writing!\n");
        exit(1);
    }

    length = write(fd, buf, strlen(buf)); //向设备文件写入数据
    if(length < 0) {
        printf("Error writing to device! % d\n", length);
```

```
        exit(1);
    }

    rlen = read(fd, readbuf, strlen(buf));    //从设备文件数据
    if(rlen < 0)
        printf("Error reading from device!\n");

    printf("The read result is % s\n", readbuf);
    close(fd);

    return 0;
}
```

上面的测试函数先向设备写入一个"hello,world"字符串，然后再从设备中读取。编译运行这段代码，看看输出是不是"hello,world"。

当然，这个仅仅是一个简单的驱动，真正实用的驱动程序要复杂得多，有兴趣的读者可以去看 *Linux Device Drivers* 这本书了解更多有关驱动的知识。

2. 实验 2　虚拟字符设备设计

本实验的任务是设计一个虚拟的字符设备，它其实是一块内存区域的封装。希望通过这个实验，可以加深读者对字符设备的理解，并熟练掌握编写字符设备驱动的能力。

在本实验中，将虚拟设备结构体定义如下。

```
/ *虚拟字符设备结构体 * /
struct virtualcdev {
    struct cdev cdev;                      // cdev 结构体
    unsigned char mem[MEM_SIZE];           // 占用内存
};

struct virtualcdev dev;                    // 虚拟设备实例
```

可见，该设备结构体中包含两个域：cdev 结构体和使用的内存 mem[MEM_SIZE]。并定义一个该设备结构体的实例。

该虚拟字符设备最终提供如下操作：read、write、ioctl 和 lseek。因此，该设备驱动的文件操作结构体（file_operations）定义如下。

```
static const struct file_operations virtualcdev_fops = {
    .owner = THIS_MODULE,
    .read = virtualcdev_read,
    .write = virtualcdev_write,
    .ioctl = virtualcdev_ioctl,
    .llseek = virtualcdev_llseek,
};
```

本实验实现的虚拟字符设备需要提供如下的读写函数功能：用户空间的程序可以与设备结构体中的 mem 数组交换数据，并且随着访问的位置变化更新文件的读写偏移位置。但是，虚拟设备提供的内存区域是有大小限制的，因此在读写数据之前，首先要判断访问的位置是否越界。读函数的示例代码如下。

```
static ssize_t virtualcdev_read(struct file * filep, char __user * buf, size_t count, loff_t *
ppos)
{
    unsigned long p = * ppos;
    int ret = 0;

    /* 检查读操作 */
    if (p >= MEM_SIZE) {              // 越界
        return count? - ENXIO:0;
    }

    if (count > MEM_SIZE - p) {      // 读取字节数过多
        count = MEM_SIZE - p;
    }

    /* 内核空间到用户空间 */
    if (copy_to_user(buf, (void * )(dev.mem + p), count)) {
        ret = - EFAULT;
    } else {
        * ppos += count;
        ret = count;

        printk(KERN_ALERT "read % d bytes from % ld\n", count, p);
    }

    return ret;
}
```

当文件的读写偏移位置超过内存的大小时,若要继续读取数据,则返回错误代码 -ENIXO,它表示不存在的地址或者设备。

写函数与读函数的实现代码类似,请读者自行添加。

除了读写函数之外,该虚拟设备还需要提供定位函数。在 Linux 系统调用中,lseek()函数用来指定文件的读写偏移位置,即定位到特定的位置进行读写。其中,定位的基址可以是文件开头,当前位置或者文件尾。本实验所要实现的 seek()函数,需要提供从文件开头和当前位置开始定位的功能。同读写函数一样,在定位的时候同样需要检查是否越界。如果越界,则返回-EINVAL,它代表无效的取值。

设备提供的操作函数 virtualcdev_llseek()是上层 lseek 系统调用的最终实现,它的部分代码实现如下。

```
static loff_t virtualcdev_llseek(struct file * filep, loff_t offset, int orig)
{
    loff_t ret;

    switch (orig) {
        case 0:                                              // 从文件头开始偏移
            if (offset < 0 || (unsigned int)offset > MEM_SIZE) { // 偏移越界
                ret = - EINVAL;
            } else {
```

```
            filep - > f_pos = (unsigned int)offset;
            ret = filep - > f_pos;
        }

        break;
    case 1:                  // 从当前位置开始偏移
        // 补充代码
        break;
    default:                 // 其他定位方式为非法
            ret = - EINVAL;
    }

    return ret;
}
```

如果读者有兴趣,可以思考下如何实现完整的定位函数功能。

另外,本实验的虚拟字符设备还需要实现 ioctl()函数的功能。下面的示例代码中实现了一个命令——MEM_CLEAR,即对设备使用的内存清零。它主要使用了内核提供的内存操作函数 memset 来完成这项操作。

```
static int virtualcdev_ioctl(struct inode * inodep, struct file * filep, unsigned int cmd,
unsigned long arg)
{
    switch (cmd) {
        case MEM_CLEAR:                           // 清除全局内存
            memset(dev.mem, 0, MEM_SIZE);
            printk(KERN_ALERT "dev's memory is set to zero\n");

            break;
        default:
            return - EINVAL;                      // 其他不支持的命令
    }

    return 0;
}
```

读者可以定义更多的设备 io 命令,然后分别在这个函数中实现相应的功能。对于设备不支持的命令,ioctl()函数会返回-EINVAL。

在实现虚拟设备所支持的所有操作后,还需要实现驱动的加载和卸载函数。想必读者已经对这两个过程所需要完成的任务非常熟悉,在实验原理中也已经介绍过,在这就不赘述了。

其中,驱动加载和卸载函数的实现代码如下所示。

```
/*虚拟字符设备驱动模块加载函数*/
static int __ init virtualcdev_init(void)
{
    int ret;
    dev_t devno = MKDEV(virtualcdev_major, 0);

    /*申请虚拟字符设备驱动设备号*/
```

```
    if (virtualcdev_major) {
        ret = register_chrdev_region(devno, 1, "virtualcdev");
    } else {                    //动态获得主设备号
        ret = alloc_chrdev_region(&devno, 0, 1, "virtualcdev");
        virtualcdev_major = MAJOR(devno);
    }

/* 如果设备号申请失败则返回 */
    if (ret < 0) {
        return ret;
    }

    /* 初始化 cdev 结构 */
    cdev_init(&dev.cdev, &virtualcdev_fops);
    dev.cdev.owner = THIS_MODULE;

    ret = cdev_add(&dev.cdev, devno, 1);

    if (ret) {
        printk(KERN_ALERT "Error % d adding virtualcdev", ret);
}
/* 虚拟字符设备驱动模块卸载函数 */
static void exit virtualcdev_exit(void)
{
    cdev_del(&dev.cdev);    // 删除 cdev 结构
    unregister_chrdev_region(MKDEV(virtualcdev_major, 0), 1); // 注销设备号
}
```

到此为止,驱动代码的主要部分已经编写完成。当然,在程序中需要用到的头文件还有宏定义要补充完整。接下来,参照前面的实验完成驱动模块的编译、下载及安装,并使用 mknod 命令建立一个设备节点。

```
root@at91sam:~ # mknod /dev/virtualcdev  c  255  0
```

最后,编写一个程序测试虚拟字符设备工作是否正常,代码如下。

```c
# include < stdio. h >
# include < stdlib. h >
# include < sys/types. h >
# include < string. h >
# include < fcntl. h >
# define MAXBUF 20

int main()
{
    int fd, length, rlen, i, c;

    char * buf = "hello, virtual char device! This program is written to test the driver";
```

```
char readbuf[MAXBUF] = {0};

fd = open("/dev/virtualcdev", O_RDWR);        //打开设备文件
if(fd <= 0) {
    printf("Error opening device for writing!\n");
    exit(1);
}

length = write(fd, buf, strlen(buf));         //向设备文件写入数据
if(length < 0) {
    printf("Error writing to device! %d\n", length);
    exit(1);
}

lseek(fd, 0, 0);
i = 0;
while(1) {
    printf("loop %d: \n", i++);

    if(lseek(fd, 2, 1) < 0) {
        printf("Error lseek!\n");
        exit(1);
    }

    rlen = read(fd, readbuf, 3);              //从设备文件数据
    if(rlen < 0) {
        printf("Error reading from device!\n");
        exit(1);
    } else {
        readbuf[rlen] = '\0';
        printf("Readbuf is %s\n", readbuf);
    }

    c = getchar();
    if (c == 'c')                             // 清零
        ioctl(fd, 0x1);

    if (c == 'q')                             // 退出
        break;
}

close(fd);
return 0;
}
```

　　上面的测试程序首先往设备中写了一段数据，然后开始循环读数据。在循环过程中，通过不断地改变文件的读写偏移位置（当前位置加2），然后开始读取三个字符的数据。循环最后等待用户输入，如果输入字符"c"，则清除设备内存；如果输入字符"q"，则退出循环。通过这样一个程序，来测试本实验中虚拟字符设备所提供的各个操作函数。

3. 实验3　GPIO按键驱动

本实验的任务有以下两个。

（1）在原有的GPIO按键驱动的基础上修改代码，可以在按键的时候在屏幕上打印按键

信息,例如按键的代码值以及按键类型等。

（2）修改配认的 GPIO 按键配置,将鼠标左右键定义替换成其他键值。

按照实验原理,修改 board-sam9m10g45ek.ce 及 gpio_keys.c 代码,然后重新编译内核并下载到目标板上运行。重新启动目标板,如果启动信息中有如图 6-1 所示方框标注的内容则表示已经检测并初始化 GPIO 按键设备。

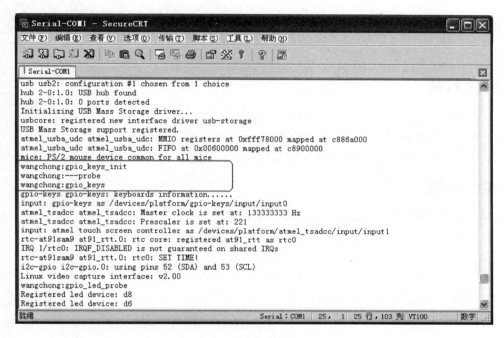

图 6-1　启动信息

进入目标板系统后,通过按键返回的信息（命令行输出或者通过 dmesg 查看）验证是否修改成功。

六、实验讨论与思考

（1）字符设备的设备号分配方式有哪几种?

（2）字符设备驱动的初始化和退出需要完成哪些工作?

（3）如何使用文件私有数据（private_data）来改写实验 2?

（4）如何在 input 子系统的基础上模拟键盘或者鼠标输入?

## 第 7 章

块设备驱动程序设计

一、实验目的

(1) 通过实验了解 SD 卡的工作原理；

(2) 通过实验掌握块设备驱动开发的特点；

(3) 通过实验掌握块设备驱动开发的流程。

二、实验环境

硬件：AT91SAM9G45-EKES 开发板、SD 卡、PC。

软件：Windows 2000/NT/XP、Ubuntu 9.10、gcc、gdb、vim。

三、实验任务

(1) 理解和掌握 SD 卡驱动编写。

(2) 测试 SD 卡驱动。

四、实验原理

阅读完本书上篇理论部分第 11 章，读者应当知道 SD 卡驱动分为三层（card/core/host），其中，card 和 core 层与硬件无关且内核代码已提供。为了提高读者在硬件基础上编程的能力，本实验编写 host 层驱动，也就是编写 9G45 芯片的 HSMCI 接口驱动。在做实验前，首先仔细阅读芯片的数据手册，了解通过 HDMCI 接口对 SD 卡进行操作的各个细节。以下是 HDMCI 接口对 SD 卡操作的说明。

当加电以后，HDMCI 接口通过发送基于 MMC 总线协议的特殊消息初始化 SD 卡，每个消息由以下一个或多个 token 组成。

(1) 命令（Command）：命令 token 用于发起某个操作，一个命令可以从 host 发送到一个 SD 卡（指明地址的命令），也可以发送给相连的多个 SD 卡（广播命令）。命令 token 通过 CMD 线串行地传输。

(2) 应答（Response）：应答 token 是从一个或多个 SD 卡异步地发送给 host，用于回应前面 host 所发的命令。应答 token 也是通过 CMD 线串行传输。

(3) 数据（Data）：数据可通过数据线在 host 和 SD 卡之间双向传输。

SD 卡寻址是通过一个 session 地址实现的。该地址在设备初始化的时候由相连的总线控制器分配。每一个卡都有一个独立的 CID 序号。

HDMCI 接口提供几种不同的操作模式。对于指明地址的操作总是包含一个命令 token 和一个应答 token。一些操作除了包含命令 token 和应答 token 之外，还包含数据 token。对于另外一些操作,直接通过命定应答模式来传输信息,在这类操作中并不包含数据 token。HDMCI 接口时钟控制着 DAT 和 CMD 线中比特的异步传输。

HDMCI 定义了以下两种数据传输命令类型。

(1) 串行传输命令:这类命令发起连续的数据流传输,当接收到 CMD 线传来的 stop 命令时才停止传输。这种传输方式的特点是将传输中命令的开销减少到最低程度。

(2) 面向块的传输命令:这类命令传输一个块,在块的后面有该块的 CRC 校验值。读和写操作都允许单块传输和多块传输。多块传输的终止有两种方式:一种和串行传输非常类似,也是收到 CMD 线传来的 stop 命令后停止传输;另外一种是通过预先指定传输的块数,然后在传输完指定块数后就终止。

1. 命令应答操作

当重置后,HSMCI 接口失效,而在 HSMCI_CR 寄存器的 MCIEN 位置 1 后生效。

如果 FIFO 已满,设置 HSMCI 模式寄存器(HSMCI_MR)的 RDPROOF 和 WRPROOF 位,这样在读或写操作进行时可以停止 HSMCI 的时钟。这样可以保证数据的完整性,但不能保证带宽。在开漏模式和推挽模式下,需要将命令寄存器(HSMCI_CR)中定义的所有命令都执行掉。

命令应答功能流程图如图 7-1 所示。

注意:如果是 SEND_OP_COND,CRC 错误标记位始终为 1。

2. 数据传输操作

SD 卡允许几种读/写操作(单个块,多个块,流等),这些传输类型可以通过 HSMCI 命令寄存器(HSMCI_CMDR)的 TRTYP 域设定。这些操作也可以通过 DMA 控制器实现。在所有情况下,块长度位(BLKLEN)必须同时在模式寄存器(HSMCI_MR)和命令寄存器(HSMCI_CMDR)中置位。

在 MMC3.1 细则中定义了以下两种类型的读(或写)传输(任何时候可选用任意一种)。

(1) 可扩充/无穷多块读(或写)。

需要读(或写)的数据块数并不固定,卡会一直传输数据块直到收到一个停止传输的指令。

(2) 预先指定数量的多块读(或写)。

卡会传输所请求个数的数据块,传完后即停止。这种方式并不需要停止传输指令,除非结束时产生错误。要启动预先指定数据的多块读(或写),必须正确地对块寄存器(HSMCI_BLKR)编程。需要传输数据块的个数通过块寄存器的 BCNT 域指定,当 BCNT 为 0 时,表示无穷多块。

① 读操作

如图 7-2 所示的流程图展示了在不使用 DMA 控制器的情况下,读一个单独的数据块。在这个例子中,轮询方法被用来等待一个读操作的结束。类似地,用户也可以配置中断使能寄存器(HSMCI_IER),在读操作结束促发一个中断请求来处理读操作的结束。

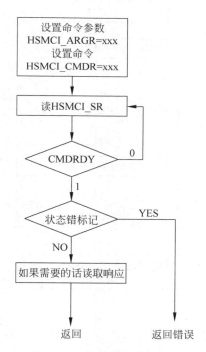

图 7-1 命令应答功能流程图

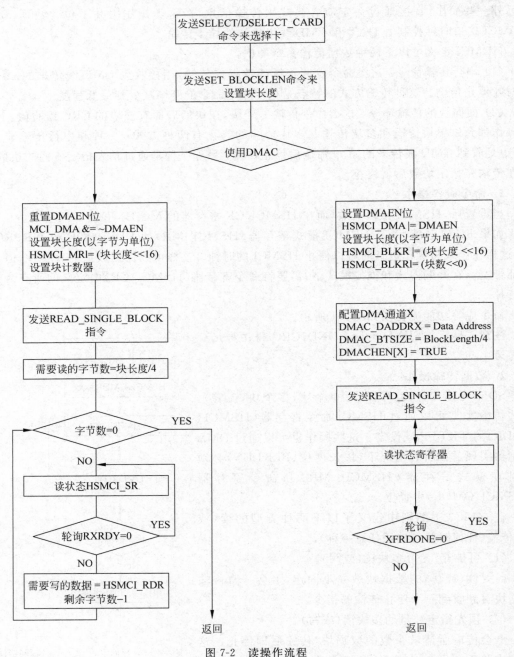

图 7-2　读操作流程

使用 DMA 控制器读单个块过程如下。

- 等待当前命令成功的结束。
- 设置卡的块长度。
- 编程设置 HSMCI 配置寄存器的块长度。
- 设置 HSMCI_MR 中的 RDPROOF，避免溢出。
- 编程 HSMCI_DMA 寄存器填充以下域。

ROPT＝0

OFFSET＝0

CHKSIZE＝0

DMAEN＝1

- 发送 READ_SINGLE_BLOCK 命令。
- 编程 DMA 控制器。

a. 读通道寄存器,选择一个通道。

b. 读 DMAC_EBCISR 寄存器,清除通道上所有上次 DMA 传输的等待中断。

c. 设置通道寄存器。

d. 将 x 通道的 DMAC_SADDRx 寄存器设置成源数据地址,必须按字对齐。

e. 设置 x 通道的 DMAC_DADDRx 寄存器为 HSMCI_FIFO 的起始地址。

f. 设置 x 通道的 DMAC_CTRLAx 寄存器:

DST_WIDTH＝WORD

SRC_WIDTH＝WORD

SCSIZE 由 HSMCI_DMA 和 CHKSIZE 决定

BTSIZE＝块长度/4

g. 设置 x 通道的 DMAC_CTRLBx 寄存器:

DST_INCR＝INCR,块长度不能大于 HSMCI_FIFO 的孔径。

SRC_INCR＝INCR。

FC 设置为外围设备流控模式。

SRC_DSCR 和 DST_DSCR 设置为 1。

DIF 和 SIF 设置为相应的 ID,如果 DIF 和 SIF 不同,则 DMA 控制器可以同时进行数据的预取和写操作。

h. 设置 x 通道的 DMAC_CFGx 寄存器:

FIFOCFG 定义 DMAC 通道 FIFO 的水印。

DST_H2SEL 设置为真,以允许硬件握手。

DST_PER 设置为目标 HSMCI 主控的握手 ID。

i. 使能通道 x,DMAC_CHER[x]＝1。

- 等待 HSMCI_SR 寄存器中的 XFRDONE 位为真。

② 写操作

当写非多块大小(Non-multiple)时,HSMCI_MR 用于定义填充值。如果 PADV 为 0,则用 0x00 进行填充,否则用 0xFF 填充。

如图 7-3 所示的流程图展示了在不使用 DMA 控制器的情况下,如果写一个单独的数据块。轮询方法被用来等待一个写操作的结束。类似地,用户也可以配置中断使能寄存器(HSMCI_IER),在写操作结束促发一个中断请求来处理写操作的结束。

通过 DMA 控制器写单个数据块流程如下。

- 等待当前命令成功的结束。检查 HSMCI_SR 的 CMDRDY 和 NORBUSY 域。
- 设置卡的块长度。
- 编程设置 HSMCI 配置寄存器的块长度。
- 编程 HSMCI_DMA 寄存器填充以下域。

OFFSET DMA 的偏移。

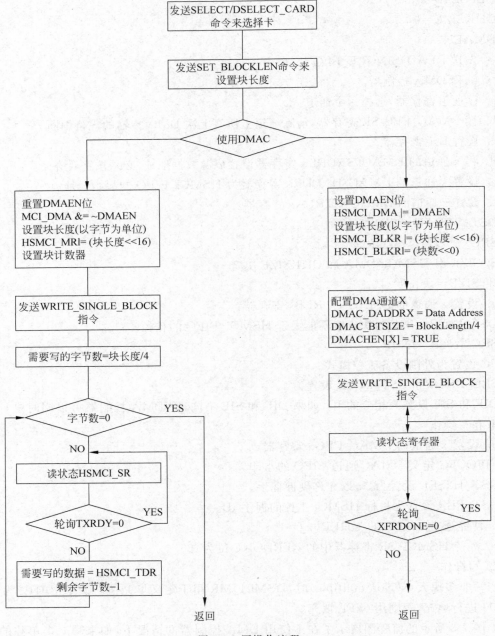

图 7-3 写操作流程

CHKSIZE 用户设置,并与 DMAC_DCSIZE 对应。

DMAEN。

- 发送 WRITE_SINGLE_BLOCK 命令写 HSMCI_ARG 和 HSMCI_CMDR。
- 编程 DMA 控制器。

a. 读通道寄存器,选择一个通道。

b. 读 DMAC_EBCISR 寄存器,清除通道上所有上次 DMA 传输的等待中断。

c. 设置通道寄存器。

d. 将 x 通道的 DMAC_SADDRx 寄存器设置成源数据地址。如果第一个数据地址没有按字对齐,则两个 LSB 位。定义临时变量 dma_offset,两个 LSB 位必须设置为 0。

e. 设置 x 通道的 DMAC_DADDRx 寄存器为 HSMCI_FIFO 的起始地址。

f. 设置 x 通道的 DMAC_CTRLAx 寄存器:

DST_WIDTH=WORD。

SRC_WIDTH=WORD。

DCSIZE 由 HSMCI_DMA 和 CHKSIZE 决定。

BTSIZE=CEILING((block_length + dma_offset)/4)),ceiling 函数返回不小于 x 的值。

g. 设置 x 通道的 DMAC_CTRLBx 寄存器:

DST_INCR=INCR,块长度不能大于 HSMCI_FIFO 的孔径。

SRC_INCR=INCR。

FC 设置为外围设备流控模式。

SRC_DSCR 和 DST_DSCR 设置为 1。

DIF 和 SIF 设置为相应的 ID,如果 DIF 和 SIF 不同,则 DMA 控制器可以同时进行数据的预取和写操作。

h. 设置 x 通道的 DMAC_CFGx 寄存器:

FIFOCFG 定义 DMAC 通道 FIFO 的水印。

DST_H2SEL 设置为真,以允许硬件握手。

DST_PER 设置为目标 HSMCI 主控的握手 ID。

i. 使能通道 x,DMAC_CHER[x]=1。

等待 HSMCI_SR 寄存器中的 XFRDONE 位为真。

五、实验步骤

1. 编写 SD 卡驱动

(1) 仔细阅读实验原理,理解如何通过 MCI 接口用 DMA 方式接收和发送数据。

(2) 解压实验代码 atmel_mci. tar. gz。

```
# tar zxvf   atmel_mci.tar.gz
```

(3) 进入实验代码目录,查看 atmel-mci-reg. h。所有寄存器的地址的宏定义在该文件中可直接使用。

```
# define MCI_CR            0x0000
# define MCI_CR_MCIEN        (  1 <<  0)
# define MCI_CR_MCIDIS       (  1 <<  1)
# define MCI_CR_PWSEN        (  1 <<  2)
# define MCI_CR_PWSDIS       (  1 <<  3)
# define MCI_CR_SWRST        (  1 <<  7)
# define MCI_MR            0x0004
```

```
# define MCI_MR_CLKDIV(x)      ((x) <<  0)
# define MCI_MR_PWSDIV(x)      ((x) <<  8)
# define MCI_MR_RDPROOF        ( 1 << 11)
# define MCI_MR_WRPROOF        ( 1 << 12)
# define MCI_MR_PDCFBYTE       ( 1 << 13)
# define MCI_MR_PDCPADV        ( 1 << 14)
# define MCI_MR_PDCMODE        ( 1 << 15)
…
```

（4）阅读和编写驱动。

① 打开 atmel-mci.c 文件，按照其中的中文提示补全代码。

② 修改原驱动，在其基础上实现在 SD 插入和拔出时打印出提示信息，并在插入时显示写保护状态。参考代码如下。

```
present = !gpio_get_value(slot->detect_pin);
read_only = gpio_get_value(slot->wp_pin);
if( present )
{
    printk(KERN_ALERT "SD 已经插入\n");
    if( read_only )
        printk(KERN_ALERT "该卡只读\n");
    else
        printk(KERN_ALERT "该卡可读可写\n");
}
else     printk(KERN_ALERT "SD 卡已拔出\n");
```

提示：在 atmel_detect_change 函数中添加代码。

2．编译驱动程序

（1）编写 Makefile 文件。

```
ifneq ( $ (KERNELRELEASE),)
    obj-m := atmel-mci.o
else
    KERNELDIR ? = ~/src/linux-2.6.30-atmel/
    PWD := $ (shell pwd)
default:
    $ (MAKE) -C $ (KERNELDIR) M = $ (PWD) modules
endif
```

其中，KERNELDIR 变量设置成内核路径。

（2）交叉编译。

```
# make ARCH = arm CROSS_COMPILE = /usr/local/arm-2007q1/arm-none-linux-gnueabi-
```

在这里指定交叉编译工具链目录和平台类型。也可在 ~/. bashrc 文件中添加下面一行代码导出交叉工具链的路径。

```
# export CROSS_COMPILE = /usr/local/arm/arm - 2007q1/arm - none - linux - gnueabi -
```

这样每次 make 只需要执行以下这条命令。

```
# make ARCH = arm
```

编译完成后,在当前目录下会生成一个 atmel-mci. ko 文件。

3. 下载驱动模块到目标板并加载

(1) 为了验证驱动的正确性,必须确保目标板上的系统没有该驱动或者没有加载该驱动。所以在前面编译内核时 Atmel Multimedia Card Interface support 应该设为空或 M(编译为模块),如图 7-4 所示。

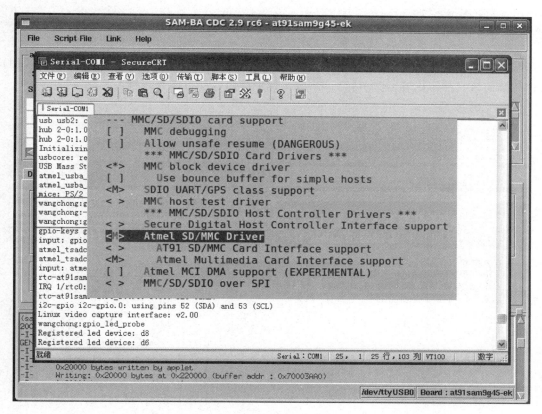

图 7-4　配置内核

如果设置为 M,则需要先卸载掉该模块。

```
# rmmod atmel - mci
```

(2) 将前面编译好的驱动模块 atmel-mci. ko 文件复制到 TFTP 服务器的目录。连接好串口线和网线,打开终端,接通目标板电源,启动系统后输入以下命令将驱动模块下载到目标板的 xxx 目录。

```
root@at91sam9g45ekes: tftp - g 192.168.0.3 - r ./atmel - mci.ko - l /lib/modules/drivers/
atmel - mci.ko
```

（3）加载模块。

```
root@at91sam9g45ekes:~ # depmod
root@at91sam9g45ekes:~ # modprobe atmel - mci.ko
```

4. 测试驱动程序

（1）插入一张 SD 卡，并挂载到文件系统。

```
root@at91sam9g45ekes:~ # cd /mnt
root@at91sam9g45ekes:~ # mkdir sdtest
root@at91sam9g45ekes:~ # mount - t vfat /dev/mmc/blk0/part1 /mnt/sdtest
```

（2）编写一个简单程序测试对 SD 卡的读和写，主要功能为在 SD 卡上创建一文件，用户通过终端向该文件写内容，写完后再读出该文件中的内容并打印到终端上。

参考代码如下。

```c
# include < stdio. h >
# include < stdlib. h >
# include < string. h >
# include < fcntl. h >

int main(void)
{
    FILE * fp;
    int i, j;
    char filename[15];              // 文件名
    char dir[40] = "/mnt/sdtest/";  // 路径名
    char tmp;
    char * buffer;                  // 文件内容
    int buflen;                     // 文件内容的长度

    /* 输入文件名 */
    printf("Please input the file name you want to create:\n");

    gets(filename);

    /* 判断是否输入了文件名 */
    if (strlen(filename) == 0 )
    {
        printf("You had not input the file name!\n");
        exit(0);
    }
    /* 把文件名写入路径 */
    strcat(dir, filename);
    /* 创建文件 */
```

```
        printf(" % s\n",dir);
        fp = fopen(dir, "w + ");
        if (fp == NULL)
        {
                printf("Fail to create % s!\n", filename);
                exit(0);
        }
        / * 输入文件内容 * /
        buffer = (char * )malloc(200 * sizeof(char));
        buflen = 0;
        printf("Please input the content you want to :\n");
        while (1)
        {
                scanf(" % c", &tmp);
                if (tmp == '\n' || buflen >= 200)
                {
                        break;
                }
                * buffer = tmp;
                buffer++;
                buflen++;
        }
        * buffer = '\0';
        buffer = buffer - buflen;
        printf("The input is:\n% s\n", buffer);
        / * 把输入内容写入文件 * /
        fwrite(buffer, buflen, 1, fp);
        return 0;
```

（3）编写 Makefile 文件。

```
CROSSDIR          = /usr/local/arm - 2007q1/bin/

TESTFILE    = sdtest
SRCFILE     = sdtest. c

CROSS = $ (CROSSDIR)arm - none - linux - gnueabi -
CC = $ (CROSS)gcc
AS = $ (CROSS)as
LD = $ (CROSS)ld

CFLAGS    += - O2 - Wall

all:   $ (TESTFILE)

$ (TESTFILE):   $ (SRCFILE) Makefile
    $ (CC) $ (CFLAGS) - o $ @ $ @.c

clean:
    rm - f $ (TESTFILE)
```

（4）编译测试程序。

```
# make
```

编译好后将生成的 sdtest 文件复制到 TFTP 服务器目录。

（5）将测试程序下载到目标板并运行。

```
root@at91sam9g45ekes:~ # tftp - g 192.168.0.3 - r ./sdtest - l /tmp/sdtest
```

运行测试程序：

```
root@at91sam9g45ekes:~ # chmod a + x sdtest
root@at91sam9g45ekes:~ # ./sdtest
```

在终端提示信息下，创建文件和写入信息，并将写入文件的信息通过 cat 命令打印出来，以验证驱动读写的正确性，如图 7-5 所示。

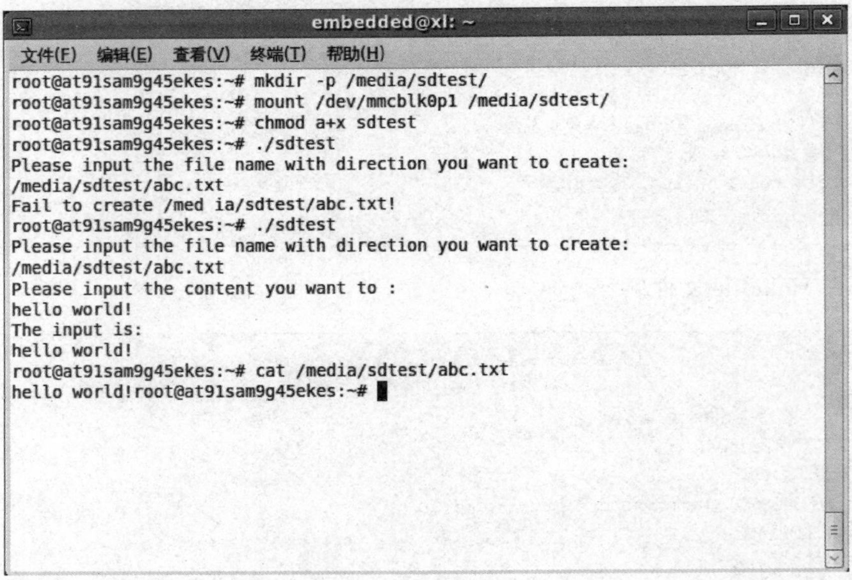

图 7-5　SD 卡读写测试

5. 调试

如果测试发现驱动有错误，则用前面所述的内核调试方法，调试该驱动，修正错误。

六、实验讨论和思考

（1）在该驱动中使用的是 AT91SAM9G45 芯片的 DMAC 控制器，该芯片还有一个外围 DMA 控制器 PDMAC，读者可以修改该驱动，在 DMA 操作时使用 PDMAC 控制器。

（2）本实验的测试部分，只测试了 SD 卡的读和写，读者可以自行编写程序，测试驱动的 ioctl 调用。

## 第 8 章

网络设备驱动程序设计

一、实验目的

(1) 通过实验了解以太网的工作原理。
(2) 通过实验掌握网络驱动开发的特点。
(3) 通过实验掌握网络驱动开发所需的基本数据结构和内核函数。
(4) 通过实验掌握块设备驱动开发的流程。

二、实验环境

硬件：AT91SAM9G45-EKES 开发板、PC。
软件：Windows 2000/NT/XP、Ubuntu 9.10、gcc、gdb、vim、tcpdump。

三、实验任务

(1) 理解和掌握网络设备驱动的编写。
(2) 测试网络。
(3) 定制 ioctl 命令，实现查看 MAC 地址和流量统计信息。

四、实验原理

1. 接收缓冲链表

接收到的数据保存在系统内存中，但是保存的地址不一定连续。这些缓存数据通过一个数组链表结构(Receive Buffer Descriptor List)组织起来。该链表是连续的，每一项的结构为两个字大小的接收缓冲描述符项(Receive Buffer Descriptor Entry)。它的定义如表 8-1 所示。

表 8-1　接收缓冲描述符项

位	功　　能
Word 0	
31:2	缓冲起始地址
1	包裹位，标记上一个描述符在接收描述符队列里
0	所有者，0 为 EMAC 控制器持有，1 为"软件"持有
Word 1	
31	全局(全 1)广播地址侦测到
30	多播 hash 匹配
29	单播 hash 匹配
28	外部地址匹配
27	保留

在使用 EMAC 控制器之前,首先需要创建接收缓冲链表,创建的过程如下。

(1) 在系统内存中分配 n 个 128 字节大小的缓冲区域。

(2) 在系统内存中分配一个 $2n$ 字大小的区域用于保存接收缓冲描述符项。在这块区域中创建 n 个接收缓冲描述符项,并填写这些描述符项,标记拥有者为 EMAC,即设置每个描述符项的 bit0 位为 0。

(3) 如果定义的缓冲区数小于 1024,则要设置最后一个缓冲描述符中的包裹位(Word 1 的 bit1 为 1)。

(4) 将接收缓冲描述符项的地址写入到 EMAC 寄存器接收缓冲队列指针(Receive Buffer Queue Pointer)中。

(5) 使能接收电路。

缓冲组织关系如图 8-1 所示。

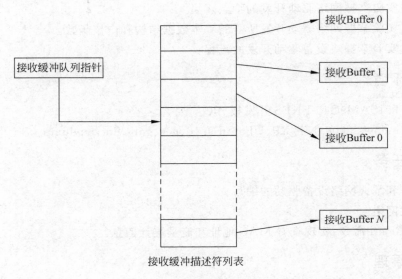

图 8-1　缓冲区组织关系

2. 发送缓冲链表

发送缓存链表的结构与接收缓存链表的结构类似。发送数据保存在内存发送缓冲区中,这些缓冲区数据通过一个数组队列结构(Transmit Buffer Queue)组织起来,该队列中的每一项为两个字大小的发送缓冲描述符项(Transmit Buffer Descriptor Entry),结构如表 8-2 所示。

表 8-2　发送缓冲描述符

位	功　　能
Word 0	
31:0	缓冲起始地址
Word 1	
31	所有者,0 为 EMAC 控制器持有,1 为"软件"持有
30	包裹位
29	超过最大重试次数

位	功　能
Word 1	
28	发送过载
27	缓存不足
26:17	保留
16	关闭 CRC 校验
15	最后一帧到来标志
14:11	保留
10:0	缓冲长度

同样地,首先要创建发送缓冲链表,创建的过程如下。

(1) 在系统内存中分配 n 个缓冲区域,每个缓冲大小介于 1～2047B。每帧最多允许有 128 个缓冲区。

(2) 在系统内存中分别一个 $2n$ 字大小的区域用于保存发送缓冲描述符项。在这块区域中创建 n 个发送缓冲描述符项,并填写这些描述符项,标记拥有者为 EMAC,即设置该每个描述符项的 bit31 位为 0。

(3) 如果定义的缓冲区数小于 1024,则要设置最后一个缓冲描述符中的包裹位(Word1 的 bit30 位为 1)。

(4) 将发送缓冲描述符项的地址写入到 EMAC 寄存器发送缓冲队列指针(Transimit Buffer Queue Pointer)中。

(5) 写网络控制寄存器,使能发送电路。

3. 地址匹配

EMAC 控制器寄存器对的 hash 地址及 4 个详细地址寄存器对必须正确赋值。每个寄存器对包含一个底部寄存器和一个顶部寄存器。无论收发电路是否打开,每个寄存器对能在任何时候被赋值。

4. 中断

EMAC 总共有 14 种中断状态。每次产生中断时,通过或运算产生每次中断的状态码。当接收到中断信号后,CPU 就跳到中断处理程序执行中断操作。中断处理程序通过读中断状态寄存器中的中断状态码来确定哪个中断被触发。当读到中断状态寄存器后,该寄存器会自动清除记录。当重置 MAC 控制器后,所有的中断都会失效。如果使能某个中断,只需将中断使能寄存器中的对应位置为 1。屏蔽一个中断,则需要设置中断关闭寄存器中的相应位。通过查看中断掩码寄存器,可以知道某个中断是否启用。

5. 发送帧

为发送建立一个帧:

(1) 设置网络控制寄存器,使能发送。

(2) 为发送数据申请一块内存区域。该区域不必连续,以字节为单位,长度可变。

(3) 建立发送缓冲链表。

(4) 设置网络控制寄存器,使能发送操作,使能中断。

(5) 将要发送的数据写到发送缓冲中。

(6) 将缓冲区地址写到发送缓冲队列指针中。

（7）写发送缓存描述符中的控制和长度域。

（8）写网络控制寄存器的开始传输位。

6. 接收帧

当接收到一帧且接收电路是工作的，EMAC 控制器会检查该帧的地址。在下列情况下，该帧将被写入系统内存。

（1）匹配 4 个详细地址寄存器中的某一个。

（2）匹配 hash 地址函数。

（3）广播地址和广播是允许的。

（4）EMAC 被配置为复制所有帧。

接收缓冲队列指针寄存器指向下一个用于接收帧的缓冲描述符。一旦一帧被成功地接收并被写入到内存缓冲后，EMAC 控制器负责更新接收缓冲描述符，标记拥有者为软件，进行地址的匹配。当这一切动作完成后，一个接收完成中断将被设置。接下来"软件"（上层协议）将负责处理该数据并释放缓冲区（写缓冲描述符拥有位为 0）。如果到达的匹配帧过多，超过EMAC 控制器的处理能力，将产生一个接收超出中断。当接收缓冲区不足时，如果接收缓冲队列指针指向的缓冲正被软件拥有，而且"接收缓冲不可得"中断被设置，则将触发接收缓冲不可得中断。如果一帧接收失败，统计寄存器将自动减 1 并丢弃该帧，但是不会通知软件。

7. 定制 ioctl 命令

在 Linux 网络子系统中，大多数 ioctl 命令由协议层处理，对于各协议层不能识别的 ioctl 命令，则全部交给设备层处理。每个接口可以定义自己的私有 ioctl 命令，在套接字的 ioctl 实现中能够使用 16 个私有接口命令，从 SIOCDEVPRIVATE 到 SIOCDEVPRIVATE＋15。ioctl 命令的参数通过 ifreq 结构传递，它的定义如下。

```
struct ifreq
{
    union
    {
        char ifrn_name[IFNAMSIZ];
    } ifr_ifrn;

    union {
        structsockaddr ifru_addr;
        structsockaddr ifru_dstaddr;
        structsockaddr ifru_broadaddr;
        structsockaddr ifru_netmask;
        struct   sockaddr ifru_hwaddr;
        short ifru_flags;
        int   ifru_ivalue;
        int   ifru_mtu;
        struct   ifmap ifru_map;
        char   ifru_slave[IFNAMSIZ];
        char   ifru_newname[IFNAMSIZ];
        void __user *      ifru_data;
        structif_settings ifru_settings;
    } ifr_ifru;
};
```

驱动可通过成员变量 ifr_data 与用户程序传递任何形式的参数。

8. 用户空间和内核空间数据的传递

用户程序可以通过 ioctl 的方式和驱动程序交换数据,但是需要注意的是,驱动程序运行在内核空间中,而用户程序则是运行在用户空间。因此,在通过指针在驱动和用户程序间来传递一块连续的数据时需要用到以下两个函数,将数据从内核空间复制到用户空间或者从用户空间复制到内核空间。

```
unsigned long copy_to_user(void __user * to, const void * from, unsigned long count);
unsigned long copy_from_user(void __user * to, const void * from, unsigned long count);
```

五、实验步骤

1. 编写网卡驱动

(1) 仔细阅读实验原理和芯片数据手册中 EMAC 控制器部分,理解网卡的初始化过程,数据帧的收发,流量控制的方法等必备知识。

(2) 解压实验代码 macb.tar.gz。

```
# tar zxvf macb.tar.gz
```

(3) 进入实验代码目录,所有寄存器地址的宏定义都在 macb.h 文件中,可以直接使用。

```
# define MACB_NCR      0x0000
# define MACB_NCFGR    0x0004
# define MACB_NSR      0x0008
# define MACB_TSR      0x0014
# define MACB_RBQP     0x0018
# define MACB_TBQP     0x001c
# define MACB_RSR      0x0020
# define MACB_ISR      0x0024
# define MACB_IER      0x0028
# define MACB_IDR      0x002c
...
```

(4) 阅读和编写驱动

打开 macb.c 文件按照注释提示信息将代码补全。

2. 编译驱动模块

(1) 编写 Makefile 文件。

```
ifneq ($(KERNELRELEASE),)
    obj-m := macb.o
else
    KERNELDIR ? = ~/src/linux-2.6.30-atmel/
    PWD := $(shell pwd)
default:
    $(MAKE) -C $(KERNELDIR) M=$(PWD) modules
endif
```

其中,KERNELDIR 变量设置成内核路径。

（2）编译驱动模块。

```
# make ARCH = arm CROSS_COMPILE = /usr/local/arm - 2007q1/arm - none - linux - gnueabi -
```

编译完成后,在当前目录下会生成一个 macb. ko 文件。

3. 加载驱动

（1）为了验证驱动的正确性,必须确保在加载自己编译的驱动模块前,目标板上的内核中没有网卡驱动。输入 ifconfig 命令,如果查看到 eth0 接口则说明当前内核中已有网卡驱动。这种情况下需要重新编译内核,并在 make menuconfig 时将 Atml Macb support 设置为空,如图 8-2 所示。

```
--- Ethernet (10 or 100Mbit)
<*>   Generic Media Independent Interface device support
< >   Atmel MACB support
< >   ASIX AX88796 NE2000 clone support
< >   SMC 91C9x/91C1xxx support
< >   DM9000 support
< >   ENC28J60 support
< >   OpenCores 10/100 Mbps Ethernet MAC support
< >   SMSC LAN911[5678] support
< >   SMSC LAN911x/LAN921x families embedded ethernet support
< >   Dave ethernet support (DNET)
< >   Broadcom 440x/47xx ethernet support
```

图 8-2   配置内核

然后按照前面章节所给的步骤重新烧写内核。

（2）下载驱动到目标板上,因为当前目标板上已经没有网卡驱动,所以不能使用 TFTP 服务方式来下载文件。此时可以通过 SD 卡或者 U 盘等介质,将编译好的模块复制到目标板上的/lib/modules/2.6.30/kernel/drivers/目录。

（3）最后加载驱动模块。

```
root@at91sam9g45ekes:~ # depmod
root@at91sam9g45ekes:~ # modprobe macb
```

4. 测试驱动

（1）分别设置主机和目标板的 IP 地址。主机通过以下的命令设置。

```
# sudo ifconfig eth0 192.168.0.1 netmask 255.255.255.0 up
```

然后设置目标板的 IP 地址,保证两者在同一网段。

```
# sudo ifconfig eth0 192.168.0.3 netmask 255.255.255.0 up
```

（2）使用 ping 命令测试主机和目标板是否连通。

```
# ping 192.168.0.3
```

（3）编写简单的 TCP 应用程序验证驱动的正确性，该程序主要实现简单的回显操作。主机作服务器，目标板作客户机。当客户机连上服务器后，用户在服务器的终端输入字符串，在客户的终端回显出来。服务器端的示例代码如下。

```
...
    if( bind(sockfd, (struct sockaddr * )&addr_local, sizeof(struct sockaddr)) == -1 )
    {
       printf ("ERROR: Failed to bind Port % d.\n",PORT);
        return (0);
    }
    else
    {
        printf("OK: Bind the Port % d sucessfully.\n",PORT);
    }

    / * 开始监听 * /
    if(listen(sockfd,BACKLOG) == -1)
    {
        printf ("ERROR: Failed to listen Port % d.\n", PORT);
        return (0);
    }
    else
    {
        printf ("OK: Listening the Port % d sucessfully.\n", PORT);
    }

    while(1)
    {
        sin_size = sizeof(struct sockaddr_in);

        / *   等待连接 * /
        if ((nsockfd = accept(sockfd, (struct sockaddr * )&addr_remote, &sin_size)) == -1)
        {
            printf ("ERROR: Obtain new Socket Despcritor error.\n");
            continue;
        }
        else
        {
            printf ("OK: Server has got connect from % s.\n", inet_ntoa(addr_remote.sin_
addr));
        }

        / * 生成子进程 * /
        if(!fork())
        {
            printf("You can enter string, and press 'exit' to end the connect.\n");
            while(strcmp(sdbuf,"exit") != 0)
            {
                scanf("% s", sdbuf);
                if((num = send(nsockfd, sdbuf, strlen(sdbuf), 0)) == -1)
                {
                    printf("ERROR: Failed to sent string.\n");
```

```
                    close(nsockfd);
                    exit(1);
                }
                printf("OK: Sent % d bytes sucessful, please enter again.\n", num);
            }
        }
        close(nsockfd);
        while(waitpid( - 1, NULL, WNOHANG) > 0);
    }
}
```

客户端的示例代码如下。

```
...
    if (connect(sockfd, (struct sockaddr * )&remote_addr,  sizeof(struct sockaddr)) == - 1)
    {
        printf ("ERROR: Failed to connect to the host!\n");
        return (0);
    }
    else
    {
        printf ("OK: Have connected to the % s\n",argv[1]);
    }

    / * 连接服务器 * /
    while (strcmp(revbuf,"exit") != 0)
    {
        bzero(revbuf,LENGTH);
        num = recv(sockfd, revbuf, LENGTH, 0);

        switch(num)
        {
            case - 1:
        printf("ERROR: Receive string error!\n");
                close(sockfd);
                return (0);

            case  0:
                close(sockfd);
                return(0);

            default:
                printf ("OK: Receviced numbytes = % d\n", num);
                break;
        }

        revbuf[num] = '\0';
        printf ("OK: Receviced string is: % s\n", revbuf);
    }
    close (sockfd);
    return (0);
}
```

（4）编译测试程序。

注意服务器和客户端应该使用不同的编译器，服务器端代码用 gcc 编译，客户端要用 arm-linux-gcc 交叉编译。

```
# gcc server.c - o server
# /usr/local/arm - 2007q1/bin/arm - none - linux - gnueabi - gcc client.c - o client
```

（5）运行测试程序。

将编译好的客户端程序通过 TFTP（如果驱动正确的话）或者移动介质下载到目标板。设置测试程序权限并运行。

主机：

```
# sudo chmod a + x server
# ./server
```

目标板：

```
root@at91sam9g45ekes:~ # chmod a + x server
root@at91sam9g45ekes:~ # ./client
```

结果如图 8-3 和图 8-4 所示。

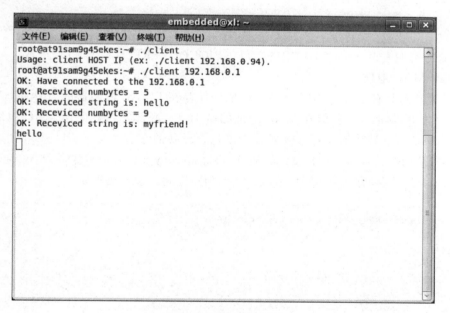

图 8-3 目标板客户端

（6）如果驱动出错，按照前面章节所述的调试方法，调试驱动。

5. 定制 ioctl 命令

（1）修改驱动程序。

① 在驱动的 ioctl 处理函数中，添加两个设备接口私有命令，并绑定处理函数。

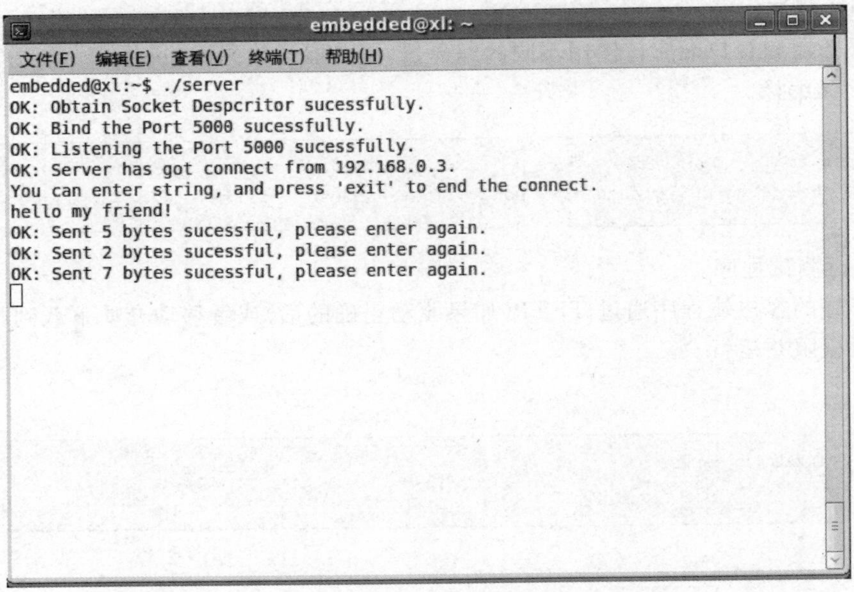

图 8-4　主机服务端

```
if( cmd == SIOCDEVPRIVATE + GETMACADDR)
        getaddr(bp,rq);
if( cmd == SIOCDEVPRIVATE + GETSTAT)
        getstat(bp,rq);
```

注意命令号只能从 SIOCDEVPRIVATE~SIOCDEVPRIVATE+15 当中取。

② 获取 MAC 地址。

MAC 地址总共有 48 位。网卡的 MAC 地址保存在 EMAC 控制器的 SAxT、SAxB 两个寄存器中。其中,顶部寄存器保存 MAC 地址的高 16 位,底部寄存器保存 MAC 地址的低 32 位。获取 MAC 地址处理函数的参数列表应该包含设备的私有数据 macb ∗ bp 和请求 ifreq ∗ rq。首先,从两个寄存器中读出 MAC 地址,再通过 copy_to_user 函数将 MAC 地址复制到 rq.ifr_data。通过这种方式将 MAC 地址传递到用户空间。参考代码如下。

```
static void getaddr(struct macb ∗ bp,struct ifreq ∗ rq)
{
    u32 bottom;
    u16 top;
    bottom = macb_readl(bp, SA1B);
    top = macb_readl(bp, SA1T);
    copy_to_user(rq−>ifr_data,&bottom,4);
    copy_to_user(rq−>ifr_data+4,&top,2);
}
```

③ 获取网络流量统计信息。

仔细阅读数据手册中 EMAC 统计寄存器组的相关信息,了解各统计寄存器各字段的意义。获取流量统计信息的处理函数的参数列表同样应该包含设备的私有数据 macb ∗ bp 和请求 ifreq ＊ rq。首先读取各统计寄存器的值到 bp-> stats，再将这些硬件统计信息合并转化为流量统计信息，最后通过 copy_to_user 函数将这些信息传递到用户空间。参考代码如下。

```
static void getstat(struct macb ＊ bp, struct ifreq ＊ rq)
{
    struct net_device_stats ＊ nstat = &bp-> stats;
    struct macb_stats ＊ hwstat = &bp-> hw_stats;
    /＊读取硬件统计寄存器组的信息＊/
    u32 __iomem ＊ reg = bp-> regs + MACB_PFR;
    u32 ＊ p = &bp-> hw_stats.rx_pause_frames;
    u32 ＊ end = &bp-> hw_stats.tx_pause_frames + 1;
    for(; p < end; p++, reg++)
        ＊ p += __raw_readl(reg);
    /＊合并硬件信息,将这些信息转换为网络状态信息＊/
    nstat-> rx_errors = (hwstat-> rx_fcs_errors +
                    hwstat-> rx_align_errors +
                    hwstat-> rx_resource_errors +
                    hwstat-> rx_overruns +
                    hwstat-> rx_oversize_pkts +
                    hwstat-> rx_jabbers +
                    hwstat-> rx_undersize_pkts +
                    hwstat-> sqe_test_errors +
                    hwstat-> rx_length_mismatch);
    nstat-> tx_errors = (hwstat-> tx_late_cols +
                    hwstat-> tx_excessive_cols +
                    hwstat-> tx_underruns +
                    hwstat-> tx_carrier_errors);
    nstat-> collisions = (hwstat-> tx_single_cols +
                    hwstat-> tx_multiple_cols +
                    hwstat-> tx_excessive_cols);
    nstat-> rx_length_errors = (hwstat-> rx_oversize_pkts +
                        hwstat-> rx_jabbers +
                        hwstat-> rx_undersize_pkts +
                        hwstat-> rx_length_mismatch);
    nstat-> rx_over_errors = hwstat-> rx_resource_errors;
    nstat-> rx_crc_errors = hwstat-> rx_fcs_errors;
    nstat-> rx_frame_errors = hwstat-> rx_align_errors;
    nstat-> rx_fifo_errors = hwstat-> rx_overruns;
    nstat-> tx_aborted_errors = hwstat-> tx_excessive_cols;
    nstat-> tx_carrier_errors = hwstat-> tx_carrier_errors;
    nstat-> tx_fifo_errors = hwstat-> tx_underruns;

    copy_to_user(rq-> ifr_data, nstat, sizeof(struct net_device_stats));
}
```

（2）编译和加载修改后的驱动。

（3）测试定制的 ioctl 命令。

编写应用程序，通过调用定制的 ioctl 命令，显示网卡的 MAC 地址和收发包数等流量统计信息。参考代码如下。

```
int main( int argc, int * argv[])
{
    struct ifreq ifr;
    struct net_device_stats nstats;
    int fd;
    char    mac[6];
    memset(&ifr, 0, sizeof(ifr));
    strcpy( ifr.ifr_name,"eth0" );
    ifr.ifr_data = (void *)malloc(6);
    fd = socket( AF_INET, SOCK_DGRAM, 0);
    if(fd < 0 ) {
        return - ECOMM;
    }
    /* 获取 MAC 地址 */
    ioctl(fd, SIOCDEVPRIVATE + GETADDR ,&ifr);
    memcpy(mac, ifr.ifr_data,6);
    printf("The mac address is % 02x: % 02x: % 02x: % 02x: % 02x: % 02x\n",\
               mac[0],mac[1],mac[2],mac[3],mac[4],mac[5]);
    free( ifr.ifr_data);
    /* 获取状态信息 */
    ifr.ifr_data = (void *)malloc(sizeof(struct net_device_stats));
    ioctl(fd, SIOCDEVPRIVATE + GETSTAT,&ifr);
    memcpy(&nstats, ifr.ifr_data, sizeof(struct net_device_stats));
    printf("接收到的包数: % d\n", nstats.rx_packets);
    printf("发送的包数: % d\n", nstats.tx_packets);
    printf("接收到的字节数: % d\n", nstats.rx_bytes);
    printf("发送的字节数: % d\n", nstats.tx_bytes);
    return 0;
}
```

（4）编译测试程序并运行。

（5）如果程序出错或结果不对，按照前面章节所述调试方法调试驱动。

六、实验讨论和思考

本实验首先通过填充驱动代码引导读者去理解网络驱动的要点，然后通过添加定制 ioctl 命令来实现新的驱动功能来增强读者的动手能力和对设备的了解。通过本章的实现，读者应该熟悉了 ioctl 命令的原理，可以在本实现的基础上继续添加其他的驱动功能，比如通过 ioctl 读取 DMA 缓冲区中的 skb，并分析每个包的各个头部，或者完成一个简单 tcpdump 程序。

## 第 9 章

MiniGUI 应用设计

一、实验目的

（1）掌握 MiniGUI 开发环境和运行环境的建立。

（2）掌握 MiniGUI 程序的交叉编译。

（3）掌握 MiniGUI 的模态对话框应用编程。

（4）掌握 MiniGUI 控件的基本应用。

二、实验环境

硬件：AT91SAM9G45-EKES 开发板、PC。

软件：Windows 2000/NT/XP、Ubuntu 9.10。

三、实验内容

（1）搭建开发环境与运行环境。

（2）使用 MiniGUI 的静态框、按钮和编辑框控件编写一个登录系统框。验证用户名和密码，如果正确显示一个主窗口，错误则弹出一个错误提示对话框。

四、实验原理

1. MiniGUI 的安装、编译、配置注意事项

嵌入式系统往往是一种定制设备，它们对图形系统的需求也各不相同；有些系统只要求一些图形功能，而有些系统要求完备的图形、窗口以及控件的支持。因此，嵌入式图形系统必须是可定制的。MiniGUI 实现了大量的编译时配置选项，通过这些选项可指定 MiniGUI 库中包括哪些功能或者不包括哪些功能。大体说来，可以在编译时，在如下几个方面对 MiniGUI 进行配置。

（1）指定 MiniGUI 要运行的操作系统或者目标板。

（2）指定运行模式。

（3）指定需要支持的字体类型、内嵌的字体种类。

（4）指定需要支持的字符集。

（5）指定需要支持的图像文件格式。

（6）指定需要支持的控件类。

（7）指定控件的整体风格。

2. 编程要点

1）静态框

静态框用来在窗口的指定位置显示字符、数字等信息或者显示一些静态的图片信息。静

态框顾名思义，它的行为不能对用户的输入进行动态的响应，它的存在基本上就是为了展示一些信息，而不会接收任何键盘或鼠标的输入。静态框可以使用 WS_xxx 等子窗口风格修饰，它可选择多种风格，常见风格如表 9-1 所示。

表 9-1　静态框风格

风　　格	属　　性
SS_SIMPLY	单行文本显示，在该风格下控件文本不会自动换行，而且永远左对齐
SS_LEFT	多行文本显示，左对齐
SS_CENTER	多行文本显示，居中对齐
SS_RIGHT	多行文本显示，右对齐
SS_LEFTNOWORDWRAP	该风格创建的静态框会扩展文本中的 Tab 符，但不做自动换行处理
SS_BITMAP	位图静态框，显示位图
SS_ICON	位图静态框，显示图标

使用静态框时，可以在定义（对话框的）控件时指定要显示的内容，或者调用 CreateWindow 函数时指定，如果要在程序运行过程中需要更改静态框的显示，则应使用 SetWindowText 函数实现。下面的例子分别通过在定义控件时和调用 CreateWindow 函数时定义静态框。

```
/*对话框中定义静态框*/
{   "static",                               /*类名*/
    WS_VISIBLE | SS_LEFT                     /*风格*/
    0,0,0,0                                  /*坐标,宽度、高度*/
    IDC_XXXXX,                               /*ID*/
    "xxxxxxxx.",                             /*标题*/
    0,                                       /*附加参数*/
    WS_EX_NONE                               /*扩展风格*/
}
/*使用 CreateWindow 创建静态框*/
CreateWindow(
    CTRL_STATIC,                             /*类名*/
    "xxxxx",                                 /*标题*/
    WS_CHILD | WS_VISIBLE | SS_SIMPLE,       /*风格*/
    IDC_SLOGIN,                              /*ID*/
    0,0,0,0                                  /*坐标,宽度、高度*/
    hWnd,
    0
}
```

2）按钮

按钮是一类非常常用的控件，按钮通常为用户提供开关选择。MiniGUI 的按钮按类型可分为普通按钮、复选框和单选钮等。用户可以通过键盘或者鼠标来选择或者切换按钮的状态。用户的输入将使按钮产生通知消息传递给应用程序，应用程序也可以向按钮发送消息以改变按钮的状态。普通按钮可以使用 WS_xxx 等子窗口风格修饰，如 WS_VISIBLE、WS_TABSTOP。同时它也具有自身的风格控制选项，常用以下风格。

BS_PUSHBUTTON：普通按钮。

BS_DEFPUSHBUTTON：默认普通按钮。

3）编辑框

编辑框为应用程序提供了接收用户输入和显示文本的功能。相对前面提到的静态框、按钮和列表框等控件来讲，编辑框的用途和行为方式比较单一。它在得到输入焦点时显示一个闪动的插入符，以表明当前的编辑位置；用户输入的字符将插入到插入符所在位置。除此之外，编辑框还提供了诸如删除、移动插入位置和选择文本等编辑功能。MiniGUI 中提供了三种类型的编辑框，简单编辑框（类名为 edit）、单行编辑框（类名为 sledit）和多行编辑框（类名为 mledit）。

和按钮类似，编辑框也可使用 WS_xxx 窗口风格选项修饰。它也有自身的风格控制选项，如表 9-2 所示。

表 9-2 编辑框风格

风 格	属 性
ES_UPPERCASE	可以使编辑框只显示大写字母
ES_LOWERCASE	可以使编辑框只显示小写字母
ES_PASSWORD	编辑框用来输入密码，但用星号（＊）显示输入的字符
ES_READONLY	建立只读编辑框，用户不能修改编辑框中的内容，但插入符仍然可见
ES_BASELINE	在编辑框文本下显示虚线
ES_AUTOWRAP	编辑框在得到焦点时自动选中所有的文本内容（仅针对单行编辑框）
ES_LEFT	指定非多行编辑框的对齐风格，实现文本的左对齐风格
ES_NOHIDESEL	编辑框在失去焦点时保持被选择文本的选中状态
ES_AUTOSELECT	编辑框在得到焦点时自动选中所有的文本内容（仅针对单行编辑框）
ES_TITLE	在编辑框的第一行显示指定的标题，只适用于多行编辑框控件
ES_TIP	当编辑框的内容为空时，在其中显示相关的提示信息；只适用于 SLEDIT 控件
ES_CENTER	指定非多行编辑框的对齐风格，实现文本的居中对齐风格
ES_RIGHT	指定非多行编辑框的对齐风格，实现文本的右对齐风格

在应用程序中可通过发送以下消息获取或修改编辑框内容。

MSG_GETTEXTLENGTH：获取文本的长度，以字节为单位。

MSG_GETTEXT：获取编辑框中的文本。

MSG_SETTEXT：设置编辑框中的文本内容。

也可直接使用下面这三个函数实现对应的功能。

```
GetWindowTextLength
GetWindowText
SetWindowText
```

五、实验步骤

1. 环境搭建

主机开发环境的搭建过程如下。

（1）下载相关代码包，也可在本书配套资料中获得，共有以下几个代码包。

① libMiniGUI-1.6.10.tar.gz MiniGUI 的核心库。

② MiniGUI-res-1.6.10.tar.gz MiniGUI 资源包。

③ qvfb-1.1.tar.gz x11 程序模拟器。

④ zlib-1.2.5.tgzzlib 库。

⑤ jpegsrc.v6b.tar.gz jpeg 库。

⑥ libpng_src.tgzlibpng 库。

（2）安装 libgui 库。

```
# tar zxvf libMiniGUI－1.6.10.tar.gz
# cd libmingui－1.6.10
# ./configure
# make
# sudo make install
```

（3）编译安装 qvfb。

MiniGUI 是基于帧缓存的，而不是平时 PC 平台上 X 窗口，所以需要 qvfb 模拟帧缓存来运行显示效果，而 qvfb 是基于 QT 的工具，所以在安装 qvfb 前需要安装 QT 的库和 X 的库。然后再编译安装。

```
# sudo apt－get install xorg－dev
# sudo apt－get install libqt3－headers libqt3－mt－dev
# ./configure －－with－qt－includes＝/usr/include/qt3/ －－with－qt－libraries＝/usr/lib
# make
#   sudo make install
```

（4）安装 MiniGUI 资源。

```
# tar zxvf MiniGUI－res－1.6.10.tar.gz
# cd MiniGUI－res－1.6.10
# sudo make install
```

（5）安装 zlib 库。

```
# tarzxvf  zilb－1.2.5.tgz
# cd zlib－1.2.5
# ./configure －shared
# make
# sudo make install
```

（6）安装 png 库。

```
# tarzxvf libpng_src.tgz
# cdlibpng
# cp scripts/makefile.linux Makefile
# make
# sudo make install
```

（7）安装 jpeg 库。

```
# tarzxvf  jpegsrc.v6b.tar.gz
# cd jpeg-6b
# ./configure-enable-shared -enable-static
# make
# make install
```

（8）配置 qvfb。

修改 MiniGUI 配置文件（/usr/local/etc/MiniGUI.cfg）。

```
gal_engine = qvfb
defaultmode = 480x272-16bpp
ial_engine = qvfb
```

这样在主机上的开发环境即建立好了，即可在终端运行程序,例如. /hellworld。

目标板（target）运行环境的建立如下。

（1）创建保存结果的目录。

```
# mkdir ~/workspace/minigui
```

（2）编译 MiniGUI 库。

```
# cd libminigui-1.6.10
```

编辑 configure 文件,在文件开头加入下列变量制定交叉编译工具。

```
CC = /usr/local/arm-2007q1/bin/arm-none-linux-gnueabi-gcc
CPP = /usr/local/arm-2007q1/bin/arm-none-linux-gnueabi-cpp
LD = /usr/local/arm-2007q1/bin/arm-none-linux-gnueabi-ld
AR = /usr/local/arm-2007q1/bin/arm-none-linux-gnueabi-ar
RANLIB = /usr/local/arm-2007q1/bin/arm-none-linux-gnueabi-ranlib
STRIP = /usr/local/arm-2007q1/bin/arm-none-linux-gnueabi-strip
```

编译和安装 libminigui 库。

```
# ./configure -- prefix = ~/workspace/minigui \
-- build = i386-linux\
-- host = arm-unknown-linux \
-- target = arm-unknown-linux \
-- with-style = classic\
-- with-argetname = fbcon\
-- enable-autoial -- enable-rbf16 -- disable-vbfsupport
# make && make install
```

进入~/workspace/minigui/lib,创建动态库缓存。

```
# cd ~/workspace/minigui/lib
# ldconfig
```

（3）安装 MiniGUI 资源。

修改 config. linux 文件第 11 行：

```
TOPDIR = ~/workspace/minigui
```

然后安装：

```
# make install
```

（4）修改～/workspace/minigui/etc/Minigui. cfg。

```
[system]
# GAL engine and default options
gal_engine = fbcon

# IAL engine
ial_engine = console
mdev = /dev/input/mice
mtype = IMSP2

[fbcon]
Defaultmode = 480x272 - 16bpp
```

（5）安装 zlib 库。

```
# tarzxvf   zilb - 1.2.5.tgz
# cd zlib - 1.2.5
# ./configure CC = arm - none - linux - gnueabi - gcc  -- prefix = /home/embedded/workspace/
minigui - shared
# make
# make install
```

（6）安装 png 库。

```
# tarzxvf libpng_src.tgz
# cdlibpng
# cp scripts/makefile. linux Makefile
# make CC = arm - none - linux - gnueabi - gcc  prefix = /home/embedded/workspace/minigui
# make install
```

（7）安装 jpeg 库。

```
# tarzxvf   jpegsrc.v6b.tar.gz
# cd jpeg - 6b
```

```
#  ./configure CC = arm − none − linux − gnueabi − gcc  − − prefix = /home/embedded/workspace/
minigui \
    − enable − shared   − enable − static
#  make
#  make install
```

（8）下载。

在完成前面步骤后，在～/workspace/minigui 下应该有 etc、lib、include 和 usr 等几个目录。

通过 TFTP 或者串口通信等方式，将这些目录下的所有文件下载到目标板上对应目录里。

2. 应用程序实验

（1）在～/workspace 下建立一个 miniguiexp 目录，在该目录下建立一个 login. c 文件，按照实验内容的要求编写好代码。参考代码如下。

```
...
//定义登录对话框
static DLGTEMPLATE LoginDlg = {
    WS_BORDER | WS_CAPTION,
    WS_EX_NONE,
    2, 50, 235, 190,
    "Login",
    0,0,6,
    NULL,
    0
};

//定义对话框中组件
static CTRLDATA CtrlInitData[ ] = {
    {
        "static",
        WS_VISIBLE | SS_SIMPLE,
        25,10, 200, 16,
        IDC_SWLOGIN,
        "Please input your Username and password. ",
        0,
        WS_EX_NONE
    },
    {
        "static",
        WS_VISIBLE | SS_SIMPLE,
        10,40, 60, 16,
        IDC_SWUSER,
        "Username:",
        0,
        WS_EX_NONE
    },
    {
        "static",
```

```
                    WS_VISIBLE | SS_SIMPLE,
                    10,80, 60, 16,
                    IDC_SWPASS,
                    "Password:",
                    0,
                    WS_EX_NONE
            },
            {
                    "edit",
                    WS_CHILD | WS_VISIBLE | WS_BORDER | WS_TABSTOP,
                    70,40, 140,25,
                    IDC_EDUSER,
                    "",0,
                    WS_EX_NONE
            },
            {
                    "edit",
                    WS_CHILD | WS_VISIBLE | WS_BORDER | ES_PASSWORD | WS_TABSTOP,
                    70,80, 140,25,
                    IDC_EDPASSWORD,
                    "",
                    0,
                    WS_EX_NONE
            },
            {
                    "button",
                    WS_VISIBLE | WS_TABSTOP | BS_DEFPUSHBUTTON,
                    80,120, 80,25,
                    IDOK,
                    "OK",
                    0,
                    WS_EX_NONE
            }
};

#define USER_NO 4
static char * g_user[USER_NO] = {
    "test1",
    "test2",
    "test3",
    "test4"
};

static char * g_pass[USER_NO] = {
    "2012",
    "2013",
    "2014",
    "2015"
};

static BOOL CheckUser(char * user, char * pass)
{
    int i;
```

```
    for(i = 0; i < USER_NO; i++) {
        if(strcmp(user, g_user[i]) == 0) {
            if(strcmp(pass, g_pass[i]) == 0)
                return TRUE;
            else
                return FALSE;
        }
    }

    return FALSE;
}

static int LoginDlgProc(HWND hDlg, int message, WPARAM wParam, LPARAM lParam)
{
    char user[30];
    char pass[30];

    switch(message) {
    case MSG_INITDIALOG:
        return 1;
    case MSG_COMMAND:
        switch(LOWORD(wParam)) {
        case IDC_EDUSER:
        case IDC_EDPASSWORD:
            if(HIWORD(wParam) != EN_ENTER)
                break;
        case IDOK:
            // 读取编辑框输入
            GetWindowText(GetDlgItem(hDlg, IDC_EDUSER), user, 22);
            GetWindowText(GetDlgItem(hDlg, IDC_EDPASSWORD), pass, 22);
            if(CheckUser(user, pass)) {
                EndDialog(hDlg, wParam);
                DestroyAllControls(hDlg);
            } else {
                MessageBox(hDlg, "Invalid Password", "Check error", MB_OK | MB_ICONHAND);
                SetWindowText(GetDlgItem(hDlg, IDC_EDUSER), "");
                SetWindowText(GetDlgItem(hDlg, IDC_EDPASSWORD), "");
            }
            break;
        default:
            break;
        }

        break;
    default:
        break;
    }

    return DefaultDialogProc(hDlg, message, wParam, lParam);
}

static void LoginBox(HWND hWnd)
{
    LoginDlg.controls = CtrlInitData;
```

```
        DialogBoxIndirectParam(&LoginDlg, hWnd, LoginDlgProc, 0L);
}


static char * hello_str = "Welcome !";

static int WinProc(HWND hWnd, int message, WPARAM wParam, LPARAM lParam)
{
    HDC hdc;

    switch(message) {
        case MSG_PAINT:
            hdc = BeginPaint(hWnd);
            TextOut(hdc, 50, 50, hello_str);
            EndPaint(hWnd, hdc);

            break;
        case MSG_CLOSE:
            DestroyMainWindow(hWnd);
            PostQuitMessage(hWnd);

            break;
        default:
            return DefaultMainWinProc(hWnd, message, wParam, lParam);
    }

    return 0;
}

int InitMainWindow(void)
{
    MAINWINCREATE window_info;

    window_info.dwStyle = WS_VISIBLE | WS_BORDER | WS_CAPTION;
    window_info.dwExStyle = WS_EX_NONE;
    window_info.spCaption = "MiniGUI";
    window_info.hMenu = 0;
    window_info.hCursor = GetSystemCursor(0);
    window_info.hIcon = 0;
    window_info.MainWindowProc = WinProc;
    window_info.lx = 2;
    window_info.ty = 50;
    window_info.rx = 238;
    window_info.by = 200;
    window_info.iBkColor = COLOR_lightwhite;

    window_info.dwAddData = 0;
    window_info.hHosting = HWND_DESKTOP;
    hMainWnd = CreateMainWindow (&window_info);

    if (hMainWnd == HWND_INVALID)
        return 0;
    else
        return 1;
}
```

```
int MiniGUIMain(int argc, const char * argv[])
{
    MSG Msg;


    LoginBox(HWND_DESKTOP);
    InitMainWindow();
    ShowWindow(hMainWnd, SW_SHOWNORMAL);

    while (GetMessage(&Msg, hMainWnd)) {
        TranslateMessage(&Msg);
        DispatchMessage(&Msg);
    }

    MainWindowThreadCleanup (hMainWnd);

    return 0;
}
```

（2）交叉编译应用程序。

在交叉编译时需要指定库文件。

```
#arm－none－linux－gnueabi－gcc － L /home/embedded/minigui/lib － I /home/embedded/minigui/
include \
－lm－lminigui － lminiext － lpthread login.c － o login
```

（3）下载运行程序

通过串口传输或者 TFTP 方式将编译好的可执行文件 login 下载到目标板运行。程序运行结果如图 9-1 所示。

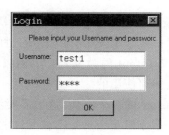

图 9-1　登录框

六、实验讨论和思考

（1）对话框与控件有何关系？

（2）在本程序中用户名和密码是在程序中直接设置的，读者可以修改程序使用数据库或者文本文件保存用户名密码。

（3）读者可在此实验基础上，添加注册用户信息的功能。

## 第 10 章

Android 应用设计

一、实验目的

（1）学会在 Android 平台上编写地图和定位软件。

（2）阅读代码，学会使用 Google 提供的 API 编写地图以及地图定位程序以及完成 Android 平台上应用程序和数据库的交互。

二、实验环境

Dalvik 模拟器。

三、实验任务

在 Android 平台上，编写简单的导航程序。包括：

（1）能调用 Google Map 的 APIs，进行定位；

（2）能将移动中的坐标变化在地图上通过红线的形式表现出来，并将数据存入数据库中。

四、实验原理

1. 地图和定位

Android 中的 LocationManager 提供了一系列方法来解决地理位置相关的问题，包括：查询上一个已知位置；注册/注销来自某个 LocationProvider 的周期性的位置更新；以及注册/注销接近某个坐标时对一个已定义 Intent 的触发等。下面以获取当前所在的位置为例，来看看 Android 中 LocatinManager 是如何使用的。

首先，需要获取 LocationManager 的一个实例，这里需要注意的是它的实例只能通过下面这种方式来获取，直接实例化 LocationManager 是不被允许的。

```
LocationManager locationManager = (LocationManager) getSystemService (Context. LOCATION_
SERVICE);
```

得到了 LocationManager 的实例 locationManager 以后，通过下面的语句来注册一个周期性的位置更新。

```
locationManager. requestLocationUpdates (LocationManager. GPS_PROVIDER, 1000, 0, location
Listener);
```

这句代码告诉系统，程序需要从 GPS 获取位置信息，并且是每隔 1000ms 更新一次，并且不考虑位置的变化。最后一个参数是 LocationListener 的一个引用，程序必须要实现这个类。

```
private final LocationListener locationListener = new LocationListener() {
        public void onLocationChanged(Location location) {
        //当坐标改变时触发此函数,如果Provider传进相同的坐标,它就不会被触发
        // log it when the location changes
        if (location != null) {
            Log.i("SuperMap", "Location changed : Lat: "
                + location.getLatitude() + " Lng: "
                + location.getLongitude());
        }
    }

    public void onProviderDisabled(String provider) {
    // Provider 被 disable 时触发此函数,比如 GPS 被关闭
    }

    public void onProviderEnabled(String provider) {
    //  Provider 被 enable 时触发此函数,比如 GPS 被打开
    }

    public void onStatusChanged(String provider, int status, Bundle extras) {
    // Provider 的状态在可用、暂时不可用和无服务三个状态直接切换时触发此函数
    }
};
```

以上的这些步骤一般在 Activity 的 onCreate()阶段完成。在成功注册了一个周期性坐标更新以后，就随时可以通过下面的方法来取得当前的坐标了。

```
Location location = locationManager.getLastKnownLocation(LocationManager.GPS_PROVIDER);
double latitude = location.getLatitude();       //经度
double longitude = location.getLongitude();     //纬度
double altitude =  location.getAltitude();      //海拔
```

不过这时候，如果尝试去运行这个示例的话，程序启动时会报错，因为没有设置 GPS 相关的权限。解决方法是，在 AndroidManifest.xml 中的 block 里添加下面这句，即可解决权限的问题。详细的权限设置，请参考官方文档 docs/reference/android/Manifest.permission.html。

```
< uses – permission android:name = "android.permission.ACCESS_FINE_LOCATION" />
```

如果是在模拟器中调试的话，有两种方法来设置一个模拟的坐标值，第一种是通过 DDMS，可以在 Eclipse 的 ADT 插件中使用这种方法，只要打开 Window→Show View→Emulator Control，即可看到如下的设置窗口，如图 10-1 所示，可以手动或者通过 KML 和 GPX 文件来设置一个坐标。

另一种方法是使用 geo 命令，需要 Telnet 到本机的 5554 端口，然后在命令行下输入类似于"geo fix-121.45356

图 10-1　Emulator Control 设置窗口

46.51119 4392"这样的命令，后面三个参数分别代表了经度、纬度和（可选的）海拔。

2. 使用数据库存储地理坐标

为了记录设备移动的路线，需要把历史位置存储起来。Content Provider 可以用来存储和读取数据，并且是 Android 唯一可以在不同程序间分享数据的方法。Android 自带了很多 Content Provider，比如音乐、图片、视频、通讯录等，这些数据都可以被不同的应用程序共享。当然也可以建立自己的 Content Provider，来存储相应的数据类型。本实验主要用来存储用户途经的 GPS 坐标信息。Content Provider 有两种方式来存储数据，一种是通过文件形式，另一种是通过数据库的方式。Android 内置数据库为 SQLite，并提供了相应的类来简化数据库操作。本实验将采用数据库的方法来存储历史坐标。

五、实验步骤和过程记录

1. 搭建 Android 开发环境

下载开发所需软件包：JDK6，开发用 IDE——Eclipes 的 J2EE 集成版本，谷歌的 Android SDK。读者可以在官方网站上下载到这些软件包。

2. 设置开发环境

双击 eclipse.exe 启动，然后进行以下步骤。

1）增加 Android 开发插件

选择 Eclipse 菜单 Help→Install New Software，如图 10-2 所示。

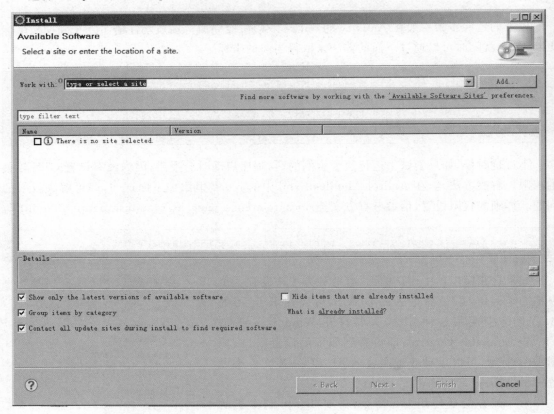

图 10-2　安装 ADT 插件

在 Work with 中填入"http://dl-ssl. google. com/android/eclipse/",如图 10-3 所示。

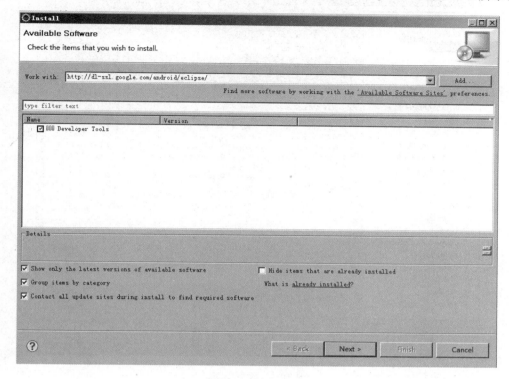

图 10-3 输入 URL

可以看到包括 Developer Tools。选择该项,然后按提示安装。

2)设置 Android 属性中的 Android SDK 目录

选择 Eclipse 菜单 Windows→Preferences→Android 在右侧 SDK Location 项中输入 Android SDK 解压缩后的目录,单击 Apply 按钮,如图 10-4 所示。

至此,Android 开发环境搭建完成,下面就来看一下如何在模拟器中运行程序。

3)注册 Android 地图 API 密钥

运行:keytool -list -keystore ~/. android/debug. keystore。用得到的 MD5 码到 http://code. google. com/intl/zh-CN/android/maps-api-signup. html 注册 API 密钥。注册完成后会得到如下的网页。

```
您的密钥是:
XXXXXXXXXXXXXXXXXXXXXXXXXXXXXXXX
此密钥适用于所有使用以下指纹所对应证书进行验证的应用程序:
XX:XX:XX:XX:XX:XX:XX:XX:XX:XX:XX:XX
下面是一个 xml 格式的示例,帮助您了解地图功能:
<com. google. android. maps. MapView
  android:layout_width = "fill_parent"
  android:layout_height = "fill_parent"
android:apiKey = "XXXXXXXXXXXXXXXXXXXXXXXXXXXXXXXXX"
  />
```

在 manifest. xml 中设置相应的权限,比如:

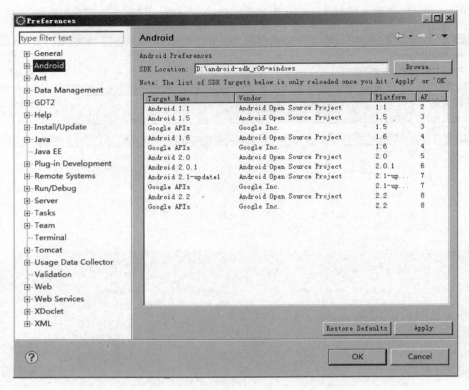

图 10-4　设置 SDK

```
< uses - permission android:name = "android.permission.ACCESS_COARSE_LOCATION"/>
< uses - permission android:name = "android.permission.INTERNET" />
```

在 manifest. xml 中加上要用的 maps 库：

```
< manifest xmlns:android = "http://schemas.android.com/apk/res/android"
package = "com.example.package.name">
  ...
  < application android:name = "MyApplication" >
    < uses - library android:name = "com.google.android.maps" />
    ...
  </application >
  ...
</manifest >
```

3. 测试 Android 程序在模拟器中的运行

1）新建项目

选择 Eclipse 菜单 File→New→Android Project，填写工程基本信息后确认，如图 10-5 所示。

2）查看运行效果

程序运行结果如图 10-6 所示。

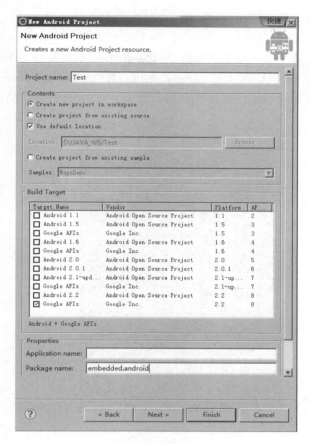

图 10-5 新建项目

图 10-6 运行结果

4. Android 地图和定位功能的实现

1）效果

实现的效果就是：设备能通过手机网络和 GPS 进行定位，包括显示地图和自身在地图上的位置。然后，在移动过程中可以在地图上显示出走过的路径，并将这些路径存入到数据库中。

下面是一个例子，从学校正门走到体育馆。图 10-7 指示了初始位置。

图 10-7　初始位置——学校正门

步行一段距离后，接收到地址发生改变，通过一条红线将地址的改变表示在地图上面，如图 10-8 所示。

最后，到达了目的地——体育场，如图 10-9 所示。

图 10-8　移动一段距离

图 10-9　到达目的地

2）源代码分析

下面开始介绍本次实验将如何在 Android 平台上实现导航功能，具体原理已经在前面叙述，这里会通过对源代码的分析来向读者介绍实现细节。start.java 实现了地图和定位功能，并通过 SqliteContentProvider.java 和 HistoryAttr.java 实现将坐标写入数据库。

首先介绍一下 start.java。

```java
package com.embedded.googlemap;

import java.util.Iterator;
import java.util.List;

import android.app.AlertDialog;
import android.app.Dialog;
import android.content.ContentValues;
import android.content.Context;
import android.content.DialogInterface;
import android.database.Cursor;
import android.graphics.Canvas;
import android.graphics.Color;
import android.graphics.CornerPathEffect;
import android.graphics.Paint;
import android.graphics.Path;
import android.graphics.Point;
import android.location.Location;
import android.location.LocationListener;
import android.location.LocationManager;
import android.net.Uri;
import android.os.Bundle;
import android.util.Log;
import android.view.Menu;
import android.view.MenuItem;
import android.widget.Toast;

import com.embedded.googlemap.HistoryAttr.HistoryGeo;
import com.google.android.maps.GeoPoint;
import com.google.android.maps.MapActivity;
import com.google.android.maps.MapController;
import com.google.android.maps.MapView;
import com.google.android.maps.Overlay;
import com.google.android.maps.Projection;

public class start extends MapActivity {
    private MapView mapView;
    private MapController mc;
    private MyOverlay myOverlay;
    private int latPoint;
    private int lonPoint;
    private List < Overlay > mapOverlays;
    private Projection projection;
    private Paint mPaint;
    private Path path;
```

```
private Uri mUri = HistoryGeo.CONTENT_URI;
private static final int MAP_MODE = Menu.FIRST;
private static final int CLEAR = Menu.FIRST + 1;
private static final int SHOW = Menu.FIRST + 2;
private boolean SHOW_STATE;
private int lat1, lon1, lat2, lon2;
private GeoPoint gP1 = null;
private Cursor cursor;
private static final String[] PROJECTION_KEY = new String[] {
        HistoryGeo.LATITUDE,           // 0
        HistoryGeo.LONGITUTDE,         // 1
};

private class MyLocationListener implements LocationListener {
//当坐标改变时触发此函数,如果 Provider 传进相同的坐标,它就不会被触发
    public void onLocationChanged(Location loc) {
        // TODO Auto - generated method stub
        if (loc != null) {
            latPoint = (int) (loc.getLatitude() * 1E6);
            lonPoint = (int) (loc.getLongitude() * 1E6);
    //将坐标插入到数据库中
            ContentValues cv = new ContentValues();
            cv.put(HistoryGeo.LATITUDE, latPoint);
            cv.put(HistoryGeo.LONGITUTDE, lonPoint);
            getContentResolver().insert(mUri, cv);
            GeoPoint gP2 = new GeoPoint((int) (latPoint), (int) (lonPoint));
            if(SHOW_STATE){
                if(gP1.equals(null))
                    gP1 = gP2;
    //画出新坐标和原来坐标之间的路径
                MyOverlay myOverlay = new MyOverlay(gP1, gP2);
                mapOverlays.add(myOverlay);
                gP1 = gP2;
            }
    //将画面中心定位到新的坐标
            mc.animateTo(gP2);
        }
    }

    public void onProviderDisabled(String arg0) {
        // TODO Auto - generated method stub

    }

    public void onProviderEnabled(String arg0) {
        // TODO Auto - generated method stub

    }

    public void onStatusChanged(String arg0, int arg1, Bundle arg2) {
        // TODO Auto - generated method stub

    }
```

```
    }
    /** Called when the activity is first created. */
    @Override
    public void onCreate(Bundle savedInstanceState) {
        super.onCreate(savedInstanceState);
        setContentView(R.layout.map);
        SHOW_STATE = false;
        LocationManager myManager = (LocationManager) getSystemService(Context.LOCATION_
SERVICE);
        Location myLocation = myManager.getLastKnownLocation("gps");
        LocationListener locationListener = new MyLocationListener();
        //得到了 LocationManager 的实例 locatonManager 以后,通过下面的语句来注册一个周期性
的位置更新
        myManager.requestLocationUpdates(LocationManager.GPS_PROVIDER, 0, 0,
                locationListener);
        mapView = (MapView) findViewById(R.id.mapview);
        mc = mapView.getController();
        mc.setZoom(18);
        mapView.setSatellite(true);
        mapView.invalidate();
        mapView.setBuiltInZoomControls(true);

        mapOverlays = mapView.getOverlays();
        projection = mapView.getProjection();
        mc.animateTo(new GeoPoint((int) (myLocation.getLatitude() * 1E6),
                (int) (myLocation.getLongitude() * 1E6)));
    }

    @Override
    protected boolean isRouteDisplayed() {
        // TODO Auto-generated method stub
        return false;
    }


    //这个类是用来画出新接收到的坐标和上一个坐标两点之间的路径
    class MyOverlay extends Overlay {
        private GeoPoint gP1;
        private GeoPoint gP2;

        public MyOverlay() {

        }

        public MyOverlay(GeoPoint gP1, GeoPoint gP2) {
            this.gP1 = gP1;
            this.gP2 = gP2;
        }

        public void draw(Canvas canvas, MapView mapv, boolean shadow) {
            super.draw(canvas, mapv, shadow);

            mPaint = new Paint();
            mPaint.setDither(true);
```

```
            mPaint.setColor(Color.RED);
            mPaint.setStyle(Paint.Style.FILL_AND_STROKE);
            mPaint.setStrokeJoin(Paint.Join.ROUND);
            mPaint.setStrokeCap(Paint.Cap.ROUND);
            mPaint.setStrokeWidth(2);

            Point p1 = new Point();
            Point p2 = new Point();

            path = new Path();

            projection.toPixels(gP1, p1);
            projection.toPixels(gP2, p2);

            path.moveTo(p2.x, p2.y);
            path.lineTo(p1.x, p1.y);
            canvas.drawPath(path, mPaint);
            Log.e("::", lat1 + ":::" + lon1);
        }
    }
//这个函数会读取数据库,将数据库记录的坐标地址一一读出,然后画出路径
public void showPath() {
    cursor = managedQuery(mUri, PROJECTION_KEY, null, null, null);
    if (!SHOW_STATE) {
        SHOW_STATE = true;
        if (cursor.getCount() > 0) {
            cursor.moveToFirst();
            lat1 = cursor.getInt(0);
            lon1 = cursor.getInt(1);
            gP1 = new GeoPoint(lat1, lon1);
            Log.e("::", lat1 + ":::" + lon1);
            while (cursor.moveToNext()) {
                lat2 = cursor.getInt(0);
                lon2 = cursor.getInt(1);
                Log.e("::", lat2 + ":::" + lon2);

                GeoPoint gP2 = new GeoPoint(lat2, lon2);
                myOverlay = new MyOverlay(gP1, gP2);
                mapOverlays.add(myOverlay);
                gP1 = gP2;
            }
        }
    } else {
        SHOW_STATE = false;
        mapOverlays.clear();
    }
    mapView.invalidate();

}
//这个函数会清除数据库中的数据
public void clearHistory() {
    int count = getContentResolver().delete(mUri, null, null);
    Log.e("delete::", count + " rows deleted");
```

```
    }

    @Override
    public boolean onCreateOptionsMenu(Menu menu) {
        super.onCreateOptionsMenu(menu);
        MenuItem item1 = menu.add(0, MAP_MODE, 0, "map mode");
        item1.setIcon(R.drawable.mapmode);
        MenuItem item2 = menu.add(0, CLEAR, 0, "clear");
        item2.setIcon(R.drawable.clear);
        MenuItem item3 = menu.add(0, SHOW, 0, "show/hide route");
        item3.setIcon(R.drawable.show);
        return true;
    }
    //处理菜单选择
    @Override
    public boolean onMenuItemSelected(int featureId, MenuItem item) {
        switch (item.getItemId()) {
        case MAP_MODE:
            showDialog(3);
            return true;
        case CLEAR:
            clearHistory();
            return true;
        case SHOW:
            showPath();
            return true;
        }

        return super.onMenuItemSelected(featureId, item);
    }
    //地图模式选择
    @Override
    protected Dialog onCreateDialog(int id) {
        switch (id) {
        case 3:
            return new AlertDialog.Builder(this)
                    .setTitle("Map Mode")
                    .setItems(R.array.select_dialog_items,
                        new DialogInterface.OnClickListener() {
                            public void onClick(DialogInterface dialog,
                                int which) {

                                switch (which) {
                                case 0: // satellite
                                    if (!mapView.isSatellite()) {
                                        mapView.setStreetView(false);
                                        mapView.setTraffic(false);
                                        mapView.setSatellite(true);
                                    }
                                    break;
                                case 1:// traffic
                                    if (!mapView.isTraffic()) {
                                        mapView.setStreetView(false);
                                        mapView.setSatellite(false);
```

```
                                                mapView.setTraffic(true);
                                        }
                                        break;
                                    case 2:// street view
                                        if (!mapView.isStreetView()) {
                                            mapView.setSatellite(false);
                                            mapView.setTraffic(false);
                                            mapView.setStreetView(true);
                                        }
                                        break;
                                    }
                                }
                            }).create();
                }
                return null;
            }
        }
```

下面介绍数据库功能的实现。

（1）首先创建一个类，设置 Content Provider 的相关属性，取名为 HistoryAttr，代码如下。

```java
package com.embedded.googlemap;

import android.net.Uri;
import android.provider.BaseColumns;

public class HistoryAttr {
    //AUTHORITY 变量用来指明到底使用哪个 Content Provider,这个值必须是唯一的
    public static final String AUTHORITY = "com.embedded.provider.Sqlite";

    //这个类不能被初始化
    private HistoryAttr() {
    }

    /**
     * 历史记录的数据库表属性
     */
    public static final class HistoryGeo implements BaseColumns {
        // 这个类不能被初始化
        private HistoryGeo() {
        }

        /**
         * 数据库表的 URL,它的形式是"content://…",在 Android 中定义为 Uri 类,
         * 用来唯一确定一张表
         */
        public static final Uri CONTENT_URI = Uri.parse("content://" + AUTHORITY + "/
historyGeo");

        /**
         * 配置默认的排序方式,此处设置为按 ID 升序排列
         */
```

```
        public static final String DEFAULT_SORT_ORDER = "_id ASC";

        /**
         * 定义表的成员,这张表格有两个成员,分别是纬度和经度
         */
        public static final String LATITUDE = "latitude";
        public static final String LONGITUTDE = "longitude";
    }
}
```

有几个概念需要解释一下,有助于读者理解上面的代码。当通过 Content Provider 进行数据操作时,需要有个值来确定到底是对哪个数据进行访问。在 Android 中就是通过 URI 来定位的,URI 的格式如图 10-10 所示。

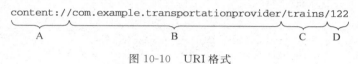

图 10-10　URI 格式

A 段:固定前缀,不允许更改。

B 段:AUTHORITY 部分,用来指明使用哪个 Content Provider,所以这个部分必须是唯一的,一般使用完整的路径名来命名,比如本实验中用"com. embedded. provider. Sqlite"来定义。

C 段:称为 path 段,path 的长度可变,形式是"/ * /…/",也可以不定义。它可以用来访问不同类型的数据,比如 land/bus,/land/train,/sea/ship,/sea/submarine 等。

D 段:指定具体记录的 ID,可以用来获取单个指定的数据。当需要获取多个记录时,这段可以省略。

在上面的代码中,CONTENT _ URI 被定义为"content://" ＋ AUTHORITY ＋"/historyGeo",它不包含 D 段。本实验比较简单,只涉及一张数据库表,所以 path 只有一段,即/historyGeo。

(2) 定义 ContentProvider 子类,这个子类需要提供数据操作的函数,主要是实现 ContentProvider 父类的以下 6 个抽象函数。

```
query()
insert()
update()
delete()
getType()
onCreate()
```

根据本实验的设计,有用到 query(),insert(),delete(),onCreate() 函数,update() 和 getType() 由于没有用到,就设计为空函数。子类名是 SqliteContentProvider,代码如下。

```
package com.embedded.googlemap;

import java.util.HashMap;
import android.content.ContentProvider;
import android.content.ContentUris;
```

```java
import android.content.ContentValues;
import android.content.Context;
import android.content.UriMatcher;
import android.database.Cursor;
import android.database.SQLException;
import android.database.sqlite.SQLiteDatabase;
import android.database.sqlite.SQLiteOpenHelper;
import android.database.sqlite.SQLiteQueryBuilder;
import android.net.Uri;
import android.util.Log;
import com.embedded.googlemap.HistoryAttr.HistoryGeo;;


/**
 * 该类主要为其他应用程序提供数据库操作能力,它是 ContentProvider 的子类
 */
public class SqliteContentProvider extends ContentProvider {
    private static final String TAG = "SqliteContentProvider";
    private static final String DATABASE_NAME = "maphistory.db";//数据库名字是 maphistory.db
    private static final int DATABASE_VERSION = 2;
    private static final String HISTORY_TABLE_NAME = "historyGeo";//表名是 historyGeo
    private static HashMap<String, String> sHistoryProjectionMap;//用于将用户请求中的变量
                                                                 //名映射到数据表的列名
    private static final int HISTORY = 1;                        //URI 解析时的返回值
    private static final int HISTORY_ID = 2;                     //URI 解析时的返回值
    private static final UriMatcher sUriMatcher;                 //用来解析 URI 的类
    private DataBaseHelper dataBaseHelper;

    /**
     * DataBaseHelper 用来实现打开、创建、更新数据库
     */
    private static class DataBaseHelper extends SQLiteOpenHelper {
        //创建 maphistory.db 数据库
        DataBaseHelper(Context context) {
            super(context, DATABASE_NAME, null, DATABASE_VERSION);
        }
        /**
         * 创建 historyGeo 表,有三个表项,分别是_ID, latitude, longitude
         */
        @Override
        public void onCreate(SQLiteDatabase db) {
            db.execSQL("CREATE TABLE " + HISTORY_TABLE_NAME + "("
                    + HistoryGeo._ID + " INTEGER  PRIMARY KEY,"
                      //经度和纬度值都转换成整型存储,这方便后面的计算
                    + HistoryGeo.LATITUDE + " INTEGER,"
                    + HistoryGeo.LONGITUTDE + " INTEGER" + ");");
        }
        /**
         * 更新 historyGeo 表
         */
        @Override
        public void onUpgrade(SQLiteDatabase db, int oldVersion, int newVersion) {
            Log.w(TAG, "Upgrading database from version " + oldVersion + " to "
                    + newVersion + ", which will destroy all old data");
```

```
            db.execSQL("DROP TABLE IF EXISTS preferences");
            onCreate(db);
        }
    }
    /**
     * 创建 DataBaseHelper 类,此时自动创建数据库和表
     */
@Override
public boolean onCreate() {
    dataBaseHelper = new DataBaseHelper(getContext());
    return true;
}
    /**
     * 查询函数,在本实验中查询返回全部结果,所以 switch 只有一种情况.
     * 可以通过 case 语句增加查询条件,比如只返回某一项
     */
@Override
public Cursor query(Uri uri, String[] projection, String selection,
        String[] selectionArgs, String sortOrder) {
    SQLiteQueryBuilder qb = new SQLiteQueryBuilder();
    qb.setTables(HISTORY_TABLE_NAME);

    switch (sUriMatcher.match(uri)) {
    case HISTORY:
        qb.setProjectionMap(sHistoryProjectionMap);
        break;
    default:
        throw new IllegalArgumentException("Unknown URI " + uri);
    }
    /**
     * 如果请求参数里没有定义排序方式,就用默认方式.
     * 默认方式定义为 HistoryAttr.HistoryGeo.DEFAULT_SORT_ORDER
     */
    String orderBy;
    if (TextUtils.isEmpty(sortOrder)) {
        orderBy = HistoryAttr.HistoryGeo.DEFAULT_SORT_ORDER;
    } else {
        orderBy = sortOrder;
    }

    /**
     * 获取可读数据库然后执行查询操作
     */
    SQLiteDatabase db = dataBaseHelper.getReadableDatabase();
    Cursor c = qb.query(db, projection, selection, selectionArgs, null,
            null, orderBy);
    /**
     * 告诉 cursor 监视 URI 内容,这样就能知道 URI 指向的内容什么时候发生变化
     */
    c.setNotificationUri(getContext().getContentResolver(), uri);
    return c;
}
    /**
     * 向 URI 指向内容插入数据,本实验只有一张表,根据后面设置的规则,返回值必定为
```

```
         * HISTORY,否则就说明 URI 出错
         */
    @Override
    public Uri insert(Uri uri, ContentValues initialValues) {
        if (sUriMatcher.match(uri) != HISTORY) {
            throw new IllegalArgumentException("Unknown URI " + uri);
        }
    ContentValues values;
    if (initialValues != null) {
        values = new ContentValues(initialValues);
    } else {
        values = new ContentValues();
    }
        SQLiteDatabase preDb = dataBaseHelper.getWritableDatabase();//获取可写数据库
        long preRowId = preDb.insert(HISTORY_TABLE_NAME,
                HistoryGeo.LATITUDE, values);      //将值写入相应的表,返回插入的行号
        if (preRowId > 0) {                        //大于 0 说明插入成功,出错返回 - 1
            Uri historyUri = ContentUris.withAppendedId(
                    HistoryAttr.HistoryGeo.CONTENT_URI, preRowId);
            getContext().getContentResolver().notifyChange(historyUri, null);
                //向 observer 发布内容已经更新
            return historyUri;
        }throw new SQLException("Failed to insert row into " + uri);
}


    /*
     * 删除表数据.本实验中会将整个表的历史全部删除
     */
    @Override
    public int delete(Uri uri, String where, String[] whereArgs) {
        SQLiteDatabase db = dataBaseHelper.getWritableDatabase();
        int count = 0;
        switch (sUriMatcher.match(uri)) {
        case HISTORY:
            count = db.delete(HISTORY_TABLE_NAME,
                    null , whereArgs);                  //返回删除的行数
            break;
        }
        getContext().getContentResolver().notifyChange(uri, null);
        return count;
}
    /*
     * 本实验没有用到 update 功能,所以这个函数体为空
     */
    @Override
    public int update(Uri uri, ContentValues values, String selection,
            String[] selectionArgs) {
        // TODO Auto - generated method stub
        return 0;
    }
        getContext().getContentResolver().notifyChange(uri, null);
        return count;
}
    /*
```

```
 * 本实验没有用到 getType 功能,所以这个函数体为空
 */
@Override
public String getType(Uri uri) {
    // TODO Auto - generated method stub
    return null;
}


    static {
     /*
      * 建立 URI 解析规则:
      * content://AUTHORITY/historyGeo 形式 URI 返回 HISTORY
      * content://AUTHORITY/historyGeo/# 形式 URI 返回 HISTORY_ID,#代表数字,
      * 表示返回指定单条记录,但其实本实验中并没有这种类型的 URI
     */
     sUriMatcher = new UriMatcher(UriMatcher.NO_MATCH);
     sUriMatcher.addURI(HistoryAttr.AUTHORITY, "historyGeo", HISTORY);
     sUriMatcher.addURI(HistoryAttr.AUTHORITY, "historyGeo/#",
            HISTORY_ID);
     /*
      * 建立映射,将请求中变量映射到表中列名
     */
     sHistoryProjectionMap = new HashMap<String, String>();
     sHistoryProjectionMap.put(HistoryGeo._ID, HistoryGeo._ID);
     sHistoryProjectionMap.put(HistoryGeo.LATITUDE,
            HistoryGeo.LATITUDE);
     sHistoryProjectionMap.put(HistoryGeo.LONGITUTDE,
            HistoryGeo.LONGITUTDE);


    }


}
```

这样数据库已经设计好了,当然为了使用这个自定义的 Content Provider,需要修改 AndroidManifest. xml 文件,使系统知道如何找到它,修改如下。

```
< application android:icon = "@drawable/icon" android:label = "@string/app_name">
< provider android:name = "com. embedded. googlemap. SqliteContentProvider" android:authorities
 = "com. embedded. provider. Sqlite" />
```

android:authorities 属性定义了该 Content Provider 的唯一标识,程序可以通过 ContentResolver 的相关方法来进行数据库操作。

六、实验结果分析

实验在 Android 平台上进行,利用了 Google 提供的地图以及数据库方面的 APIs,实现了

地图显示和地图定位，以及移动路径的显示和存储功能。本次实验综合性很高，包括地图、定位以及数据库三个方面功能，读者可以在官方网站参看相关 APIs，更好地理解这些功能是如何实现的。

七、实验讨论和思考

读者可以利用 Google 提供的 API 设计出更复杂更有趣的程序。

图 书 资 源 支 持

感谢您一直以来对清华版图书的支持和爱护。为了配合本书的使用,本书提供配套的素材,有需求的用户请到清华大学出版社主页(http://www.tup.com.cn)上查询和下载,也可以拨打电话或发送电子邮件咨询。

如果您在使用本书的过程中遇到了什么问题,或者有相关图书出版计划,也请您发邮件告诉我们,以便我们更好地为您服务。

我们的联系方式:

地　　址:北京海淀区双清路学研大厦 A 座 707

邮　　编:100084

电　　话:010－62770175－4604

资源下载:http://www.tup.com.cn

电子邮件:weijj@tup.tsinghua.edu.cn

QQ:883604(请写明您的单位和姓名)

用微信扫一扫右边的二维码,即可关注清华大学出版社公众号"书圈"。

扫一扫
资源下载、样书申请
新书推荐、技术交流